现代氧气底吹炼铅技术

李东波　著

北　京

冶 金 工 业 出 版 社

2020

内 容 简 介

氧气底吹炼铅技术具有我国完全自主知识产权,目前已发展到先进的"三连炉"技术,是国内主流的粗铅冶炼工艺。本书对氧气底吹炼铅技术进行了系统阐述,详细介绍了其开发发展历程、冶金原理、模拟仿真、核心装备、工厂设计和生产操作等,还关注了自动化与智能化、工厂节能与环保。本书内容丰富,结构清晰,数据翔实,具有较强的专业理论价值和工程应用价值。

本书可供从事有色冶金领域的科研工作者、工程技术人员阅读,也可供大专院校有关师生参考。

图书在版编目(CIP)数据

现代氧气底吹炼铅技术/李东波著 . —北京:冶金工业
出版社,2020. 11
    ISBN 978-7-5024-8132-2

Ⅰ.①现… Ⅱ.①李… Ⅲ.①氧气底吹转炉—炼铅
Ⅳ.①TF812.061.2

中国版本图书馆 CIP 数据核字(2020)第 242315 号

出 版 人 苏长永
地   址 北京市东城区嵩祝院北巷 39 号 邮编 100009 电话 (010)64027926
网   址 www.cnmip.com.cn 电子信箱 yjcbs@ cnmip. com. cn
责任编辑 王 双 张熙莹 美术编辑 彭子赫 版式设计 孙跃红
责任校对 王永欣 责任印制 李玉山
ISBN 978-7-5024-8132-2

冶金工业出版社出版发行;各地新华书店经销;北京捷迅佳彩印刷有限公司印刷
2020 年 11 月第 1 版, 2020 年 11 月第 1 次印刷
787mm×1092mm 1/16; 22.75 印张;552 千字;348 页
238. 00 元

冶金工业出版社 投稿电话 (010)64027932 投稿信箱 tougao@cnmip. com. cn
冶金工业出版社营销中心 电话 (010)64044283 传真 (010)64027893
冶金工业出版社天猫旗舰店 yjgycbs. tmall. com
(本书如有印装质量问题,本社营销中心负责退换)

序

铅是人类最早使用的金属之一。英国博物馆里藏有在埃及阿拜多斯清真寺发现的公元前 3000 年的铅制塑像,中国商殷至汉代青铜器中铅的含量有增大的趋势。东汉著名炼丹理论家魏伯阳被公认为是人类历史上最早留有著作的化学家,其所著《周易参同契》中有"胡粉投火中,色坏还为铅"的描述。

及至 16 世纪,铅的工业化逐步兴起。进入 19 世纪中叶,烧结—鼓风炉还原炼铅法发明,正式建立起了现代铅冶炼工业。

我国是金属铅的生产和消费大国,但因传统铅冶炼生产工艺造成了诸多污染问题,曾几何时,国人谈铅色变。20 世纪 80 年代,氧气底吹炼铅技术被列为国家重点科技攻关项目,中国恩菲工程技术有限公司与行业单位进行联合攻关,在湖南水口山建设试验基地,开展试验研究。2002 年,首座氧气底吹炼铅工厂在河南济源投产。又经过近十几年持续的技术进步,中国恩菲工程技术有限公司攻克了熔融还原和连续炼铅技术等世界性难题,发展了"底吹熔炼—熔融还原—富氧挥发"三连炉连续炼铅技术。

氧气底吹炼铅技术具有高效环保、低碳节能、原料适应性强、有价金属回收率高、操控简单等突出优点,该技术现已全面淘汰和替代了传统的烧结—鼓风炉炼铅工艺,解决了长期困扰我国铅冶炼行业的污染重、能耗高等难题,技术水平国际领先。目前,全国 80% 以上矿铅生产采用该技术,实现了我国铅冶炼技术的全面升级,同时对世界铅冶炼技术进步起到了极大的推动作用。

李东波同志是我国有色金属冶金领域的技术带头人,是氧气底吹技术的主要发明人和创新推动者。李东波因在氧气底吹技术方面的杰出成就两次荣获国家科技进步奖,并荣获首届全国创新争先奖。现在,李东波同志倾注其全部心血著作此书,旨在将氧气底吹炼铅技术进行全面系统的总结,以更好地服务于我国铅冶炼行业,并有助于促进世界铅冶炼技术的持续进步。

何季麟

2020 年 6 月

前　言

　　铅是最常用的 10 种有色金属之一，是国民经济和国防建设不可或缺的金属材料。20 世纪，我国矿铅冶炼的主导工艺是烧结—鼓风炉还原法，硫化铅精矿烧结过程产生大量低浓度 SO_2 烟气，无法进行有效回收，造成了严重的低空污染。烧结过程中大量返料循环破碎作业带来的铅尘低空弥散污染难以根治，加之鼓风炉作业劳动强度大、能耗高、作业条件差，行业技术升级迫在眉睫。

　　20 世纪 80 年代，北京有色冶金设计研究总院（现中国恩菲工程技术有限公司）提出了研发氧气底吹炼铅新工艺的设想。1983 年，氧气底吹炼铅技术研发课题被列入国家"六五"计划。经过持续技术研发和产业实践，中国恩菲工程技术有限公司相继发明了氧气底吹熔炼—鼓风炉还原炼铅技术、氧气底吹熔炼—熔融渣侧吹还原炼铅技术和"底吹熔炼—熔融还原—富氧挥发"三连炉炼铅技术。氧气底吹炼铅技术的发明，彻底解决了长期困扰铅冶炼行业的污染和能耗问题，促进了我国铅冶炼行业技术全面升级。

　　本书从理论原理、技术发展和生产实践等方面，系统介绍了氧气底吹炼铅技术。全书共分 15 章。第 1 章介绍了铅及其主要化合物的性质，铅的资源状况及生产应用情况，概括介绍了几种炼铅工艺；第 2 章介绍了氧气底吹炼铅技术的开发及技术发展历程；第 3 章介绍了氧气底吹炼铅技术相关的热力学和动力学研究；第 4~6 章按工序介绍了氧气底吹炼铅技术的主要内容；第 7 章介绍了氧气底吹炉和主要生产设备；第 8 章介绍了烟气的处理，包括余热回收、除尘、脱硫和制酸；第 9 章介绍了氧气底吹炼铅工厂的自动化控制和先进过程控制；第 10 章介绍了应用数值模拟方法对底吹熔炼炉和还原炉内气液两相流的三维模拟研究；第 11 章介绍了氧气底吹炼铅技术的工艺计算；第 12 章介绍了处理不同物料时的典型生产实例以及炉体大型化的实践；第 13~14 章介绍了氧气底吹炼铅工厂的节能与环保；第 15 章探讨了氧气底吹炼铅技术的发展趋势。

　　本书写作过程中，中国恩菲工程技术有限公司黎敏、吴卫国、邓兆磊、辛鹏飞、郝玉刚、袁胜利、秦赢、王姣、魏环、任锋、姚心、李鹏、董择上、陈学刚、郭亚光、马登、苟海鹏，以及业内专家徐培伦、何志军等同志提供了技术支持，王建铭进行了全书的审稿，中南大学陈文汩教授审阅了本书的理论部分，山东恒邦冶炼股份有限公司、安阳岷山环能高科有限公司、蒙自矿冶有限责任公司等提供了相关生产数据。本书的出版得到了中国恩菲工程技术有限公司董事长陆志方、党委书记张首勋、总经理刘诚等领导的亲切关怀和大力支持。作者在此向所有人员表示衷心的感谢。

由于作者水平有限，书中不足之处，敬请读者批评指正。

李东波

2019 年 10 月

目　　录

1 铅及其冶炼技术

1.1 概述

铅是最常用的 10 种有色金属之一，其产销量位列铝、铜和锌之后居第四位。由于铅较为柔软，其早期多与其他金属制成合金使用。古人对铅和锡的区分并不十分明确，古罗马人称锡为白铅，锡的拉丁文是 stannum，称铅为黑铅，铅的拉丁文是 plumbum，因此，锡的元素符号被定义为 Sn，而铅的元素符号被定义为 Pb。

一直以来，传统的烧结—鼓风炉还原法几乎是矿铅冶炼的唯一方式，因其技术成熟、处理能力大、烟尘率低、铅回收率高而被广泛使用。但硫化铅精矿烧结过程中产生大量的低浓度 SO_2，难以进行有效回收，造成严重低空污染，且烧结过程中大量返料循环破碎作业带来的铅尘低空弥散污染难以根治。鼓风炉作业劳动强度大、能耗高、作业条件不佳，已不符合现代化生产的要求，采用更为先进环保的铅冶炼工艺势在必行。

铅冶炼工作者长期致力于炼铅新工艺的研究开发，近 50 年来，多项工艺先后实现了工业化生产，如基夫赛特法、QSL 法、卡尔多法、顶吹喷枪浸没熔炼法、氧气底吹炼铅法。其中有些方法已通过多年生产实践日趋成熟，有些方法尚处在发展之中，它们的共同特点是：冶炼工艺流程短，烟气 SO_2 含量高，与传统流程相比，易于实现硫的利用和改善操作区的劳动卫生条件。

我国从 20 世纪 70 年代开始对烧结—鼓风炉炼铅厂进行技术改造，改造目的是解决烧结机烟气制酸并提高装备水平，主要包括以下内容：采用了刚性滑道、柔性传动，返烟鼓风烧结机；更新返粉破碎筛分冷却装备；鼓风炉实现热风熔炼和连续放液工艺；有两座烧结机烟气分别实现了非稳定制酸或托普索工艺制酸，取得了一定的效果，但仍不能真正解决全系统（包括低空污染）的环境问题。

20 世纪 80 年代，我国确定了技术引进和自主开发相结合的铅冶炼技术升级改造方针。1983 年引进 QSL 法建设西北铅锌冶炼厂，1990 年建成投产，后陆续引进卡尔多炼铅法、顶吹喷枪浸没熔炼法（艾萨法和奥斯麦特法）、基夫赛特法。由于各种原因，这些技术在国内铅冶炼领域并未得到广泛推广。

在自主开发方面，1983 年国家科学技术委员会将氧气底吹炼铅工艺正式确定为"六五"国家重点科研项目，组织联合攻关组在 1983~1984 年间完成小型单元试验，1984~1985 年完成工业性装置的设计和建设，1985~1990 年完成工业性试验工作，1998 年完成工业验证试验并通过有色总公司组织的专家鉴定[1]。2002 年，使用我国自主知识产权技术——氧气底吹炼铅技术的工厂在河南豫光金铅集团、安徽池州有色金属公司相继建成投产，并很快达产达标。氧气底吹炼铅技术在接下来的十几年内得到迅速推广，建设了 40 多条生产线，占据国内粗铅冶炼 80% 以上的份额，并引起国际同行的广泛关注，应用该技术在印度建成了德里巴铅冶炼厂。经过对墨西哥 MMP 公司铅精矿进行工业试验，墨西哥

MMP 公司拟采用氧气底吹熔炼及还原技术进行铅冶炼厂技术改造。

伴随氧气底吹炼铅技术的快速推广，与氧气底吹熔炼配套的液态铅渣直接还原技术研发成功并迅速推广，主要有底吹还原和侧吹还原两种。其中侧吹还原有基于苏联瓦纽科夫炉的侧吹还原技术和中国恩菲工程技术有限公司发明的侧吹浸没燃烧熔池熔炼技术（side-submerged combustion smelting process，SSC 技术）。前一种侧吹技术还被用于铅氧化熔炼，但应用较少。

氧气底吹炼铅技术是中国恩菲工程技术有限公司的核心专长技术，是中国国内应用最为广泛和成功的先进的粗铅冶炼工艺。该技术经过近 20 年科学严谨的试验研究才得以推出，又经过十几年快速的市场推广和技术发展，形成了氧气底吹熔炼—液态铅渣直接还原分炉作业的最佳模式和"三连炉"的经典工艺。氧气底吹炼铅技术具有成熟可靠、低碳节能、高效环保、原料适应性强、有价金属回收率高、操控简单等突出优点，引领我国铅冶炼完成了一次现代化技术改造。

1.2 铅及其主要化合物的性质

1.2.1 铅的性质

铅的原子序数为 82，在元素周期表中属于 ⅣA 族（碳族），其常见化合价为+2 价和+4 价。铅的相对原子质量是 207.2，是相对原子质量最大的非放射性元素。

金属铅是一种略带蓝色的银白色金属，在空气中很容易被氧化，形成灰黑色的氧化铅，或与空气中的水和二氧化碳进一步作用生成碱式碳酸铅，因此日常看到的铅常是灰色的。氧化铅形成一层致密的薄膜，可以防止内部的铅进一步被氧化。

铅的固态密度是 11.3437g/cm^3，其熔点是 327.45℃，熔化热为 5.121kJ/mol，沸点1740℃，气化热为 177.8kJ/mol。液态铅的密度随着温度的升高而降低，具有非常好的流动性和渗透性，经常可在炼铅炉窑的耐火材料缝隙中或炉底发现渗透的铅。铅具有较强的挥发性，在 500~550℃时便能显著挥发，且挥发性随着温度升高而增大。在所有已知毒性物质中，记载最多的便是铅，铅生产过程中有大量铅蒸气产生，必须完善卫生通风设施并加强职业卫生防护，减少铅排放，保护作业人员避免铅中毒。

铅的莫氏硬度只有 1.5，是所有重金属中最柔软的，铅中如含有少量 Cu、Sn、Sb 等硬金属或碱金属，其硬度会有所增加。铅具有良好的展性，可轧成铅皮，制成铅箔等，但其延性较差，无法拉成铅丝。

铅是热和电的不良导体，银是热和电的最佳导体，铜是日常生活中最为常用的热和电的导体，三种金属热导率和电阻率的比较见表 1-1。

表 1-1　铅、银、铜热导率和电阻率

名　　称	铅	银	铜	备　注
热导率 $\lambda/\mathrm{W} \cdot (\mathrm{m} \cdot \mathrm{K})^{-1}$	35.3	429	401	300K
电阻率 $\rho/\Omega \cdot \mathrm{m}$	$20.648×10^{-8}$	$1.65×10^{-8}$	$1.75×10^{-8}$	293K

铅的化学性质相对稳定，在空气中因表面氧化而形成保护膜，在加热条件下，铅能很快与氧、硫、卤素元素反应。铅常温时与盐酸、硫酸几乎不起作用，但能与热盐酸和热浓

硫酸发生反应而缓慢溶解。铅可溶于硝酸、硼氟酸、硅氟酸、醋酸以及硝酸银等溶液中，铅易溶于硅氟酸是铅电解生产的基础。铅能缓慢溶于强碱性溶液。

1.2.2 铅主要化合物的性质

硫化铅（PbS）和氧化铅（PbO）是铅冶炼过程最主要的两个铅化合物，硫酸铅（$PbSO_4$）是铅二次资源的重要成分。

方铅矿是主要的含铅矿物，其主要成分是硫化铅。硫化铅结晶状态呈暗灰色，具有金属光泽，熔点为 1113.35℃，沸点为 1320.33℃。硫化铅具有显著的易挥发特点，其在某些温度下的蒸气压数值详见表 1-2。

表 1-2 硫化铅的蒸气压

温度/℃	1000	1048	1108	1221	1281
蒸气压/kPa	2.266	5.332	13.330	53.320	101.325

在铅熔炼过程中，控制较低的反应温度，抑制硫化铅的挥发，是非常重要的工艺控制条件。

硫化铅是不稳定的化合物，当某种对硫的亲和力比铅大的金属与硫化铅作用时，硫化铅中的铅易被置换，发生如下反应：

$$PbS+Me \Longrightarrow Pb+MeS \tag{1-1}$$

硫化铅还易与金属硫化物（MeS）形成铅锍。

氧化铅多见于铅熔炼烟尘和铅熔炼渣。氧化铅为黄色四方晶系粉末，俗称黄丹或密陀僧。氧化铅的熔点为 885.85℃，沸点为 1542.06℃。氧化铅具有易挥发的显著特点，但其挥发性在同等条件下远远低于硫化铅，其在某些温度下的蒸气压数值详见表 1-3。

表 1-3 氧化铅的蒸气压数据

温度/℃	1050	1100	1200	1300	1542
蒸气压/kPa	1.000	1.986	6.852	19.895	101.325

PbO 易被 CO 及固体碳还原，这是铅还原熔炼的基础。

作为最主要的铅二次资源，废铅酸蓄电池中铅的主要成分是硫酸铅。硫酸铅的熔点是 1169.75℃，但其在 850℃时即开始分解，温度升高 100℃即可快速分解。硫酸铅分解产生氧化铅和二氧化硫，这是再生铅还原熔炼的基础。

硫酸铅和氧化铅可与硫化铅发生交互反应，生成金属铅，这是铅熔炼过程中重要的化学反应，反应式如下：

$$PbS+2PbO \Longrightarrow 3Pb+SO_2 \tag{1-2}$$
$$PbSO_4+PbS \Longrightarrow 2Pb+2SO_2 \tag{1-3}$$

1.3 铅的资源及生产

铅资源分为矿物资源和二次资源。

矿物资源即铅矿石，可分为硫化矿和氧化矿两大类，铅矿石多与锌等伴生。硫化矿属于原生矿物，是主要的铅矿石，分布极广，世界上大部分矿产铅都是从硫化矿提炼得到；

氧化矿属于次生矿物，系由原生矿物经风化作用及含有碳酸盐的地下水作用而形成。目前用于工业生产的主要硫化矿是方铅矿，主要氧化矿是白铅矿（碳酸铅）和铅矾（硫酸铅）。

　　全世界一半以上的铅来自二次资源的回收，最主要的铅二次资源是废铅酸蓄电池，其他包括：铅泥、废旧电缆的铅皮和铅管、印刷合金、铅锡焊料、冶炼厂铅渣等。

1.3.1　世界铅资源储量

　　全球铅的矿藏储量十分集中，主要分布于澳大利亚、中国、俄罗斯、秘鲁、墨西哥等国。根据美国地质调查局 USGS 资料，世界铅矿产储量见表 1-4。澳大利亚拥有最多的铅矿产储量，占全世界的 40%；中国占 20%，位居第二。

表 1-4　世界主要国家铅矿产（金属量）储量　　　　　　　　（万吨）

国家和地区	2010 年	2011 年	2012 年	2013 年	2014 年	2015 年	2016 年	2017 年	2018 年	2019 年
澳大利亚	2700	2900	3600	3600	3500	3500	3500	3500	2400	3600
中国	1300	1400	1400	1400	1400	1580	1700	1700	1800	1800
俄罗斯	920	920	920	920	920	920	640	640	640	640
秘鲁	600	790	790	750	700	670	630	600	600	630
墨西哥	560	560	560	560	560	560	560	560	560	560
美国	700	610	500	500	500	500	500	500	500	500
印度	260	260	260	260	260	220	220	220	250	250
哈萨克斯坦	—	—	—	—	—	—	—	—	200	200
玻利维亚	160	160	160	160	160	160	160	160	160	160
瑞典	110	110	110	110	110	110	110	110	110	110
土耳其	—	—	—	—	—	86	86	86	610	86
加拿大	65	45	45	45	24.7	—	—	—	—	—
爱尔兰	60	60	60	60	60	60	60	—	—	—
波兰	150	170	170	170	170	170	160	—	—	—
南非	30	30	30	30	30	30	30	—	—	—
其他国家	400	500	300	300	300	300	464	700	500	500
世界总量	8015	8515	8905	8865	8695	8900	8800	8800	8300	9000

　　数据来源：Mineral Commodity Summaries 2010~2020，USGS。

1.3.2　中国铅资源储量

　　铅锌矿是我国优势矿产资源之一。我国铅锌矿产地主要分布在广东、广西、湖南、云南、四川、甘肃、新疆、陕西、内蒙古等省（区）。重要矿床主要有广东凡口、广西大厂、江西冷水坑、江苏栖霞山、湖南水口山、云南金鼎、四川大梁子、甘肃厂坝、新疆可可塔勒、青海锡铁山、内蒙古东升庙等。铅锌矿的产地相对集中于南岭地区、三江地区、秦岭—祁连山地区、狼山—渣尔泰地区。我国铅锌矿床分布表现为部分不均一性，即呈群呈带的分布特点。

我国铅矿储量排在世界第二位，主要呈现以下特点：大中型矿多，特大型矿较少，大中型矿床约占资源储量的 69%；贫矿多，富矿少，矿石类型复杂，伴生矿多，单一铅矿少。全国除上海、天津、香港外，均有铅锌矿产出。据国土资源部 2019 年《中国矿产资源报告》，至 2018 年铅锌矿产查明资源量（金属量）分别为锌 18755.67 万吨和铅 9216.31 万吨，详见表 1-5。

表 1-5　我国铅锌矿产查明资源量　　　　　　　　　　（万吨）

矿产	2010 年	2011 年	2012 年	2013 年	2014 年	2015 年	2016 年	2017 年	2018 年
铅	5509	5603	6174	6737	7385	7767	8547	8967	9216
锌	11596	11568	123558	13738	14486	14985	17799	18494	18756

数据来源：《中国矿产资源报告》，自然资源部。

1.3.3　铅精矿产量

根据世界银行统计，2019 年全球铅精矿（金属量）产量 498 万吨，其中中国产量 241 万吨，详见表 1-6。中国是世界最大的铅精矿生产国，产量约占世界总产量的 48.3%。2014~2017 年，受中国实施的《环境保护法》和《安全生产法》影响，减产和停产的矿山较多，精矿产量大幅下降。近两年随新建矿山投产，精矿产量逐渐恢复。

表 1-6　世界铅精矿（金属量）产量　　　　　　　　（万吨）

国家和地区	1980 年	1990 年	2000 年	2010 年	2016 年	2017 年	2018 年	2019 年
中国	16.0	35.0	66.0	198.1	233.8	185.2	221.4	240.5
澳大利亚	39.7	56.5	67.8	71.1	44.0	46.0	46.9	46.8
秘鲁	18.9	18.8	27.1	26.2	31.4	30.7	28.9	30.7
美国	55.0	49.7	44.7	35.6	34.2	31.3	26.0	29.4
墨西哥	14.6	17.7	13.8	19.2	24.1	24.1	23.5	25.9
俄罗斯	—	—	1.3	9.7	21.7	21.0	21.5	22.1
印度	1.4	2.6	3.8	8.9	13.9	17.6	18.5	18.7
玻利维亚	1.7	2.0	1.0	7.3	9.0	11.1	11.2	9.2
土耳其	0.8	1.8	1.6	3.9	6.5	7.5	7.6	7.2
瑞典	7.2	9.8	10.7	6.8	7.6	7.1	6.5	6.3
哈萨克斯坦	—	—	3.9	3.5	7.1	11.2	8.6	5.6
缅甸	—	—	0.1	0.7	1.5	2.0	3.5	5.2
伊朗	1.2	0.9	1.7	3.2	4.7	4.8	4.1	4.6
其他	—	—	64.7	42.5	42.2	47.7	46.4	45.2
全球	354.8	314.3	308.0	436.7	481.5	447.3	474.6	497.6

数据来源：Commodity Markets Outlook，April 2020，世界银行。

中国最大的铅精矿生产省份是内蒙古自治区，2018 年产量占全国产量的 32.7%，其次为湖南省，占 12.9%，如图 1-1 所示。

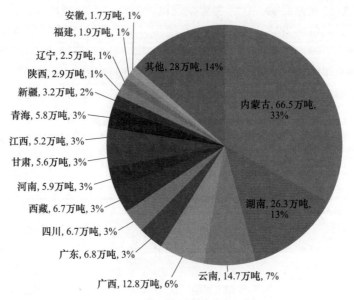

图 1-1 2018 年中国铅精矿含铅产量分布

（数据来源：安泰科）

1.3.4 精铅的生产

根据世界银行数据，近年来世界精铅产量一直维持在 1100 万吨左右，见表 1-7。在世界范围内，2013 年全球精铅产量达到阶段性高点，随后在 2014 年出现回落，继而在 2015~2019 年恢复增长势头。

表 1-7 世界精铅产量　　　　　　　　　　　　　　（万吨）

国家和地区	1980 年	1990 年	2000 年	2010 年	2016 年	2017 年	2018 年	2019 年
中国	17.5	30.0	110.0	415.8	460.4	472.6	511.3	579.7
美国	115.0	129.0	143.1	125.5	111.3	112.7	113.6	120.0
韩国	1.5	6.3	22.2	32.8	81.3	80.7	80.1	76.7
印度	2.6	3.9	5.7	36.7	51.2	56.3	59.5	65.3
墨西哥	18.4	23.5	33.2	25.7	34.1	34.2	34.3	35.8
英国	32.5	32.9	32.8	30.1	32.9	32.5	31.3	35.5
德国	39.2	39.4	38.7	40.5	34.3	35.6	31.3	32.8
加拿大	23.5	18.4	28.4	27.3	27.4	27.4	26.1	26.0
日本	30.5	32.7	31.2	26.7	24.0	23.9	23.8	23.7
巴西	8.5	5.7	8.6	11.5	15.6	16.7	19.5	19.5
波兰	8.2	6.5	6.9	—	15.4	15.7	15.9	18.0
西班牙	12.1	12.4	12.0	16.5	16.5	16.8	17.5	17.5
意大利	13.4	17.1	23.7	15.0	18.7	17.4	16.8	16.8
其他国家	221.7	194.1	174.2	177.9	185.5	185.7	186.9	174.8
全球	544.6	551.8	670.7	982.0	1108.7	1128.3	1167.8	1242.1

数据来源：Commodity Markets Outlook，April 2020，世界银行。

1.3.5 再生铅的生产

再生铅可以从铅二次资源中直接回收,减少铅矿物资源的开采。目前,世界再生铅产量已超过矿产铅产量,全球再生铅产量比重已达50%~60%。

再生铅生产的原料90%来自废铅酸蓄电池。世界汽车工业的发展为再生铅工业提供了消费市场和原料来源,加上各国政府和公众对环境保护要求的不断提高,促进了废铅酸蓄电池回收率的提高,推动了再生铅工业的快速发展,再生铅在铅工业中的地位日益提高,所占比重也越来越大。纵观全球发达国家及地区,美国已无矿产铅冶炼厂开工,欧洲再生铅比重约为70%,日本再生铅比重约为65%。另外,印度再生铅比重为74%,韩国再生铅比重约为50%。中国再生铅比重从1990年的9.27%逐年增加到现在的30%~35%,但仍未达到世界平均水平,与美国、日本、印度等国相比,仍有较大差距。全球及主要国家再生铅产量见表1-8,全球再生铅、矿产铅产量比率见表1-9。

表1-8 世界再生铅产量 (万吨)

年份	2012年	2013年	2014年	2015年	2016年	2017年	2018年
全球总量	580.3	605.2	606.4	615.1	624.5	628.8	644.4
中国	136.6	151	153.1	154.4	154	155.2	155.2
美国	111	119	102	110	112	101	114
韩国	18	20	34	35	39	39	39
印度	34.1	34.3	34.8	35.8	37.6	40	40
英国	15.5	15.5	15.7	15.8	15.8	16	16.5
德国	29.1	24.3	24.8	23.9	22.4	24.1	21.6
墨西哥	25.5	25	24.5	24	23	23	23.9
加拿大	14.6	15.3	15	14.2	13.3	15	13.0
日本	16.8	16.2	15.3	14.6	15.5	15	16.0
西班牙	16	15.7	16.6	17.2	16.6	16.6	17.5
巴西	16.5	15.2	16	17.6	19.2	19.5	26.4
其他	146.6	153.7	154.6	152.6	156.2	164.4	161.3

数据来源:有色金属统计。

表1-9 全球精铅及再生铅产量及比例

年份	2012年	2013年	2014年	2015年	2016年	2017年	2018年
精铅产量/万吨	1077	1129.7	1091.7	1102.2	1111.3	1122.18	1177.7
矿产铅产量/万吨	496.7	524.5	485.3	401.6	486.8	494.46	533.29
再生铅产量/万吨	580.3	605.2	606.4	615.1	624.5	628.8	644.4
再生铅比重/%	54	54	56	56	56	56	55

数据来源:世界金属统计。

据SMM统计,我国2018~2019年新增废旧电池拆解能力222万吨,再生铅新增产能120.8万吨,再生铅不合规产能数量从2015年的100万吨降至2018年的20万吨。再生铅集中化与规模化发展会降低生产成本，但是近几年产能增速过快，而下游需求疲弱导致产能过剩，铅价不振，预计再生铅利润将在较长时间内处于低位水平。

长期来看，再生铅替代原生铅依旧是大势所趋，随着生产工艺及经济不断发展，我国再生铅使用比例将逐年增加。同时，市场对于再生铅的认可程度也在提升。我国自然资源人均占有率低于世界平均水平，资源、经济与环境的矛盾长期存在，提高再生铅资源综合回收率不仅是我国铅工业长远发展的需要，更是建设"资源节约型，环境友好型"社会的组成部分，是实现我国经济可持续发展的必然要求。

1.4 铅的主要用途及消费

1.4.1 铅的主要用途

金属铅、铅合金及其化合物广泛应用于蓄电池、电缆护套、机械制造业、船舶制造、轻工业、射线防护等行业。其中，蓄电池行业是铅的重要应用领域，约占80%。铅酸蓄电池的负极和正极分别是用金属铅和二氧化铅制成，主要应用于汽车、摩托车、飞机、电动车、坦克、铁路等。

此外，在机械制造领域，铅与其他金属可以做成轴承合金、焊料合金、磨具合金。利用铅的耐腐蚀性，铅板、铅管及其他合金材料可用于船舶制造以抵御海水侵蚀。由于能够阻挡X射线和其他放射性射线，铅也被用于相关领域工作人员的防护。氧化铅广泛用于铅酸蓄电池的电池糊，还用于塑料的稳定剂、橡胶制品的硫化活性剂、陶瓷的釉料添加剂、防射线玻璃、光学玻璃、水晶玻璃，以及各种颜料涂料等。

1.4.2 铅的消费

世界及主要国家的铅消费数据见表1-10，2019年世界精铅总消费量为1277万吨，其中中国的消费占到了世界总消费的46.3%，其次是美国，占世界总消费的12.9%。

表 1-10 世界精铅消费量   （万吨）

国 家	1980 年	1990 年	2000 年	2010 年	2016 年	2017 年	2018 年	2019 年
中国	21.0	24.4	66.0	417.1	459.3	480.5	523.5	591.5
美国	109.4	127.5	166.0	143.0	161.0	175.8	161.3	165.0
印度	3.3	14.7	5.6	42.0	57.1	55.1	56.9	61.8
韩国	5.4	8.0	30.9	38.2	60.4	62.4	61.5	57.7
德国	43.3	44.8	39.0	34.3	37.4	41.3	38.9	38.6
英国	29.6	30.2	30.1	21.1	23.9	26.6	23.6	28.5
西班牙	11.1	11.5	21.9	26.2	26.2	26.3	25.7	27.7
日本	39.3	41.6	34.3	22.4	26.4	28.7	27.1	25.2
巴西	8.3	7.5	15.5	20.1	21.0	23.8	24.8	24.3
其他国家	264.3	224.6	239.8	214.6	249.7	250.3	251.5	256.8
全球	534.8	534.8	649.1	979.0	1122.4	1170.8	1195.0	1277.2

数据来源：Commodity Markets Outlook, April 2020, 世界银行。

从全球范围看，各国都有相似的铅消费结构。全球及中国最重要的铅消费领域是铅酸蓄电池的生产，均超过铅总消费的 80%，如图 1-2 所示。

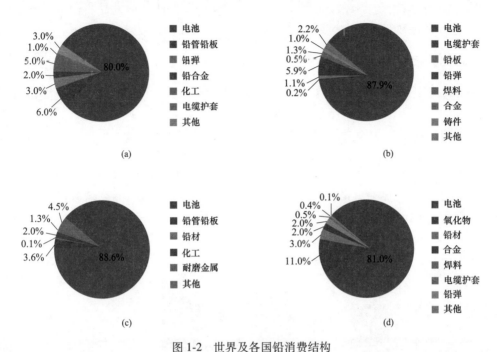

图 1-2 世界及各国铅消费结构

（a）世界铅消费结构；（b）美国铅消费结构；（c）日本铅消费结构；（d）中国铅消费结构

中国铅酸蓄电池按用途可分为动力型、起动型、固定型、储能型等。动力型主要应用于电动自行车、电动三轮车、低速电动车等领域，是铅酸蓄电池最大的应用领域，占中国精铅消费市场的份额接近 40%。其中，电动自行车领域对精铅的需求超过 30%，紧随其后的是起动型，主要用在汽车、摩托车等行业，占整个精铅消费的份额超过 25%，如图 1-3 所示。

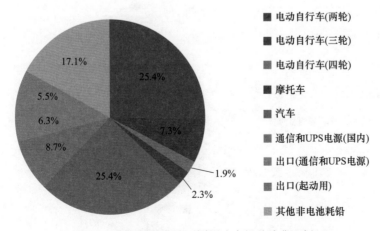

图 1-3 中国铅蓄电池不同用途占铅总消费比例

（数据来源：SMM）

　　从 2013 年开始，电动自行车产量增速开始下滑，中国电动自行车行业开始进入饱和阶段。2014 年中国电动自行车总产量 3510 万辆，同比下降 5.0%，这是电动自行车产量 16 年来首次出现负增长。未来，汽车启停技术的推广及储能行业发展将促进铅酸蓄电池的消费，但受环保政策及锂电池替代的影响，未来铅整体消费需求长期向下。

1.4.3　铅的供需关系

　　据 SMM 统计，中国铅冶炼厂所需的铅精矿约 25% 来自进口。2013~2016 年铅精矿实物进口量如图 1-4 所示。2015 年我国铅精矿进口主要来自美国、澳大利亚、秘鲁、俄罗斯等国，如图 1-5 所示。2016 年开始，我国铅精矿进口量持续下滑，至 2019 年稍有回升，铅精矿进口量（以金属计）分别为 70.5 万吨，63.9 万吨，61.4 万吨和 75 万吨，详见表 1-11。近几年，中国精铅产量约 66.7% 来自矿产铅，约 33.3% 来自再生铅，矿产铅约 75% 来自国产精矿，约 25% 来自进口精矿。这种局面仍会维持一段时间，随着再生铅占比增加，中国对矿产铅的需求将会逐渐下降。

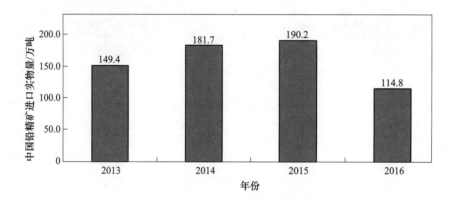

图 1-4　中国铅精矿进口实物量

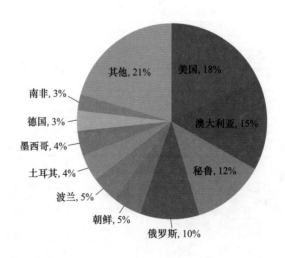

图 1-5　2015 年中国铅精矿主要进口国及占比

表 1-11 中国铅市场供需平衡表 （万吨）

年份		2014 年	2015 年	2016 年	2017 年	2018 年	2019 年
铅精矿	产量	260.9	233.5	223	208	203.3	205.5
	净进口	90.6	94.9	70.5	63.9	61.4	75
	需求量	330.5	321	313.2	296.9	287.6	290.7
精铅	产量	470.4	442.2	466.5	486.9	491	490.8
	净进口	-3.3	-6	-1.4	7.1	7	4
	需求量	468.2	438	484	493	490.2	481

数据来源：安泰科。

1.5 铅冶炼技术

一直以来，传统的烧结—鼓风炉还原法几乎是矿铅冶炼的唯一方式，由于其存在许多弊端，20 世纪 80 年代中期各国开始研究各种直接炼铅法，并开始应用于工业生产。直接炼铅法主要有：QSL 法、顶吹炼铅法、卡尔多法、基夫赛特法、侧吹炼铅法和氧气底吹炼铅法等。

1.5.1 QSL 炼铅法

QSL 炼铅法是由德国鲁奇公司（Lurgi）和 Quenau、Schuhmann 两位教授于 1974 年共同开发的。

20 世纪 80 年代，德国 Duisburg 铅锌厂建成处理量为 10t/h 的 QSL 示范工厂，开展了处理铅精矿和含铅浸出渣的工业试验，为实现大规模工业化生产提供了依据。此后共建设了 4 座 QSL 工厂。中国西北铅锌冶炼厂 1983 年引进 QSL 炼铅工艺，1990 年建成，是第一座工业化生产的 QSL 法炼铅厂。目前，仅有德国 Stollberg 铅厂和韩国温山冶炼厂仍在使用 QSL 炼铅法生产[2]。

QSL 炼铅过程是在一个卧式的圆桶形 QSL 反应器中进行的，由耐火砖砌筑的隔墙将反应器分成氧化区和还原区，隔墙上部为烟气通道。

精矿、二次物料、熔剂、烟尘和粒煤经配料、混合制粒后，通过设在 QSL 反应器氧化段上部的加料口加入熔池中。氧枪布置在炉体底部，氧枪内套管接入氧气，氧枪外套管接入氮气和雾化水。熔体在 1050~1100℃下进行熔化、氧化和熔炼反应，氧化区氧势较高，$\lg(p_{CO_2}/p_{CO})$ 约 2.2，在氧化段形成的金属铅含硫较低，称之为初铅，初铅通过虹吸口放出，氧化段产生的初渣（富铅渣）通过隔墙底部的孔洞流入还原段。熔炼过程产生的烟气通过设置在氧化段上部的出烟口排出，烟气 SO_2 浓度 10%~15%。

粉煤或天然气通过还原段底部还原喷枪与氧气一起喷入熔池中，形成的 CO（或碳氢化合物）使初渣中的氧化铅还原，还原段的氧势较低，$\lg(p_{CO_2}/p_{CO})$ 约 0.2，熔池温度 1150~1250℃。还原形成的二次铅沉降到炉底，流向氧化段与初铅汇合。在反应器中，金属铅与炉渣逆向流动，金属铅从氧化段端部的虹吸口排出，炉渣从还原段端部的渣口排出。

QSL 炼铅法典型工艺流程如图 1-6 所示，图 1-7 所示为 QSL 炼铅炉示意图。由于在同一

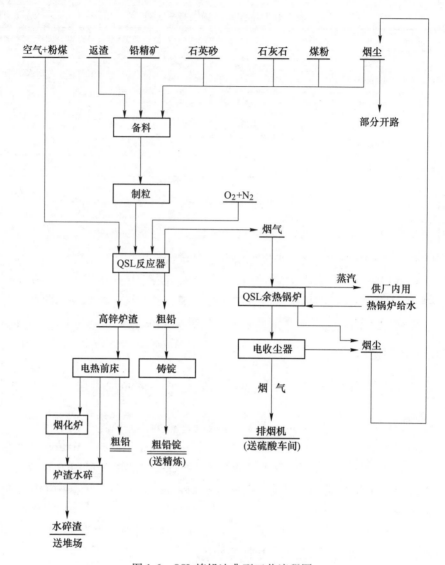

图 1-6　QSL 炼铅法典型工艺流程图

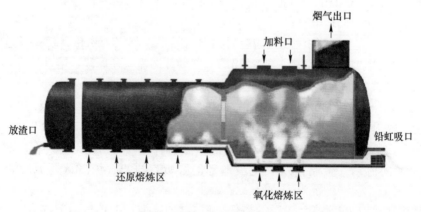

图 1-7　QSL 炼铅炉示意图

反应器中连续完成氧化、还原反应，因此在操作条件选择上要满足连续生产的要求，并在同一反应器中形成氧化、还原两种不同气氛，对工艺技术条件控制要求较高。

1.5.2 顶吹炼铅法

目前应用的顶吹炼铅法是奥斯麦特法（Ausmelt）和艾萨法（ISA），这两种方法都是顶部喷吹浸没熔池冶炼技术（TSL 技术）。该技术是 20 世纪 70 年代早期澳大利亚联邦科学工业研究院（Common wealth scientific and industrial research organisation，CSIRO）J. M. Floyd 博士发明的，最初命名为 HSC 技术，后使用研究院称号更名为 Sirosmelt 技术。1972 年设计并安装了第一座中试厂，后由 J. M. Floyd 博士组建并领导了一个工作组，与澳大利亚的几家公司合作谋求将此技术投入工业应用。第一座工业化的工厂是 1978 年在澳大利亚悉尼市建成的联合锡冶炼厂（Associated Tin Smelters），用于从熔炼反射炉产出的高锡渣中回收金属锡。

1981 年，CSIRO 决定终止在 TSL 方面的研究工作，J. M. Floyd 博士辞职并组建了奥斯麦特公司，该公司与 CSIRO 签订协议，将在原 Sirosmelt 技术基础上将这一新技术自行完善和工业化。自此，该技术被正式命名为奥斯麦特技术。

奥斯麦特公司和 MIM 均建设有中试厂，在 Sirosmelt 技术基础上发展出了各自的技术并成功进行了工业化应用和推广，应用于铜、铅等多个金属品种的冶炼[3]。图 1-8 和图 1-9 所示分别为奥斯麦特炉和艾萨炉示意图。

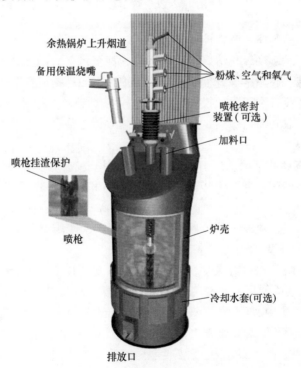

图 1-8 奥斯麦特炉示意图

TSL 技术通过垂直插入渣层的喷枪向熔池中直接喷入空气或富氧空气、燃料，熔池搅拌强烈，为炉料的熔化、氧化、还原、造渣等物理化学过程创造了有利条件。通过调节还

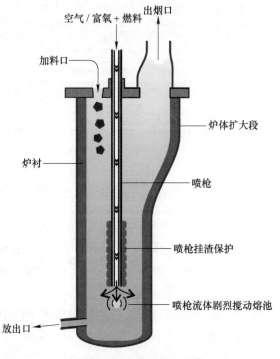

图 1-9　艾萨炉示意图

原剂用量及喷枪喷入的气体、燃料控制熔炼工艺，分别实现氧化、还原过程。还可以根据需要在一台炉中分阶段实现氧化熔炼、还原熔炼，甚至包括渣烟化处理。也可以在两台炉内实现连续氧化熔炼、还原熔炼过程，即第一台炉产出的高铅渣在第二台炉内进行还原熔炼。单台炉分阶段作业有利于降低投资，但操作控制较复杂，尤其是不同阶段烟气中 SO_2 浓度差别较大，需采取必要措施满足制酸系统连续运转的要求，增加了制酸成本和生产运行的难度。

　　1999 年，驰宏锌锗曲靖冶炼厂引进艾萨法，使用 ISA 富氧顶吹熔炼—鼓风炉还原炼铅工艺，处理铅精矿并搭配处理铅银渣等二次含铅物料和返尘，建设 8 万吨/年铅厂。其工艺流程如图 1-10 所示。

　　驰宏锌锗会泽冶炼厂建设了 6 万吨/年粗铅冶炼厂，使用 ISA 富氧顶吹熔炼—侧吹炉还原炼铅工艺，2013 年投产至今运行良好。

　　云南锡业股份有限公司铅冶炼技改工程引进奥斯麦特技术，于 2010 年建成了一座 10 万吨/年的铅厂，该工艺使用一台奥斯麦特炉分阶段实现氧化、还原、烟化作业，每炉次周期为 8h15min，其中加料熔化氧化 5h，铅渣还原 1h，炉渣烟化 1h45min，放渣 30min。烟气处理引进了加拿大康索夫（CANSOLV）再生胺吸收解吸法，这是国内第一家在铅冶炼系统大规模使用的有机胺液吸收—解吸工艺技术处理冶炼烟气中的非稳态 SO_2 制取硫酸，硫利用率大于 98.5%，尾气排放 SO_2 浓度 200mg/m³ 左右。其工艺流程如图 1-11 所示。

　　除中国外，顶吹炼铅法目前还主要用于德国、英国、澳大利亚、印度等地的一些工厂，用于处理铅精矿和二次铅物料。非洲纳米比亚的楚梅布冶炼厂使用奥斯麦特炉处理铅

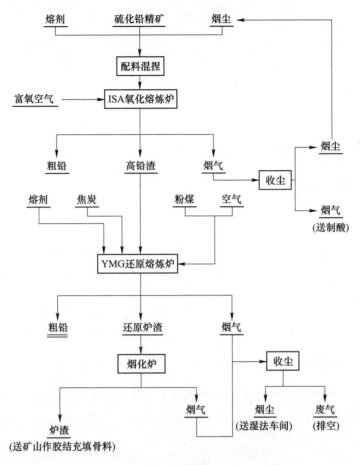

图 1-10　驰宏锌锗艾萨炼铅工艺流程图

精矿，因经营问题关闭。韩国温山冶炼厂建有多台奥斯麦特炉用于炼铅炉渣和锌浸出渣的烟化，效果良好。

1.5.3　卡尔多炼铅法

卡尔多炉技术是由瑞典 Bokalling 发明的氧气顶吹转炉熔炼技术。1976 年瑞典波立顿（Boliden）金属公司将该技术应用于有色金属冶炼，在瑞典北部的 Ronnskar 冶炼厂建成第一台卡尔多炉，用于处理含铅 43% ~ 50% 的铅尘。1981 年进行了不同铅精矿的熔炼试验，1982 年应用于工业化生产。1989 年开始，波立顿公司 Ronnskar 冶炼厂用卡尔多炉大规模冶炼硫化铅精矿和废杂铜，1997 年该厂的卡尔多炉冶炼铅精矿 57272t，处理废杂铜 1571t。目前世界上已建成投产的卡尔多炉可用于氧化铅精矿、硫化铅精矿、废杂铜、阳极泥、镍精矿的处理以及贵金属回收[4]。

卡尔多炉炼铅工艺分为加料、氧化熔炼、还原和出渣、出铅 4 个阶段，整个冶炼过程周期性进行。

卡尔多炉通过一支多层结构的喷枪将氧气、燃料及炉料喷入自身旋转的梨形炉膛内，在炉膛空间强烈氧化并熔化，落入熔池后继续完成氧化熔炼过程。当熔池达到一定深度后

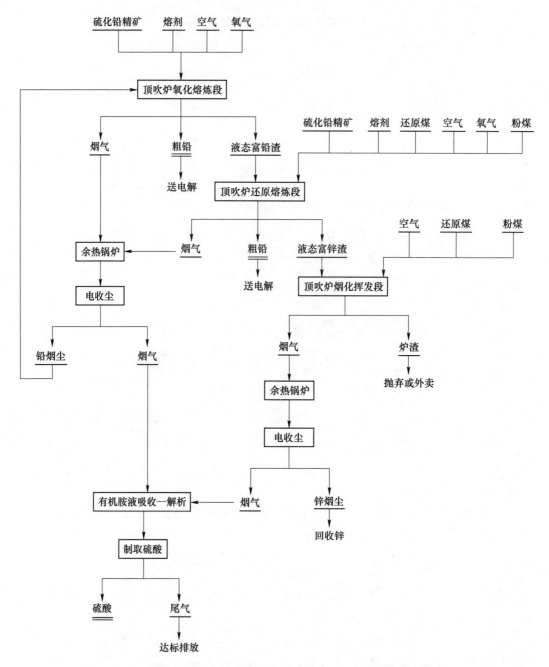

图 1-11　云锡奥斯麦特一炉三段炼铅工艺流程图

停止加料，通过溜槽加入还原煤，使渣中的氧化铅还原为金属铅，并贫化炉渣。当还原过程结束后提起喷枪，倾动炉体倒渣和粗铅，然后开始新的作业周期。由于采用周期作业的工艺过程，SO_2 气体不连续，卡尔多铅厂多采用烟气 SO_2 部分冷凝技术，将氧化熔炼烟气中的部分 SO_2 冷凝储存，待其他阶段烟气中 SO_2 浓度低时，将储存的液态 SO_2 汽化，保证制酸系统的连续稳定运行，也可将液态 SO_2 单独销售。

卡尔多炼铅法典型工艺流程如图 1-12 所示，图 1-13 所示为卡尔多炉示意图。

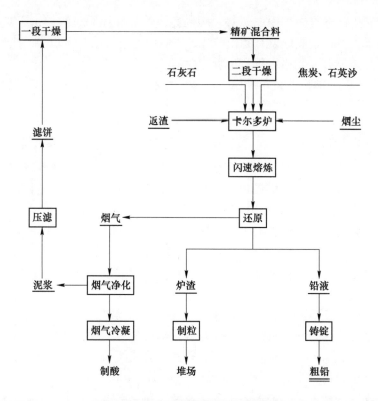

图 1-12　卡尔多炉炼铅法工艺流程图

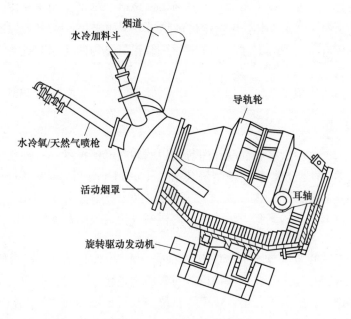

图 1-13　卡尔多炉示意图

卡尔多炉采用工业纯氧和氧油枪控制炉温，炉子温度调节范围大。卡尔多炉具有良好的传热和传质动力学条件，有利于加快物料的熔化和气-固-液三相间的反应速率。通过氧枪可较好地控制生产过程中炉内的氧势，顺利完成熔炼和还原过程。由于炉体体积较小，拆卸容易，便于更换，企业中设有备用炉体，一般作业率可达95%以上。卡尔多炉在处理含杂质较高的复杂物料（阳极泥等）时具有优势。

2005年12月，西部矿业公司采用卡尔多炉技术建成了一座年产5万吨粗铅的炼铅厂，但从2008年起一直处于停产状态。

1.5.4　基夫赛特炼铅法

基夫赛特法（Kivcet）是一种闪速熔炼直接炼铅工艺，最早是由苏联有色金属矿冶研究所开发的氧气旋涡悬浮电热炼铅技术。基夫赛特法于1967年开始进行试验，经历了日处理5t的中间工厂试验及日处理20~25t的半工业试验，共处理1万吨各种成分的铅精矿。该技术的发明专利随后由联邦德国的克哈德公司（Humboldt Wedag AG）购买，该公司对工艺和炉体结构做了改进，形成了经典的一台竖炉（即反应塔）和一台电炉相结合的硫化铅精矿自热氧气熔炼法。1986年1月，苏联乌斯季—卡缅诺戈尔斯克铅锌联合企业建设的基夫赛特炼铅炉投产，日处理能力340t。1987年，年产8万吨粗铅的基夫赛特炉在意大利韦斯麦港建成投产。1997年加拿大特雷尔（Trail）冶炼厂启用基夫赛特技术炼铅[5]。2008年，江西铜业铅锌金属有限公司购买基夫赛特技术许可新建铅冶炼项目，该项目2012年2月点火升温，3月投料。2009年，株洲冶炼集团采用基夫赛特炼铅技术对原有铅系统进行升级改造，项目于2013年建成投产。

将充分磨细和深度干燥的炉料用95%工业纯氧高速送入反应塔内，在高度分散状态下实现PbS的氧化和造渣，金属硫化物在反应塔中发生氧化反应，放出大量热，使一起加入的焦炭表面达到着火温度，落入熔池，在熔池表面形成一层炽热的焦炭层。当高温熔体落入焦炭层后，约80%~85%的铅氧化物在焦炭层还原生成粗铅。从焦炭层流下的含锌炉渣由铜水套隔墙下部流入电炉区，在其中完成对剩余铅氧化物的还原并进行炉渣烟化，粗铅由虹吸口间断放出。

基夫赛特炼铅法典型工艺流程如图1-14所示，图1-15所示为基夫赛特炉示意图。

1.5.5　侧吹炼铅法

侧吹炼铅技术，一种是基于苏联瓦纽科夫炉的侧吹炼铜技术，一种是中国恩菲工程技术有限公司发明的侧吹浸没燃烧熔池熔炼技术（side-submerged combustion smelting process，SSC）。两种炉型有根本区别，基于瓦纽科夫炉的侧吹炉炉体以水套为主，喷吹空气或富氧空气进行熔炼，中国恩菲的侧吹炉炉体水套内衬耐火砖，喷吹富氧和粉煤等固体或气体燃料，两种炉型分别如图1-16和图1-17所示。

瓦纽科夫法是苏联重有色冶金专家瓦纽科夫（A. V. Vanyukov）教授研发的熔池熔炼工艺。瓦纽科夫教授在广泛研究铜精矿熔炼过程中物理化学性能、硫化物氧化机理、动力学和相分离的基础上，提出了在熔体中鼓入富氧空气直接熔炼硫化物原料的新工艺，随后在1949年作为一项发明提出，并从1956年起进行了多次小型试验、半工业试验，取得了满意的结果。1977年12月，诺里尔斯克铜厂建成了全世界第一台用于工业化生产的瓦纽科夫炉，炉床面积20m²。后又建设了多座瓦纽科夫炉用于工业生产，基本都在苏联境内，且主要处理铜镍矿。

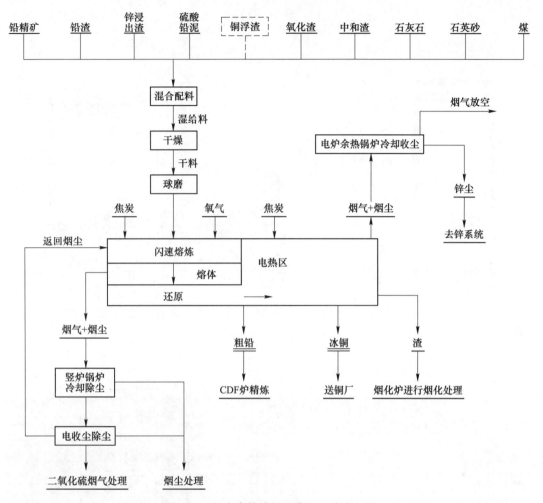

图 1-14　基夫赛特炼铅法典型工艺流程图

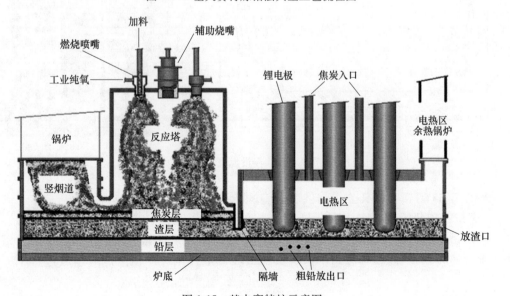

图 1-15　基夫赛特炉示意图

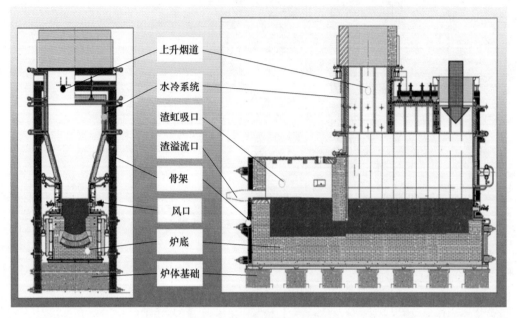

图 1-16　瓦纽科夫炉示意图

标注：上升烟道　水冷系统　渣虹吸口　渣溢流口　骨架　风口　炉底　炉体基础

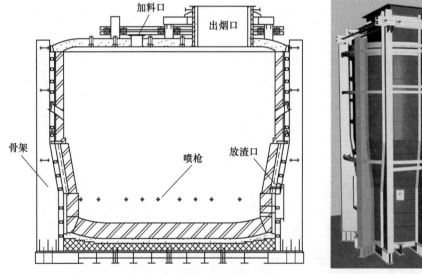

图 1-17　中国恩菲侧吹浸没燃烧熔池熔炼炉示意图

标注：加料口　出烟口　骨架　喷枪　放渣口　放铅口

2001年11月，我国某公司与俄罗斯专家合作，建成一台1.5m²瓦纽科夫炉（试验炉），进行了硫化铅精矿直接炼铅的工业试验，开始了瓦纽科夫技术的国产化进程。随后我国冶金工作者对瓦纽科夫炉进行了改进，逐渐形成了具有中国特色的氧气侧吹熔炼炉技术。该技术于2005年起用于铜冶炼，2011年后逐渐在矿铅冶炼等领域进行了工业推广[6]。

中国恩菲发明的SSC炼铅技术始于2008年与河南金利金铅集团有限公司合作开展

的液态铅渣还原工业试验，试验于 2009 年 9 月底完成，生产运行稳定，各项指标优良，进而转入示范性工业生产。该技术在高铅渣还原和废铅酸电池铅膏冶炼方面得到推广应用。

富氧侧吹氧化炉与富氧侧吹还原炉是富氧侧吹直接炼铅工艺的核心设备，两台富氧侧吹炉通过溜槽连接，实现了连续作业。富氧侧吹氧化炉所产一次粗铅与高铅渣流入氧化炉虹吸室，一次粗铅通过虹吸连续放出铸锭，高铅渣经溜槽连流入富氧侧吹还原炉。还原炉所产二次粗铅与还原熔炼渣流入还原炉虹吸室，二次粗铅通过虹吸连续放出铸锭，还原熔炼渣连续放出送烟化炉。3 台炉子所产高温烟气均通过余热锅炉回收余热，其中富氧侧吹氧化炉高温烟气经过余热锅炉、电收尘器后送制酸系统，还原炉与烟化炉高温烟气经过余热锅炉、布袋除尘器后经脱硫处理排空。侧吹炼铅法典型工艺流程如图 1-18 所示。

目前，两种侧吹炼铅法主要应用于液态铅渣还原，主要应用企业有驰宏锌锗、水口山有色、济源万洋、河南金利、郴州金贵、湖南华信、江西金德等。

河南豫光金铅使用 SSC 技术进行再生铅生产，但其处理铅精矿的铅冶炼生产线使用的工艺是底吹熔炼—底吹还原炼铅技术。

1.5.6 氧气底吹炼铅法

氧气底吹炼铅技术是中国恩菲工程技术有限公司的核心专长技术，其开发始于 20 世纪 80 年代。自 2002 年首次工业化应用成功，经历了氧气底吹熔炼—鼓风炉还原炼铅技术，液态铅渣还原技术的开发，最终形成了"底吹熔炼—熔融还原—富氧挥发"三连炉连续炼铅新技术，是氧气底吹炼铅法最新和最先进的技术成果。目前，氧气底吹炼铅技术建设了 40 余条生产线，产能占全国矿铅总产能的 80% 以上。图 1-19 所示为"底吹熔炼—熔融还原—富氧挥发"三连炉连续炼铅技术典型配置模型。

铅精矿、熔剂、返料等按质量比例配料后混合制粒，计重后加入氧气底吹熔炼炉内。熔炼反应所需氧气及用于保护喷枪的氮气和除盐水通过氧枪从炉体底部高速喷入炉内，有效搅动熔池，形成良好的传质传热条件，铅精矿等硫化物被迅速氧化，放出大量的热，一般入炉粒料所含有效硫大于 15% 时，熔炼过程可实现自热。熔炼产出一次粗铅（当原料品位较低时不产一次粗铅）和高铅渣，当物料含铜较高时，在粗铅和高铅渣中间会形成一层铜锍层。一次粗铅放出后送精炼，高铅渣从渣口放出，通过溜槽加入到底吹还原炉中。还原炉底吹粉煤作为还原剂和热源，维持炉内高温，炉顶分别加入熔剂和块煤参与造渣和强化还原，还原熔炼产出粗铅和还原炉渣。还原炉渣通过渣溜槽自流入烟化炉进行吹炼，产出氧化锌烟尘和终渣。氧气底吹熔炼炉产出的烟气经余热锅炉回收余热、电收尘器收尘后，送硫酸车间制酸。铅烟尘送烟尘仓返回熔炼配料。还原炉烟气由于 SO_2 浓度较低，经余热锅炉回收余热、布袋收尘器除尘后，直接送烟气脱硫系统。烟化炉烟气经余热锅炉回收余热，表面冷却器降温，布袋收尘器除尘后，送烟气脱硫系统。

氧气底吹炼铅法典型工艺流程如图 1-20 所示，图 1-21 所示为氧气底吹熔炼炉示意图。

氧气底吹炼铅技术是我国铅冶炼领域迄今为止最重大的技术发明，极大地促进了行业整体产业升级，使我国粗铅冶炼技术一跃成为世界领先水平。该技术已获得两次国家科技进步奖，获授权几十项核心发明专利，受到世界同行广泛关注，为中国技术赢得了世界声誉。

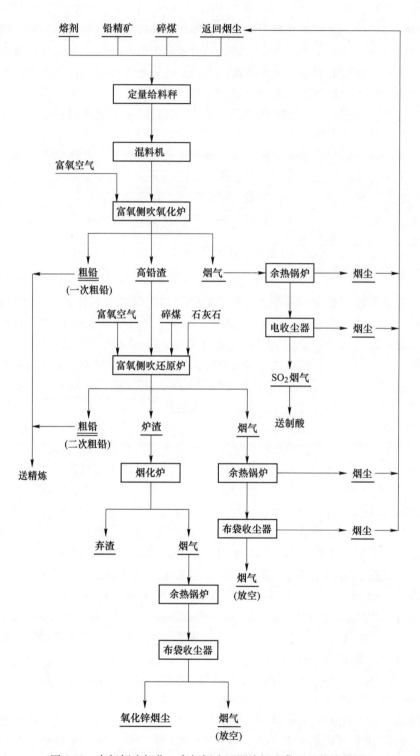

图 1-18　富氧侧吹氧化—富氧侧吹还原炼铅法典型工艺流程图

图 1-19　"底吹熔炼—熔融还原—富氧挥发"三连炉连续炼铅新技术典型配置模型

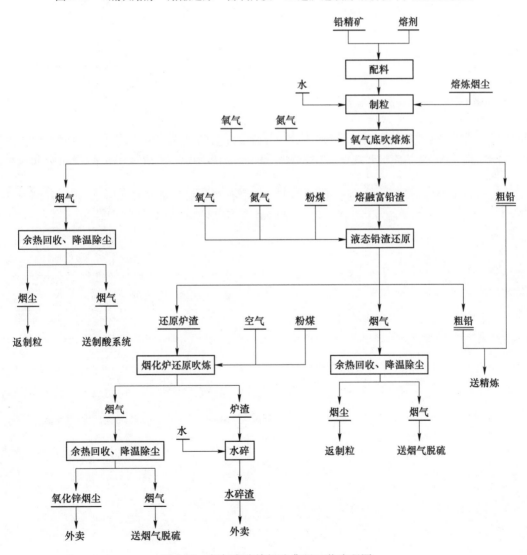

图 1-20　氧气底吹炼铅法典型工艺流程图

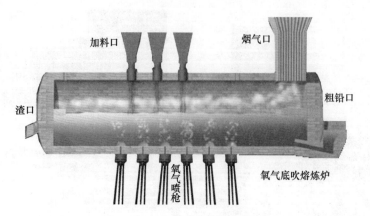

图 1-21　氧气底吹熔炼炉示意图

参 考 文 献

[1] 王忠实. 氧气底吹熔炼—鼓风炉还原炼铅工艺的开发和应用［C］//中国重有色金属工业发展战略研讨会暨重冶学委会第四届学术年会论文集，2002：34~37.

[2]《铅锌冶金学》编委会. 铅锌冶金学［M］. 北京：科学出版社，2003.

[3] John Floyd. 奥斯麦特技术［J］. 有色金属（冶炼部分），2000（2）：16~17.

[4] 许冬云. 卡尔多炉炼铅工艺特点及国内进展［C］//2008年中国矿冶新技术与节能论坛论文集，2008：150~152.

[5] 周志平. 基夫赛特炼铅技术的发展及应用［J］. 山西冶金，2014，148（2）：7~10.

[6] 李允斌. 氧气侧吹炼铅技术的应用［J］. 有色金属（冶炼部分），2012（11）：13~14.

2 氧气底吹炼铅技术的开发及发展

2.1 氧气底吹炼铅技术由来

2000 年以前，国内外铅精矿冶炼普遍采用已有 100 多年历史的烧结—鼓风炉炼铅工艺，并在当时占首要地位。随着世界各国对环境保护提出了日益严格的要求，烧结—鼓风炉炼铅法由于环境污染问题而面临严重的挑战。20 世纪 60 年代开始，世界上不少国家致力于炼铅新工艺的研究开发和对烧结—鼓风炉法进行改进的研究，取得了丰硕的成果，先后涌现了多种炼铅新工艺，如苏联的基夫赛特法、德国的 QSL 法、瑞典的卡尔多法、澳大利亚的 Ausmelt 法、芬兰的 Outo Kumpu 法等。在对烧结—鼓风炉炼铅法进行改进方面，针对烧结烟气制酸或吸收其中的 SO_2 的新技术也有重大突破，如丹麦的托普索湿气制酸技术、中国济源冶炼厂（现为豫光金铅）应用的低 SO_2 烟气非稳态法制酸等。我国对硫化铅精矿直接熔炼方法的研究起步较早，20 世纪 50 年代即开始进行探索。到 70 年代初，沈阳冶炼厂和水口山矿务局均进行过有益的试验工作，但未有结果。

改革开放以后，20 世纪 70 年代末 80 年代初，国家开始重视炼铅新工艺的研究和引进工作，先后在西北铅锌厂从德国引进 QSL 法炼铅技术和在水口山矿务局开展氧气底吹炼铅技术攻关项目，推动了我国炼铅技术进步。

转炉底吹冶炼技术，起源于西欧，1969 年联邦德国首先使底吹转炉用于炼钢工业，如图 2-1 所示。

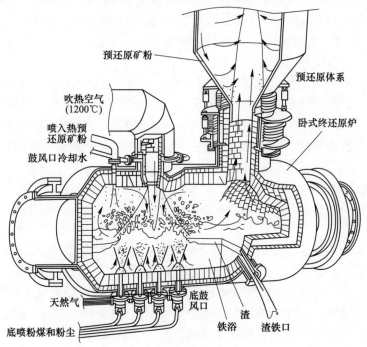

图 2-1 炼钢底吹转炉示意图

2.2　基础研究和半工业试验

氧气底吹炼铅（水口山炼铅法）的研究分两个阶段——基础研究和半工业试验。

2.2.1　基础研究

1982 年，由我国有色金属冶金专家黄寄春、陈达、刘麻苏等同志提议，经冶金部技术经济委员会组织，在北京举行第一次直接炼铅方法技术讨论会，建议国家组织开展氧气底吹炼铅研究试验工作。1983 年经国家科学技术委员会批准，将氧气底吹直接炼铅正式确立为"六五"国家重点科技攻关项目，并成立了以水口山矿务局为组长单位、北京有色冶金设计研究总院为副组长单位，北京钢铁研究总院、北京矿冶研究总院、西北矿冶研究院、东北工学院、中南工业大学、中国科学院化冶所、白银有色公司为参加单位的联合攻关组。

联合攻关组在全面深入研究了直接炼铅工艺方法的基础上，选择氧气底吹法作为攻关对象。1983 年和 1984 年进行了小型单元试验，其中包括热力学数模、冷态模拟试验、热态模拟试验、渣型试验、氧枪及还原枪研试等基础研究，并提交了单元试验报告，具体有：

（1）西北矿冶研究所提交了《氧气底吹炼铅工艺渣型单元试验报告》，该报告得出结论如下：通过大量的试验工作，提出了一个经济合理的渣型。水口山铅精矿属高铁低硅类型原料，采用渣型（SiO_2 22%，FeO 40%，ZnO 14%，CaO 14%）配料熔炼是经济合理的。氧化成铅率 43%左右，终渣含铅 3%左右，熔剂率低至 7.4%。

（2）中国科学院化工冶金研究所提交了《火法炼铅还原段热力学分析》报告，该报告得出结论如下：以最佳氧化条件产生的初渣作为还原段的原料，得出气相、渣相、铅液相的组成随温度和给碳量的变化关系，较低温度和较高给碳量对生成铅有利。在保证终渣良好流动性前提下使用高钙铁硅渣对降低渣含铅有利。在氧化段添加碳粉控制氧势抑制硫酸盐生成对降低渣含铅有利。

（3）北京钢铁研究总院、北京有色冶金设计研究总院、水口山矿务局提交了《氧气底吹炼铅热态试验阶段总结》报告，该报告得出结论如下：1983 年 10 月研究单位开始进行项目热态试验，取得了理想结果。突破了该项新工艺的关键技术之一——喷枪的结构、材质和使用冷却剂的种类，在选用合适的冷却剂量的条件下，确保吹氧喷枪完整无损的良好使用特性。

（4）东北工学院提交了《氧气底吹炼铅反应炉冷态模拟试验研究》报告，该报告得出结论如下：探明了喷枪间距、液位深度在炉内的搅拌情况，为后续工业扩大装置提供放大设计参考。

（5）中国科学院化工冶金研究所提交了《直接炼铅法热力学研究》报告，该报告得出结论如下：SiO_2、MgO、Al_2O_3 均较低的水口山铅精矿用于 QSL 直接炼铅是比较好的原料。QSL 法在一个炉内保持陡峭的氧势和温度梯度对降低渣中铅含量不利。采用两室炉，并把氧化区分为两段，前段大量出铅，后段过剩氧化，较合理，使渣含铅低且稳定。氧化区成铅的温度在 1000℃以上，供氧量（以精矿计）136~163 m^3/t。

（6）中南工业大学有色冶金研究所提交了《氧气底吹炼铅渣型试验报告》，该报告对不同组分的炉渣黏度和熔点进行了测定，确定了以 SiO_2 30%、FeO 40%、ZnO 13%、CaO 15%、PbO 2%的炉渣为基本渣型。

（7）北京矿冶研究总院提交了《铅精矿直接熔炼及渣型研究》报告，简要介绍了铅精矿直接熔炼的发展，评述了几种主要的直接炼铅方法，对其冶金过程的物理化学、不同温度下的铅-硫-氧势图等做了论述，指出一步直接炼铅不可能得到好的指标，必须分两步进行才能得到满意的结果。铅精矿直接熔炼的主要问题研究如下：

1）较准确控制氧势范围，以便得到含硫低的粗铅，以满足精炼的要求。熔炼反应温度高于900℃是需要的，以保证加快反应速度和改善渣的流动性；为了获得含硫低的粗铅，宜适当降低放铅温度。

2）硫化铅氧化熔炼得到的粗铅与炉渣处于平衡状态，低氧势有利于取得含铅低的炉渣。

3）适当控制氧化段的反应温度是必要的。

该报告同时对水口山铅精矿直接熔炼的渣型进行了配制，对合理渣型进行了探讨，无论高铁渣型还是高硅渣型，渣熔点均可控制在1200℃以下，且在操作温度下，炉渣的黏度也是可行的，达到了铅熔炼对炉渣黏度的要求。

上述理论研究和单元研究为水口山炼铅法提供了坚实和全面的理论支持，其中渣型研究是水口山炼铅法确定熔炼制度的最重要因素，为氧气底吹炉的低温（950～1050℃）冶炼提供了理论依据。特别宝贵的是根据冷态模拟研究结果，按相似分析所得准数方程处理，利用多元逐次回归法由计算机处理数百个数据，获得氧枪枪距与炉体尺寸参数的回归方程，对于底吹装备的放大设计具有重大指导意义。

2.2.2 半工业试验

1985年3月，联合攻关组第四次工作会议决定以"双室法"直接炼铅工艺作为攻关目标，即将硫化铅精矿的氧化过程和初渣的贫化过程分别在底吹炉和贫化电炉中进行，并将此工艺方法定名为"水口山炼铅法"。1984年进行半工业试验装置设计，1985年初破土动工，同年底"水口山炼铅法"半工业试验车间在水口山矿务局第三冶炼厂建成。1985年底至1987年1月试验车间开炉6次，基本完成了半工业试验装置的热调试、探索试验、条件试验和人员培训。1987年4月至当年年底，半工业试验开炉4次，进行综合试验，这4次开炉共运行43天，实际作业27天，处理粒矿895t，产出粗铅342.5t（其中底吹炉产172t，贫化电炉产170.5t），粗铅含铅品位大于98%、铅冶炼总回收率97%、终渣含铅小于5%、硫入烟气率大于97.5%、烟气 SO_2 浓度约为15%、粗铅综合能耗（以标煤计）400kg/t。

1987年12月，"水口山炼铅法"联合攻关组提交了半工业试验报告。

1988年1月，中国有色金属工业总公司组织专家对"水口山炼铅法"半工业试验研究成果进行技术鉴定。以张驾为组长，成员包括毛月波、戴永年、王德润、王达成、陈仕武、傅作健、陆秀衡在内的专家组，对半工业试验成果予以充分肯定，鉴定意见为：

（1）"水口山炼铅法"半工业试验是成功的，主要技术指标达到国家科学技术委员会合同规定的要求。

（2）"水口山炼铅法"为国内首创，与国际现有直接炼铅法新工艺具有同等重要意义。

（3）该工艺采用了先进的纯氧熔池熔炼，短流程，过程强化，效率高，劳动环境与现有传统工艺相比有根本的改善，社会效益显著，并由于改善环保所带来的经济效益，同样是显著的。

（4）参加单位对直接炼铅热力学、渣型、氧枪结构等问题进行了大量的单元试验研究工作，为半工业试验提供了可靠的理论依据，促进了试验的进展。

（5）半工业试验装置的设计，经试验验证，满足了试验要求，是成功的。

（6）建议对进一步提高炉子作业率，完善炉体结构等问题，继续进行研究。

"水口山炼铅法"半工业试验成果，获得 1988 年度中国有色金属工业总公司科技进步二等奖。至此，历时 5 年多，耗资 628 万元的"水口山炼铅法"研究试验工作，告一段落。

2.3　工业试验

在前期半工业试验的基础上，底吹炼铅技术联合攻关组 1985 年建成工业试验系统，到 1998 年共进行了三个阶段的工业试验。工业试验流程如图 2-2 所示。

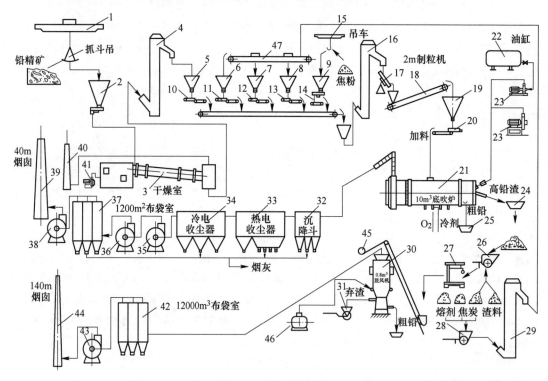

图 2-2　工业试验流程

1—抓斗桥式起重机；2，19—料仓；3—干燥窑；4，16，29—斗提；5~9—料斗；10~14—定量给料机；
15—桥式起重机；17—圆盘制粒机；18—胶带输送机；20—移动式胶带输送机；21—底吹炉；
22—卧式油罐；23—齿轮泵；24—渣盘；25—粗铅浇铸机；26，28—推车；27—磅秤；30—鼓风炉；
31—渣包车；32—沉灰斗；33，34—电收尘；35，36，38，43—引风机；37，42—布袋收尘器；
39，40，44—烟囱；41—离心风机；45—翻斗加料机；46—罗茨风机；47—往复式胶带给料机

2.3.1 第一阶段工业性试验

工业性试验厂于 1985 年底建成，该工业试验线粒料处理能力为 1.5~2t/h，其主要工艺由精矿干燥、配料、制粒、底吹熔炼炉、还原熔炼炉及收尘系统组成。氧化熔炼是在一台可旋转的圆柱形卧式炉中进行，炉体外形尺寸为 ϕ2.30m×8.0m、容积 10m³、底部设有 4 支可更换的氧枪，如图 2-3 所示。

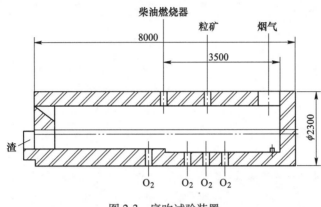

图 2-3 底吹试验装置

加料口、放铅口和放渣口分别设在炉体的不同部位，氧化熔炼产出的高铅渣在一台 5m²、400kW 电炉中进行还原熔炼，电炉顶设有粉煤还原枪。1986~1987 年共进行了 10 个炉次的试验工作，最长炉次的运行时间 43 天，有效作业率为 63%，处理料量 895t，较好的经济指标为：粗铅总回收率 93%、底吹炉脱硫率 97.5%，炉气出口烟气 SO_2 浓度 15%，底吹炉一次产铅率 50%，烟尘率 10%。本阶段试验有效作业率低的主要原因是电炉还原的粉煤制备系统不完善，粉煤枪难以正常工作；底吹炉烟道系统结构不合理易堵塞，底吹炉氧枪寿命不稳定且更换困难等。

2.3.2 第二阶段工业性试验

针对第一阶段工业性试验发现的主要问题，联合攻关组重点对底吹炉烟道系统和氧枪及套砖进行改造，并决定将电炉还原熔炼改为鼓风炉还原熔炼，其理由是我国亟待改造的现有炼铅厂均为烧结—鼓风炉工艺流程，高铅渣采用鼓风炉还原更具现实性，可充分利用老厂原有设施降低改造费用。高铅渣块进鼓风炉还原可借鉴我国澜沧江冶炼厂长期处理老炉渣的经验。此外，考虑到采用电炉还原需新建粉煤系统，且改造供粉系统需筹集更多的资金，而试验厂改造费用有限。利用现有生产厂的鼓风炉作高铅渣的还原试验，无需投入更多的资金。试验厂经改进后于 1989 年 11 月进行了 3 个炉次的第二阶段工业性试验，氧气底吹炉有效熔炼时间为 1251h，作业率达 90%，平均氧枪寿命 10 天，处理粒矿 1720t，直接产铅率 32.1%，产富铅渣 995t，富铅渣含铅 44.5%。与第一阶段试验相比，氧气底吹熔炼的指标、作业率、氧枪寿命等均有较大的提高。

氧气底吹熔炼产出的富铅渣集中在一台 6.5m² 鼓风炉中进行还原熔炼，该炉为水口山矿务局铅厂的生产设备，还原熔炼试验是利用该炉大修前的 34 天完成的，由于炉容较大，富铅渣量小，因此还原熔炼试验时间较短。尽管如此，但仍证明了用鼓风炉还原块状富铅渣炉况稳定且顺行，鼓风炉渣含铅在 4.26%～6.5% 范围内波动，有必要进一步进行较长时间的试验，选择合理的渣型，改进鼓风炉结构和有关的熔炼制度，达到稳定各项技术指标，降低弃渣含铅的较好的经济效果。但由于企业经济效益不好，无财力继续支持该项试验，因此暂时停止了炼铅的试验工作。1990～1993 年间，底吹试验装置接受外厂委托进行了铜精矿、含砷金铜物料、含砷铜精矿各类型物料的工业化试验工作，并进行了一段时间的炼铜小规模生产。

2.3.3 第三阶段工业验证试验

为了解决我国炼铅厂的环境污染，尽快将氧气底吹熔炼—鼓风炉还原炼铅工艺推向工业化生产，1997 年 9 月，河南豫光冶炼厂、安徽池州冶炼厂等几家炼铅厂出资组成联合攻关组，继续开展工业验证工作，1997 年底至 1998 年上半年对闲置了 4 年的试验厂设备进行了检修调试、热负荷运行和修改工作。1998 年 5～7 月正式进行了工业验证试验。验证试验期间高铅渣是在一台 $0.9m^2$ 鼓风炉中进行的，氧气底吹熔炼炉从加料至停炉历时 855h，扣除氧枪更换及设备故障引起的休风时间外，有效投料时间为 697h，投入粒矿总量 1279t，其中铅精矿总量为 860t，铅精矿含铅 55%、铜 1.03%、硫 17%～18%，验证试验的主要结果如下：底吹熔炼炉生产率（以粒料计）44t/（m^3·d），粒料中配 3%～4% 焦粉可满足热平衡要求，烟尘率 15%～20%，氧耗（以粒料计）144m^3/t，出炉烟气 SO_2 浓度 15%，鼓风炉还原熔炼床能力 50t/（m^2·d），焦率 15%～16%，烟尘率 4%，作业率 93%，平均渣含铅 4.8%，氧化及还原两段作业铅总回收率 96%。

2.3.4 工业试验结论

（1）氧气底吹熔炼—鼓风炉还原炼铅方法流程畅通，试验工厂全流程作业率达到了 81.5%，如扣除试验工厂辅助设备的故障其作业率可达到 90% 以上。

（2）工艺过程的主要技术指标可作为工业生产的依据，氧气底吹熔炼炉熔炼强度高，脱硫率高达 98%，出炉烟气 SO_2 浓度 15%，为双接触法制酸提供了较好的稳定烟气。该工艺流程短捷、设备密闭、操作区环境好，可以较有效地解决传统铅厂的环境问题，是一项可靠先进的实用技术。

（3）富铅渣经鼓风炉还原试验，渣含铅在 3%～8% 范围内波动，主要原因是受现有鼓风炉结构及供风系统限制，无条件对鼓风炉结构修改，有待工业化生产装置的改进以适应富铅渣还原熔炼的特殊性。

（4）氧气底吹熔炼氧枪寿命在 5～10 天范围内波动，并未达到 3 周寿命的目标值，其原因是氧枪系工厂自制产品，加工精度差，结构简单，无法实现冷却保护措施，尤其是验证试验阶段底吹炉已闲置了 4 年时间，炉衬未更换，氧枪套砖在仓库已存放 10 年，套砖的烧损直接影响了氧枪的寿命，工业化生产装置将根据冷态模拟试验做较大的改进。

（5）氧气底吹炉一次产铅率波动在 20%～50% 之间，除操作原因外，主要取决于原料的组成、原料特性和氧料比。在氧气底吹熔炼—鼓风炉还原熔炼法中，产铅率不是追求的指标，工业化生产将根据物料组成、合理的熔炼温度、热平衡来确定。

2.4 氧气底吹炼铅技术的发展

2.4.1 底吹熔炼—鼓风炉还原工艺

河南豫光金铅集团和池州有色金属公司是我国第一批采用氧气底吹熔炼—鼓风炉还原炼铅新工艺取代烧结—鼓风炉熔炼的工厂，中国有色工程设计研究总院分别于1994年和1999年完成两厂的可行性研究工作，2001年底完成施工图设计，2002年5月和6月先后建成。

工厂设计的重点在于如何解决工业化氧气底吹炉等生产装置的连续稳定运行，以保证生产指标的实现，不仅要在充分调研的基础上，借鉴相关工厂的实践经验，更主要的是针对该工艺的特殊性，对冶炼装置进行了工业化的研究和设计：

(1) 氧气底吹熔炼选择适宜的氧枪间距、送氧强度以及氧枪套砖材质，并在结构上便于氧枪的更换。

(2) 工业化生产的氧枪结构与工业化试验装置截然不同，在结构上充分考虑了冷却措施、保护气体的运用和枪头的可更换性。

(3) 氧气底吹炉烟气采用余热锅炉冷却方式，锅炉在设计中充分考虑了烟尘率高且易黏结的特性，垂直烟道即为余热锅炉辐射段，水平段为余热锅炉对流段并配套有机械振打清灰系统。

(4) 富铅渣的铸块采用带式铸渣机，其结构、冷凝速度、铸模形式充分考虑了富铅渣特性及鼓风炉熔炼的要求。

(5) 富铅渣和烧结块相比，由于气孔率很低且熔点低，还原性能较差，因此鼓风炉的结构、料柱高度和供风方式均有别于常规炼铅鼓风炉。

两厂于2002年7月相继投产，其中豫光金铅集团设计规模为年产粗铅5万吨，池州有色金属公司设计规模为年产粗铅3万吨。继两座炼铅厂成功投产后，第三座设计规模为年产粗铅10万吨的水口山有色金属有限责任公司"铅冶炼治理"工程也于2005年正式投产，随后我国拉开了底吹炼铅工艺对老铅厂改造和新铅厂建设的帷幕。底吹熔炼—鼓风炉还原炼铅工艺应用情况见表2-1。

表2-1 底吹熔炼—鼓风炉还原炼铅工艺应用企业

序号	企 业 名 称	设计规模/kt·a⁻¹	投产日期	工 艺
1	河南豫光金铅股份有限公司Ⅰ	50	2002年7月	底吹熔炼+鼓风炉
2	池州有色金属（集团）公司	30	2002年8月	底吹熔炼+鼓风炉
3	湖南水口山有色金属集团有限公司	100	2005年8月	底吹熔炼+鼓风炉
4	河南豫光金铅股份有限公司Ⅱ	80	2005年3月	底吹熔炼+鼓风炉
5	灵宝市新凌铅业有限责任公司	80	2006年9月	底吹熔炼+鼓风炉
6	云南祥云飞龙有色金属股份有限公司	60	2006年10月	底吹熔炼+鼓风炉
7	河南金利金铅有限公司Ⅰ	80	2007年10月	底吹熔炼+鼓风炉
8	万洋冶炼集团有限公司	80	2008年3月	底吹熔炼+鼓风炉
9	湖南宇腾有色金属股份有限公司	80	2008年	底吹熔炼+鼓风炉

序号	企 业 名 称	设计规模/kt·a^{-1}	投产日期	工 艺
10	汉中锌业有限责任公司	80	2008 年	底吹熔炼+鼓风炉
11	江西金德铅业股份有限责任公司	80	2008 年	底吹熔炼+鼓风炉
12	内蒙古兴安银铅冶炼有限公司	80	2009 年	底吹熔炼+鼓风炉
13	青海西豫有色金属有限公司	100	2010 年	底吹熔炼+鼓风炉
14	洛阳永宁有色科技有限公司	80	2010 年	底吹熔炼+鼓风炉
15	郴州市金贵银业股份有限公司	80	2010 年	底吹熔炼+鼓风炉
16	湖南省桂阳银星有色冶炼有限公司	100	2011 年	底吹熔炼+鼓风炉
17	广西苍梧县有色金属冶炼有限公司	60	2011 年	底吹熔炼+鼓风炉

底吹熔炼—鼓风炉还原炼铅工艺的主要工艺流程如图 2-4 所示。

2.4.2　底吹熔炼—液态铅渣还原—连续炼铅三连炉工艺

2002 年,底吹熔炼—鼓风炉还原炼铅工业生产示范线投产,但仍存在熔融高铅渣的热量未利用、鼓风炉需要消耗昂贵的焦炭、能耗高等问题。因此 2007 年开始,中国恩菲工程技术有限公司联合有关企业提出了开发液态高铅渣直接还原技术取代铸块鼓风炉还原工艺,新技术得到了国家支持并确定为国家"十二五"期间重大产业技术开发项目。后续有豫光金铅、安阳岷山、金利金铅等公司相继开发了各具特色的液态铅渣还原工艺,行业内统称为三连炉工艺,其技术效果见表 2-2,其工艺设备连接图如图 2-5 所示。

表 2-2　熔融还原与鼓风炉还原指标对比

项　　目	鼓风炉还原	熔融还原
焦率/%	16	0
煤率/%	0	8
烟气量(以铅计)/m^3·t^{-1}	21000	7000
SO$_2$排放量(以铅计)/kg·t^{-1}	8.4	2.8
粗铅能耗(以标煤计)/kg·t^{-1}	430	180
渣含铅/%	>3.5	<2
生产成本(以粗铅计)/元·吨$^{-1}$	710	350

三连炉工艺最大的优势是实现了物质流和能量流的有机匹配,主要是指经底吹炉氧化熔炼产生的高温液态熔融的富铅渣以高温、液态的物理状态通过特种溜槽装置导入还原炉进行直接还原,还原后的还原炉渣又以高温、液态的物理状态通过特种溜槽装置导入富氧强化挥发炉进行挥发回收有价金属锌、铟、锗等元素的连续冶炼过程。

高温液态渣在不同冶炼工段的流转和反应,在实现物质传输的同时,高温液态渣也实现了热能或能量流在 3 台冶炼装置中的高效传递,极大地节省了能量消耗,并缩短了冶炼流程,形成了完整的短流程冶炼工艺。

以底吹氧化熔炼炉为核心,先后拓展出了多类型底吹炼铅短流程工艺路线,主要有"底吹+鼓风炉""底吹+底吹""底吹+侧吹"3 种工艺路线。特别是液态铅渣还原炉,衍生了多种炉型和生产技术,主要有天然气底吹还原炉、粉煤底吹还原炉、富氧侧吹还原炉、发生炉煤气侧吹还原炉、天然气侧吹还原炉、粉煤侧吹还原炉等多种炉型。

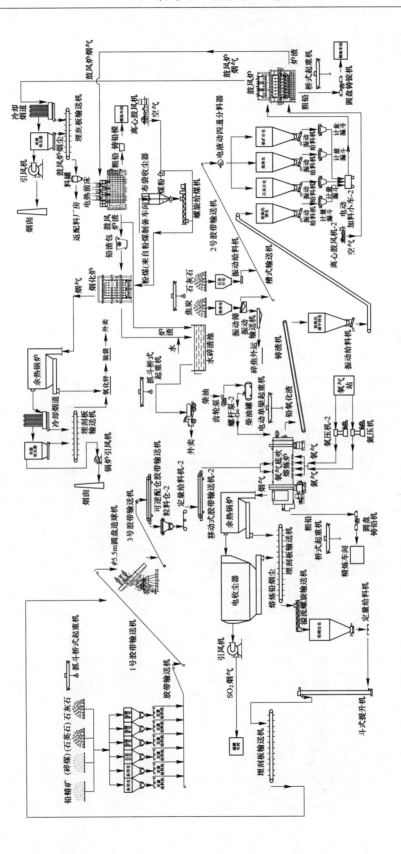

图 2-4 底吹熔炼—鼓风炉还原炼铅工艺设备连接图

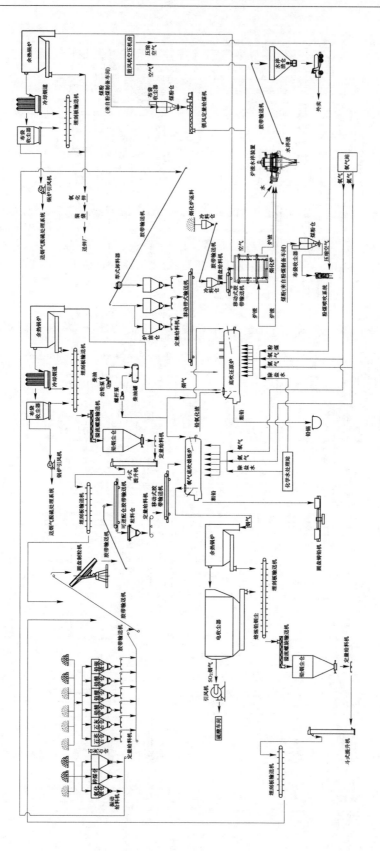

图 2-5　底吹熔炼—液态铅渣还原—连续炼铅三连炉工艺设备连接图

2.4.3 其他衍生工艺

随着氧气底吹炼铅技术在我国铅冶炼企业的普及和推广应用，迅速提高了铅冶炼生产线单台（套）设备的生产能力，由最初的 5 万吨/年逐步提高到 20 万吨/年，许多大型铅冶炼企业拥有多条底吹炼铅生产线。随着铅冶炼产能的增大，铅冶炼过程中副产物铜浮渣、阳极泥产量随着增大，原有传统的浮渣反射炉、鼓风炉以及贵铅炉等无法满足经济环保生产要求，许多企业纷纷开展了底吹熔炼炉的拓展应用。其中的佼佼者为我国最大的铅冶炼企业——河南豫光金铅集团。自 2002 年氧气底吹炼铅生产线投产后，多年来该企业开发了多条处理不同含铅物料的底吹生产线。主要有：

（1）2006 年开发了我国首条底吹处理铅阳极泥的生产示范线，年处理阳极泥量为 1 万吨；

（2）2012 年开发了我国首条底吹处理含铅锑渣料的生产示范线，年产锑白 2500 吨；

（3）2014 年开发了我国首条底吹处理铜浮渣生产示范线，年处理铜浮渣 5 万吨。

2.4.4 氧气底吹炼铅法工艺特点

氧气底吹炼铅法的工艺特点如下：

（1）冶炼过程的环境状况有明显改善，主要表现在：

1）熔炼过程在密闭的熔炼炉中进行，生产中能稳定控制熔炼炉微负压操作，有效避免了 SO_2 烟气外逸；操作环境用空气采样器检测 Pb 含量小于 $0.03mg/m^3$，SO_2 含量小于 $0.05mg/m^3$；

2）氧枪底吹作业过程中，其熔炼车间噪声远远小于 ISA（Ausmelt）炉；

3）工艺流程简捷，生产过程中产出的铅烟尘均密封输送并返回配料，有效防止了铅尘的弥散污染。

（2）对原料适应性强，主要表现在：

1）氧气底吹炉可处理各种品位的硫化矿；

2）氧气底吹炉可搭配处理锌系统铅银渣等；

3）氧气底吹炉可搭配处理其他各种二次铅原料，如废蓄电池铅泥等；

4）实际生产中，氧气底吹炉入炉原料 Pb 的品位波动在 30%~75%均能正常作业。

（3）有价元素回收率高，主要表现在：

1）铅回收率高，还原终渣含铅约 2%；

2）贵金属回收率高，底吹炉和还原炉 2 段产粗铅，对贵金属实施 2 次捕集，与 QSL、Kivcet、Ausmelt（ISA）炼铅法相比，氧气底吹炉的 Au、Ag 回收率可提高 1~3 个百分点，实际 Ag、Au 进入粗铅率大于 99%；

3）底吹炉脱硫率高，S 回收率大于 95%。

（4）能耗低，主要表现在：

1）底吹炉和还原炉均采用工业氧熔炼，粗铅熔炼系统综合能耗计算如下：吨铅总电耗 80~100kW·h，吨铅总氧耗 300~400m³，吨铅消耗焦炉煤气 80~90m³，吨铅消耗碎焦煤 70~90kg；电的折标系数（以标煤折算）按 0.1229kg/(kW·h)，氧气的折标系数按 0.400kg/m³，无烟煤的折标系数按 0.9000kg/m³，焦炉煤气折标系数按 0.5714kg/m³，综合计算，氧气底吹—侧吹熔融还原炼铅工艺综合能耗（铅耗标煤）为280kg/t，低于国内外其他炼铅工艺；

2）在熔炼硫化矿时，底吹炉熔炼过程中不需要补热；

3）回收了底吹炉和还原炉烟气中的余热，每生产1t粗铅同时能产出0.8~1.2t蒸汽（4MPa）；

4）熔炼炉已产出一次粗铅，还原炉处理的物料量大幅度减少，还原剂和动力消耗相应大幅度减少。

（5）作业率高，主要表现在：

1）底吹炉炉衬寿命高，实际生产高达3年；

2）底吹炉氧枪寿命长，一般为30~60天，远远高于ISA（Ausmelt）炉喷枪寿命，还原炉喷枪寿命实际生产已超过5个月；

3）熔炼炉只有在更换氧枪时才停止加料；

4）作业率大于85%，年有效作业时间大于7900h。

（6）操作控制简单。熔炼炉和还原炉工艺控制容易，操作简单。

（7）自动化水平高。整个生产系统采用DCS控制。

（8）单机处理能力大。现有氧气底吹炼铅装置单系列已实现日产粗铅530t，单机生产能力远远高于其他炼铅法。

（9）投资省，主要表现在：

1）工艺流程简短，设备投资省；

2）熔炼厂房建筑结构简单，土建费用低。

氧气底吹熔炼—液态铅渣直接还原炼铅法已成为世界领先的炼铅技术，其技术经济指标与其他几种直接炼铅技术比较见表2-3。

表2-3　国际先进炼铅工艺技术经济指标对照

项　目	氧气底吹熔炼—液态铅渣还原炼铅	氧气底吹熔炼—鼓风炉还原炼铅	Kivcet法	QSL法	顶吹熔炼—鼓风炉还原炼铅
粗铅规模/t·a⁻¹	8~20	6~12	8~10	5~10	3~10
原料	铅精矿及铅二次物料	铅精矿及铅二次物料	铅精矿及铅二次物料	铅精矿及铅二次物料	铅精矿及铅二次物料
备料	简单，只需制粒	简单，只需制粒	精矿必需深度干燥	简单，只需制粒	简单，只需制粒
烟气浓度（SO₂）/%	8~10	8~10	15~20	8~10	8~10
氧气（以生产粗铅计）/m³·t⁻¹	300~400	250~350	500~600	300~400	0~100
铅回收率/%	98.5	97~98	98（设计值）	97~98（设计值）	97~98
氧枪寿命	>6周	>6周		2~4周	3~4天
能耗（以铅耗标煤计）/kg·t⁻¹	280	380	400	300	400

注：Kivcet和QSL法铅回收率是有关工厂的设计指标，但实际生产渣含铅5%~7%，如按实际渣含铅数据计算，熔炼回收率与设计值差异较大。

3 氧气底吹炼铅技术的理论基础

氧气底吹炼铅技术是一种先进的直接炼铅工艺，硫化铅精矿可不经烧结直接入炉生产金属铅。直接炼铅技术简化了生产流程，大幅提高生产效率、降低能耗，实现硫的高效利用。经浮选得到的硫化铅精矿，其粒度仅为几十微米，比表面积大，直接炼铅技术充分利用了硫化铅精矿的化学活性和反应热，采用富氧强化熔炼方法，实现物料熔化和化学反应的快速进行，具有处理量大、生产效率高、节能环保的优势。

20世纪60年代，全世界冶金工作者不断努力，以寻求直接炼铅新技术替代传统的冶炼方法。至80年代，直接炼铅技术成功实现了大规模工业化生产。发展至今，直接炼铅技术已成为行业主流，形成多种工艺，其中尤以氧气底吹炼铅技术应用最为广泛。

直接炼铅技术的开发与发展离不开全世界冶金工作者对于直接炼铅技术基本原理的深入研究，直接炼铅技术的成功应用又印证了其基本原理的科学性和正确性，丰富了对其基本原理研究的手段。

3.1 传统炼铅技术和直接熔炼技术的特点

传统烧结—鼓风炉还原炼铅技术经过了上百年的发展历史，由于工艺局限性，无法满足其在现代社会工业化大生产的趋势要求。传统流程将氧化和还原两过程分别在两种设备中进行，各自反应体系中的化学势随料层移动的距离发生很大的改变，且均为远离平衡状态的非均质多相体系。由冶金动力学可知，在接近平衡状态下的均质反应体系中，连续操作最易促使冶金过程快速高效进行，而传统炼铅流程存在许多难以克服的弊端。传统炼铅技术的主要缺点如下[1]：

（1）传统冶炼工艺工序复杂、流程长、含铅物料转运量大、粉尘量大、车间工作环境恶劣，相关工作人员容易铅中毒。

（2）随着技术的发展，经过选矿后的铅精矿品位可超过60%；如此高品位铅精矿难以直接烧结，需大量配入熔剂、返粉或炉渣将入烧结炉物料的铅品位降至40%~50%。由此可导致送入鼓风炉的烧结块品位较低，大幅降低设备生产能力。

（3）铅精矿氧化造渣可释放出高于$2×10^6 kJ/t$的热量，这些热量在烧结过程基本无法利用，且在后续鼓风炉冶炼过程中需加入大量冶金焦。

（4）铅精矿含硫约15%~20%，处理1t铅精矿理论上可生产0.5t硫酸。但由于烧结过程脱硫率低（70%左右），且烧结烟气中SO_2浓度低，硫回收率低于70%；约30%的硫进入鼓风炉烟气，不仅难以回收，造成资源浪费，而且容易造成环境污染，增加处理成本。

传统炼铅企业通过强化车间岗位卫生、通风等措施改善劳动环境，使用富氧空气等优化措施降低能耗，但均不能从根本上解决烧结—鼓风炉还原炼铅技术存在的问题。21世纪初期，中国的传统烧结—鼓风炉还原炼铅技术已被直接炼铅技术全面取代。

直接炼铅技术具有下列特点：

（1）熔炼强度高。在熔池内，气流使熔体剧烈翻腾，大幅增加质和热的交换速度，使反应在极短的时间内完成，保证直接炼铅法具有很高的熔炼强度。

（2）热利用率高。硫化物或燃料均在熔体内部燃烧，多相物料直接与高温炉气接触，高温炉气逸出过程与物料之间的接触面积大幅增加，热效率极高，是一种节能效果显著的冶金方法。

（3）烟气 SO_2 浓度高，有利于高效低耗的综合利用。直接炼铅工艺采用富氧或工业纯氧，产生烟气量低，SO_2 浓度高，更有利于制酸。

（4）环境友好。设备密闭程度高，结合自动化控制技术，铅蒸气和 SO_2 烟气向环境的泄漏量极小。

综上所述，直接炼铅技术是一种高效、节能、综合利用率高、环境友好的铅冶炼技术。

3.2　直接炼铅技术热力学原理

直接炼铅技术的首要目标是得到含硫低的粗铅和含铅低的弃渣。粗铅含硫低保证了粗铅的品质，利于精炼得到合格产品；弃渣含铅低保证了铅的回收率，利于实现较好的经济指标。

3.2.1　铅精矿氧化熔炼热力学

一般认为，硫化铅精矿直接熔炼的基本反应如下[2,3]：

$$PbS+O_2 = Pb+SO_2 \tag{3-1}$$
$$PbS+3O_2 = 2PbO+2SO_2 \tag{3-2}$$
$$PbS+2O_2 = PbSO_4 \tag{3-3}$$
$$PbS+2PbO = 3Pb+SO_2 \tag{3-4}$$
$$PbS+PbSO_4 = 2Pb+2SO_2 \tag{3-5}$$
$$2Pb+O_2 = 2PbO \tag{3-6}$$

反应式（3-1）是铅精矿直接炼铅的总反应式，是直接炼铅过程期望发生的最理想反应，冶金工作者一直试图通过调控硫化铅氧化来实现这一反应，以期简化生产流程、降低生产成本。式（3-2）和式（3-3）是氧化形成初渣的反应。式（3-3）~式（3-6）是熔池内一系列复杂的交互反应成铅过程。

武津典彦等人对 Pb-S-O 系相平衡关系进行了实际测量，确定了以下 9 种二凝聚相共存的平衡方程：

（a）　　　　　　　$PbS(s)+2O_2(g) = PbSO_4(s,\alpha)$ 　　　　（3-7）

（b1）　$2(PbSO_4 \cdot PbO)(s)+S_2(g)+3O_2(g) = 4PbSO_4(s,\alpha)$ 　（3-8）

（b2）　$2(PbSO_4 \cdot PbO)(s)+S_2(g)+3O_2(g) = 4PbSO_4(s,\beta)$ 　（3-9）

（c）　　　　$4PbS(s)+5O_2(g) = 2(PbSO_4 \cdot PbO)(s)+S_2(g)$ 　（3-10）

（d）　$4(PbSO_4 \cdot 2PbO)(s)+S_2(g)+3O_2(g) = 6(PbSO_4 \cdot PbO)(s)$ 　（3-11）

（e）　　　$3PbS(s)+3O_2(g) = PbSO_4 \cdot 2PbO(s)+S_2(g)$ 　（3-12）

（f）　　　$6\underline{Pb}(l)+S_2(g)+6O_2(g) = 2(PbSO_4 \cdot PbO)(s)$ 　（3-13） （g）　　　　　$2\underline{Pb}(l)+S_2(g)+4O_2(g)\Longrightarrow 2\underline{PbSO_4}(l)$　　　　　（3-14）

（h）　　　　　$2\underline{Pb}(l)+S_2(g)\Longrightarrow 2\underline{PbS}(l)$　　　　　（3-15）

还推断出有如下的固-液相变过程：

$$PbSO_4(s,\beta)\Longrightarrow \underline{PbSO_4}(l)\qquad\qquad(3\text{-}16)$$

$$PbSO_4\cdot PbO(s)\Longrightarrow \underline{PbSO_4}(l)+PbO(l)\qquad\qquad(3\text{-}17)$$

$$PbSO_4\cdot 2PbO(s)\Longrightarrow \underline{PbSO_4}(l)+2PbO(l)\qquad\qquad(3\text{-}18)$$

不能将上述反应式中底下标横线的液态铅及其化合物看作是纯的。如上平衡方程中，式（3-7）~式（3-12）的平衡凝聚相全为固相，将其活度看作 1。根据实验数据计算出的反应标准自由焓列于表 3-1 并作出 $p_{SO_2}=1\times10^5$ Pa 时 Pb-S-O 系 $\lg p_{O_2}$-$\dfrac{1}{T}$ 化学势图（见图 3-1）。液固相变过程的平衡关系以虚线表示于图 3-1 中。

表 3-1　采用实验数据计算得到反应标准自由能

编号	反　　应	$\Delta G^{\ominus}/\text{kJ}\cdot\text{mol}^{-1}$
（a）	$PbS(s)+2O_2(g)\rightarrow PbSO_4(s,\alpha)$	$-815.9+0.34T$
（b1）	$2(PbSO_4\cdot PbO)(s)+S_2(g)+3O_2(g)\rightarrow 4PbSO_4(s,\alpha)$	$-1478.0+0.67T$
（b2）	$2(PbSO_4\cdot PbO)(s)+S_2(g)+3O_2(g)\rightarrow 4PbSO_4(s,\beta)$	$-1416.3+0.61T$
（c）	$4PbS(s)+5O_2(g)\rightarrow 2(PbSO_4\cdot PbO)(s)+S_2(g)$	$-1753.1+0.67T$
（d）	$4(PbSO_4\cdot 2PbO)(s)+S_2(g)+3O_2(g)\rightarrow 6(PbSO_4\cdot PbO)(s)$	$-1546.0+0.68T$
	$Pb(l)+1/2S_2(l)+2O_2(g)\rightarrow PbSO_4(s,\alpha)$	$-971.5+0.43T$
	$2Pb(l)+1/2S_2(l)+5/2O_2(g)\rightarrow PbSO_4\cdot PbO(s)$	$-1187.8+0.50T$
	$3Pb(l)+1/2S_2(l)+3O_2(g)\rightarrow PbSO_4\cdot 2PbO(s)$	$-1394.9+0.58T$
	$5Pb(l)+1/2S_2(l)+4O_2(g)\rightarrow PbSO_4\cdot 4PbO(s)$	$-1842.2+0.78T$

从图 3-1 看出，当 $p_{SO_2}=1\times10^5$ Pa 时，PbS 在低温下氧化形成硫酸盐或碱式硫酸盐。当温度升高到 900℃ 以上，$p_{SO_2}=1\times10^5$ Pa 时，PbS 氧化反应可以形成熔融金属铅相，但熔融金属铅在 Pb-S-O 系中稳定存在的热力学条件极为苛刻，它的稳定区仅限制在一个氧分压非常窄小的范围，在生产实践中很难控制。

Schuhmann 等人根据热力学数据绘制了 p_{SO_2} 为 1×10^5 Pa 时 Pb-S-O 系 $\lg p_{O_2}$-$\dfrac{1}{T}$ 状态图，如图 3-2 所示。图中 y 点的温度便是 PbS 转变为液体铅的最低平衡温度，低于 y 点的温度，PbS 是稳定的；高于 y 点的温度，PbS 便会氧化形成熔融金属铅相，由于铅和 PbS 互溶，形成的熔融金属铅相实为 Pb-PbS 液态共熔体，造成铅中硫含量过高。

在一定的温度及 p_{O_2} 范围内，金属铅相是稳定的，但如果要得到硫含量低于 0.5% 的粗

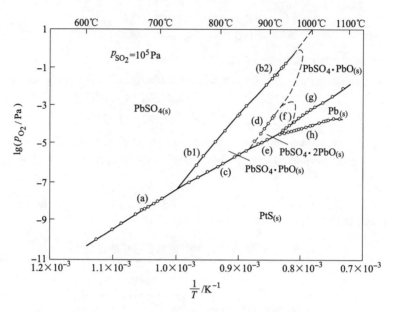

图 3-1　$p_{SO_2} = 10^5 Pa$ 时 Pb-S-O 系平衡状态图（Ⅰ）

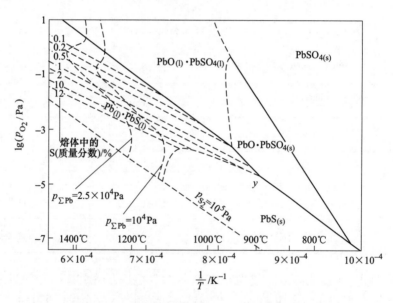

图 3-2　p_{SO_2} 为 $1×10^5 Pa$ 时 Pb-S-O 系状态图（Ⅱ）

铅,则氧分压的控制范围更为狭窄。当熔炼温度一定时,在高氧势下,熔融金属铅便会氧化,形成 PbO 和 PbSO₄ 的熔体混合物,其中硫酸盐的含量随 p_{O_2} 的增大而增加,PbO 和 PbSO₄ 在铅中的溶解度很小,因而进入渣相中,使渣含铅大幅增加;在低氧势下,熔铅中的硫含量便会增加。因此通过控制适中的氧势,同时产出含硫低的粗铅和含铅低的炉渣,这在工业生产上几乎是不可能实现的,粗铅中的 PbS 与炉渣中的 PbO 按照式(3-4)保持平衡,其平衡常数如下:

$$K = \frac{a_{Pb}^3 \cdot p_{SO_2}}{a_{PbS} \cdot a_{PbO}^2} \tag{3-19}$$

视粗铅为稀溶液，$a_{Pb} = 1$。铅液中含硫量 w_S（质量分数）表示 a_{PbS}，上式平衡常数可写为：

$$K = \frac{p_{SO_2}}{w_S \cdot a_{PbO}^2} \tag{3-20}$$

这表明在一定温度和 p_{SO_2} 条件下，铅液中的含硫量和共轭炉渣相中 a_{PbO} 的平方成反比。图 3-3 直观反映了在 1227℃、$p_{SO_2} = 1 \times 10^5\,Pa$ 时熔池中 a_{PbO}、p_{PbS} 和粗铅含硫的关系。如要控制炉渣含铅较低，则粗铅含硫量大幅增加，PbS 分压急剧增大，PbS 大量挥发，这时 PbS 转化为金属铅是有限的。

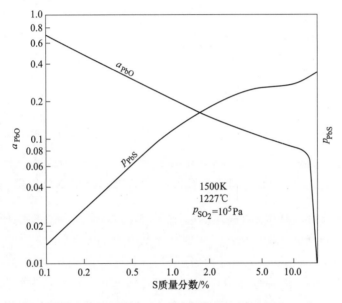

图 3-3 熔池中 a_{PbO}、p_{PbS} 和粗铅含硫的关系

矢泽彬等人也用硫势-氧势图探讨从 PbS 熔炼直接产出金属铅的可能性，根据热力学计算，绘制了在 1200℃下包括铜、铁、锌等硫化物氧化行为的 Pb-S-O 系硫势-氧势图，如图 3-4 所示。

一般来说，传统炼铅法在图 3-4 所示氧化区域进行烧结，烧结块在所示还原区域进行低氧势的鼓风炉还原。图中给出的直接炼铅在平衡相图中的位置是标有"直接"字样的区域，在 1200℃的高温下，氧势控制得当，用空气或氧气直接氧化就会使 PbS 转变为该状态下的金属铅和含 PbO 的炉渣，但如果要得到含硫 0.5%以下的粗铅，对应的 PbO 活度较大，即炉渣含铅较高，远不能达到弃渣的水平。

铅化合物及金属铅挥发性强是硫化铅精矿直接熔炼工艺不得不面对的困难。图 3-5 所示铅及其化合物蒸气压曲线，由图 3-5 可以看出，PbS 的挥发性最大，PbO 次之，金属铅挥发相对较少，为减少铅进入气相的比例，必须选择合适的熔炼条件，否则会大幅增加进入烟尘中的铅及其在熔炼过程中的循环。

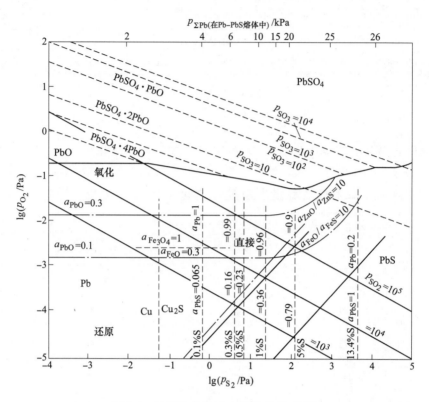

图 3-4　1200℃时 Pb-S-O 系硫势-氧势图

由图 3-4 的顶线附近可知，在一定的温度下，按 $p_{\sum Pb}=p_{PbS}+p_{PbO}+p_{Pb}$ 计算得到的 Pb-PbS 共熔体中铅的总蒸气压 $p_{\sum Pb}$ 的划分线，主要与体系中的 $\lg p_{O_2}$ 及 $\lg p_{S_2}$ 有关，并依熔炼条件而变。温度为 1200℃时，当 $\lg p_{S_2}$ 从 2 降到 -1，铅含硫从 5% 降到 0.1%。由于 $\lg p_{S_2}$ 对 $p_{\sum Pb}$ 具有决定性影响，"直接"炼铅范围的 $p_{\sum Pb}$ 与 PbS 区域相比，前者仅为后者的 1/4，但在烧结焙烧的"氧化"区域，$p_{\sum Pb}$ 接近可忽略的程度。由此可知，直接熔炼过程中铅挥发远远大于鼓风炉还原过程中铅的挥发量。

铅的总蒸气压是温度的函数。图 3-6 表明，温度升高 100℃，$p_{\sum Pb}$ 约增加 1.5 倍。因此，为减少烟尘损失，直接炼铅工艺应尽可能在较低温度下生成低硫粗铅，但此时 a_{PbO} 增大，炉渣含铅增加。这些都是选择直接熔炼工艺条件时需要考虑的问题。

相关研究表明，同时得到含硫低的粗铅和含铅低的弃渣是困难的，因此直接炼铅技术须分为两个步骤，第一步在高氧势下实现完全脱硫，得到含硫低的粗铅（一次粗铅）和含铅高的炉渣（初渣或高铅渣），第二步在低氧势下将渣中的 PbO 和 PbO·SiO₂ 还原为金属铅（二次粗铅），产出含铅低的弃渣，弃渣通常还需送烟化炉回收锌等有价金属。

生产实践中，顶吹炼铅法、卡尔多炉炼铅法等直接炼铅技术是在一台冶金炉内分阶段作业，控制不同反应阶段的氧势完成铅熔炼过程；QSL 炼铅法、基夫赛特炼铅法等直接炼铅技术有通过隔墙等将一台冶金炉分为两段，两段连通，分别控制各段不同的氧势完成铅熔炼过程；氧气底吹炼铅技术将两个步骤分别在氧气底吹熔炼炉和氧气底吹还原炉内完成，两种冶金炉相互独立，互不干扰。氧气底吹熔炼工段作业温度低，有效抑制 PbS 的挥

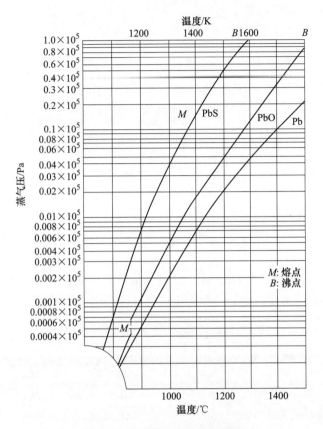

图 3-5 铅及其化合物的蒸气压

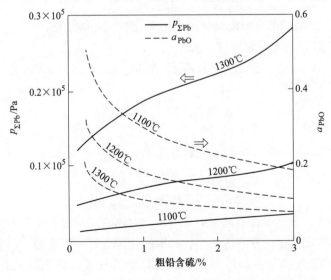

图 3-6 $p_{SO_2} = 10^5$ Pa 时 $p_{\Sigma Pb}$ 与 a_{PbO} 及粗铅含硫的关系

发，降低烟尘率。氧气底吹炼铅技术实现了最佳的工艺控制条件，被实践证明是最佳的工艺模式和最优的工程实现方案。

3.2.2　其他硫化物氧化热力学

在硫化铅精矿中，其他主要有价金属如锌、铜、铁等也主要以硫化物形式存在，研究这些物质在熔炼过程中的热力学意义重大。

高温条件下金属硫化物的氧化反应一般可按 3 种路径反应生成不同的产物：氧化物、硫酸盐和金属。

$$2MeS+3O_2 =\!=\!= 2MeO+SO_2 \tag{3-21}$$

$$MeS+2O_2 =\!=\!= MeSO_4 \tag{3-22}$$

$$MeS+O_2 =\!=\!= Me+SO_2 \tag{3-23}$$

同时在气相中存在平衡反应：

$$2SO_2+O_2 =\!=\!= 2SO_3 \tag{3-24}$$

以上反应特点如下：

（1）均为放热反应。在一定条件下，当体系温度达到物料的着火点后氧化过程自动进行。反应放出的热量可由反应物和产物的生成焓计算得出，生成焓（ΔH_{298}）见表 3-2。

表 3-2　相关化合物的生成焓　　　　　　　（kJ/mol）

化合物	ΔH_{298}	化合物	ΔH_{298}	化合物	ΔH_{298}
—	—	SO_2	−296.90	SO_3	−395.18
$PbSO_4$	−918.39	PbS	−94.31	PbO	−217.86
Cu_2SO_4	−769.86	Cu_2S	−79.50	Cu_2O	−166.69
$ZnSO_4$	−978.55	ZnS	−202.92	ZnO	−347.98
$FeSO_4$	−925.92	FeS	−89.37	FeO	−266.52
$NiSO_4$	−891.19	NiS	−77.82	NiO	−244.35

（2）反应的吉布斯等温自由能变化值决定硫化物氧化的最终产物。上述反应的吉布斯自由能可以用各化合物的生成自由能来表示：

$$\Delta G_{(3-21)} = 2\Delta G_{MeO}+2\Delta G_{SO_2}-2\Delta G_{MeS} \tag{3-25}$$

$$\Delta G_{(3-22)} = \Delta G_{MeSO_4}-\Delta G_{MeS} \tag{3-26}$$

$$\Delta G_{(3-23)} = 2\Delta G_{SO_2}-\Delta G_{MeS} \tag{3-27}$$

而

$$\Delta G_{MeS} = -RT\ln\left(p_{S_2}\right)_{MeS} \tag{3-28}$$

$$\Delta G_{MeO} = -RT\ln\left(p_{O_2}\right)_{MeO} \tag{3-29}$$

$$\Delta G_{MeSO_4} = -RT\ln\left(p_{SO_3}\right)_{MeSO_4} \tag{3-30}$$

所以，ΔG 取决于反应物和生成物的分解压，由热力学计算，有 3 种情况：

1）当氧化物和硫化物的分解压很小，而硫酸盐的分解压很大时，将氧化成氧化物；

2）当硫化物和硫酸盐的分解压很小，而氧化物的分解压很大时，或都很小时，将氧化成硫酸盐；

3）当硫化物、氧化物和硫酸盐的分解压很大时，将容易生成金属。

现以硫化物氧化生成金属（Me）或金属氧化物（MeO）为例。Me 或 MeO 的生成取决于 MeO 的分解压和 SO_2 的分解压之间的关系。将上式分步，首先：

$$2MeS =\!=\!= 2Me+S_2 \tag{3-31}$$

然后分解产物再分别继续氧化：

$$2Me+O_2 =\!=\!= 2MeO \tag{3-32}$$

$$S_2+2O_2 =\!=\!= 2SO_2 \tag{3-33}$$

由此可见，如果 S_2 对 O_2 的亲和力大于金属对 O_2 的亲和力，即 MeO 的分解压大于 SO_2 的分解压，则式（3-32）就不能进行。此时，硫化物将氧化成金属。

金属氧化物和二氧化硫的分解压与温度的关系如图 3-7 所示。由图 3-7 可知，在所示的温度下，Cu_2O 的分解压大于 SO_2 的分解压，即硫对氧的亲和力大于铜对氧的亲和力。因此 O_2 与 S_2 优先结合生成 SO_2，同时，铜则生成金属铜。

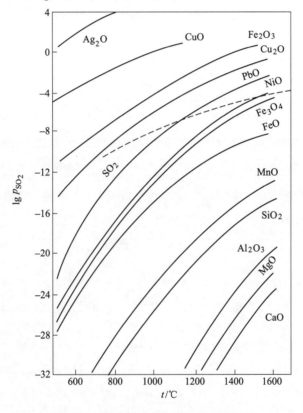

图 3-7　MeO 和 SO_2 分解压与温度的关系

铁的硫化物氧化时，在所示温度下 SO_2 的分解压大于 FeO 的分解压，铁与氧的亲和力大，所以氧优先与铁结合成氧化亚铁。理论角度分析，温度升至很高时，SO_2 的分解压曲线与 Ni、Fe 以及位于铁下方的金属氧化物的分解压曲线相交，其硫化物氧化均可获得金属。但此时温度极高，在生产实践中难以实现。

在高温下金属硫化物首先氧化成氧化物，氧化物再与硫化物发生反应生成金属，即交互反应，通式为：

$$2MeS+3O_2 \Longrightarrow 2MeO+SO_2 \tag{3-34}$$

$$MeS+2MeO \Longrightarrow 3Me+SO_2 \tag{3-35}$$

对于后一反应式，$f=K-\phi+2=3-4+2=1$，即在某一温度下反应进行的方向取决于 $K_p = p_{SO_2}$。当 $p_{SO_2} > p'_{SO_2}$ 时反应生成金属。该式的吉布斯反应自由能为：

$$\Delta G = \Delta G_{SO_2} - (\Delta G_{MeS} + 2\Delta G_{MeO}) \tag{3-36}$$

由此可见：

（1）当金属对 S_2 和 O_2 的亲和力都很大时，则吉布斯生成自由能负值很大，整个反应式将为正值，反应不能向右进行。

（2）当金属对 S_2 和 O_2 的亲和力都很小，或其中一个很小时，则生成金属的反应便有可能向右进行。铅和铜即是这种情况：

$$2PbO+PbS \Longrightarrow 3Pb+SO_2 \quad （约860℃达 p_{SO_2} \approx 101325Pa） \tag{3-37}$$

$$2Cu_2O+Cu_2S \Longrightarrow 6Cu+SO_2 \quad （约730℃达 p_{SO_2} \approx 101325Pa） \tag{3-38}$$

将反应 $MeS+2MeO = 3Me+SO_2$ 的 $\lg p_{SO_2}$ 与温度的关系绘成曲线，如图3-8所示。

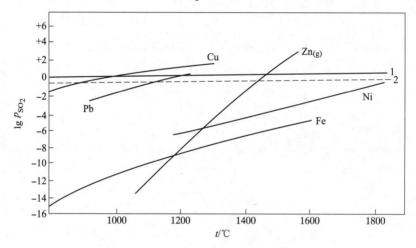

图 3-8　$MeS+2MeO = 3Me+SO_2$ 的 $\lg p_{SO_2}$ 与温度的关系

1—$\lg p_{SO_2}=0$ （$p_{SO_2}=101325Pa$）；2—$\lg p_{SO_2}=-0.82$ （$p_{SO_2}=15200Pa$）

由图3-8可知，不同金属元素的反应特点为：

（1）反应 $Cu_2S+2Cu_2O = 6Cu+SO_2$ 在730℃时的平衡压力 p_{SO_2} 已经达到101325Pa。冰铜吹炼的造铜期产出的金属铜便是基于这个原理。在吹炼温度 1100~1300℃下，反应的平衡压力 p_{SO_2} 达到 710~810kPa，远大于气相中 SO_2 的分压。所以反应可以剧烈地向右进行。

（2）反应 $ZnS+2ZnO = 3Zn+SO_2$ 在温度低于锌的沸点时，平衡常数用 SO_2 的压力表示，$K_p = p_{SO_2}$；当温度高于906℃时，$K_p = p_{Zn}^2 \cdot p_{SO_2}$。图中在1180℃时 $p_{Zn}+p_{SO_2}=101325Pa$。因此只有超过这个温度才会有金属锌生成。此时锌以蒸气的形式进入气相。当低于这个温度时只能氧化成 ZnO。

（3）反应 $Ni_3S_2+4NiO = 7Ni+2SO_2$ 在1770℃时的平衡压力达到一个大气压。一般冶炼过程温度难以达到这么高，因此不能生成金属镍。最终将以氧化物的形式存在于渣中。

（4）反应 $FeS+2FeO = 3Fe+SO_2$ 在冶炼温度下的 p_{SO_2} 很低，因此反应不能向右进行，最终只能生成FeO，或与其他化合物结合成硅酸盐、亚铁盐，或氧化成高价氧化物。

3.3 铅精矿氧化熔炼工艺模拟

3.3.1 研究基础

对铅精矿氧化熔炼的热力学进行研究，铅精矿的典型成分见表3-3。

表3-3 铅精矿的典型成分

成分	Pb	Zn	Cu	Fe	S	SiO_2	CaO	MgO	Al_2O_3	Cd	Ag/g·t^{-1}
质量分数/%	63.11	4.61	1.50	5.77	17.67	1.14	0.57	0.08	0.49	0.032	1100

以1kg上述铅精矿为计算基准，得到铅精矿中各组分的质量见表3-4。

表3-4 1kg铅精矿中各矿物的含量

矿物名称	分子式	质量/g	物质的量/mol
方铅矿	PbS	728.750	3.04585
闪锌矿	ZnS	68.705	0.70510
黄铜矿	$CuFeS_2$	43.318	0.23605
黄铁矿	FeS_2	58.600	0.488459
	FeS	27.134	0.308671
硫镉矿	CdS	0.405	0.00285
辉银矿	Ag_2S	0.013	0.000051
白云石	$CaCO_3 \cdot MgCO_3$	3.660	0.01985
方解石	$CaCO_3$	3.376	0.03373
钙长石	$CaO \cdot Al_2O_3 \cdot 2SiO_2$	13.371	0.04806
石英	SiO_2	5.624	0.09361
总计		952.956①	4.982281

① 剩余几十克物质为结晶水和其他未测微成分。

化学平衡计算共考虑13种元素，52种物质，见表3-5。

表3-5 化学平衡计算物质组成

相态	物质
气相	O_2、SO_2、CO_2、Pb(g)、PbO(g)、PbS(g)、Cd(g)、CdO(g)
渣液相	PbS、PbO、$PbO \cdot PbSO_4$、$2PbO \cdot PbSO_4$、$3PbO \cdot PbSO_4$、$4PbO \cdot PbSO_4$、$PbO \cdot SiO_2$、$2PbO \cdot SiO_2$、FeS_2、Fe_2O_3、Fe_3O_4、FeS、$FeO \cdot SiO_2$、$2FeO \cdot SiO_2$、$FeO \cdot Al_2O_3$、ZnS、ZnO、CdS、CdO、Cu_2S、CuO、$CuFeS_2$、Ag_2S、$CaCO_3$、$CaCO_3 \cdot MgCO_3$、$CaO \cdot Al_2O_3 \cdot 2SiO_2$、$SiO_2$、$CaSO_4$、$CaO \cdot SiO_2$、$CaO \cdot Al_2O_3$、$CaO \cdot Fe_2O_3$、$MgO \cdot SiO_2$、$MgO \cdot Al_2O_3$、$MgO \cdot Fe_2O_3$、$ZnO \cdot SiO_2$、$ZnO \cdot Fe_2O_3$、$CuO \cdot Fe_2O_3$
铅液相	Pb、Ag、PbS、Cu、Cu_2S、Zn、Cd

3.3.2　研究方法及内容

计算采用自由能最小法，多相多组分化学平衡计算程序（VCS）。VCS 法基于化学平衡时体系总自由能最小原理，以一组线性独立的基组分表示非基组分，用简化的切线公式表示每个反应的自由能对反应进度的导数，把一个多变量问题简化为一个反应只有一个变量，使用改造牛顿法调节每个反应的进度，以达到体系总自由能最小的状态。考虑气相是低压高温状态，计算中按理想气体处理，渣液相和铅液相由于缺乏活度系数按理想溶液处理。

温度和供氧量（氧料比）是影响氧气底吹熔炼工序技术指标的决定性因素。通过相关的热力学计算研究不同温度和供氧量对于熔炼过程各变量的影响。

当 50% 的 PbS 转变为 Pb，其他元素为高价氧化物时，计算供氧量为 7.40mol，以此为基准 1，分别计算相对供氧量为 0.5、0.65、0.75、0.85、1.00、1.25 和 1.50 时对应的供氧量，即供氧量分别为 3.7mol、4.81mol、5.55mol、6.29mol、7.40mol、9.25mol、11.10mol，温度区间为 850~1200℃，以间隔 50℃ 分别计算。

3.3.3　计算结果

根据计算结果绘制了铅液相中铅随温度和供氧量的变化曲线图，以及渣中 PbS 随温度和供氧量的变化曲线图，如图 3-9 和图 3-10 所示。

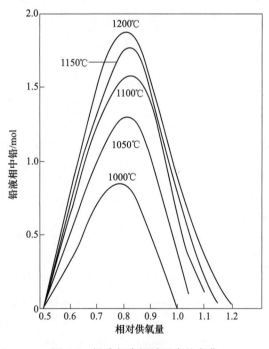

图 3-9　铅液相中铅随温度的变化

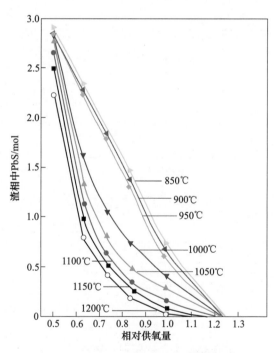

图 3-10　渣中 PbS 随温度和供氧量的变化

较高温度有利于铅的生成，当温度低于 980℃ 时基本不能生成铅，在 1000℃ 以上才能生成一次粗铅。

本计算研究 1kg 铅精矿，相对供氧量低于 0.5 或高于 1.25 均不能产铅，当温度高于 1000℃后继续升高温度，一次粗铅产率受供氧量变化的影响越来越大。计算结果：显示最佳工作区间为温度 1100℃、相对供氧量 0.75~0.90，以相对供氧量 0.85 为最好，一次粗铅中 Pb+PbS 占总铅量的 58.9%。

取相对供氧量为 0.85 的最佳工况，研究气相、渣液相和铅液相随温度的变化规律，绘制各相组成随温度的变化曲线图，如图 3-11~图 3-15 所示。

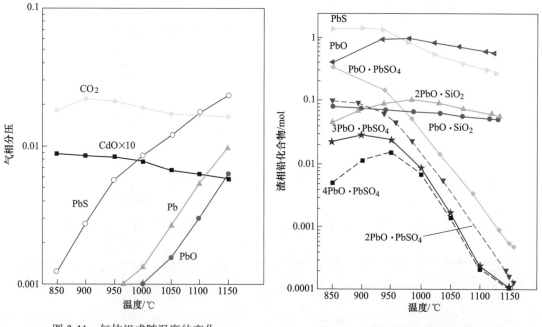

图 3-11　气体组成随温度的变化　　　　图 3-12　渣相铅化合物随温度变化

图 3-11 所示的气相变化中，O_2 分压为零，CO_2、$CdO(g)$ 分压随温度升高略有降低，$PbS(g)$、$Pb(g)$、$PbO(g)$ 分压随温度升高上升较快。

图 3-12 所示的渣液相中含铅化合物随温度变化显示，温度升高，$PbO \cdot PbSO_4$、$2PbO \cdot PbSO_4$、$3PbO \cdot PbSO_4$ 等化合物的含量急剧降低，在 1100℃时已降至极低的水平。1100℃时，渣液相中主要的铅化合物是 PbO、PbS、$2PbO \cdot SiO_2$、$PbO \cdot SiO_2$。

图 3-13 所示的渣液相含锌、铁、铜化合物变化中，主要化合物为 ZnO、Fe_2O_3、Cu_2S、Fe_3O_4、$FeO \cdot Al_2O_3$，且 ZnO、Fe_2O_3 几乎不随温度变化而变化，Fe_3O_4 含量随温度升高上升较快。

图 3-14 所示的渣液相含钙、镁化合物变化中，主要化合物为 $CaSO_4$、$CaO \cdot SiO_2$、SiO_2、$MgO \cdot Al_2O_3$。随着温度的增加，$CaSO_4$ 和 $CaO \cdot SiO_2$ 含量分别呈现出快速下降和快速增加的趋势。

图 3-15 所示的铅液相变化中，温度为 980~1000℃时，形成铅液相，铅液相中溶解有相当量的 PbS，随着温度的增加，PbS 的含量缓慢降低但 Pb 含量略有增加。

取最佳作业温度 1100℃，研究气相、渣液相和铅液相随供氧量的变化规律，绘制出各相组成随供氧量的变化曲线图，如图 3-16~图 3-20 所示。

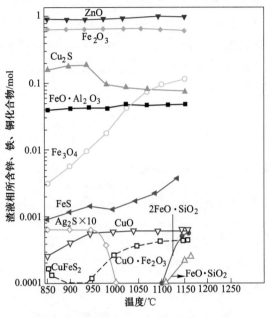

图 3-13　渣液相所含锌、铁、铜化合物变化

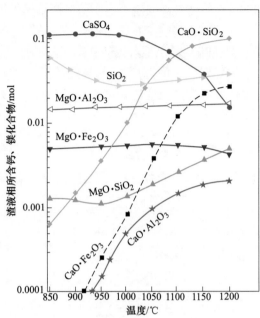

图 3-14　渣液相所含钙、镁化合物变化

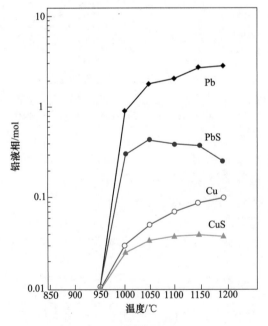

图 3-15　铅液相随温度变化

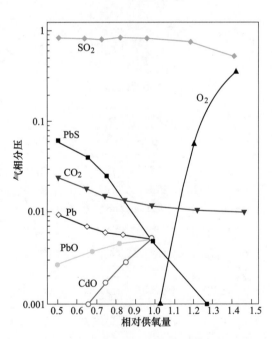

图 3-16　三相随供氧量变化（1100℃）

图 3-16 所示的气相变化中，相对供氧量超过 1 时，O_2 分压急剧上升；PbS（g）、Pb（g）、PbO（g）、CdO（g）分压急剧下降，直至为零；PbS（g）分压在供氧量增大过程中始终在急剧下降。

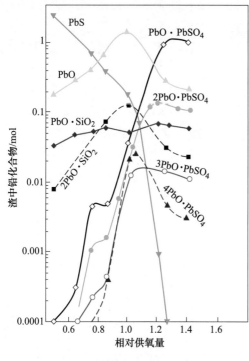

图 3-17 渣液相所含铅化合物
变化（1100℃）

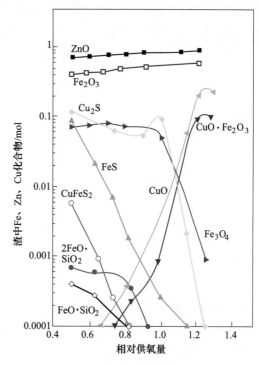

图 3-18 渣液相所含锌、铁、
铜化合物变化（1100℃）

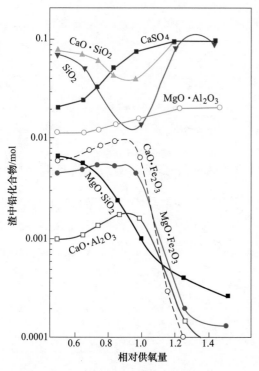

图 3-19 渣液相中钙、镁化合物变化（1000℃）

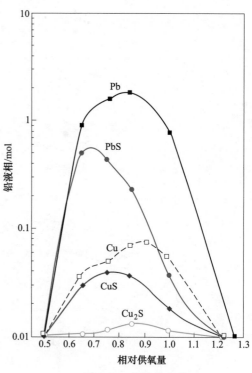

图 3-20 铅液相变化

图 3-17 所示的渣液相含铅化合物变化表明，相对供氧量大于 0.85 时，$PbO \cdot PbSO_4$、$2PbO \cdot PbSO_4$、$3PbO \cdot PbSO_4$、$4PbO \cdot PbSO_4$ 等的含量随着供氧量的增加急剧升高，在相对供氧量为 1 时，PbO、$2PbO \cdot SiO_2$ 含量达到最大值，$PbO \cdot SiO_2$ 含量则随着供氧量的增加而缓慢上升。

图 3-18 所示的渣液相含锌、铁、铜化合物变化显示，只有在相对供氧量大于 1.1 即氧势较高时，Cu_2S 才会生成 CuO 和 $CuO \cdot Fe_2O_3$，且 Cu_2S 含量随供氧量增加急剧减少。随着氧势的增加，$2FeO \cdot SiO_2$ 和 $FeO \cdot SiO_2$ 的含量很快降为零。ZnO 和 Fe_2O_3 随供氧量变化而增加。

图 3-19 所示的渣液相含钙、镁化合物变化表明，在相对供氧量为 1 时，游离 SiO_2 值最低，此时 $2PbO \cdot SiO_2$ 值最高，$PbO \cdot SiO_2$ 值也较高，$CaO \cdot SiO_2$ 最低，渣黏度下降。

图 3-20 所示的铅液相变化中，氧势较低时，一次粗铅中 PbS 含量较高；随着氧势增加，PbS 含量急剧下降。

3.3.4　研究结果及讨论

以 1kg 铅精矿为计算基准，由计算结果可得，铅精矿氧化熔炼的最佳作业温度是 1100℃，最佳供氧量为 6.29mol，折算成氧料比（以精矿计）为 154m³/t。在此最佳操作条件下：

（1）一次粗铅产率较高，达到总铅量的近 60%，Ag 几乎全部富集于粗铅中。一次粗铅的主要成分见表 3-6。由图 3-21 所示的硫化物氧化的标准自由焓变化图可知，铅精矿中

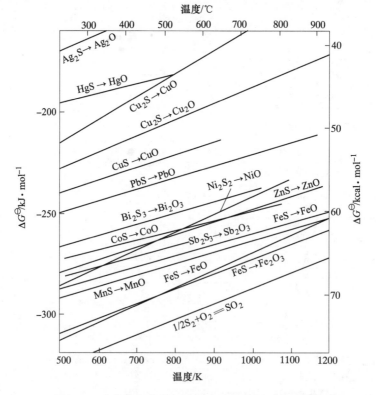

图 3-21　硫化物氧化的标准自由焓变化图（1mol 氧气）

锌和铁的硫化物几乎全部被氧化，有相当数量的铜以硫化物形式存在，与PbS和FeO等物质形成铅冰铜相，这在实际生产中得到验证。

表3-6　一次粗铅的主要成分

成　　分	Pb	PbS	Cu	Cu_2S	Ag	Cd	Zn
质量分数/%	81.37	16.03	1.10	1.49	0.0028	0	0

（2）渣中主要矿物成分见表3-7，其中铅的化合物占60.64%。部分矿物成分的熔点见表3-8。由表3-7和表3-8可以看出，MgO和Al_2O_3含量过高，会增加渣中高熔点矿物的含量，不利于铅渣的还原。渣中含有游离的SiO_2，但与其平衡的$MgO \cdot SiO_2$量很少，这种渣对铬镁砖几乎没有侵蚀。实际生产中，氧气底吹熔炼炉的铬镁砖炉衬寿命可达5年以上。

表3-7　渣中主要矿物成分

成　　分	PbO	PbS	$2PbO \cdot SiO_2$	$PbO \cdot SiO_2$	ZnO	Fe_2O_3
质量分数/%	30.5	18.64	8.02	3.48	13.24	15.05
成　　分	Fe_3O_4	$FeO \cdot Al_2O_3$	Cu_2S	$CaSO_4$	$CaO \cdot SiO_2$	
质量分数/%	2.7	1.36	1.73	1.58	1.11	

表3-8　部分矿物成分的熔点

成　　分	SiO_2	$CaO \cdot Fe_2O_3$	$MgO \cdot Fe_2O_3$	$MgO \cdot Al_2O_3$	ZnO	Fe_2O_3
熔点/℃	1723	1216	2200	2135	1970	1462分解
成　　分	Fe_3O_4	$FeO \cdot Al_2O_3$	Cu_2S	$CaSO_4$	$CaO \cdot SiO_2$	
熔点/℃	1597	1780	1130	1400	1540	

（3）氧气底吹熔炼炉使用工业纯氧，用气量少、烟气量小、热效率高，既可维持炉内反应温度，又可降低烟尘率。由计算可知，1kg精矿仅产出5.42g烟尘。

事实上，任何实际的冶炼过程都不可能达到化学平衡和相平衡，氧气底吹熔炼的热力学研究可以揭示熔炼过程的本质，为优化生产操作提供方向性指导。实际生产时，由于处理物料复杂，且各冶炼厂均有其技术诀窍，目前熔炼温度一般为1050℃左右，氧料比（以入炉料计）一般为$90 \sim 120m^3/t$，一次粗铅含硫一般在0.5%以下，有很多氧气底吹炼铅工厂一次粗铅产出量很少或不再产出一次粗铅。实际生产时，工况条件较理论研究复杂，氧气底吹熔炼的烟尘率通常在15%左右，较其他直接炼铅技术的烟尘率低25%。

3.4　高铅渣还原热力学

冶金工作者通过对冶金原理的深入研究，找到了获得金属铅的操作条件，但同时也指出，直接熔炼工艺会产出高硫铅或高铅渣；要获得含硫低的合格粗铅，就必须产出含铅很高的熔炼渣。因此应在铅精矿熔炼阶段控制较高的氧势，获得了含硫低的粗铅后，其渣中还含有大量的铅需要进一步回收，这样就涉及铅渣的还原过程。

表3-9所列为国内高铅渣与烧结块的典型成分。由表3-9可知，高铅渣与烧结块的最大区别是含铅高，高铅渣中铅物相以硅酸铅为主，硅酸铅可达50%以上，氧化铅含量较少。

表 3-9　国内典型的高铅渣与烧结块的化学成分

化学成分	Pb	Zn	Fe	Cu	S	SiO$_2$	CaO
烧结块/%	30~40	8~13	11~14	0.5~1.5	2~5	9~11	3~5
高铅渣/%	42~45	9~11	11~13	0.5~1	0.2~0.5	9~12	3~4

烧结焙烧—鼓风炉熔炼工艺和直接熔炼工艺处理铅还原渣均采用碳热还原法，还原剂均为碳质还原剂。

3.4.1　铅氧化物的还原热力学

液态渣还原时，间接还原是主要途径，向熔融态硅酸铅中配入碱性氧化物（CaO 和 FeO），利于还原反应的进行。在液态铅渣还原过程中，液（熔融铅氧化物）-气（CO）反应占主导地位，且反应速度快。可通过加入熔剂进一步降低渣含铅并加快还原反应速度。

氧化铅还原的主要反应：

$$CO + PbO \longrightarrow Pb + CO_2 \tag{3-39}$$

$$C + PbO \longrightarrow Pb + CO \tag{3-40}$$

固态及液态氧化铅均为易还原氧化物，氧化铅还原所需 CO 浓度较低，在温度低于 1000℃时仅为千分之几，而高于 1000℃时所需 CO 浓度为 3%~5%。由于此还原反应为放热反应，温度升高，所需 CO 浓度升高。

在还原过程中，CO 为主要还原剂，含铅氧化物的主要还原反应如下：

$$CO + PbO \longrightarrow Pb + CO_2 \tag{3-41}$$

$$PbO \cdot SiO_2 + CO \longrightarrow Pb + CO_2 + SiO_2 \tag{3-42}$$

$$2PbO \cdot SiO_2 + 2CO \longrightarrow 2Pb + 2CO_2 + SiO_2 \tag{3-43}$$

根据热力学数据，对平衡反应气相中 CO 含量进行计算，见表 3-10。

表 3-10　CO 还原含铅氧化物反应中平衡气相 CO 含量

t/℃	平衡气相中 CO/%		
	PbO	2PbO · SiO$_2$	PbO · SiO$_2$
500	1.1×10^{-3}	3.4×10^{-2}	1.2×10^{-1}
600	3.7×10^{-3}	9.4×10^{-2}	3.4×10^{-1}
700	8.5×10^{-3}	2.1×10^{-1}	7.4×10^{-1}

由表 3-10 可知，CO 还原 PbO 反应的平衡气相中，CO 含量较低，说明 PbO 容易被还原，而铅复合氧化物的还原反应难于铅氧化物。

与铁和锌的氧化物相比，氧化铅及硅酸铅更容易还原，因此在还原过程中可通过选择性还原，合理控制体系的气相组成，使 FeO 和 ZnO 留在渣中，而氧化铅和硅酸铅则还原为金属铅。

氧化铅和硅酸铅的直接还原和间接还原反应的标准吉布斯自由能变化与温度的关系如图 3-22 所示。由图 3-22 可知：

（1）对同一铅氧化物的还原反应，直接还原反应的 $\Delta_r G^{\ominus}$ 小于间接还原反应。

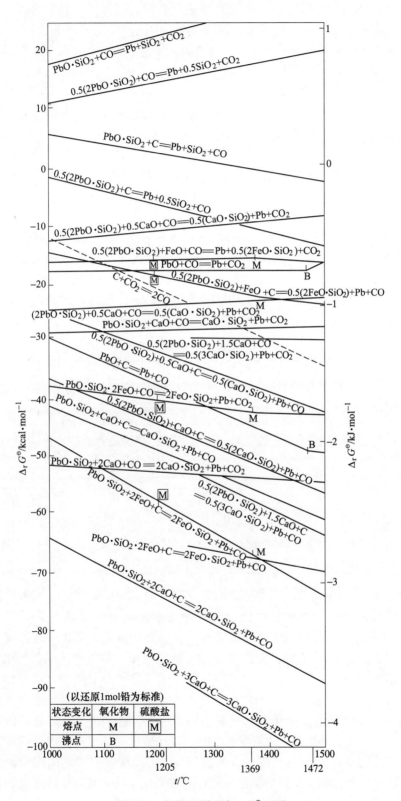

图 3-22　铅的还原反应 $\Delta_r G^{\ominus}\text{-}T$ 图

由于固-固反应接触面积小，固相间传质速度较慢，固体碳还原铅的固态氧化物受到极大限制。但在铅冶炼工艺的还原段，反应主要为固-液反应，如铅的鼓风炉还原熔炼，还原反应是在鼓风炉内沿着料层的不同高度进行。铅的硅酸盐熔点较低，在进入高温焦点区之前便开始熔化，与固体碳接触面积极大，固-液反应占主要作用，进入炉缸之后，此反应仍在进行。采用熔池熔炼的直接炼铅工艺还原段以及炉渣烟化过程中，剧烈搅拌的含铅熔渣与固体碳的接触面积较大，为固-液反应创造良好条件。冶金熔体与固体碳之间的直接还原反应进行彻底与否对降低渣含铅有重要影响。

简单铅氧化物是易还原化合物。它在熔化（800℃以下）之前便可被还原为金属铅。然而，存在于炉料中的铅的赋存形式主要是复杂化合物。鼓风炉还原熔炼对冶金熔体的流动性要求较低，可使炉料在熔炼区充分反应，这是降低渣含铅的关键所在。而对于直接炼铅还原段的熔体，则无此要求。

（2）由 $\Delta_r G^{\ominus}\text{-}T$ 图可见，在不配入碱性氧化物的条件下，铅氧化物还原由易到难分别为：PbO，$2PbO \cdot SiO_2$，$PbO \cdot SiO_2$。当有碱性氧化物配入时，还原顺序发生变化。如有 CaO 存在时，最易还原的是 $PbO \cdot SiO_2$，其次是 $2PbO \cdot SiO_2$ 和 PbO；有 FeO 存在时，最易还原的是 $PbO \cdot SiO_2$，其次是 PbO 和 $2PbO \cdot SiO_2$。这是由于配入的碱性氧化物与某些硅酸铅中的氧化铅发生置换反应，大幅降低反应 $\Delta_r G^{\ominus}$（见表3-11）。

表 3-11　某些置换反应的 $\Delta_r G^{\ominus}$ 值

反　应　式	表达式	$\Delta_r G^{\ominus}/J \cdot mol^{-1}$		
		1000℃	1250℃	1500℃
$PbO \cdot SiO_2 + 3CaO = 3CaO \cdot SiO_2 + PbO$	$\Delta_r G^{\ominus} = -3039750 - 1880.0T$	−5432990	−5902990	−6372990
$PbO \cdot SiO_2 + 2CaO = 2CaO \cdot SiO_2 + PbO$	$\Delta_r G^{\ominus} = -3799687 - 346.6T$	−4240909	−4327559	−4414209
$PbO \cdot SiO_2 + CaO = CaO \cdot SiO_2 + PbO$	$\Delta_r G^{\ominus} = -2279812 + 876.0T$	−1164664	−945664	−726664
$0.5(2PbO \cdot SiO_2) + 1.5CaO = 0.5(3CaO \cdot SiO_2) + PbO$	$\Delta_r G^{\ominus} = -1533207 + 286.6T$	−1168365	−1096715	−1025065
$0.5(2PbO \cdot SiO_2) + CaO = 0.5(2CaO \cdot SiO_2) + PbO$	$\Delta_r G^{\ominus} = -1913176 + 1053.2T$	−572452	−309152	−45852
$0.5(2PbO \cdot SiO_2) + CaO = 0.5(CaO \cdot SiO_2) + PbO$	$\Delta_r G^{\ominus} = -1153238 + 1666.5T$	+968217	+1384842	+1801467
$PbO \cdot SiO_2 + 2FeO = 2FeO \cdot SiO_2 + PbO$	$\Delta_r G^{\ominus} = -533289 - 1133.2T$	−1975853	−3168428	−3451728
$0.5(2PbO \cdot SiO_2) + FeO = 0.5(2FeO \cdot SiO_2) + PbO$	$\Delta_r G^{\ominus} = -279977 + 653.3T$	+551674	+714999	+878324

（3）由于 CaO 与 SiO_2 可形成多种硅酸盐，在 $PbO \cdot SiO_2$ 和 $2PbO \cdot SiO_2$ 的还原过程中配入 CaO，生成 CaO 和 SiO_2 的复合化合物由难到易依次为：$3CaO \cdot SiO_2$、$2CaO \cdot SiO_2$、$CaO \cdot SiO_2$。因此，为降低还原熔炼过程渣含铅并提高含锌炉渣烟化处理挥发率，选用高钙渣型是合理的。由 $\Delta_r G^{\ominus}\text{-}T$ 图可见，以 FeO 代替部分 CaO 也能产生相似效果。FeO 含量高的渣可溶解更多 ZnO，因此在处理高锌炉料时，选用含 FeO 较高、含 CaO 和 SiO_2 较低的渣型是必要的。

（4）在没有碱性氧化物 CaO 和 FeO 存在的情况下，硅酸铅的还原是很困难的，甚至是不可能的。因为在图3-8所示的温度范围内，即在熔炼的温度范围内，没有碱性氧化物参加的还原反应的 $\Delta_r G^{\ominus}$ 为正值，或不大的负值，这需要炉料必须均匀混合，或者在炉料熔化之后各成分充分接触。如果硅酸铅、氧化钙、氧化亚铁以及还原碳都是固相，固相之间的相互反应是难以实现的。CO 虽为气相，但固-固-气之间的反应较困难。

根据以上分析可知，硅酸铅的还原反应主要是在熔体中进行。自由状态的氧化铅是易于还原的化合物，在固态时即可被还原。硅酸铅熔点较低，在炉内高温作用下各种硅酸铅陆续熔化、溶解或被夹带。在熔体搅动过程中，硅酸铅与 CaO 或 FeO 有良好接触的机会，它们被 CO 或固体碳还原。

3.4.2　其他金属氧化物的还原热力学

铅还原熔炼过程中，除铅氧化物的还原外，还涉及其他氧化物的还原、复杂化合物的解离与合成等。

在铅渣的还原熔炼过程中，炉料所含的各种氧化物都在还原气氛下参与高温冶金反应。

$$MeO \Longrightarrow Me + 1/2O_2 \qquad \Delta_r G_1 \qquad\qquad (3\text{-}44)$$

$$CO + 1/2O_2 \Longrightarrow CO_2 \qquad \Delta_r G_2 \qquad\qquad (3\text{-}45)$$

由式（3-44）与式（3-45）相加得式（3-46）：

$$MeO + CO \Longrightarrow Me + CO_2 \qquad \Delta_r G_3 = \Delta_r G_1 + \Delta_r G_2 \qquad (3\text{-}46)$$

设 MeO 和 Me 为凝聚相，$a_{MeO} = a_{Me} = 1$。根据相律 $F = 2$，即平衡气相组成是温度和压力的函数。由于还原反应中 CO 和 CO_2 的物质的量相等，故可不考虑压力对平衡组成的影响。因此，其平衡常数可写为：

$$K_p = \frac{p_{CO_2}}{p_{CO}} = \frac{\%CO_2}{\%CO}$$

因为

$$\Delta G_1^\ominus = \Delta G_2^\ominus = \Delta G_3^\ominus = -RT\ln K_p$$

所以

$$\lg \frac{p_{CO}}{p_{CO_2}} = \lg \frac{\%CO}{\%CO_2} = \frac{\Delta G_1^\ominus}{4.576T} + \frac{\Delta G_2^\ominus}{4.576T}$$

根据各氧化物热力学常数，可计算出不同温度下金属氧化物还原反应平衡的 p_{CO}/p_{CO_2}-温度曲线图，如图 3-23 所示。分析曲线图可知，在 1000℃时金属氧化物还原的先后顺序

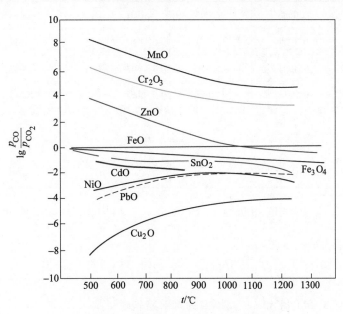

图 3-23　氧化物间接还原曲线图

是：Cu_2O、PbO、NiO、CdO、SnO_2、Fe_3O_4、FeO、ZnO、Cr_2O_3、MnO。

　　冶金熔体是一种复杂的系统，其中铅的存在形式较多，对于不同物相赋存铅化合物的还原与简单铅氧化物的还原也有较大不同。通常复杂氧化物的还原比较困难，主要是由于复杂化合物的解离过程复杂，需分多步完成。

3.5　高铅渣还原工艺模拟

3.5.1　研究基础

　　延续本书 3.3 节的研究，本节对高铅渣还原做热力学平衡计算。高铅渣的成分见本书 3.3 节中表 3-7。

　　按照本书 3.3 节的研究，最佳氧化条件是温度 1100℃，供氧量 6.29mol，渣中 PbS 为 0.3374mol。增加供氧量使相对供氧量为 1.1 时，PbS 被氧化为 PbO、$PbO \cdot PbSO_4$ 和多铅硫酸盐，把多铅硫酸盐折合为 $PbO \cdot PbSO_4$，多余 PbO 按 PbO 处理。得出高铅渣中 22 种矿物含量，见表 3-12。1kg 铅精矿经氧化熔炼得到高铅渣共计 2.413779mol，质量为 428.769g。

表 3-12　高铅渣矿物含量

矿物分子式	物质的量/mol	质量/g	矿物分子式	物质的量/mol	质量/g
PbO	0.810867	180.985	SiO_2	0.0238	1.430
$PbO \cdot PbSO_4$	0.04976	26.197	$CaO \cdot Fe_2O_3$	0.0085	1.834
PbS	0.023	5.503	$CaSO_4$	0.0502	6.834
$PbO \cdot SiO_2$	0.0533	15.099	$CaO \cdot SiO_2$	0.0414	4.808
$2PbO \cdot SiO_2$	0.0686	34.745	$CaO \cdot Al_2O_3$	0.0015	0.237
ZnO	0.7051	57.381	$MgO \cdot Al_2O_3$	0.0127	1.807
Fe_2O_3	0.4091	65.330	$MgO \cdot SiO_2$	0.0023	0.231
Fe_3O_4	0.0513	11.878	$MgO \cdot Fe_2O_3$	0.0048	0.960
$FeO \cdot Al_2O_3$	0.0338	5.875	Cu_2S	0.0315	5.013
$FeO \cdot SiO_2$	0.0001	0.013	CuO	0.0318	2.530
$2FeO \cdot SiO_2$	0.00015	0.031	$CuO \cdot Fe_2O_3$	0.0002	0.048

　　除 PbS 外的铅矿物中的铅折合为 PbO 摩尔总和为 1.10089。假设主要进行的反应为：

$$2PbO + C \xlongequal{\quad\quad} 2Pb + CO_2$$

　　计算给碳量为 0.550445mol，以该值为相对给碳量 1。

　　化学平衡计算共考虑 11 种元素，52 种物质，见表 3-13。

表 3-13 化学平衡计算物质组成

相态	物 质
气相	CO、CO_2、SO_2、Pb、PbO、PbS、Zn、Cu、Si、SiO、COS、SO_3、CS_2、O_2
渣液相	PbO、$PbO \cdot PbSO_4$、PbS、$PbO \cdot SiO_2$、$2PbO \cdot SiO_2$、C、ZnO、$ZnO \cdot SiO_2$、Fe_2O_3、Fe_3O_4、$FeO \cdot Al_2O_3$、$FeO \cdot SiO_2$、$2FeO \cdot SiO_2$、SiO_2、$CaO \cdot Fe_2O_3$、$CaSO_4$、$CaO \cdot SiO_2$、$CaO \cdot Al_2O_3$、$MgO \cdot Al_2O_3$、$MgO \cdot SiO_2$、$MgO \cdot Fe_2O_3$、Cu_2S、CuO、$CuO \cdot Fe_2O_3$、Fe、Fe_3C、FeSi、Fe、Si、SiC、CaS、Al_2O_3、$Al_2O_3 \cdot SiO_2$
铅液相	Pb、PbS、Cu、Cu_2S、Zn

3.5.2 研究方法及内容

以最佳氧化条件产生的初渣作为还原段的原料，使用自由能最小的 VCS 法多相多组元化学平衡程序，对还原段的原料分别进行温度为 1000~1400℃（间隔50℃）共 9 种水平，相对给碳量分别为 1.00、1.25、1.50、1.75、2.00、2.25、2.50、2.75、3.00（即给碳量为 0.550445mol、0.688056mol、0.825667mol、0.963278mol、1.10089mol、1.2385mol、1.37611mol、1.51372mol、1.651335mol）共 9 种水平，总共 81 种状态的化学平衡计算，三相均按理想气体和理想溶液处理，得出气相、渣相、铅液相的组成随温度和给碳量的变化关系。

3.5.3 计算结果

3.5.3.1 适宜的给碳量和温度范围

碳还原 PbO 和 $PbO \cdot SiO_2$ 生成金属铅的反应是吸热反应。在充分补热的条件下，铅的还原度随给碳量增加而增加（见图 3-24）。当相对给碳量为 2.5 时，铅的还原度已达到最大值，继续增加碳量对铅的还原反应无益。由于 Zn 和 Fe 的还原度增加，同时碳的氧化物由以 CO_2 为主变为以 CO 为主，放热量减少，使得补热量增加（见图 3-25）。所以最佳相对给碳量为 2.5，即 1.37611mol。

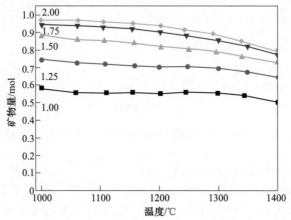

图 3-24 金属铅随温度和给碳量的变化

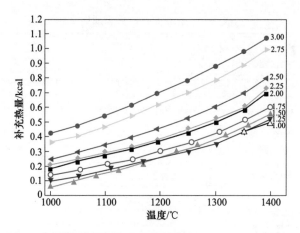

图 3-25　补充热量随温度和给碳量的变化（1kcal＝4.184kJ）

升温对成铅反应无益，尤其高温使铅的还原度较大幅度下降，补热量大幅度增加，所以过度提高温度是不利的。但是升温能增加反应速度，考虑到渣的流动性和化学反应速度，1100~1250℃的温度区间为最佳温度区间。出渣温度为1250℃时，主要反应在1100~1200℃的温度区间进行。以下用1200℃条件下的化学平衡结果说明各个组成的变化。

3.5.3.2　1200℃时给碳量变化对三相组成的影响

气相组成随碳量增加的变化如图3-26所示。随着给碳量增加，硫酸盐几乎全部还原为硫化物，主要是PbS亦有少量CaS，所以SO_2分压迅速下降。在相对给碳量为2.5时，分压仅为0.04mmHg。碳的氧化产物由CO_2为主变为CO为主；锌蒸气压猛增；铅和硫化铅蒸气压稍有上升。

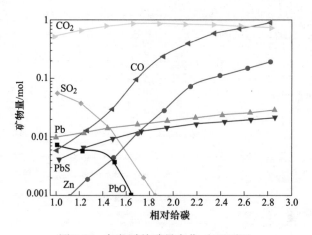

图 3-26　气相随给碳量变化（1200℃）

渣相组成随给碳量增加的变化如图3-27~图3-29所示。随给碳量增加渣中PbO、$2PbO \cdot SiO_2$、$PbO \cdot SiO_2$迅速下降，$PbO \cdot PbSO_4$含量为零。Fe_2O_3、Fe_3O_4迅速下降，Fe、$2FeO \cdot SiO_2$、$FeO \cdot SiO_2$上升较快，FeO、$FeO \cdot Al_2O_3$、Cu_2S变化不大，CuO、$CuO \cdot Fe_2O_3$接近零，Si、SiC、Fe_3C、FeSi含量为零。

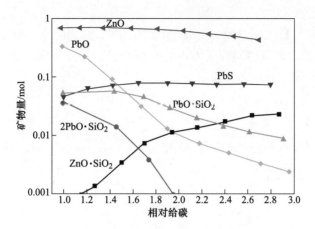

图 3-27　Pb、Zn 矿物随给碳量变化（1200℃）

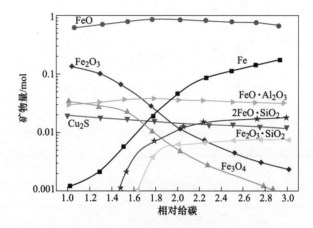

图 3-28　Fe、Cu 矿物随给碳量变化（1200℃）

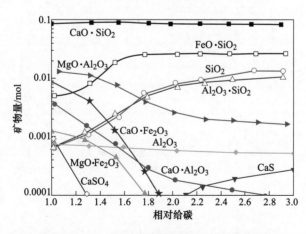

图 3-29　Ca、Mg 矿物随给碳量变化（1200℃）

随给碳量增加，在钙的矿物中 $CaO \cdot SiO_2$ 增加成为最主要的矿物，其他成分迅速下降接近零。镁、铝矿物中 $MgO \cdot SiO_2$、$Al_2O_3 \cdot SiO_2$ 增加成为主要矿物，其他成分迅速下降。Al_2O_3

含量变化不大。高碳值时亦有一定量的 CaS 生成。SiO_2 迅速上升，说明随金属 Pb 的生成渣的酸性增加，需补加 CaO 生成 $CaO \cdot SiO_2$ 降低 SiO_2 的量，从而降低渣的熔点和黏度。

（3）铅相组成随给碳量增加的变化如图 3-30 所示。铅还原度增加，锌含量迅速增加，铜、硫化亚铜、硫化铅含量缓慢增加。

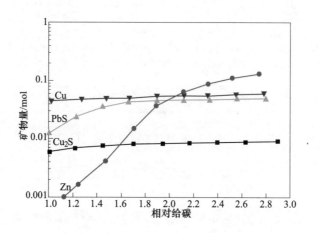

图 3-30　气相随温度的变化（相对 C=2.5）

3.5.3.3　相对给碳量为 2.5 时随温度增加三相组成的变化

气相组成变化如图 3-31 所示。由图 3-31 可以看出，在升温过程中，CO 下降，其他组分均增加。

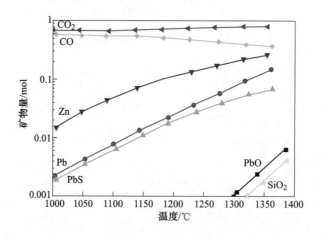

图 3-31　气相随相对给碳量的变化（1200℃）

渣相组成变化如图 3-32~图 3-34 所示。升温对铅还原反应不利，对锌还原反应有利，所以 PbO、$PbO \cdot SiO_2$ 量增加，ZnO、$ZnO \cdot SiO_2$ 量下降，剩碳迅速接近零；升温对铁还原不利，FeO、Fe_2O_3 和 Fe_3O_4 有所升高。Cu_2S、$FeO \cdot Al_2O_3$、$2FeO \cdot SiO_2$、$FeO \cdot SiO_2$ 变化不大。升温对钙镁硅铝矿物几乎无影响，仅 Al_2O_3 升高，高温时产生少量 $CaO \cdot Al_2O_3$、$CaO \cdot Fe_2O_3$。

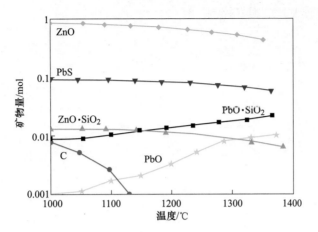

图 3-32 Pb、Zn 矿物随温度变化（1200℃）

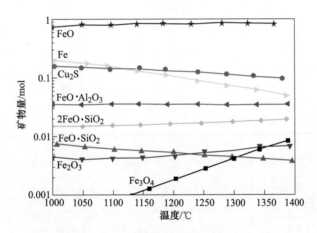

图 3-33 Fe、Cu 矿物随温度变化（相对 C=2.5）

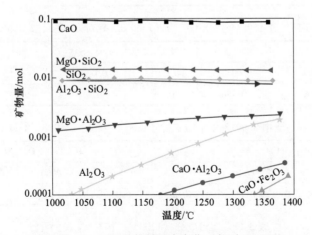

图 3-34 Ca、Mg 矿物随温度变化（相对 C=2.5）

铅相组成变化如图 3-35 所示。升温铅的还原度下降，Pb、PbS、Cu_2S 缓慢下降，Zn 上升较快，Cu 缓慢上升。由计算结果可见，温度变化对还原段的反应影响不大；给碳量的变化对反应影响较大，应很好控制。

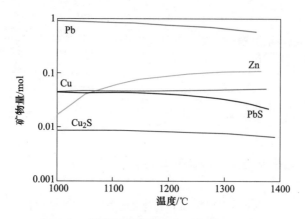

图 3-35　铅液相随温度变化（相对 C=2.5）

3.5.4　研究结果及讨论

首先分析一下较好的还原状态即 1200℃，相对给碳量 2.5 时的计算结果。渣的主要成分见表 3-14～表 3-16，粗铅成分见表 3-17，气相及烟尘成分见表 3-18。

表 3-14　渣中 1% 以上的矿物（1200℃，相对 C=2.5，97.521%）

矿物	PbS	PbO·SiO₂	ZnO	ZnO·SiO₂	FeO	Fe
矿物量/mol	0.069147	0.01347	0.50358	0.01296	0.83043	0.1145
质量分数/%	10.334	2.384	25.599	1.145	32.270	3.995
矿物	FeO·Al₂O₃	2FeO·SiO₂	CaO·SiO₂	MgO·SiO₂	Cu₂S	Al₂O₃·SiO₂
矿物量/mol	0.035	0.0168	0.1013	0.0179	0.0134	0.01046
质量分数/%	3.800	2.134	7.350	1.121	1.330	1.059

表 3-15　渣中 0.1% 以上的矿物（1200℃，相对 C=2.5，2.365%）

矿物	PbO	Fe₂O₃	Fe₃O₄	FeO·SiO₂	SiO₂	MgO·Al₂O₃
矿物量/mol	0.00445	0.00457	0.00183	0.00511	0.01154	0.00191
质量分数/%	0.620	0.456	0.265	0.421	0.433	0.170

表 3-16　渣中 0.001% 以上的矿物（1200℃，相对 C=2.5，0.113%）

矿物	PbO·SiO₂	CaO·Al₂O₃	Al₂O₃	C	CaO·Fe₂O₃	MgO·Fe₂O₃	CaS
矿物量/mol	0.000172	0.000116	0.000512	0.00039	0.000019	0.000009	0.00017
质量分数/%	0.054	0.011	0.033	0.003	0.003	0.001	0.008

表 3-17　粗铅成分（1200℃，相对 C=2.5）

成分	Pb	PbS	Cu	Cu₂S	Zn
矿物量/mol	0.95012	0.04433	0.05109	0.00858	0.08040
质量分数/%	90.580	4.880	1.494	0.628	2.418

表 3-18　气相成分（1200℃，相对 C = 2.5）

成分	CO	CO$_2$	SO$_2$	Pb	PbO	PbS	Zn	COS
矿物量/mol	0.56631	0.80916	0.000085	0.02334	0.00017	0.01852	0.10816	0.00025
质量分数/%	0.37111	0.53025	0.000056	0.01529	0.00011	0.01214	0.07088	0.00017

表 3-14~表 3-16 占总渣量的 99.999%。0.001% 以下的矿物有 CuO、CuO·Fe$_2$O$_3$、Fe$_3$C。含量为零的矿物有 CaSO$_4$、PbO·PbSO$_4$、FeSi、Si、SiC。

该渣有两个问题：渣中铅和锌的含量太高，分别为 11.313% 和 21.1%。

（1）降低渣含铅的方法。渣含铅为 11.313%，其中主要的铅矿物 PbS、PbO·PbSO$_2$ 和 PbO 分别为 10.33%、2.38%、0.62%，降低渣含铅主要是降低 PbS、PbO·PbSO$_2$ 的含量。由氧化段直接进入还原段的 PbS 为 0.023mol，由 PbO·PbSO$_4$ 直接还原生成的 PbS 是 0.04976mol，两者之和为 0.07276mol。由表 3-14~表 3-16 可知，PbS 量分别为 0.069147（渣相）、0.018519（气相）、0.044329（铅相），三相总和为 0.131995mol。后者比前者多 0.059235mol，其中有 0.0502mol 的 CaSO$_4$ 通过交互反应 PbO·SiO$_2$+CaSO$_4$═CaO·SiO$_2$+PbSO$_4$ 得到等物质的量的 PbSO$_4$，然后 PbSO$_4$ 还原生成等物质的量的 PbS。剩余 0.009035mol 的 PbS 是由 Cu$_2$S 反应生成。

由氧化段进入还原段的高铅渣，因为没有完全氧化而含有较多 PbS 会造成终渣含铅高，其过度氧化生成较多硫酸盐也会造成渣含铅高。因此，在进入还原段之前必须控制氧势使 PbS 完全氧化而又不生成硫酸盐。关于控制高铅渣中 PbS 和硫酸盐的研究，本书 3.3 节已做了详细论述。铅精矿的氧气底吹熔炼过程，其氧化反应是在铅液相中进行的，实际反应区域是在氧气泡附近。PbS 与 PbO、PbSO$_4$ 在熔池内反应较快，有部分 PbS 进行交互反应生成铅。新生成的铅液会溶解大量 PbS 重回铅液相，铅液相中的 PbS 再氧化，如此循环，渣中 PbS 降至很低的水平，Cu$_2$S 也同样降至很低水平。

（2）降低渣含锌和 PbO·SiO$_2$。渣含锌太高，增加了渣的熔点和黏度，为满足生产要求，必须配料以降低渣含锌量，进而降低渣的熔点和黏度。添加 CaCO$_3$ 和 SiO$_2$ 作为熔剂通常是有效的方法。

由于 CaCO$_3$ 和 SiO$_2$ 的加入，渣的组成发生较大变化。添加 CaO 和 SiO$_2$ 质量按 88.6g 计，渣中 SiO$_2$/CaO 值发生了变化。图 3-36 给出了渣中各组分随 SiO$_2$/CaO 值的变化曲线，随着 SiO$_2$/CaO 值的增加，Pb 的还原度下降，CaO·SiO$_2$ 含量下降，其他硅矿物大幅度上升，PbO·SiO$_2$ 上升幅度最大。采用较低的 SiO$_2$/CaO 值是取得较高 Pb 还原度的必要条件，此时渣中 PbO·SiO$_2$ 含量较低，渣成分简单，CaO·SiO$_2$ 是渣中主要的硅酸盐矿物。为进一步降低 PbO·SiO$_2$ 的量可以增加给碳量。图 3-37 给出了 1200℃ 时 PbO·SiO$_2$ 含量随给碳量和 SiO$_2$/CaO 值的变化曲线。在 1200℃ 相对给碳量为 3 时，渣含铅可降到 2% 左右。所以，在渣的熔点和黏度允许的条件下，保持渣中较高的铁和钙含量，降低硅含量，对降低渣含铅是有利的。还原终渣中 FeO 30%~40%、CaO 20%~15%、SiO$_2$ 30%~20% 可能是较理想的范围。例如，还原终渣的主要成分为 FeO 35%、CaO 20%、SiO$_2$ 25% 时，在 1200℃ 相对给碳量为 3 的情况下，其主要成分近似值如下：Zn 15%、CaO·SiO$_2$ 40%、FeO 26%（可能有 1%~2% 的误差），含量为 1%~3% 的矿物有 PbO·SiO$_2$、ZnO·SiO$_2$、2FeO·SiO$_2$、FeO·Al$_2$O$_3$、Al$_2$O$_3$·SiO$_2$，MgO·SiO$_2$ 的含量约为 0.8%。

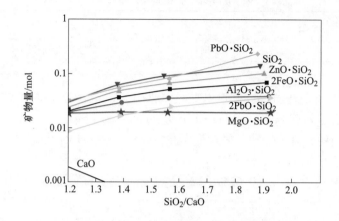

图 3-36　渣中各组分随 SiO_2/CaO 值的变化

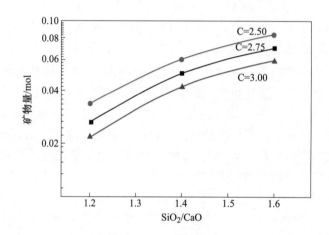

图 3-37　渣中 $PbO \cdot SiO_2$ 随 SiO_2/CaO 值和相对给 C 量变化（1200℃）

3.6　直接炼铅技术动力学原理

冶金过程动力学研究冶金过程（包括冶金反应及物理过程）的速度及其机理，是提高冶金过程的冶炼强度、缩短冶炼时间、提高冶金产品质量、促进冶金工业自动化、探讨和开发冶金新技术及新流程的重要手段。

冶金过程通常是在高温、有多相存在和有流体流动下的物理化学过程。反应速度除了受温度、压力和化学组成及结构等因素的影响外，还受反应器（如冶金炉等）的形状和物料的流动状况以及热源等因素的影响。当反应条件发生变化时，反应进行途径（步骤）即反应机理也会发生变化。从分子理论方面微观地研究反应速度和机理称为微观动力学研究。一般情况，物理化学中的化学动力学属于微观动力学的范畴；结合反应装置在有流体流动、传质及传热条件下宏观地研究反应速度和机理称为宏观动力学研究。冶金过程动力学即属于宏观动力学的范畴。

为使某一反应进行，必须将参与反应的物质传送到反应进行的地点（界面），在界面发生反应，并使反应产物尽快排出。其中速度最慢的步骤限制着整个反应的速度，这个最慢的步骤称为控制步骤或限制环节。研究反应速度的目的就是要弄清在各种条件下反应进行的各种步骤，也即反应的机理，找出限制环节，并导出在给定条件下反应进行的速度方程式，以便用来控制和改进实际操作。

目前，由于冶金过程动力学的研究在实验技术上的困难较多，因此大多数的研究基本上集中在冶金流体动力学模拟及过程仿真方面，本书第 10 章就氧气底吹炼铅技术的计算机仿真进行介绍。

3.6.1　铅精矿氧化熔炼动力学

由于冶金过程动力学是多相反应过程动力学，影响多相反应过程动力学的特征因素较多。目前实验方法限制较多，加之冶金原料复杂性、物料组成多变、原料和产物的相变等导致难以在高温冶金设备中测定所发生的复杂过程及影响因素，因此冶金过程动力学的研究工作比热力学少。

氧化反应动力学的讨论涉及硫化铅精矿氧化过程的反应速度和反应机理。影响硫化物氧化反应速度的主要因素为：

（1）温度升高，反应速度增大。

（2）硫化物颗粒（或液滴）表面上的氧分压增加，反应速度增大。

（3）反应的最初速度与硫化物颗粒（或液滴）的表面积成正比，但随着反应的继续进行，表面积的大小就变成了次要因素。

（4）反应速度常因有其他硫化物或氧化物的存在而增大。

氧化反应速度与熔炼过程的气流速度、搅拌强度、温度、气相组成变化以及氧化层薄膜的性质等因素有关。

目前关于直接炼铅氧化阶段和还原阶段的动力学研究不够深入。部分研究者采用非等温法和等温法研究硫化铅与氧化铅交互反应动力学。

研究者利用非等温法，采用热分析（TG-DTA）原理，在氩气流量为 100mL/min 的气氛下，分别以 40K/min、30K/min 和 25K/min 的升温速率，对硫化铅与氧化铅交互反应动力学进行研究。采用 Kissinger 法和 Ozawa 法确定了交互反应的表观反应活化能，研究结果表明：当配比为 1.0（$n_{PbS} : n_{PbO} = 1 : 2$）时，硫化铅与氧化铅交互反应的反应级数 $n = 1.077$，由 Kissinger 法和 Ozawa 法所确定的表观反应活化能分别为 184.29kJ/mol 和 191.90kJ/mol。

研究者采用等温法研究了硫化铅与氧化铅交互反应动力学，考察了载气流量、温度和硫化铅与氧化铅配比对交互反应的影响。研究表明：当载气流量 Q 为 80L/h 时，能消除外扩散对交互反应前期（$a < 0.5$）速率的影响；温度对两者交互反应速率的影响较大，随着温度的升高，反应速率明显增大；在 750~850℃，$Q = 80$L/h 的条件下，该交互反应前期受界面化学反应控制，符合动力学模型 $(1-a)-0.744-1 = Kt$；随着硫化铅含量的增加，表观反应活化能有减小的趋势。当配比为 1.0（$n_{PbS} : n_{PbO} = 1 : 2$）时，交互反应前期的表观反应活化能为 184.40kJ/mol，结果与非等温法计算结果基本一致。

氧气底吹熔炼过程主要是利用气泡上浮驱动熔池内熔体的循环流动来强化传质传热过程，特别是在炉内高温状态下，熔体的密度远大于气体密度，喷入常温工业纯氧，入炉后气体骤然膨胀，产生更大的密度差，百吨级熔体用少量气体便可充分搅动。

实际生产时，在氧气底吹熔炼过程中，氧气通过氧枪首先进入粗铅液相，化学反应的实际场所在氧气气泡周围，是强氧化过程，其主要反应为：

$$2Pb+O_2 \Longrightarrow 2PbO \tag{3-47}$$

$$PbS+3O_2 \Longrightarrow 2PbO+2SO_2 \tag{3-48}$$

这些反应使 PbO 浓度大大提高，PbO 又与 PbS 发生交互反应：

$$PbS+2PbO \Longrightarrow 3Pb+SO_2$$

交互反应使粗铅中 PbS 含量降至较低水平，此时 PbS 由渣相进入铅液相的速度远远小于其氧化速度，可以得到含硫量低于 0.5% 的合格的一次粗铅。

3.6.2　高铅渣还原动力学

以 CO 还原为例，一般氧化物的还原过程包括以下环节（见图 3-38）：

（1）CO 穿过边界层的外扩散；

（2）CO 穿过生成物层的内扩散；

（3）在反应物界面上发生结晶—化学反应；

（4）反应生成物 CO_2 穿过生成物层的内扩散；

（5）CO_2 穿过边界层的外扩散。

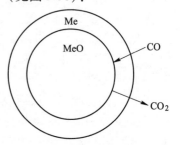

图 3-38　氧化物还原反应机理示意图

结晶-化学反应分为新核的生成和长大两个步骤。对于多相反应过程来说，结晶—化学变化发生在相界面上，氧化物和金属的界面在还原反应过程中起催化剂的作用，因而属于自动催化过程。在这样的过程中，若采用反应速度与时间的曲线表示，则可得到图 3-39。

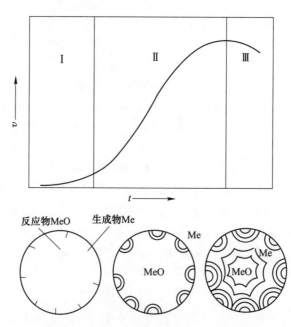

图 3-39　自动催化反应的速度曲线和示意图

由图 3-39 可见，结晶-化学反应的速度可以分为 3 个时期：

（1）第一个时期叫做诱导期。在此期间，在反应物表面要形成生成物的晶核，只有在氧化物晶格的局部范围，即活性点上才能实现。因而晶核生成阶段反应速度很慢。

（2）第二个时期叫做发展期。这个时期，在很多地方已经形成新相的微晶，并且十分分散，于是反应沿着微晶的周围逐渐发展，即晶核长大。由于晶核体积不断长大，其生长表面积也相应增加，固反应速度逐步加快。这一阶段也称为加速期。

（3）第三个时期为减速期，是反应的最后阶段。有新晶核的不断长大，界面逐渐合拢，此时反应的界面不但不会增加，反而逐渐减小，因此反应速度逐渐变慢。

在火法冶金中，无论是气流流速，还是熔体搅拌强度都比较大，因而外扩散通常不是限制性环节。限制性环节主要是结晶-化学反应阶段和内扩散过程。要强化还原过程，首先应该查明其限制环节，再有针对性地采取措施提高限制环节的速度。

由热力学分析可知，氧化铅较硅酸铅易于还原。在动力学方面表现为：在同一时间内，氧化铅还原比硅酸铅更彻底；在还原程度相同时，氧化铅还原所需的时间比硅酸铅少。

实验结果表明，用 CO 还原游离状态的氧化铅及硅酸铅时，它们的还原速度相差很大，其还原率也有很大差别，如图 3-40 所示。由图 3-40 可知，在 700℃ 温度下，CO 还原游离的 PbO（$p_{CO} = 26665Pa$），反应时间仅 10min 左右，其还原率便接近 100%。在同样条件下，硅酸铅的还原速度要远低于游离 PbO。并且，随着硅酸铅中 SiO_2 含量的增加，其还原速度下降。

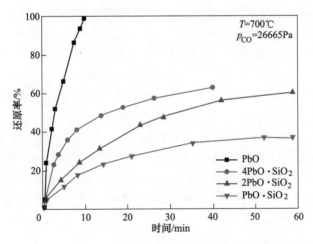

图 3-40   用 CO 还原游离 PbO 和硅酸铅的动力学曲线

CO 还原游离 PbO 与 CO 还原硅酸铅在动力学上的区别为：（1）游离 PbO 中的氧离子与铅离子直接键合，在硅酸盐中存在硅氧复合阴离子，Si—O 键比 Pb—O 键牢固；（2）在所研究温度下，CO 在硅酸盐中的扩散系数小于 CO 在 PbO 中的扩散系数。配料时，常用加入碱性熔剂，以改变冶金熔体的性质，将硅酸铅中的 PbO 置换出来，以提高铅氧化物的还原速度和还原率。

Y. R. RaO 等人对氧化铅间接还原过程的动力学进行试验研究，用阿累尼乌斯公式计算得到，反应过程的活化能为 20kJ/mol，结果表明反应的控制步骤为扩散过程。还对部分试样进行了 X 射线衍射分析，发现少量铅物相 PbO 单独存在，大部分铅物相为 PbO 与 Pb 共存。因此 Y. R. Rao 等人提出如图 3-41 所示的 PbO 还原扩散模型。

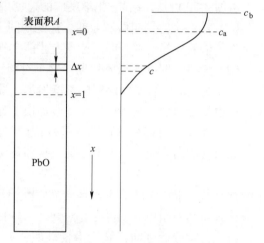

图 3-41　PbO 还原的扩散模型

由于试验技术和条件的不同，CO 还原 PbO 动力学研究的结论仍不一致。有学者认为，CO 还原 PbO 过程不同于一般金属氧化物的还原过程，主要在于，它的扩散区域反应对还原速度影响不大。主要原因是：

（1）金属铅的熔点很低，液态铅的表面张力较大，在高温下的流动性良好，导致还原生成的液态金属铅易从固体 PbO 的表面移走，不易形成还原产物覆盖层，即液态铅不能形成包裹固体 PbO 表面的液膜。

（2）CO 还原 PbO 时，液态铅首先在基体的棱角处形成，说明棱角处的反应活性较大。由于液态铅与矿体之间的界面张力较大，生成的铅液以球形附着于在矿体表面。这种铅液以自身的重力很容易离开矿体表面。在离开之前，反应产物液态铅也只覆盖矿体的一部分表面，不易形成液膜覆盖层。

（3）PbO 是极容易被 CO 还原的氧化物，在高温下其还原速度快，化学反应速率常数大于在反应区范围内的有效扩散系数，使反应区的厚度变小以至趋近于零。还原剂消耗快，使其很难沿空隙渗透到氧化物的内部。实际上反应只在 PbO 的表面进行，内扩散过程是次要的。

由此可以认为，CO 还原 PbO 的整个过程速度只受结晶化学变化、吸附、解吸以及气体外扩散的影响，其中外扩散的速度快，不是限制环节；而吸附和解吸也不是过程的限制环节。因此，用 CO 还原 PbO 时，动力学区域的作用决定了整个反应过程的速度。

传统的烧结—鼓风炉还原炼铅，其冶金反应在固定床状态下进行。氧气底吹炼铅技术属熔池熔炼技术，它的氧化段、还原段以及炉渣烟化过程都是在熔池剧烈搅动的情况下进行的鼓泡冶金反应。因此，氧气底吹炼铅技术的动力学条件是极为优越的，它极大地强化了冶金反应过程。此外，硫化物和碳质燃料（还原剂）都是在紊流程度极大的条件下燃烧的，实现了最佳的传质传热效果。

参 考 文 献

［1］铅锌冶金学编委会. 铅锌冶金学［M］. 北京：科学出版社，2003.
［2］陈国发，王德全. 铅冶金学［M］. 北京：冶金工业出版社，2000.
［3］Sinclair Roderick J. Extractive Metallurgy of Lead［M］. Australasian Institute of Mining and Metallurgy, 2009.

4 氧气底吹炼铅过程物料准备

4.1 原料

　　氧气底吹炼铅原料包括铅精矿、二次铅物料、熔剂、还原剂、燃料等。其中铅精矿是冶炼过程中的核心物料，铅精矿的化学成分和物相组成对冶炼过程工艺参数设定有重要影响，因此在配料前要对铅精矿的化学成分和物相组成有准确的分析结果。二次铅物料包括铅膏、铅栅、返尘等，搭配处理二次铅物料可提高企业的经济效益，同时也可以有效地处理废旧铅蓄电池等危险废物。为保证冶炼过程顺利进行，配制合适的渣型是关键，因此需要在冶炼过程中加入石灰石、石英石等熔剂以调节渣型。氧气底吹还原过程中需加入还原剂，还原剂包括块煤、粉煤等，块煤一般与熔剂混合后加入到底吹还原炉中，粉煤通过喷枪喷入到熔池中。生产过程中烘炉及保温使用的燃料包括天然气、柴油等，燃气的选用一般根据企业所在地燃料供应条件进行选择。

4.1.1 铅精矿

　　铅矿石主要有硫化矿和氧化矿两大类。硫化矿（方铅矿 PbS）是铅冶炼的主要原料。氧化铅矿主要由白铅矿（$PbCO_3$）和铅矾（$PbSO_4$）组成，属次生矿，它是由原生矿受风化作用或含有碳酸盐的地下水的作用而逐渐产生的，常出现在铅矿床的上层，或与硫化矿共生而形成复合矿。铅在氧化矿床中的储量比在硫化矿床中少，目前炼铅工业主要原料来源于硫化矿。

　　硫化铅精矿主要的组成成分有：Pb、Zn、Cu、Fe、S、SiO_2、CaO、MgO、Al_2O_3、As、Sb、Bi、Ag、Cd 等。元素存在的物相主要有：PbS、ZnS、FeS_2、$CuFeS_2$、FeAsS、SiO_2、$CaCO_3$、$MgCO_3$、Al_2O_3、As_2S_3、Sb_2S_3、Bi_2S_3、AgS_2、CdS 等。

　　铅精矿粒度小于 0.1mm 的部分占 90%，铅精矿含水小于 12%。铅精矿的密度为 1.9 ~ 2.4g/m³，运动安息角 35°，静止安息角 40°。

　　表 4-1 所列为几种不同铅精矿的成分组成。

表 4-1　铅精矿成分组成　　　　　　　　　　（%）

序号	Pb	Zn	Cu	Fe	S	As	Sb	Bi	SiO₂	CaO
1	40.00	4.00	0.80	11.60	14.13	0.20	0.20	—	16.20	1.81
2	44.00	6.50	1.20	11.00	20.00	2.50	0.25	0.12	10.00	1.50
3	46.00	4.90	2.80	13.50	21.50	1.10	2.80	0.20	2.50	2.00
4	51.00	5.15	0.50	5.39	16.91	0.06	0.70	0.01	6.00	0.24
5	52.00	5.12	1.06	10.10	19.30	0.30	1.06	—	2.10	2.30
6	53.24	6.00	1.50	8.92	19.88	0.25	0.50	—	3.50	0.39

续表 4-1

序号	Pb	Zn	Cu	Fe	S	As	Sb	Bi	SiO₂	CaO
7	54.00	5.00	1.00	7.77	18.00	0.30	0.30	0.15	3.00	1.30
8	55.00	3.50	0.80	8.50	18.00	0.60	1.00	0.20	1.50	1.30
9	58.00	6.00	1.30	6.20	17.00	0.30	0.23	1.10	3.80	2.90
10	69.21	3.50	1.04	4.50	14.17	0.25	2.00	—	2.04	1.39

在生产过程中为了保证冶金产品质量并获得较高的生产效率，避免有害物质的影响，使生产顺利进行，铅冶炼工艺对铅精矿成分有一定要求，YS/T319—2007《铅精矿》对铅精矿的要求见表 4-2。

表 4-2　铅精矿品级分类　　　　　　　　　　　　　　　（%）

品　级	化学成分（质量分数）					
	Pb	杂　质　含　量				
		Cu	Zn	As	SiO₂	Al₂O₃
一级品	≥65	≤3	≤4	≤0.3	≤1.5	≤2
二级品	≥60		≤5	≤0.4	≤2	≤2.5
三级品	≥55		≤6	≤0.5	≤2.5	≤3
四级品	≥50	≤4	≤6.5	≤0.55	≤3	≤4
五级品	≥45		≤7	≤0.6	≤3	≤4

注：1. 铅精矿中的金、银为有价元素，应报出分析结果。

2. 铅精矿中汞含量应符合 GB 20424 的规定。

3. 铅精矿中天然放射性的限值应符合 GB 20664—2006《有色金属矿产品的天然放射性限值》的要求。

4. 铅精矿中的水分（质量分数）应不大于 12%，冬季应不大于 8%。

5. 铅精矿中不应混入外来夹杂物，同批铅精矿应混匀。

针对底吹熔炼技术的特点，所用铅物料除需满足上述行业标准中要求外，还应满足以下要求：

（1）主金属 Pb 含量不宜过低，通常要求大于 40%。铅含量过低，对整个铅冶炼工艺来讲，单位物料产出的金属铅量减少，从而降低了生产效率。

（2）杂质铜含量不宜过高，通常要求小于 1.5%。铜含量过高，一是易形成隔膜层，影响放铅放渣；二是容易堵塞虹吸口；三是粗铅含 Cu 太高，增加了粗铅初步精炼除铜工作难度。

（3）锌的硫化物和氧化物均是熔点高、黏度大的物质，特别是硫化锌。如果含锌量过高，则在熔炼时，这些锌的化合物进入渣中，会使它们熔点升高，黏度增大。一般原料中 Zn 的含量宜控制小于 7%。

（4）砷、锑等杂质含量也有严格要求，通常要求 As + Sb 小于 1.2%，如过高，为了保证电解的顺利进行，需要在火法初步精炼过程除去部分杂质，因为过高的 Sb 导致阳极泥难以洗刷，同时影响电流效率。

（5）精矿中 S 主要以硫化物形式存在，以硫化物存在的 S 不低于 15%。

4.1.2　二次铅物料

二次铅物料包括各种含铅废料，其中以废旧蓄电池的数量最大，其次为化工冶金器械中的耐酸衬里铅皮、铅管、电线外皮、各类铅基的轴承合金、铅锡焊料、冶炼厂含铅烟尘、含铅废渣。

随着铅消费量渐趋稳定，产生大量的铅废件和铅废料，由于铅回收过程成本较低，因此二次铅物料已经成为铅冶炼过程中重要原料，且比重不断提高。

废旧铅酸蓄电池物理分选产出的铅膏，其成分见表4-3。

表 4-3　二次铅物料的化学组分（质量分数）　　　　　（%）

名　　称	Pb	Sb	Sn	Cu	Bi
废铅蓄电池极板	85~92	2~6	0.03~0.5	0.02~0.3	<0.1
压管铅板	>99	<0.5	0.01~0.03	<0.1	
铅锑合金	80~90	3~8	0.1~1.0	0.1~0.8	0.2~0.5
电缆铅皮	96~99	0.1~0.5	0.4~0.8	0.018~0.31	
印刷合金	95~99	0.05~0.24	0.05~0.02	0.02~0.13	

通过回收含贵金属铅二次物料，可以以铅为载体回收其中的贵金属，山东某厂利用粗铅富集金银的特性，以粗铅为载体，搭配处理复杂金精矿、高铅高银杂矿及提金尾渣等（见表4-4），综合回收金、银、铅、锌等有价金属。

表 4-4　含金银二次铅物料主要化学成分（质量分数）　　　　　（%）

二次铅物料	Pb	Zn	Cu	S	As	Sb	C	Ag/g·t^{-1}	Au/g·t^{-1}
复杂金精矿1	6.65	3.34	1.52	38.76	2.10	0.11	0.61	1482.15	47.24
复杂金精矿2	5.13	3.37	1.08	35.98	0.15	0.04	8.25	1492.72	53.00
复杂金精矿3	0.36	0.14	0.35	11.60	5.10	0.11	9.63	631.68	27.64
含铅含金杂矿	27.33	8.62	0.44	24.49	1.03	0.02	0.45	—	11.57
提金尾渣	16.34	4.61	0.46	20.17	0.06	0.04	0.16	96.20	3.43

锌浸出渣是湿法炼锌过程中产出的一种含 Pb、Zn、Cu、Ag 等有价金属的固态渣，由于含有硫酸根（SO_4^{2-}）及重金属，属于危废渣，堆存需要进行"三防"处理，费用高，且给环保造成压力，同时也造成资源浪费。

采用氧气底吹熔炼炉高比例处理锌浸出渣，利用氧气底吹熔炼炉强化熔炼的特点，通过配入硫化物（或块煤）维持冶炼的热平衡，精确控制氧势，使高比例配入的锌浸出渣能在氧气底吹熔炼炉内完成分解、脱硫、造渣等化学反应。浸出渣成分见表4-5。

表 4-5　浸出渣典型物料主要化学成分组成（质量分数）　　　　　（%）

成分	Pb	Zn	Cu	Fe	SiO$_2$	CaO	S	Ag/g·t^{-1}
浸出渣1	10.59	1.85	0.25	18.28	17.89	6.24	15.64	128
浸出渣2	13.46	1.88	0.41	18.24	7.36	3.39	14.44	59

4.1.3　熔剂

在熔炼过程中，当铅精矿中的造渣成分不能满足熔炼所需渣型时，需加入熔剂调整渣型。根据精矿原料成分的不同，加入的熔剂主要有钙质熔剂（石灰石）、硅质熔剂（石英石）、铁质熔剂（褐铁矿、黄铁矿烧渣）。

4.1.3.1　石灰石

石灰石组成元素主要有 CaO、SiO_2、MgO、Al_2O_3、Fe 等，元素存在的物相形式主要有：$CaCO_3$、$MgCO_3$、SiO_2、Al_2O_3、Fe_2O_3等。

石灰石组成要求：CaO≥45%，粒度 2~5mm，含水量小于 5%。

石灰石密度 1200~1500kg/m^3，运动安息角 30°~35°，静止安息角 40°~45°。

表4-6 列出了典型的石灰石元素组成。

表 4-6　石灰石元素组成（干基）

成分	CaO	SiO_2	Fe	Al_2O_3	MgO
质量分数/%	48.00	2.00	0.30	1.50	2.20

4.1.3.2　石英石

石英石组成元素主要有 SiO_2、CaO、MgO、Al_2O_3、Fe 等，元素存在的物相形式主要有 SiO_2、$CaCO_3$、$MgCO_3$、Al_2O_3、Fe_2O_3等。

石英石组成要求：SiO_2含量不小于 90%。石英石粒度 2~5mm，石英石含水小于 5%。

石英石密度 1500kg/m^3，运动安息角 30°~35°，静止安息角 35°~40°。

表4-7 列出了典型石英石元素组成。

表 4-7　石英石元素组成（干基）

成分	SiO_2	CaO	Al_2O_3	MgO	Fe
质量分数/%	98.00	0.15	0.30	0.20	0.30

4.1.3.3　铁矿石

铁矿石组成元素主要有 Fe、SiO_2、CaO、MgO、Al_2O_3等，元素存在的物相形式主要有：Fe_2O_3、Fe_3O_4、SiO_2、$CaCO_3$、$MgCO_3$、Al_2O_3等。

铁矿石组成要求：Fe 含量不小于 50%。铁矿石粒度 2~5mm，铁矿石含水小于 5%。

铁矿石密度 1200~2100kg/m^3，运动安息角 30°~35°，静止安息角 40°~45°。

表4-8 列出了典型铁矿石元素组成。

表 4-8　铁矿石元素组成（干基）

成分	Fe	SiO_2	CaO	MgO	Al_2O_3
质量分数/%	59.00	3.00	0.10	0.15	1.60

4.1.4　燃料

4.1.4.1　块煤

氧气底吹熔炼炉在熔炼过程中不能满足自热时，可以加入少量块煤作为燃料，补充熔炼过程所需热量，块煤采用无烟煤。

块煤组成要求：固定 C≥45%。块煤粒度 3~5mm，块煤含水量小于 10%。

块煤密度 700~1000kg/m³，运动安息角 25°~30°，静止安息角 30°~45°。

表 4-9~表 4-11 列出了典型块煤的化学组成、挥发分及灰分。

表 4-9　块煤化学组成（湿基）

组成	固定 C	挥发分	灰分	水分
质量分数/%	50.00	22.00	22.00	6.00

表 4-10　挥发分组成（干基）

组成	C	H	N	S	O	总计
质量分数/%	82.24	4.28	1.43	1.81	10.24	100.00

表 4-11　灰分组成（干基）

组成	Al_2O_3	CaO	Fe_2O_3	MgO	SiO_2	SO_3	其他	总计
质量分数/%	27.51	8.46	5.68	1.10	46.4	6.48	4.37	100.00

4.1.4.2　柴油

柴油分为轻柴油和重柴油。氧气底吹熔炼炉在烘炉和保温的时候可以采用柴油作为燃料。柴油密度 800~900kg/m³，柴油热值大于 40000kJ/kg。

柴油组成元素主要有 C、H、O、N、S，柴油典型组成见表 4-12。

表 4-12　柴油组成

组　成	C	H	O	N	S
质量分数/%	87.67	11.5	0.6	0.2	0.03

4.1.4.3　天然气

氧气底吹熔炼炉在烘炉和保温的时候也可以采用天然气作为燃料。

天然气密度 0.6~0.8kg/m³，天然气的热值大于 34000MJ/m³。

天然气组成元素主要有 C、H、O、N、S。物相组成主要是甲烷、一氧化碳、二氧化碳、硫化氢等。

天然气典型组成见表 4-13。

表 4-13　天然气组成

组成	CH_4	C_2H_6	H_2S	CO_2	N_2
体积分数/%	95.8	0.4	0.1	0.5	1.5

4.1.4.4　粉煤

通过底吹还原炉底部还原喷枪喷入底吹还原炉熔池，粉煤作为燃料和还原剂。

粉煤粒度90%通过200目（0.074mm）筛，100%小于1mm，粉煤含水量小于1%，固定碳大于60%。粉煤质量指标见表4-14。

表 4-14　粉煤质量指标

指标	固定碳/%	挥发分/%	灰分/%	灰分熔点/℃	水分/%	低发热值/MJ·kg^{-1}	粒度（<74μm）/%
数值	>60	>25	<15	>1200	<1.5	>25	80~85

对粉煤质量一般有以下要求：

（1）低灰分。一般要求制粉末所用的煤灰分小于15%。灰分中含有的物质在生产中会进入到底吹还原炉渣中，灰分中的 SiO$_2$ 使底吹还原炉内 CaO/SiO$_2$ 降低，导致需加入更多的熔剂，提高了底吹还原炉渣量。在渣中 Pb 含量相对稳定的情况下，渣量的增加降低了金属的直接回收率。

（2）低硫含量。煤中的硫在熔池反应过程中会进入烟气中，若煤中含硫过高将导致烟气中二氧化硫含量提高，增加了烟气脱硫系统负荷。生产中应优先选用低硫煤，S 含量小于1%。

（3）煤的可磨性好。现底吹还原炉喷煤需要将煤磨到小于 0.106mm（150目）。

4.2　物料储存、化验

4.2.1　储仓的基本作用和原则

目前国内铅冶炼企业原料来源比较分散，为保证生产系统平稳，需建设一定存量的原料储仓和配料厂房，原料储仓一般有抓斗上料和铲车上料。原料储仓和配料厂房的建设原则：

（1）储存一定量的精矿，使企业在原料中断供应时能持续生产，避免因原料中断导致系统停产，同时应根据项目所在地交通情况确定储存时间。原料储仓一般考虑储存满足系统生产 20~30 天的精矿量，北方高寒地区可为 60~90 天。

（2）焦炭储存时间宜 20~30 天，烟煤的储存时间宜为 30~60 天。

（3）储存大多来源复杂物料，通过计算配比在配料厂房进行配料，达到适合入炉的物料品位。

（4）冶炼烟尘中金属量较高，且粒度极细，生产中尽量在系统收集后直接配料返回冶金炉，考虑到原料波动及炉况问题，烟尘在特定时间需要暂时堆存，原料储仓应建设特定区域储存烟尘。

（5）冶炼过程中所需的石灰石、石英石等消耗量较精矿量小，根据产地距离、运输条件等因素灵活确定储存量，一般存储 20~30 天。

（6）为方便卸车，减少占地面积，铅冶炼厂多采用地下式矿仓。

（7）储仓的格数主要根据原料种类确定，因此应按照各种物料单独存放的原则进行设置，首先确定储存量和矿仓容积，再根据厂房柱距确定所需的矿仓格数。

（8）在北方寒冷地区，冬季精矿在运输过程中会被冻结，从解冻库精矿运输到厂内需设置解冻库进行解冻。

（9）冶炼过程中产出的氧化锌应设置氧化锌仓库，储存时间宜为 3~5 天。

4.2.2 原料的分析与检验

铅精矿分析执行下列标准：

（1）铅精矿化学成分的测定按 GB/T 8152 的规定进行。

（2）铅精矿水分含量的测定按 GB/T 14262 的规定进行。

（3）铅精矿中天然放射性的测定按 GB 20664 的规定进行。

检验标准如下：

（1）铅精矿运到需方或双方认可的地点后，由合同约定方按本标准的规定进行验收，供方应确保产品质量符合本标准（或订货合同）的规定。

（2）铅精矿应成批提交检验，每批由同一品级组成。火车运输以每车皮为检验批次，其他运输方式检验批次由供需双方商定。

（3）铅精矿取样、制样按 GB/T 14262 的规定执行。

将所制样品分为 4 份：一份为验收分析样，一份为供方样，一份为需方样，一份为仲裁样。仲裁样保留 3 个月（国际贸易为 6 个月）。供需双方如对检验结果有异议，应在仲裁样保留期内提出。

（4）检验结果的判定。检验结果的数值修约及判定按 GB/T 8170 的规定进行。

同一车内（或同一批次），发现精矿颜色明显不一致或掺杂等则判该车（或该批次）不合格。同一车内（或同一批次），发现不同品级混装或所含金、银等有价元素品位明显不一致等，则按较低品位作为判定结果。

4.3 配料及制粒

4.3.1 配料

为了保证熔炼过程生产的稳定进行，需要对铅精矿及二次物料进行配料以达到合适的入炉成分。配料一般采用定量给料机进行称量，对于含水较高的二次物料可以采用圆盘给料机给料、定量给料机称量的方式，量较少的原料在定量称量前进行初步抓配。

配料称量各物料量波动范围为±1%，一是由于称量设备带来的误差，需要定期进行校准；二是由于下料不畅带来的误差。

配料与原料组成、种类、处理量等因素相关，不同的企业由于原料来源不同，配料都会根据实际的原料情况进行调整，原则如下：

（1）精矿合理搭配，造渣成分合适，尽可能接近渣型要求，少配入熔剂；

（2）渣型既满足底吹熔炼要求，又尽可能接近后续工段要求；

（3）发热量合适，可以提高氧气底吹熔炼炉处理量和硫酸产量；

（4）尽量含有较少含量的有害杂质，含有合适含量的有价金属；

（5）配料需考虑较长时间入炉物料成分的稳定，减少更换配料单的频率，同时要保证给料设备的顺畅运行，每次更换配料单的时候要在较低的处理量下更换，而且需要等整个炉况稳定后再提高处理量。

除对精矿进行配料外，还需根据精矿中脉石的成分计入一定量的熔剂、返渣、烟尘等，使炉渣具有合适的熔点、黏度等物化性质。

铅冶炼厂常用的配料方式有人工配料、堆式配料、仓式配料。

（1）对于批次极其小的批次的物料，可以通过人工的方式进行配料。

（2）堆式配料多用于各种精矿的混合，将各种精矿按照计算的比例分层铺成料堆，混合均匀后，一个料堆可供数日使用，成分比较稳定。

（3）仓式配料是目前国内冶炼企业普遍采用的配料方式。生产中将各种物料分别装入配料仓中，通过定量给料设备，按照比例加入输送皮带，在经过混合设备混合后送入炉前料仓。

配料系统设备包括配料仓、防堵设备、给料设备、称量设备、配料胶带运输机、混料设备。

配料仓的设计除满足一定储量要求外，其结构设计必须保证物料顺利下降。为保证下料顺畅，仓壁的倾角一般为 $65° \sim 75°$，对于精矿等下料较困难的物料，倾角一般采用 $75°$，同时加大配料仓出口尺寸。

为保证顺利下料，会在仓壁安装仓壁振动器或空气炮。仓壁振动器有电磁振动器和偏心轮振动器两种。电磁振动器振动力仅限于垂直仓壁表面，偏心轮振动器有轻微摇动作用。空气炮是通过向仓内间歇通入高压气体，使仓内物料松散，避免仓内物料因长期堆存发生结块、堵塞，而导致的下料不畅。

4.3.2 制粒

制粒的目的是使各种成分混合均匀、减少烟尘率、改善操作卫生条件。粒料要求如下：

（1）球粒粒度 $3 \sim 15mm$；

（2）球粒料中粉料率不大于 10%；

（3）球粒料含水 $8\% \sim 10\%$；

（4）球粒料强度从 $1m$ 高度落下一次不碎。

配料后的物料通过胶带输送机运送至制粒设备，制粒设备采用圆筒混料机或圆盘制粒机。圆盘制粒机相比圆筒混料机制粒效果要好，粒度更均衡，采用圆盘制粒机，氧气底吹熔炼炉烟尘率相对更低，一般可降低 $2\% \sim 3\%$。相对于圆盘制粒机，圆筒混料机的操作环境更好，为了得到更好的制粒效果，可采用两级圆筒制粒的方式。

根据原料含水情况，在制粒过程中喷入少量水提高制粒的效果。

制粒后的粒料通过胶带输送机送至炉前料仓，炉前料仓贮存约半小时的物料，炉前料仓的粒料采用定量给料机计量后通过移动带式输送机加入氧气底吹熔炼炉中。

粒料密度：$2 \sim 2.2m^3/t$，粒料堆积角：$40° \sim 45°$。

4.3.3 配料及主要设备

配料过程使用的给料设备因各种原料的性质不同有所差异，铅冶炼中经常使用的给料设备包括：胶带输送机、振动给料机、圆盘给料机、螺旋给料机。

（1）胶带输送机适用于输送精矿等粉状物料。其结构简单、调节方便、故障率低，便于维护。由于胶带给料机的首尾轮及传动装置需要一定空间，配置上需要一定高度，因此物料落差较大，生产过程中需加强对转运点的通风除尘，保证岗位卫生。

（2）振动给料机适用于返料、熔剂、原煤等。电磁振动给料机可以通过外加电压来调节给料量，设备具有调节灵敏、操作方便等特点。给料机槽体通过钢板或合金钢板制造，旋转部件少，物料距电器部件较远，便于隔热，因此可以用于温度较高的物料或具有磨损性的物料。

（3）圆盘给料机常用于精矿或粉状、颗粒状物料的给料。由于圆盘给料机能承受较大的料柱压力，允许采用较大的矿仓出口，有利于矿仓下料。在圆盘给料机内安装螺旋装置，可以用于黏性较大的物料的给料。由于配料仓出口大，圆盘给料机承受的料柱压力较大，圆盘盘面磨损较严重，因此圆盘速度不宜过大。

（4）螺旋给料机是一种适用于粉状物料的给料设备，矿仓下料口处物料充满螺旋，密封性好，可利用改变螺旋转速调节给料量。

称量设备包括皮带秤、配料秤、称量料斗。

（1）皮带秤所称料量的调节，应在最大负荷到半负荷范围内变化，以保证称量精确性。常用的皮带秤有滚轮式机械皮带秤、机电式皮带秤和电子皮带秤。

1）滚轮式机械皮带秤要求称量托辊两侧各有 7m 的直线段，占地较大，目前在铅冶炼行业使用较少。

2）机电式皮带秤要求水平安装，称量点必须与配料仓下料点间隔一段距离，避免下料对皮带的振动影响计量准确性。

3）电子皮带秤必须安装在水平段，称量点距主动轮应大于 3m，距下料点距离也有一定要求。

（2）配料秤式有给料、称量及排料设备组合起来的机组，其称量部分系采用杠杆秤进行间断称量，因此整套配料秤式自动间断工作，每次加料、称量、排料为一个周期，根据给定的称量值，配料秤不断循环工作。

（3）称量料斗式企业根据需要，在杠杆秤或电磁压头上安装容量不等的料斗，进行间断称量，料斗材质可根据物料性质选用耐温，防腐材料，适用于高温或腐蚀性物料的计量。料斗质量也可根据料批质量选用自重较轻的料斗，也可调高称量精度。

配料胶带输送机的选择与计算同普通胶带输送机相同，但应注意配料胶带输送机的选用应考虑以下几点：

（1）应采用低带速，减少扬尘和落料，一般选用 0.5m/s 带速；

（2）应装设有胶带清扫器，以免黏结物影响配料准确度；

（3）间断配料时，胶带宽度应选择最大料量设计宽度；

（4）设备电机应充分考虑带负荷启动时的功率。

定料给料机配料现场如图 4-1 所示。

混料过程一般采用圆盘制粒机或圆筒混料机。

圆盘制粒机能将细粒度粉状物混合并制成粒度符合工序要求的球粒状物料。其结构先进、性能可靠、制粒效果好、低能耗、耐磨损、运行平稳、易于维护。制粒物料在倾斜并且旋转的圆盘中受重力、离心力和摩擦力的作用而产生滚动和搓动，在补充适当水分的情

图 4-1　定料给料机配料现场图

况下形成母球。细粒度物料在潮湿的母球表面上滚动使母球长大并具有一定的强度。不同粒度的球粒在圆盘中自动地沿不同轨道运行，符合要求的成品球粒从盘中排出。

圆盘制粒机倾角可调整、有多种圆盘转速可供选择、圆盘采用大型回转支承、圆盘内表面采用特殊耐磨材料作衬板、采用电动旋转刮刀清理圆盘底面和侧面的黏料等。圆盘倾角可在 40°~55°范围内调整，而且调整方便，可适应不同性质物料要求，使用范围广。

圆筒混合机可用于原料混合、制粒、滚煤等多种用途。圆筒混合机的传动结构主要有齿轮传动及胶轮传动两种。齿轮圈传动具有传动扭矩大、寿命长等特点，但噪声较大；胶轮传动可用实心或空心充气轮胎，具有传动平稳、噪声低等特点，但胶轮磨损较大，更换次数多。胶轮传动的传动装置根据用户要求可置于中间或两端，所有设备都有左右传动安装形式。为了提高混料效果，筒体内装有扬料板；为了防止粘料，筒体内还装有整体或部分衬板。衬板有金属、耐磨橡胶、含油尼龙、高分子材料等多种形式供选择。使用过程中应根据混合时间及混合机的作用确定圆筒混料机倾角。通常混合和制粒在两个圆筒中完成，筒体倾角不大于 3°，用于物料制粒时筒体倾角约为 1.5°。根据实践经验混合时物料在筒体内停留一般为不少于 4~5min，制粒时物料在筒体内停留约 3min。

制粒用圆盘制粒机及圆筒混料机如图 4-2 及图 4-3 所示。制粒后的粒料如图 4-4 所示。

4.3.4　配料及制粒操作

4.3.4.1　原料称量配料设备操作

（1）料仓下部都安装有称量给料机，通常料仓与称量给料机的震动下料都是连成一体的，物料通过振动料斗均匀地给到称量给料机。

（2）称量给料机可以联锁启动或单独启动，启动方式取决于配料的工作模式。

（3）称量给料机下游的运输设备停车时，称量给料机将自动停车。

图 4-2 圆盘制粒机

图 4-3 圆筒混料机

图 4-4 入炉粒料

（4）称量给料机运行时，任何人不得触摸，保持清洁，确保无任何外来杂物。

（5）定期检查下料溜子，及时清理沉积物。

（6）为保证给料设备精度，需定期对称量给料机进行标定。

（7）如需处理不同的原料时，应将原有物料全部排空（包括震动料斗），以免造成炉料成分混乱。

（8）为了防止重金属在空气中的飞扬，烟尘配料设备必须设置通风除尘设施，操作人员应穿戴好防护用品。

正常情况下，物料准备系统的运转设备应处于联锁状态，称量给料机、皮带运输机、电磁除铁器等配料设备的现场控制箱开关必须处于"自动"位置，以便实现自动启动/停车。若未得到许可，岗位操作人员不得改变控制箱上的开关位置。

4.3.4.2　混合制粒设备操作

混合制粒设备操作如下：

（1）圆盘制粒机主要由圆盘、驱动装置、刮刀和润滑系统组成，通常这些设备的控制开关处于"联锁"位置。

（2）圆盘制粒机的圆盘倾角可在相对铅垂线 45°~55°之间变化，根据操作经验，可获得最佳角度。通常倾角为 50°。

（3）圆盘制粒机的圆盘转速可在 6~8r/min 之间变动，根据操作经验，可获得最佳转速。

（4）正常条件下，粒料应达到：粒度 $\phi5\sim25mm$，湿度 7%~8%。

（5）若希望粒料的粒度较小，可以加大圆盘转速或倾角，减少物料在圆盘里的停留时间，同时粒料的产量会增加。

（6）若希望粒料的粒度较大，可降低圆盘倾角或降低转速，以延长物料在圆盘里的停留时间，同时粒料的产量随之下降。

（7）对于粒度超过 $\phi40mm$ 的粒料应及时清理，注意应在运输皮带上清理而不是在圆盘上，否则易发生危险。

（8）定期检查雾化水喷嘴，如有必要进行调整或更换。

（9）每班必须检查润滑系统（包括手动加油系统），发现问题及时报告控制室。

（10）当车间进行例行检修维护时（指热检修），应对刮刀进行检查，调整好高度和间距，如有磨损的，及时更换。

（11）长时间（24h 以上）停止运行，应及时清理圆盘里的积料，避免其硬化而损坏刮刀。

（12）由于环境卫生的原因，操作期间圆盘制粒机区域必须出于密封状态，保证吸风量和通风管道畅通。

（13）当圆盘制粒机运行时，任何人不得进行清理、更换刮刀等与之相关的工作，否则极易发生危险。

（14）清理圆盘中的积料时，必须先清理上部积料，以免因偏心而造成圆盘自行转动，对操作人员造成伤害。

5　氧气底吹熔炼工序

5.1　工艺流程

氧气底吹熔炼炉处理铅精矿的熔炼工艺流程如图 5-1 所示。

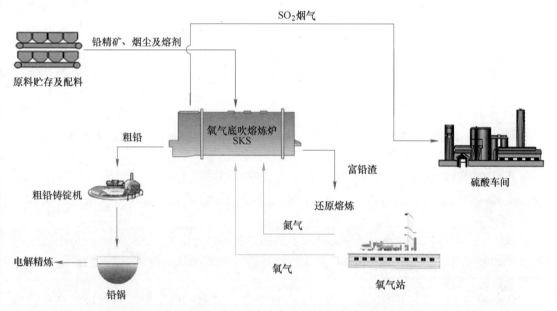

图 5-1　氧气底吹熔炼炉处理铅精矿的熔炼工艺流程示意图

贮存在精矿仓中的铅精矿、二次铅物料、熔剂通过抓斗起重机加入到钢仓中，经过仓下的给料计量装置计量后，通过胶带输送机送到熔炼车间与计量后的氧气底吹熔炼炉烟尘混合制粒，混合制粒采用圆盘制粒机或圆筒混料机，制粒后的粒料通过胶带输送机加入到炉前仓，经过仓下的定量给料机计量后，采用移动带式输送机，通过氧气底吹熔炼炉顶部的加料口加入氧气底吹熔炼炉中。

氧气及用于保护喷枪的氮气和除盐水通过氧枪从氧气底吹熔炼炉底部高速喷入炉内，有效搅动熔池，形成良好的传质传热条件，铅精矿等硫化物被氧气迅速氧化，物料中的硫化物氧化放出大量的热，一般入炉粒料所含有效硫大于 15% 时，氧气底吹熔炼炉熔炼过程能够实现自热熔炼，当有效硫偏低时，可以配入少量煤作为燃料进行补热。

入炉物料在炉内迅速完成降落、脱水、熔化、分解、氧化和造渣等过程，熔炼过程产出的粗铅和高铅渣因为比重的不同在熔池内进行分层，粗铅位于熔池底部，高铅渣位于熔池上部。当物料含铜较高时，在粗铅和高铅渣中间会形成一层铜锍层。

氧气底吹熔炼炉产出一次粗铅（当原料品位较低时不产一次粗铅）、高铅渣、烟气和烟尘。粗铅从虹吸口放出，通过溜槽流入熔铅锅进行粗铅精炼或者采用粗铅铸锭机冷却铸锭。高铅渣从渣口放出，通过溜槽加入到底吹还原炉中或者采用铸渣机冷却铸块，烟气和烟尘从氧气底吹熔炼炉出烟口通过上升烟道进入余热锅炉，经余热锅炉回收余热及收尘、电收尘器收尘后，由高温风机送制酸系统。

5.2　氧气底吹炉投入与产出

5.2.1　投入

底吹熔炼炉投入主要是铅精矿、二次铅物料、循环烟尘、熔剂等，底吹炉物料经过配料制粒后通过底吹炉顶部的加料口加入到炉内，底吹炉从炉底喷枪喷入氧气、氮气、除盐水。

底吹熔炼炉投入物料组成及性质见 4.1 节，本节不再赘述。

5.2.2　产出

5.2.2.1　一次粗铅

粗铅中其他元素主要有 Cu、As、Sb、Bi、Ag、Au 等。粗铅组成根据原料的不同会有较大的波动。一般生产过程中控制 Pb>95%、Cu<2%、S<0.5%。

原料中铜会形成浮渣和粗铅一起放出，浮渣在冷却后将在粗铅上部析出，浮渣的主要成分是 Pb 50%~70%、Cu 10%~30%、S 5%~10%。浮渣成分随着原料中铜含量变化而不同。

氧气底吹熔炼炉产出的粗铅需要进一步精炼才能得到合格的产品铅锭。一般通过火法精炼，调整粗铅中 Cu、Sb 等元素的含量，然后进行电解精炼，电解精炼过程中 Ag、Au 等贵金属进入阳极泥进行回收。

一次成铅率和原料组成有关，主要是原料中 PbS 含量，同样和生产操作参数控制相关。一般成铅率在 30%~40%，但是随着原料品位的降低及处理越来越多的二次物料，大多数氧气底吹熔炼炉不产粗铅，铅都进入高铅渣中，然后在底吹还原炉产出。

氧气底吹熔炼炉产出的粗铅温度在 900~920℃。氧气底吹熔炼炉 2~3h 放一次粗铅，每次放粗铅时间约 30min。氧气底吹熔炼炉产出的粗铅密度 $10~10.5 \text{g/cm}^3$。

5.2.2.2　高铅渣

高铅渣主要由 PbO、ZnO、Fe、SiO_2、CaO 等组分组成。其中 Fe 一部分形成 FeO 和 Fe_2O_3，少部分形成 Fe_3O_4。

氧气底吹熔炼炉熔炼过程是一个自热过程，在熔炼过程中采用熔点较低的渣型。高铅渣主要组成：Pb 40%~50%、FeO 10%~15%、SiO_2 8%~10%、CaO 4%~6%、ZnO 7%~10%。根据原料中的实际组成，高铅渣的渣型可以在较大范围内调整。

高铅渣熔点一般控制在 1000~1050℃。高铅渣密度 $5~5.5 \text{g/cm}^3$。

5.2.2.3　烟尘

氧气底吹熔炼炉产出的含尘烟气通过余热锅炉和电收尘收集下来，收集后的烟尘配料重新返回氧气底吹熔炼炉。

烟尘主要由 Pb、Zn、S、Cd、As、Sb、Fe、SiO_2、CaO 等组分组成，其中 Pb 含量 50%~60%，主要是以 $PbSO_4$ 的形式存在。

当原料中含有 Cd 的时候，Cd 会在烟尘中富集，因此烟尘中的 Cd 含量会不断升高，由于 Cd 对人体有害，因此当 Cd 含量达到一定含量（一般控制在 5%）时烟尘需开路，这部分烟尘可以送锌厂浸出回收 Cd。

烟尘中 Zn、As、Sb 主要以氧化物的形式存在。

氧气底吹熔炼炉产出的烟尘密度为 $1.5 \sim 1.8 \mathrm{g/cm^3}$，烟尘的堆积角为 $40° \sim 45°$。

5.2.2.4 烟气

氧气底吹熔炼炉产出的烟气经过余热锅炉回收余热、电除尘器收尘后送制酸系统。

烟气主要组成是 SO_2、CO_2、H_2O、N_2、O_2，烟气中还含 F、Cl、As、Hg 等元素。高温风机出口送制酸的 SO_2 烟气浓度 8%~12%。

氧气底吹熔炼炉炉内烟气温度：$1000 \sim 1050℃$；上升烟道入口烟气温度：$900 \sim 1000℃$；余热锅炉出口烟气温度：$350 \sim 400℃$；电收尘出口烟气温度：$300 \sim 350℃$；电收尘器出口烟气含尘小于 $300 \mathrm{mg/m^3}$。

当底吹炉配入少量碎煤进行补热时，应当保持烟气含氧量大于 5%，若烟气中氧气含量较低时，烟气中可能会含有 CO，应当调整氧气底吹熔炼炉的负压，增加吸入的空气量，同时电收尘设计时需考虑防爆。

5.3 氧气底吹熔池熔炼

混合制粒后的炉料由设在氧气底吹熔炼炉顶部的加料口连续加入炉中，工业氧气通过熔池底部的氧枪喷入熔池，喷入的氧气形成大量的微气泡分布于熔体中，将一部分金属铅氧化成氧化铅，同时喷入的氧气使熔池处于强烈的搅动状态，形成良好的传热和传质条件。从顶部加入的粒料落入到熔池表面，被迅速卷入搅动的熔池中，发生液固混合、加热、熔化等物理过程，同时硫酸铅等化合物发生分解反应。一部分氧化铅与硫化铅发生交互反应，生成金属铅；一部分氧化铅与二氧化硅发生造渣反应。铁及锌的硫化物被氧化，金属氧化物与二氧化硅、氧化钙之间进行造渣反应，生成炉渣。熔炼过程产出的金属铅和炉渣因为密度不同在熔池中形成铅层及渣层。由于铅及其化合物的蒸气压很低，一部分铅及其化合物挥发进入烟气中。

氧气底吹熔炼过程保持炉内一定的负压，使产出的高温含尘二氧化硫烟气通过氧气底吹熔炼炉的烟气出口进入余热锅炉。

氧化熔炼过程操作温度为 $950 \sim 1050℃$ 之间。在熔炼过程中，由于铅及其化合物具有较大的挥发性，因此在熔炼过程中采取低温熔炼，减少烟尘量。

熔炼过程发生的主要反应：

$$Pb + 1/2 O_2 \longrightarrow PbO \tag{5-1}$$

$$PbS + 2O_2 \longrightarrow PbSO_4 \tag{5-2}$$

$$PbS + 2PbO \longrightarrow 3Pb + SO_2 \tag{5-3}$$

$$PbS + PbSO_4 \longrightarrow 2Pb + 2SO_2 \tag{5-4}$$

$$PbSO_4 \Longrightarrow PbO+SO_2+1/2O_2 \tag{5-5}$$

$$ZnSO_4 \Longrightarrow ZnO+SO_2+1/2O_2 \tag{5-6}$$

$$ZnS+3/2O_2 \Longrightarrow ZnO+SO_2 \tag{5-7}$$

$$4CuFeS_2 \Longrightarrow 2Cu_2S+4FeS+S_2 \tag{5-8}$$

$$2FeS_2 \Longrightarrow 2FeS+S_2 \tag{5-9}$$

$$2FeS+3O_2 \Longrightarrow 2FeO+2SO_2 \tag{5-10}$$

$$4FeO+O_2 \Longrightarrow 2Fe_2O_3 \tag{5-11}$$

$$S_2+2O_2 \Longrightarrow 2SO_2 \tag{5-12}$$

$$2Cu_2S+3O_2 \Longrightarrow 2Cu_2O+2SO_2 \tag{5-13}$$

$$Cu_2S+FeS \Longrightarrow Cu_2S \cdot FeS \tag{5-14}$$

$$Cu_2S+PbS \Longrightarrow Cu_2S \cdot PbS \tag{5-15}$$

$$PbO+SiO_2 \Longrightarrow PbO \cdot SiO_2 \tag{5-16}$$

$$ZnO+SiO_2 \Longrightarrow 2ZnO \cdot SiO_2 \tag{5-17}$$

$$ZnO+Fe_2O_3 \Longrightarrow ZnO \cdot Fe_2O_3 \tag{5-18}$$

$$2FeO+SiO_2 \Longrightarrow 2FeO \cdot SiO_2 \tag{5-19}$$

$$CaO+SiO_2 \Longrightarrow CaO \cdot SiO_2 \tag{5-20}$$

$$MgO+SiO_2 \Longrightarrow MgO \cdot SiO_2 \tag{5-21}$$

$$Al_2O_3+SiO_2 \Longrightarrow Al_2O_3 \cdot SiO_2 \tag{5-22}$$

氧气底吹熔炼炉是一个可旋转的卧式圆筒形炉子，两端采用封头形式，环形耐火材料砌筑。氧气底吹熔炼炉在两端分别设有渣口和虹吸放铅口，渣口设有上渣口和下渣口。虹吸口端的炉顶部设有烟气出口，炉子顶部设有加料口、测温孔、测压孔、探料孔。炉子底部设有氧气喷枪，氧气喷枪一般为垂直布置，沿筒体轴线方向直线排开，喷枪应避免直对着加料口。氧气底吹熔炼炉在虹吸口下部设有一个检修虹吸通道的检修孔，该检修孔平时用黄泥堵死后用盖板盲死。氧气底吹熔炼炉放渣口上部设有一个主燃烧器口，用于开炉和保温使用。在虹吸口端设有一个副燃烧器口。

底吹熔炼炉连续进料，间断放渣，放渣周期 2~3h，每次放渣时间 0.5~1h。

当熔炼过程产出的粗铅量较少时，在虹吸口处采用耐火砖或者耐火泥抬高虹吸出铅的高度，当虹吸口粗铅达到一定高度时，再移走耐火砖或者耐火泥，使粗铅从虹吸口排出。

在虹吸处，需人工撇除虹吸口粗铅表面形成的浮渣，以防止虹吸道堵塞。

氧气底吹熔炼炉虹吸放铅，根据处理量及铅品位，采用间断放铅或者连续放铅。由于操作不当，或者当原料含 Cu 过高的时候，虹吸口会发生堵塞，当虹吸口堵塞时需要将炉子转回准备位置，从虹吸口底部的检修孔清理虹吸道。

氧气底吹熔炼炉采用打眼放渣的方式放渣，高铅渣通过溜槽流入到底吹还原炉进行还原熔炼。

氧气底吹熔炼炉熔池底部为粗铅，厚度 200~400mm，上部为高铅渣，高铅渣厚度 500~800mm，每次放渣渣层厚度变化 150~250mm。

氧气底吹熔炼炉的喷枪从底部插入炉内，由于熔池底部为粗铅，氧气喷枪喷入的氧气先经过铅层后进入高铅渣层中，因此喷枪气体出口处由于铅的氧化形成局部高温区，喷枪头部会不断的损耗。氧枪的寿命一般在 2~4 个星期，当氧气底吹熔炼炉不产粗铅的时候喷枪寿命可以达到 6~8 个星期。当喷枪烧损到一定程度时需进行更换。每次更换时和周围的枪口砖一同更换。

氧气底吹熔炼工段的日常维护作业主要有：喷枪的更换，设备的定期检修维护，炉衬维护以及紧急情况下的转炉等。其中，喷枪的更换主要是生产时因喷枪正常烧坏而进行的更换作业；设备的定期检修维护主要是针对余热锅炉、电收尘等设备的定期检修与维护；炉衬维护主要是针对喷枪区域砖的更换和维护；紧急转炉主要是诸如全厂停电、关键设备或生产辅助系统故障等原因引起的非计划性转炉。

氧气底吹熔炼炉年作业时间见表 5-1。

表 5-1　氧气底吹熔炼炉年作业时间

序号	事　项	耗　时	频次/次	合计/h
1	喷枪更换	8h/次	48	384
2	设备定期检修维护	4h/次	12	48
3	炉衬维修（包括降温及升温）	10 天/次	1	240
4	炉衬大修	砌炉：30 天/次	1/3	240
		降温：3 天/次	1/3	24
		升温：7 天/次	1/3	56
		机动：5 天/次	1/3	40
		合　计		360
5	紧急转炉等	不定	不定	168
合　计				1200
工作时间				7440

注：1. 氧气底吹熔炼炉氧气喷枪为 12 支时，每次更换 4 支喷枪，每支更换需 2h，喷枪寿命按 1 个月考虑。
　　2. 氧气底吹熔炼炉衬寿命约为 3 年，表中将炉衬大修所有时间分摊在每年中。

5.4　主要技术经济指标

氧气底吹熔炼过程主要技术经济指标见表 5-2（设计规模为年产电铅 10 万~12 万吨）。

表 5-2　氧气底吹熔炼过程主要技术经济指标

序号	名　称	计　算　值	备　注
1	年工作日/d	310~330	
2	入炉粒料处理量/t·d^{-1}	800~1100	湿基
3	入炉粒料含 Pb/%	40~55	
4	入炉粒料含水/%	8~10	
5	入炉粒料含有效 S/%	13~15	
6	Fe/SiO$_2$	0.8~1.6	
7	CaO/SiO$_2$	0.3~0.5	
8	吨矿耗氧量/m^3·h^{-1}	90~110	相对入炉粒料（湿基）

序号	名　　称	计　算　值	备　　注
9	熔剂率/%	2~8	相对含铅原料（干基）
10	块煤率/%	<5	相对含铅原料（干基）
11	烟尘率/%	10~15	相对含铅原料（干基）
12	一次成铅率/%	40~50	
13	高铅渣含 Pb/%	40~45	
14	高铅渣含 S/%	0.2~0.5	
15	烟气 SO_2 浓度/%	8~10	
16	烟气 SO_3 比例/%	2~5	相对于烟气中总 S 量
17	烟气量/$m^3 \cdot h^{-1}$	25000~30000	
18	粗铅温度/℃	900~950	
19	高铅渣温度/℃	1000~1050	
20	炉内烟气温度/℃	1000~1050	
21	上升烟道入口温度/℃	800~1000	
22	余热锅炉出口温度/℃	350~400	
23	电收尘出口温度/℃	300~350	
24	氧气底吹熔炼炉出口烟气含尘/$g \cdot m^{-3}$	250~300	
25	上升烟道入口烟气含尘/$g \cdot m^{-3}$	150~200	
26	电收尘入口烟气含尘/$g \cdot m^{-3}$	120~180	
27	排烟机出口烟气含尘/$mg \cdot m^{-3}$	200~500	
28	余热锅炉蒸汽压力/MPa	3.5~3.8	
29	余热锅炉蒸汽量/$t \cdot h^{-1}$	8~12	

5.5　控制原理

5.5.1　给料量及成分控制

氧气底吹熔炼炉熔炼具有反应速度快、熔炼强度大等特点。为实现炉况正常、操作稳定及较长的炉窑寿命，稳定的给料量及合理的成分至关重要。

试生产时应较低负荷生产，待炉况稳定、操作熟练后逐渐加大负荷直至满负荷。

处理含硫较高的硫化矿时，大型熔炼炉产生的热量可以通过调整精矿的初配或搭配处理铅膏、铅银渣等二次物料进行调整。给料速度或成分的较大波动将导致对其他工艺控制的有效性减弱，并可导致炉况不稳定，甚至影响炉衬寿命。

为保持加入氧气底吹熔炼炉物料的成分及加料量在生产过程的稳定，原料、熔剂、块煤、返尘及入炉粒料的计量误差一般控制在 0.5% 以下，随加料量的调整，氧气量等其他参数也需相应作出调整。

5.5.2　熔炼温度控制

正常生产时，氧气底吹熔炼温度为 1050℃±20℃，采用一次性热电偶定期检测熔池温度，并观察渣的流动性。可通过放渣时观察渣的流动情况或观察渣在探渣棒的黏结情况来判断渣的流动性。

可通过调整块煤、氧气的加入量来调整氧气底吹熔炼的温度。块煤和氧气量需同时调整，块煤量一般不超过入炉粒料的5%。因为配入太多的块煤会产生泡沫渣，影响氧气底吹熔炼炉的稳定运行。

5.5.3 化学成分控制

根据原料成分，配料选取合适的 CaO/SiO_2 和 Fe/SiO_2。定期对渣的化学成分进行分析，通过调整熔剂量来控制渣中的钙硅比和铁硅比，减少与设定值的误差，保证熔炼过程的顺利进行。根据原料的不同，高铅渣中的铁硅比波动范围为 $0.8\sim1.6$，钙硅比波动范围为 $0.3\sim0.5$。

此外，对炉渣中铅、锌的控制也至关重要，过低的渣含 Pb 和过高的渣含 Zn 均会导致渣熔点升高，熔炼温度升高，从而导致烟尘率增加，操作环境变差。

氧化过程中，稳定的渣含铅有利于熔炼过程的稳定进行。根据物料的成分，氧气底吹熔炼炉的高铅渣中铅含量一般控制在 $35\%\sim50\%$，可通过调整氧料比来控制渣含铅。

在氧化过程中，根据原料含 Cu 量，需要控制高铅渣及粗铅含 S 量，使 Cu 部分以 Cu_2S 的形态进入高铅渣和粗铅中。高铅渣及粗铅含 S 量可以通过调整氧料比来控制。降低氧料比可以提高高铅渣及粗铅含 S 量。

5.5.4 熔池高度控制

氧气底吹熔炼炉为连续进料、间断出料，因此熔池高度的控制尤为重要，这关系到炉体本身及后续工艺的稳定运行。熔池高度定期通过探料孔利用探渣棒检测，当熔池高度达到设定值时须安排放渣操作，每次放渣尽量放到渣口，维持炉内较低的渣液面。

5.5.5 取样分析

化学过程控制的基础是取样分析，只有取样到位、分析准确，才能及时调整相应参数，取样分析的基本要求见表5-3。不同物料分析的频次不同，对分析结果取得的时间要求也不同。

表 5-3 取样分析要求

物 料	取样位置	频率	分析元素	分析时间
铅精矿、二次铅/物料、返料	料仓	每日	Pb，Zn，Cu，Fe，S，SiO_2，CaO，MgO，Al_2O_3，As，Sb，Bi，Cd，Ag，Au，H_2O	标准
石英石	料仓	每周	Fe，SiO_2，CaO，MgO，Al_2O_3，H_2O	标准
石灰石	料仓	每周	Fe，SiO_2，CaO，MgO，Al_2O_3，H_2O	标准
块煤	料仓	每周	固定碳、挥发分、灰分、水分	标准
入炉粒料	炉前定量给料机	每班	Pb，Zn，Cu，Fe，SiO_2，CaO，H_2O	快速
入炉粒料	炉前定量给料机	每日	Pb，Zn，Cu，Fe，S，SiO_2，CaO，MgO，Al_2O_3，As，Sb，Bi，Cd，Ag，Au，H_2O	标准
高铅渣	渣口	每次放渣	Pb，Zn，Fe，SiO_2，CaO，MgO	快速

物　　料	取样位置	频率	分析元素	分析时间
高铅渣	渣口	每日	Pb、Zn、Cu、Fe、S、SiO_2、CaO、MgO、Al_2O_3、As、Sb 、Bi、Cd、Ag、Au	标准
粗铅	铅口	每次放铅	Pb、Cu、S	快速
粗铅	铅口	每日	Pb、Cu、S、Ag、Au、As、Sb、Bi	标准
烟尘	烟尘仓	每日	Pb、Zn、S、Cu、Cd、Fe、SiO_2、Al_2O_3、CaO、MgO、As、Sb、Bi	标准

注：1. 分析时间快速是要求在尽可能短的时间内分析出渣和金属的成分，然后及时对工艺进行控制，保证熔炼过程的稳定运行，要求分析时间在 30min 以内。

　　2. 分析时间标准是不要求在短时间内分析出结果，该分析结果不用于及时的工艺控制，根据分析的元素种类分析的时间长短有所不同。对于主要元素建议分析时间在 2~4h。

5.6　氧气底吹熔炼炉生产操作

5.6.1　工艺参数

高铅渣一般控制 $FeO/SiO_2 = 0.8 \sim 1.6$，$CaO/SiO_2 = 0.3 \sim 0.5$。渣含铅 35%~50%，渣含硫 0.1%~0.4%，当原料含铜较高时，控制渣含硫 0.4%~0.8%。

必须及时提供高铅渣成分的分析报告，通过高铅渣成分的分析结果、熔池温度、实际的放渣放铅情况，及时调整氧料比和渣型，保持熔炼过程的顺利进行。

氧料比一般在 $90 \sim 120 m^3/t$，调整氧气量时，应小幅调整，避免大起大落，每次调整在 $100 \sim 200 m^3/h$ 为宜，而且必须观察 2~4h 以上，然后再做决定是否再次调整。

调整渣型时，应小幅度调整熔剂量，严禁大幅度调整，每次调整幅度在 0.5% 为宜，而且必须观察 4h 以上，然后再决定是否再次调整。

保护氧枪的氮气压力控制在 0.8~1.0MPa 之间，通常熔池液面高时取上限，液面较低或加料口喷溅较为严重时取下限。

保护氧枪的除盐水流量为 30kg/h 左右，不宜过大。

5.6.2　加料

由 DCS 控制氧气底吹熔炼炉加料量，根据配料单设定各物流量。

氧气底吹熔炼炉连续进料，必须保持连续稳定的加料和流畅的粒料流动及良好的制粒效果（粒料仓的料位不宜过高或者过低、合适的粒料水分）。

长时间停炉（大于 4h），应尽可能腾空粒料仓或低料位，防止粒料结块而堵住下料口。

当出现加料量波动，且短时间内无法恢复正常时，氧气量须按既定数值调整，避免氧料比严重失调，超过一定时间无法恢复时需转出氧气底吹熔炼炉。

底吹熔炼炉炉前定量给料机及移动皮带加料如图 5-2 和图 5-3 所示。

5.6.3　放渣

通过探渣棒定期检测熔池高度，当达到设定高度时应及时放渣。采用烧氧管烧开放渣

图5-2 底吹熔炼炉炉前定料给料机

图5-3 底吹熔炼炉炉前移动胶带输送机

口，控制烧渣口时间，保证渣能够尽快放出。

每次放渣，必须将炉内液面放至渣口标高，当出现渣流量变小或者流量不均匀时，应及时用钢钎或者烧氧管疏通，必要时可采用烧氧疏通。当渣流量变小，并多次疏通无渣连续放出时才可以堵住渣口。堵住渣口后及时清理渣溜槽。底吹熔炼放渣现场如图5-4所示。底吹还原炉进渣现场如图5-5所示。

5.6.4 放铅

当虹吸口铅液涨到一定高度时，要及时放铅。放铅时要缓慢地降低虹吸口铅坝高度，让铅平稳流出。避免出现短时间大量铅放出。

根据正常的加料量来判断放出铅的多少。不能过度放铅而破坏炉内熔体的平衡。每天

图 5-4　底吹熔炼炉放渣现场

图 5-5　底吹还原炉进渣现场

要核对投入与产出是否平衡，当出现异常情况时，应及时检查，找出原因。

当因故障而未及时排渣时，要注意控制铅流量，不能因过度放铅而破坏炉内熔体的平衡。

当氧气底吹熔炼炉从故障位置转入生产位置时，不可避免有少量熔渣进入虹吸通道，此时需要尽快将其从虹吸口捞出，并用工具疏通虹吸通道，至铅液面正常波动为止。

正常生产虹吸通道堵死时，在清理虹吸通道时严禁采用氧气直接烧虹吸通道，防止损坏烧坏虹吸通道内的炉衬，甚至烧穿炉壳。

底吹熔炼炉放铅现场如图 5-6 所示。底吹熔炼炉粗铅圆盘铸锭现场如图 5-7 所示。

图 5-6　底吹熔炼炉放铅现场

图 5-7　底吹熔炼炉粗铅圆盘铸锭现场

5.6.5　加料口清理

保证加料口的畅通，及时清理加料口，切勿等到加料口黏结较多时再清理。

加料口为水套结构，为保证加料口水套的正常工作，清理时要特别注意防止损伤水套。

维持氧气底吹熔炼炉内微负压，防止烟气从加料口逸出，影响加料口的清理。

5.6.6　熔池温度及熔池深度检测

温度测量必须从氧气底吹熔炼炉顶部的探料孔进行，每小时测一次，并做好记录。熔炼温度以熔池温度为准，其他温度只能作为参考，不能作为调整其他参数的依据。熔池温度控制在1050℃±20℃为宜。

每小时测量熔池温度的同时测量熔池深度，必须清楚炉内熔池的高度，保持炉内合适的液面高度，一般熔池高度需低于最高高度200~300mm。

5.6.7　转炉

转炉操作包括底吹炉的转入和转出操作。

（1）底吹炉"转入"是指底吹炉由准备位置（90°）向生产位置（0°）转动，它包括烤炉结束后的转入和热检修结束后的转入，无论何种转入，操作的程序相同。

（2）底吹炉"转出"是指底吹炉由生产位置（0°）向准备位置（90°）转动，它包括热检修的计划转出和紧急情况下的故障转出。

转炉操作的原则和要求如下：

（1）转入的前提。主要包括：制氧站生产正常；制酸系统具备接受烟气条件；余热锅炉和电收尘正常工作；粒料仓存储足够的粒料，配料系统可以正常连续运行；底吹炉温度达到加料要求，而且熔体均匀；氧枪已进入操作状态。

（2）计划转出的前提。主要包括：配料系统计划停车；尽量腾空粒料仓；各岗位已得到将要计划转出的通知。

（3）当发生以下紧急情况时，应立即进入事故转出程序：紧急停电；余热锅炉泄露；底吹炉有大量熔体露出；氧气、氮气突然停止供应；底吹炉的水套（渣口、铅口、加料口、烟气出口）大量漏水；氧气管道发生大量氧气泄露；其他紧急事故。

（4）计划转入操作。主要包括：铅口岗位人员要封住铅虹吸口并检查，保证无其他物件影响转炉转动；渣口岗位人员要及时封好渣口，取下燃烧器，同时检查有无影响炉体转动的物体；加料岗位做好加料准备；主控室氮氧切换并调整氧枪氧气量、氮气量、软水量；响警报，通知余热锅炉、电收尘、硫酸、氧气站准备转炉；转炉，转炉中各岗位人员要迅速巡检金属软管有无挂在其他物体上，氧枪底座是否漏铅；当炉体正位后，通知加料；铅口岗位人员要清理铅口，并尽量把渣扒出。

（5）计划转出程序。主要包括：通知车间内部各岗位各就各位，做好转出的准备，检查有无阻碍炉体转动的因素；停止加料，加料皮带后退至准备位置；启动底吹炉转出警笛；按底吹炉操作规程启动底吹炉转动按钮，并注意观察现场情况；底吹炉转到准备位置后，通知现场各岗位按各自的技术操作规程进行操作；在得到现场转炉人员的明确认可后，主控室操作人员将氧枪的操作参数调至准备状态，并及时通知制氧站；通知制酸系统和余热锅炉；通知渣口岗位进行底吹炉保温；做好详尽的记录。

（6）氧气底吹熔炼炉停转炉操作规程。主要包括：停止放铅，提高铅层高度；放渣、减少进料量，渣面放到渣口处；堵好渣口停料；各岗位人员检查本岗位有无影响炉体转动的物体；响警报，通知余热锅炉、电收尘、硫酸、氧气厂准备转炉；转炉，各岗位人员迅速巡检炉体转动情况；转炉侧位氧枪转出液面之后，降低氧枪气体流量、压力，停软水，N/O 切换；安装主燃烧器对炉内保温；清理虹吸口，并加木炭保温；清理加料口、烟气出口、探测孔。

（7）紧急转炉操作步骤。主要包括：响警报，通知进料岗位、余热锅炉、电收尘、硫酸、氧气站做好摇炉准备；停止加料，停止放铅放渣，并堵好渣口，各岗位迅速巡查，尽快清理运行炉体转动的物体；确定无误后开始转炉，各岗位迅速巡检炉体转动情况；转出后，N/O 切换，若无氮气可用压缩空气保护氧枪；安装烧嘴对炉内保温；清理加料口、烟气出口、探测孔。

5.6.8 更换氧枪

更换氧枪的原则和要求如下：

（1）氧枪情况正常的判断方法主要包括：氧气和水的压力、流量显示正常，无明显波动；枪座手感冰冷；枪盒大盖温度正常。

（2）枪烧损判定方法主要包括：氧气和水的压力、流量显示失常，明显波动；枪座手感灼热；枪盒大盖及其与炉壳焊接处温度超过 250℃；当出现上述情况，应在 8h 内将炉子转出检查；拆枪柄氧气软管，用带钩钢丝伸进氧枪中心管测量，如氧枪烧损超过 150mm，应更换氧枪。

（3）拔氧枪处破砖的要求为：拆卸与枪柄相连的软管，退出枪柄楔梢。拆卸取下氧枪盒的上下大盖。旋下枪柄及枪芯（注意防止损伤枪柄内螺丝）。在枪盒填料上以枪中心为中心划 300mm×320mm 方框线条。用风钻或风镐凿 300mm×320mm 方框填料，露出枪口砖和围砖。拔出枪外套管，若不能拔出，不必勉强。

在上述 300mm×320mm 方框内的 100mm×130mm 方框范围用风钻或风镐打孔，先打枪口砖（若围砖也要更换，再打其余 6 块围砖），一定要注意钎杆垂直，不能损伤围砖。围砖烧损较多（>80mm）时，应考虑更换，必须注意不得伤及第二层围砖。

大面积枪口砖打完后所剩余的围砖连在一起的残余氧枪砖，应谨慎清理，以防损伤围砖。

清出炉内砖块，然后清理围砖面。围砖砖面上黏结残砖较少时，直接用扁铲（扁头钎）清理；黏结残砖较多时，可用氧气切割器清理。

围砖方孔清理完毕应履行车间负责确认程序，防止图快省事，清理不彻底，造成反复作业，延长更换氧枪时间。

（4）换氧枪砖和围砖的要求如下：

在拆卸氧枪和破砖的同时，准备新的枪砖，而且要在围砖和枪口砖后面标上记号（顺时针从左上砖开始标 1，2，3，4，5，6；中间枪口砖标 7），按围砖和枪口砖的方向和顺序成组放置。

安装枪口砖和围砖应有序并进，分次按顺序轻击各砖，直到每块枪砖到位，判断方法是枪砖后底平面至 φ1200mm 枪盒法兰平面距离为 250mm±5mm。

装砖时可用圆木顶住砖后部，用手锤打击圆木将砖推进，必须均匀，用力适中，防止将砖打破打断。圆木直径 φ80~100mm，端头平整。

装砖时，车间负责人应在现场督导。

（5）氧枪安装要求如下：

装上枪盒法兰下盖，将氧枪插入枪口砖中心孔（插入 1/2 即可），塞填料，用捣锤整实填料。

将氧枪推入，枪柄方形法兰底面距枪盒下盖枪座面 50mm 即是到位，再整实填料，装上枪盒法兰上盖，氧枪枪座方法兰与上下盖上的枪座顶接好。

将枪柄与各对应金属软管相连接，检查气密性。

氧枪通入少量氮气保护。

5.7　底吹熔炼炉投料试车

5.7.1　前提条件

（1）供水：试车所需的生产水、生活水、循环水、软化水、除盐水已供至所需区域，压力、流量、水质等符合设计要求，且管网中的阀门已经调试、满足生产要求。

（2）供电：试车所需的高低压电力已送至各用户点，备用电源已经试车，经测试电力供应（含 EPS 备用电源）完全满足生产要求。

（3）压缩空气供应：试车所需的普通压缩空气、干压缩空气（含仪表压缩空气）已供至所需区域，压力、流量等符合设计要求，且管网中的阀门已经调试、满足生产要求。

（4）氧气、氮气供应：氧气站已经全面试车，可以提供满足生产要求的氧气、氮气，其纯度、流量、压力已达到设计要求，氧气、氮气管道吹扫、检漏完毕，氧气管道符合安全使用氧气的有关规定，管网上的阀门已经调试，安全、可靠。

（5）原辅料供应：试车所用的铅精矿、石灰石、石英石、碎煤已运至指定堆场，且化学成分、粒度、水分等符合要求，且提供全面准确的化验分析报告。

（6）硫酸车间：硫酸车间已经调试，具备接受烟气的条件；并随时了解底吹炉车间的进展，做好电加热炉的提前准备工作，一般转化器升温需要 50h 左右。

（7）底吹炉工段：氧气底吹熔炼炉系统的水、电、油、气管线处于工作状态，无跑、冒、滴、漏现象；各管线上的闸、阀、开关、按钮保持灵活、密封性良好，并处于所需要的开、关状态；各测温、测压、压力、流量控制调节系统均处于准确、灵敏的最佳状态；底吹炉车间内部各系统已完成单体、空载、联动试车，具备点火开炉条件，余热锅炉、电收尘、氧氮系统已经多次调试，满足投产试车条件。

（8）生产工器具：生产所需的大锤、钢钎、风镐、耙子、梅花枪、黄泥、矿渣棉、底铅及其加入装置等已准备就绪。

（9）备件准备：快速测温装置（含套管、触头、显示屏）、热电偶、氧枪组件、各类金属软管、耐火材料等已经就位。

（10）人员及劳保用品：各岗位人员经过培训，基本胜任本职工作，劳保用品齐全且符合本岗位生产要求。

5.7.2　点火烤炉

根据氧气底吹炉烤炉曲线进行点火烤炉。

（1）氧气底吹炉处于准备位置（90°），各水套通入循环水并保持循环流量。

（2）用黄泥做成泥团，从炉内堵塞虹吸口；用石棉堵住渣口、观察口，用铁板衬石棉盖好加料口并固定。

（3）使氧枪孔处于水平位置。

（4）打开事故烟道，切断烟气通入余热锅炉和电收尘的通道。

（5）炉内铺设1~2层木材，并在局部洒上柴油，确保可以引燃木材即可。

（6）安装好烤炉用的热电偶，连接、显示均正常。

（7）安装主燃烧器。

（8）点火烤炉，按照已定的烤炉升温曲线进行，图5-8所示为底吹熔炼炉耐火砖升温曲线，木材烤炉时注意火焰均衡，温升不可过猛、过快，尽可能按照烤炉曲线的升温速度进行；如果某一时刻炉温上升速度超过曲线要求的温度值时，应保温至曲线要求时再继续升温，不可用降温的方法解决，严禁猛升猛降；炉膛温度前后区应保持一致，烘烤过程中，应密切观察炉内砖砌体变化情况，发现问题及时处理。

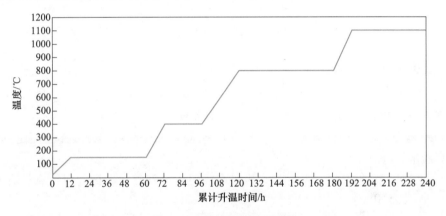

图5-8　底吹熔炼炉升温曲线

（9）当烟气温度高于500℃时，关闭事故烟道，将烟气通入余热锅炉和电收尘，此时应关闭通往硫酸车间的烟气阀门、打开余热锅炉水平段和电收尘所有人孔门（检查孔），尽可能将余热锅炉和电收尘内壁附着水分排入大气，8~12h后关闭人孔门（按烟气流向顺序关闭），打开开炉烟道电动阀，启动还原炉引风机和脱硫工段接力风机将烟气引入脱硫工段。

（10）烟气通入余热锅炉后，按照余热锅炉的启动程序完成煮炉、洗炉、热紧固等工作，其后余热锅炉一直处于正常运行状态。

（11）当烟气进入电收尘器，应启动热风吹扫系统，防止冷凝水在绝缘子上凝结，电收尘入口温度高于200℃时，电场通电、启动电收尘（详尽操作可参考供货商提供的操作规程）。

（12）木材烤炉完成前一天，完成燃烧器的试运行，至少应完成3次启动、停车过程，每次试验不宜超过30min，以避免耐火炉衬局部过热。

（13）当烟气温度高于400℃时，用辅助油枪或其他手段加热虹吸通道，尽可能保持其温度与炉内相近（800℃恒温时，烘烤中间包子和铅溜槽）。

（14）当烟气温度高于500℃时，每班应启动余热锅炉刮板、电收尘刮板一次，每次

60min，同时定期检查各水套回水流量和温度。

（15）严格按照升温曲线完成氧气底吹炉的烤炉工作，只要点火开始，必须做好详尽的记录。升温速度应严格按照耐火材料厂提供的烘炉升温曲线升温。

5.7.3　氧枪组装

氧枪组装要求如下：

（1）当烟气温度达到 800℃ 时，开始安装氧枪。氧枪测试标准如下：

1）设置好一个测试简易平台，注意喷射方向必须是空旷区域；

2）通知制氧站提供氮气，车间入口压力 1.4~1.6MPa，并将氮气切换至氧气通道；

3）准备待测试氧枪，按照 0.35MPa、0.7MPa、1.0MPa 压力点测试氧枪的氮气流量，做好记录；

4）按照氧气通道流量 500m³/h、800m³/h、1000m³/h 三个流量点测试氧枪的氧气压力，做好记录；

5）按照预定的氧枪参数，将氧气（此时为氮气）、氮气、软化水全部通入氧枪，做好记录；

6）根据测试参数，挑选出首次安装的所需氧枪。

（2）当 800℃ 恒温结束时，将氧枪安装至生产位置，氧枪推入氧枪孔前，必须事先连接好氮气管道（软管），并通入氮气（压力 0.35MPa）。

（3）氧枪安装之生产位置后，再次检查其稳定性、气密性、软管连接是否正确，氧枪底座水套通水完成。

（4）只要氧气底吹炉处于热状态，氧枪必须通入氮气进行保护（包括氧气通道），氮气压力 0.35~0.5MPa。

5.7.4　制粒试验

制粒试验要求如下：

（1）当烟气温度达到 800℃ 时，应启动圆盘制粒试验，以检验炉料制备系统的稳定性和各称量设备的准确性。

（2）各料仓装入少量物料，按照实际生产参数计算好配料单。

（3）炉料制备系统空载运行 60min，可移皮带移至废料仓位置并确认其运转方向准确。

（4）按照配料单进行制粒试验，粒料总量 60~80t，准备好运输车辆和人力，及时将粒料过磅后运回原料堆场。

（5）对粒料进行取样、化验，对照配料单，分析其准确度。

5.7.5　最终条件确认

当氧气底吹炉进行 1100℃ 恒温时，必须进行投料前的最终条件确认工作：

（1）按照预定的最终条件确认清单，逐一对制酸、制氧、供水、供气、供电、人员、后勤、底吹炉工段内部进行最终确认。

（2）确认过程中发现的问题应及时处理。

（3）最终条件确认清单应列出明细。

5.7.6 最终开炉程序

开炉的操作要求如下：

（1）氧气底吹炉1100℃恒温结束前12h，准备好底铅加入工具，底铅量应保证氧气底吹熔炼炉炉内铅液面高度达到300~400mm，底铅为脱铜铅，底铅应放置在氧气底吹炉操作的两端平台，注意放在堆放铅锭的专用平台，且尽可能放置在横梁上，堆层高不超过1m，不可集中放置。

（2）氧气底吹炉1100℃恒温结束前4h，启动炉料制备系统，当两个粒料仓达到60%料位时停止制粒。

开始时可用低转速制粒，当圆盘内有小球粒时再逐渐加大转速，确保较高成球率，或者将不合格的粒料外排，确保首次加料时粒料仓下料畅通。

（3）氧气底吹炉1100℃恒温结束时开始加入底铅，加入时应从底吹炉两端往加料口运输并通过底铅加入装置加入炉内，此时应组织好人力，力争在2~3h内完成。

（4）底铅加完后加大主燃烧器油量（根据炉温决定）将粗铅化尽。

（5）底铅加完后各岗位人员就位，特别是加料口岗位组织好人力和清理的工具，确保加料口畅通。

（6）因初期制粒效果不好，要考虑到粒料仓可能下料困难，必须预先组织好人力和工具，确保足够的炉料加入氧气底吹炉。

（7）将氧枪参数调整至生产值：氮气压力、氧气流量调整至生产值，氮气压力0.8MPa，加料量设置在设计值的70%，氧气量按事先计算的氧料比给定。

（8）以最快速度拆除主燃烧器，并封闭燃烧孔。

（9）通知厂调度室，告知硫酸车间、制氧站准备投料试产，底吹炉去除一切影响转动的物品。

（10）派专人照看底吹炉上的各软管。

（11）发出警报，将底吹炉从准备位置（90°）转入生产位置（0°），若无异常，一步到位。

（12）底吹炉转至生产位置后，立即将加料皮带移到加料位置，根据设定值启动加料。

（13）关闭烟气旁通阀门，将烟气送往硫酸车间，调整好硫酸风机的抽力，确保加料口处微负压即可。

（14）如虹吸通道有浮渣，及时捞出，加料初期，加料口会有喷溅，此时必须确保其畅通。

（15）启动氧枪软化水泵，每支枪给入软化水30kg/h。

（16）启动加料4h后，根据炉温调整加料量，氮气压力调整至0.9~1.0MPa，后根据炉况，逐渐调整加料量至设计值。

（17）当虹吸口铅液达到设定的铅坝时，开始放铅。

（18）当熔池渣面升高渣口时，开始放渣。

（19）各岗位做好详尽记录。

（20）生产初期，烟灰输送系统（刮板、斗提、星形阀等）易发生故障，岗位人员应随时检查，确保系统畅通。

6 氧气底吹还原工序

6.1 工艺流程

底吹还原炉还原熔炼工艺流程如图 6-1 所示。

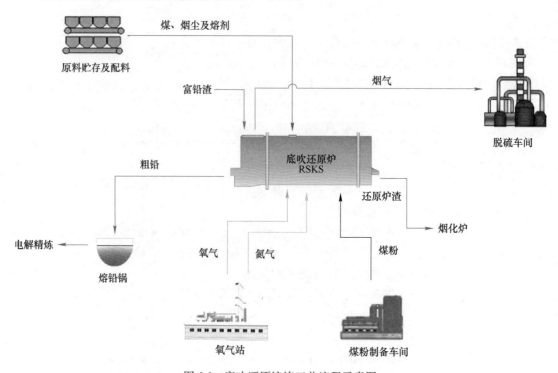

图 6-1 底吹还原熔炼工艺流程示意图

氧气底吹熔炼炉产出的熔融高铅渣通过溜槽流至设置在底吹还原炉余热锅炉上升烟道的高铅渣加入口加入底吹还原炉内进行还原熔炼。

贮存在精矿仓中的还原煤、熔剂通过抓斗起重机加入钢仓中，经仓下的给料计量装置计量后，通过胶带输送机送到熔炼车间与计量后的底吹还原炉烟尘混合制粒，混合制粒采用圆盘制粒机或圆筒制粒机，制粒所得粒料通过胶带输送机加入炉前仓，经过仓下的定量给料机计量后，采用移动带式输送机经底吹还原炉顶部的加料口加入至炉中。

氧气、粉煤（天然气）及用于保护喷枪的氮气和除盐水通过氧枪由底吹还原炉底部高速喷入炉内，有效搅动熔池，形成良好的传质传热条件，粉煤（天然气）和氧气反应为还原熔炼过程提供所需热量，粉煤和顶部加入的块煤作为还原剂。

高铅渣、还原剂及熔剂在炉内完成熔化、分解、还原、造渣等还原过程，还原过程产出的粗铅和底吹还原炉渣由于密度不同而分层，粗铅位于熔池底部，还原炉渣位于熔池上部。当物料含铜较高时，在粗铅和底吹还原炉渣间形成铜锍层。

底吹还原炉产物有一次二次粗铅、还原炉渣、烟气和烟尘。粗铅由虹吸口放出，通过溜槽进入熔铅锅进行粗铅精炼或者采用粗铅铸锭机冷却铸锭；还原炉渣从渣口放出，通过溜槽加入到烟化炉中或者直接水碎；烟气和烟尘从底吹还原炉出烟口通过上升烟道进入余热锅炉，经余热锅炉回收余热和收尘、表冷收尘器或高温布袋收尘器收尘后，由高温风机送脱硫系统。

6.2 底吹还原炉投入与产出

6.2.1 投入

底吹还原炉料主要是高铅渣，熔融高铅渣通过溜槽从底吹还原炉出烟口上部的余热锅炉上升烟道的高铅渣加入口加入炉内。石灰石、还原煤及返回烟尘制粒后通过底吹还原炉冷料口加入炉内，氧气底吹还原炉从炉底喷枪喷入氧气、氮气（天然气）、除盐水、粉煤及压缩空气。

底吹还原炉投入物料组成及性质见4.1节。

6.2.2 产出

6.2.2.1 二次粗铅

高铅渣在底吹炉还原后产出二次粗铅，二次粗铅中除Pb外，主要含有Cu、As、Sb、Bi、Ag、Au等其他元素。二次粗铅组成根据高铅渣成分不同有较大波动。

高铅渣中铜会形成浮渣和粗铅一起放出，浮渣在冷却后将在粗铅上部析出，浮渣的主要成分是Pb 50%~70%、Cu 10%~30%、S 5%~10%。浮渣成分随着高铅渣中铜含量变化而不同。

底吹还原炉产出的粗铅需经精炼才能获得合格铅锭产品。一般首先通过火法精炼调整粗铅中Cu、Sb等元素的含量，然后进行电解精炼，电解精炼过程中Ag、Au、Bi、Sb等贵金属进入阳极泥进行回收。

底吹还原炉产出的粗铅温度为950~1000℃。底吹还原炉放铅周期2~3h，每次放粗铅时间约30min，根据加入的高铅渣量及渣含Pb有所变化。

底吹还原炉产出的二次粗铅密度为10~10.5g/cm³。

6.2.2.2 还原炉渣

还原炉渣主要由PbO、ZnO、Fe、SiO₂、CaO等化合物组成。

底吹还原炉还原熔炼过程可加入少量石灰石调整钙硅比，当高铅渣渣型满足还原熔炼过程渣型时，可以不加入石灰石。

底吹还原炉生产过程中主要控制还原炉渣含Pb，渣含Pb一般控制在2%~3%，

还原炉渣主要组成：Pb 1.5%~3%、Fe 20%~25%、SiO₂ 12%~20%、CaO 8%~12%、ZnO 10%~20%。根据原料变化，还原炉渣的渣型可在较大范围内调整，根据渣型的不同还原熔炼温度不同。

还原炉渣熔点一般控制在 1120~1200℃，密度：3.2~3.5g/cm³。

6.2.2.3　烟尘

底吹还原炉产出的烟尘通过余热锅炉、表面冷却器及布袋收尘器收集，烟尘配料返回底吹还原炉，根据还原炉烟尘的组成可以返回氧气底吹熔炼炉配料。

烟尘主要由 Pb、Zn、S、Cd、As、Sb、Fe、Si、Ca 等元素的化合物组成，其中 Pb 含量 30%~50%，主要以 PbO 形式存在，部分以 $PbSO_4$ 的形式存在。Zn 含量 10%~20%，主要以 ZnO 形式存在。烟尘中 As、Sb 主要以氧化物的形式存在。

当底吹还原炉处理含有 Cd 的二次物料时，Cd 会在烟尘中富集，因此烟尘中的 Cd 含量会不断升高，由于 Cd 对人体有害，因此当 Cd 含量达到一定含量时（一般控制在 5%）烟尘需开路送锌厂浸出回收 Cd。

底吹还原炉产出的烟尘密度为 1.0~1.2g/cm³，堆积角为：40°~45°。

6.2.2.4　烟气

底吹还原炉产出的烟气经过余热锅炉回收余热、表面冷却器及布袋收尘器收尘后送脱硫系统。

烟气主要组成是 CO、CO_2、H_2O、N_2、SO_2、O_2，烟气中还含 F、Cl、As 等元素。底吹还原炉烟气中含有少量氮氧化物，浓度为 100~300mg/m³，根据生产情况不同会有所变化。底吹还原工序各处烟气温度和含尘量见表 6-1。

表 6-1　底吹还原工序各处烟气温度和含尘量

底吹还原炉内烟气温度/℃	1200~1250
上升烟道入口烟气温度/℃	900~1000
余热锅炉出口烟气温度/℃	350~400
表面冷却器出口烟气温度/℃	150~180
布袋收尘器出口烟气温度/℃	130~180
布袋收尘器出口烟气含尘/mg·m⁻³	<100

当余热锅炉设置省煤器时，余热锅炉出口温度：230~250℃，余热锅炉出口烟气可直接进入布袋收尘器。

由于进入余热锅炉的烟气含有 CO，因此余热锅炉、布袋收尘器需考虑防爆。

6.3　底吹还原炉还原

氧气底吹熔炼炉产出的熔融高铅渣通过溜槽流至底吹还原炉内进行还原熔炼，石灰石和块煤分别经定量称量后通过移动带式输送机加入到底吹还原炉中。

还原熔炼为半连续过程，分批加料、间断放渣，需控制适当的还原性气氛和还原梯度，粉煤由炉底喷射入熔体，熔体具有良好的传质传热过程，由炉顶加入块煤强化还原，实现最佳的还原效果。

在整个还原过程中，部分煤燃烧放热以维持熔池温度，PbO 被 C(CO) 还原，CaO 参与造渣反应。随着还原程度的深入，渣中 PbO 含量逐渐降低，部分 ZnO 被还原挥发进烟尘，当还原炉渣含铅降至 3% 左右时，还原阶段结束，开始放渣。

底吹还原熔炼过程保持炉内一定负压，使高温含尘烟气通过烟气出口进入余热锅炉。

氧气、粉煤（天然气）从底吹还原炉底部的氧枪连续喷入到炉内，同时喷入氮气和除盐水作为氧枪保护及冷却介质，延长氧枪使用寿命。

还原熔炼过程操作温度为 1100~1200℃。

还原熔炼过程发生的主要反应：

$$CH_4 + 2O_2 =\!=\!= CO_2 + 2H_2O \tag{6-1}$$
$$2C_2H_6 + 7O_2 =\!=\!= 4CO_2 + 6H_2O \tag{6-2}$$
$$2C_4H_{10} + 13O_2 =\!=\!= 8CO_2 + 10H_2O \tag{6-3}$$
$$C + O_2 =\!=\!= CO_2 \tag{6-4}$$
$$2C + O_2 =\!=\!= 2CO \tag{6-5}$$
$$2CO + O_2 =\!=\!= 2CO_2 \tag{6-6}$$
$$PbO + CO =\!=\!= Pb + CO_2 \tag{6-7}$$
$$PbO + C =\!=\!= Pb + CO \tag{6-8}$$
$$2PbO \cdot SiO_2 + 2FeO + C =\!=\!= 2Pb + 2FeO \cdot SiO_2 + CO_2 \tag{6-9}$$
$$2PbO \cdot SiO_2 + 2CaO + C =\!=\!= 2Pb + 2CaO \cdot SiO_2 + CO_2 \tag{6-10}$$
$$ZnO \cdot Fe_2O_3 + SiO_2 + C =\!=\!= Zn + 2FeO \cdot SiO_2 + 2CO_2 \tag{6-11}$$
$$2FeO + SiO_2 =\!=\!= 2FeO \cdot SiO_2 \tag{6-12}$$
$$2CaO + SiO_2 =\!=\!= 2CaO \cdot SiO_2 \tag{6-13}$$
$$4FeO + O_2 =\!=\!= 2Fe_2O_3 \tag{6-14}$$
$$PbSO_4 =\!=\!= PbO + SO_2 + 1/2O_2 \tag{6-15}$$

底吹还原炉是一个卧式圆筒形转炉，两端采用封头形式，壳体为耐热钢板焊制而成，内衬高级铬镁砖。底吹还原炉在两端分别设渣口和虹吸放铅口，渣口设有上渣口和下渣口。虹吸口端炉顶设有烟气出口，炉顶设有加料口、后燃烧氧枪口、测温孔、测压孔和探料孔。炉子底部设有氧气喷枪，氧气喷枪垂直或者以一定角度布置。底吹还原炉在虹吸口下部设有放空口。底吹还原炉放渣口设有一个主燃烧器口，用于开炉和保温使用。在虹吸口端设有一个副燃烧器口。

底吹还原炉间断进料，熔剂和还原煤可以连续进料，间断放渣。放渣周期 2~3h，每次放渣时间 0.5~1h。

底吹还原炉虹吸放铅，根据产出的铅量间断放铅或连续放铅。由于操作不当或原料含 Cu 过高时，虹吸口会发生堵塞现象，当虹吸口堵塞时需要将炉子转回准备位置，从虹吸口底部放空口清理烧通虹吸口。

底吹还原炉采用打眼放渣，还原炉渣通过溜槽流入到烟化炉进行还原熔炼或者事故状态下旁通水碎。

底吹还原炉熔池底部为粗铅，厚度 50~100mm，上部为高铅渣，高铅渣厚度 800~1300mm，每次放渣渣层厚度变化 200~400mm。根据炉子大小，铅层厚度和渣层厚度有所不同。

底吹还原炉喷枪位于底部，喷枪由于磨损不断损耗。氧枪寿命一般为 4~8 个星期。当喷枪烧损到一定程度时需进行更换，更换时和周围枪口砖一同更换。

底吹还原熔炼工段的日常维护作业主要有：喷枪更换，设备定期检修维护，炉衬维护以及紧急情况下的转炉等。其中，喷枪更换主要是生产时因喷枪正常烧损而进行更换作业；设备定期检修维护主要是针对余热锅炉、收尘等设备；炉衬维护主要是针对喷枪区域砖的更换和维护；紧急转炉主要如全厂停电、关键设备或生产辅助系统故障等原因引起的非计划性转炉。

底吹还原炉作业时间见表6-2。

表 6-2　底吹还原炉年作业时间

序号	事项	耗时/天·次$^{-1}$	频次/次	合计/h
1	喷枪更换	6h/次	40	240
2	设备定期检修维护	4h/次	12	48
3	炉衬维修（包括降温及升温）	10 天/次	1	240
4	炉衬大修	砌炉 30	1/2	
		降温 3	1/2	36
		升温 7	1/2	84
		机动 5	1/2	60
		合计		540
5	非计划性停炉	不定	不定	<252
合计	工作时间			1320
				7440（310 天）

注：1. 喷枪 10 支，每次更换 3 支喷枪，每支更换需 2h，喷枪寿命按 1 个月计算。

　　2. 底吹还原炉衬寿命按 2 年计算，表中将炉衬大修所有时间分摊在每年中。

6.4　主要技术经济指标

氧气底吹还原过程主要技术经济指标见表6-3（设计规模为电铅 10 万~12 万吨）。

表 6-3　底吹还原熔炼过程主要技术经济指标

序号	名称	计算值	备注
1	年工作日/d	310~330	
2	高铅渣处理量/t·d^{-1}	400~500	湿基
3	高铅渣含 Pb/%	40~45	
4	Fe/SiO$_2$	0.8~1.6	
5	CaO/SiO$_2$	0.5~0.6	
6	氧气量/m^3·h^{-1}	1500~1800	
7	熔剂率/%	0~5	相对含高铅渣
8	块煤率/%	5~10	相对含高铅渣
9	粉煤率/%	3~5	
10	烟尘率/%	10~20	相对含高铅渣

序号	名 称	计 算 值	备 注
11	还原炉铅渣含 Pb/%	1.5~3	
12	烟气量/$m^3 \cdot h^{-1}$	20000~30000	
13	粗铅温度/℃	950~1000	
14	还原炉渣温度/℃	1100~1200	
15	炉内烟气温度/℃	1200~1250	
16	上升烟道入口温度/℃	800~1000	
17	余热锅炉出口温度/℃	350~400	
18	表面冷却器出口温度/℃	150~200	
19	布袋收尘器出口温度/℃	120~150	
20	氧气底吹熔炼炉出口烟气含尘/$g \cdot m^{-3}$	250~300	
21	上升烟道入口烟气含尘/$g \cdot m^{-3}$	150~200	
22	表面冷却器入口烟气含尘/$g \cdot m^{-3}$	120~180	
23	布袋收尘器入口烟气含尘/$g \cdot m^{-3}$	50~100	
24	排烟机出口烟气含尘/$mg \cdot m^{-3}$	100~300	
25	余热锅炉蒸汽压力/MPa	3.5~3.8	
26	余热锅炉蒸汽量/$t \cdot h^{-1}$	10~15	

6.5 控制原理

6.5.1 给料量及成分控制

高铅渣通过溜槽流入底吹还原炉中，熔剂、煤及烟尘从加料口加入炉内。煤量和熔剂量由冶金计算得出，根据实际的渣成分分析结果和炉况进行调整，调整煤量的时候要注意炉况的变化，过多的煤可能会导致泡沫渣产生，影响底吹还原炉的稳定运行。

为了保持底吹还原炉生产的稳定，熔剂、煤及返尘的计量误差一般控制在0.5%以下，根据入炉高铅渣的量，煤及熔剂的加入量需做相应的调整，氧气量也需做相应的调整，但每次调整幅度不宜过大，且调整后需观察炉况后再做进一步调整。

6.5.2 熔炼温度控制

正常生产时，底吹还原炉熔炼温度在1150℃±20℃，根据渣含Zn的不同，温度有所变化。定期采用一次性热电偶测量熔池温度，并观察渣的流动性，可通过放渣时渣的流动情况或者熔池中探渣棒的黏结情况来观察判断渣的流动性。

可通过调整煤、氧气的加入量来控制底吹还原温度。煤和氧气量需同时调整，但是煤不能加入过多，因为加入太多的块煤可能会导致泡沫渣的产生，影响底吹还原炉的稳定运行。

6.5.3　化学成分控制

根据高铅渣成分，通过调整熔剂选取合适的 CaO/SiO_2 和 Fe/SiO_2。底吹还原炉主要调整钙硅比。根据高铅渣的组成，还原炉渣中钙硅比的波动范围为 0.5~0.6，铁硅比波动范围为 1.1~1.6。

渣含铅目标值小于 3%，若渣中总铅量超过 3% 且金属颗粒铅超过 1% 时，表明熔池内金属和渣分离不彻底，此时需要适当提高温度降低炉渣的黏度，改善炉渣的流动性；若渣中总铅量超过 3% 且以氧化铅形态存在的铅超过 2% 时，表明还原程度不够，应增加煤量或降低氧气量。

6.5.4　熔池高度控制

底吹还原炉为间断进料、间断出料，熔池高度的控制尤为重要，这关系到炉体本身及后续工艺的稳定运行。熔池高度可定期利用钢钎通过探料孔测得，当熔池高度达到设定值时须安排放渣操作，每次放渣尽量放到渣口，维持炉内较低的渣液面。根据投入的高铅渣和产出的还原炉渣含铅计算得到还原出的粗铅量，得到每次放铅量，不宜多放，维持一个平稳的铅液面。

6.5.5　取样分析要求

化学过程控制的基础是取样分析，只有取样到位、分析准确才能及时调整相应参数，本阶段仅提供取样分析的基本要求，见表 6-4。不同物料分析的频次不同，对分析结果取得的时间要求也不同。

表 6-4　取样分析要求

物料	取样位置	频率	分析元素	分析时间
石灰石	料仓	每周	Fe, SiO_2, CaO, MgO, Al_2O_3, H_2O	标准
煤	料仓	每周	固定碳、挥发分、灰分、水分	标准
高铅渣	渣口	每次放渣	Pb, Zn, Fe, SiO_2, CaO, MgO	快速
高铅渣	渣口	每日	Pb, Zn, Cu, Fe, S, SiO_2, CaO, MgO, Al_2O_3, As, Sb, Bi, Cd, Ag, Au	标准
还原炉渣	渣口	每次放渣	Pb, Zn, Fe, SiO_2, CaO, MgO	快速
还原炉渣	渣口	每日	Pb, Zn, Cu, Fe, S, SiO_2, CaO, MgO, Al_2O_3, As, Sb, Bi, Cd, Ag, Au	标准
二次粗铅	铅口	每次放铅	Pb, Cu, S	快速
二次粗铅	铅口	每日	Pb, Cu, S, Ag, Au, As, Sb, Bi	标准
烟尘	烟尘仓	每日	Pb, Zn, S, Cu, Cd, Fe, SiO_2, Al_2O_3, CaO, MgO, As, Sb, Bi	标准

注：1. 分析时间快速是要求在尽可能短的时间内分析出渣和金属的结果，用来及时的进行工艺控制，保证熔炼过程的稳定运行，要求分析时间在 30min 以内。

　　2. 分析时间标准是不要求在短时间内分析出结果，该分析结果不用于及时的工艺控制，根据分析的元素种类分析的时间长短有所不同。对于主要元素建议分析时间在 2~4h。

6.6 底吹还原炉生产操作

6.6.1 工艺参数

底吹还原炉在还原过程中，根据渣型情况可以不增加熔剂或者添加少量石灰石，还原炉渣一般控制在 $FeO/SiO_2 = 1.1 \sim 1.6$，$CaO/SiO_2 = 0.5 \sim 0.6$。渣含铅 $2\% \sim 3\%$。

必须及时提供还原炉渣的分析报告，通过还原炉渣的分析结果、熔池温度、实际的放渣放铅情况，及时调整氧煤比，保持熔炼过程的顺利进行。

调整氧气量时，应小幅调整，避免大起大落，而且必须观察 4h 以上，然后再做决定是否再次调整。调整煤量时，相应的氧气量要根据炉况做相应调整。

调整渣型时，应小幅度调整熔剂量，严禁大幅度调整，每次调整幅度在 0.5% 为宜，而且必须观察 4h 以上，然后再决定是否再次调整。

氧枪保护氮气压力控制在 $0.7 \sim 0.8MPa$ 之间，通常熔池液面高时取上限，液面较低或加料口喷溅较为严重时取下限。

氧枪保护除盐水在 30kg/h 左右，不宜过大。

6.6.2 加料

采用称量给料机将粒料连续均匀地给到移动加料皮带上，将粒料输送至底吹还原炉上部的水冷加料口并落入熔池中。

作为工艺控制的先决条件，不仅要求入炉物料成分稳定，而且物料的加入速度需保持恒定，因此定期检查加料系统是必不可少的。

每天应将加料量数据与配料工序的数据进行核对，一旦两者的偏差超出核定范围时，应及时检查各称量设备，必要时重新标定。

将称量给料机、加料皮带的现场控制开关处于"联锁"位置，控制室操作人员可实现远程启动和停车（自动模式）。

正常的加料程序是：底吹还原炉处于生产位置→加料皮带移至加料位置→启动加料皮带→启动称量给料机→调整加料量。

正常的停止加料程序是：停止称量给料机→待加料皮带无料后停止其运行→将加料皮带退回准备位置→底吹还原炉转出。

自动模式状态下，当加料皮带停车或底吹还原炉转出（指从生产位置转至准备位置）时，称量给料机会自动停车。

自动模式状态下，当底吹还原炉转出时，称量给料机和加料皮带会自动停车。

任何时候都可以手动将加料皮带停止并退回至准备位置，以便清理对应的加料口。

因底吹还原炉内搅拌剧烈，不可避免会有熔渣喷溅到加料口发生黏结，此时应及时清理，清理时可将加料皮带退回至准备位置。

保证加料口的畅通，及时清理加料口，勿等到加料口黏结较多时再清理。

维持底吹还原炉内微负压，防止烟气从加料口逸出，影响加料口的清理。

清理加料口时，应避免对加料口的内壁造成损伤。

保持加料皮带移动轨道的清洁，确保加料皮带移动自如。

经常检查加料口水套的出水量和温度。

保持加料口收尘室处于常闭状态，以减少烟气和重金属的污染。

底吹还原炉炉前定量给料机及移动皮带加料现场如图 6-2 及图 6-3 所示。

图 6-2　底吹还原炉炉前定量给料机

图 6-3　底吹还原炉炉前移动胶带输送机

6.6.3　喷枪参数

6.6.3.1　氧气流量控制

氧枪的氧气流量和压力根据冶炼工艺的要求而变化，氧气流量通过冶金计算确定。

DCS 系统设置有氧气总流量控制和压力显示，此外单支氧枪也设置有控制阀（根据需要可设置为远程控制或现场控制）和压力指示器。

DCS 系统设置一个氧气总流量的最小值，当流量低于该值时，将自动进行氧气/氮气切换，以保护氧枪不被熔渣堵塞，这个总流量最小值可根据实际情况进行确定和调整。

控制氧气总流量即可满足冶炼工艺要求，此时尽可能将其平均分配给每支氧枪，以保持化学反应的稳定性。

单支氧枪的流量和压力，可以大致反映氧枪的工作状态，其数值的突变，将预示着该支氧枪工作异常，应尽快检查。

如有需要，可对每支氧枪的流量进行单独控制，以保证在各个氧枪之间实现流量的均衡，但必须保证氧气总流量不变。

在 DCS 系统中，氧气的总流量可以"自动"和"手动"两种模式进行控制：

（1）自动模式：按照事先确定好的氧气量值进行控制，自动调整。

（2）手动模式：通过控制阀进行流量控制。

当底吹还原炉处于准备位置时，除必要的通道清扫工作外，不需要往氧枪送氧，以免不必要的烧损。

当底吹还原炉由准备位置转入生产位置之前，必须先将氧气流量调整到正常值。

必须定期对供氧系统的所有部件（重点是各法兰连接处和软管）进行气密性检查，如有泄漏，应立即切断供氧并更换。

相关操作人员必须严格遵守有关氧气使用的安全规程，并了解压力氧气的危险性。

6.6.3.2 氮气和软化水

氮气作为保护氧枪的惰性气体，其压力的稳定对氧枪的使用寿命至关重要。

当底吹还原炉处于准备位置时（热状态），氮气压力不得低于 0.3MPa。

正常生产时，氮气压力为 0.7~0.8MPa，氮气压力由熔池深度、熔渣成分和加料口的喷溅状况来确定。

当底吹还原炉由准备位置转入生产位置之前，必须先将氮气压力调整到正常值。

必须定期对供氮和供水系统的所有部件（重点是各法兰连接处和软管）进行气密性检查，如有泄漏，应立即更换。

如发生误操作导致供氮中断，短时间内将烧毁氧枪，因此进行氮气压力调整时，需缓慢进行。

在一定压力下，通过观察氧枪氮气通道的流量变化，可以初步判断该支氧枪的工作状态，一旦发现数值突变，应立即查明原因。

正常生产时，每支氧枪软化水的供给量为 30~60L/h，压力小于氮气压力 0.1MPa。

短时间停止软化水供应，不会对氧枪的使用寿命带来较大影响。

连接氮气和软化水软管时，避免连接错误，否则将对氧枪的使用寿命带来影响。

6.6.3.3 粉煤

粉煤通过定量粉煤喷吹装置，采用压缩空气输送，通过喷枪的中心管喷入炉内。

粉煤喷枪空气压力 0.4~0.6MPa。

单支粉煤喷枪输送粉煤能力 300~400kg/h。

粉煤的消耗量根据炉况和渣含铅进行调整，每次调整比例宜控制在粉煤喷入量的 5%。

6.6.4 放渣

通过探渣棒定期检测熔池高度,当达到设定高度时应及时放渣,如图 6-4 所示。

正常情况下,炉渣从放渣口间断排出,通过溜槽流入烟化炉中,如图 6-5 所示。

图 6-4 底吹还原炉放渣

图 6-5 烟化炉进渣

最佳的渣口标高应事先确定,确定时要同时参考铅虹吸溢流口标高、处理量等参数。

可以使用钢钎、风镐等工具打开放渣口,必要时使用吹氧管开通放渣口,但要严格遵守有关氧气使用的操作规程。

打开渣口和清理渣口时，当渣口为水套渣口时，应避免损伤渣口水套，尤其是使用吹氧管时，倍加小心。

开通渣口之前，应先通知下游的烟化炉工段做好接渣准备。

放渣过程中，部分炉渣会发生凝固影响熔渣的流量，应及时清理渣口和溜槽。

因炉内的搅动，可能会有少量的粗铅随熔渣从渣口排出，如有可能，可以适当降低氧枪中氮气的压力。

当放完一批炉渣后，应及时清理渣口和溜槽，清理下来的固态渣壳收集作为冷料加入烟化炉处理。

如放渣口水套发生泄漏，应及时切断供水，并更换。

放渣过程中，要保持通风罩在紧闭状态，防止烟气和铅蒸汽外逸。

底吹还原炉设置有事故放渣口，用于停炉放空操作。

放渣口上部设置有燃烧孔，用于底吹还原炉升温和热检修保温。

6.6.5 放铅

当虹吸口液铅涨到一定高度时，要及时放铅。放铅时要缓慢降低虹吸口铅坝高度，让铅平稳流出。避免出现短时间内大量铅放出。

根据高铅渣的加入量来判断放出铅的多少。不能过度的放铅而破坏炉内熔体的平衡。每天要核对投入与产出的是否平衡，当出现异常情况时，应及时检查，找出原因。

粗铅是从底吹还原炉端部的虹吸口连续放出，流量取决于加入高铅渣量的多少。

正常操作时，炉渣不会进入虹吸通道，但当底吹还原炉从准备位置转入生产位置时，虹吸通道内不可避免地会出现一些炉渣，因此必须及时清除。

底吹还原炉底部到虹吸溢流口的高度非常重要，在给定的放渣口高度和炉渣密度条件下，虹吸溢流口的高度将决定炉内铅层的厚度。

耐火材料砌筑时，必须确定好虹吸溢流口的高度，当生产一段时间后，溢流口的高度会发生变化。

无论是在准备位置还是生产位置，铅虹吸都可以用油枪加热，此时应注意火焰不要直接烧到耐火砖上。特别是准备转入生产位置时，虹吸通道必须充分加热，以减少炉渣堵塞故障。

生产时会有浮渣从粗铅中析出，浮渣的多少取决于处理量、粗铅含铜和放铅温度，浮渣会形成结瘤，应及时清理。

可以使用长钢筋（直径 $\phi 16 \sim 18mm$）对虹吸通道进行疏通和清理，因为在高温下长钢筋易变形，不会对耐火材料带来过多的损害。

绝对禁止使用吹氧管疏通虹吸通道，可能会烧损耐火材料，甚至烧穿炉底。

虹吸溢流口的下部设置有事故放出口，它直通炉内，可以用于疏通堵塞的虹吸通道和放空操作。

当底吹还原炉从准备位置转入生产位置时，可能会有大量的渣铅混合物从虹吸口涌出，因此在转入前用黄泥加高溢流口是必要的，待其恢复正常后可以去掉黄泥。

正常生产时，因炉内的搅动，虹吸的液面同样也会上下波动（俗称呼吸），从波动程度可以判断虹吸通道的畅通程度，一旦波动微弱或停止，则意味着虹吸通道被堵死。

底吹还原炉放铅现场见图 6-6 及图 6-7 所示。

图 6-6　底吹还原炉放铅现场

图 6-7　底吹还原炉放铅流入熔铅锅现场

6.6.6　熔池温度及熔池深度检测

　　每小时测量熔池温度的同时测量熔池深度，必须清楚炉内熔池的高度，保持炉内合适的液面高度，一般熔池高度需低于最高高度 200~300mm。

　　测温必须从底吹还原炉顶部的探料孔进行，每小时测一次，并做好记录。熔炼温度以熔池温度为准，其他温度只能作为参考，不能作为调整其他参数的依据。熔池温度控制在 1150℃±20℃为宜，根据渣型会有所波动。

6.6.7　底吹还原炉的驱动

底吹还原炉的驱动通常设置有主电源和备用电源两套供电系统。

底吹还原炉的驱动用于：将底吹还原炉从准备位置（90°）转向生产位置（0°），即转入操作；将底吹还原炉从生产位（0°）转向准备位置（90°），即转出操作。

当主电源发生做障时，备用电源立即启动，将底吹还原炉从生产位置（0°）转向准备位置（90°）。

驱动装置包括电机、减速机、制动器和限位开关构成，通常转速设置 0.5r/min，一般从生产位置（0°）转向准备位置（90°）约耗时 30s。

底吹还原炉安装完毕后，应立即确定限位开关的位置（0°和 90°），通常设置两套限位开关，以保证当第一套限位开关失效时，由第二套限位开关提供停止信号，避免发生危险。

定期检查限位开关和制动器，确保其有效性；在现场实现底吹还原炉的转动（转入或转出）。

底吹还原炉转入/转出涉及较多的配合工作，车间应设置"底吹还原炉转动警报"，以告知相关岗位并做好配合工作。

6.6.8　燃烧器

底吹还原炉配置有主燃烧器、虹吸燃烧器和氧油燃烧器，它们的燃料为柴油或天然气，其作用是：

（1）主燃烧器用于开炉时的升温烤炉和热检修时的保温，正常生产时并不使用。

（2）虹吸燃烧器用于虹吸通道开炉时的升温和热检修的保温，正常生产时可根据放铅温度来决定是否投入使用。

（3）氧油燃烧器用于熔化直升烟道下部熔池表面的固态积料（积料通常是直升烟道跌落的大块烟尘与熔渣结合而成），因该燃烧器升温速度极快、局部温度很高，使用时必须谨慎、小心，避免对烟气出口的铜水套带来危害。

当氧气底吹熔炼炉处于准备位置时，打开主燃烧器之燃烧孔，通过轨道将主燃烧器推入，并通过控制器点燃后，根据需要调整燃料量。

主燃烧器启动时，应调整好火焰位置和长度，避免火焰直接冲刷耐火炉衬，尽可能地保持温度均匀。

底吹还原炉准备转入生产位置之前，应停止主燃烧器，封闭燃烧孔。

6.6.9　更换氧枪

更换氧枪操作要求如下：氧枪使用一段时间，因烧损而使有效长度（沟槽部分）变短，或由于操作不当，造成通道严重堵塞，此时应更换氧枪；通常氧枪有效长度低于 80mm 或有 1/3 通道被堵塞且无法疏通时，必须更换；只要时间允许，每次底吹还原炉处于准备位置时，均应测量氧枪的有效长度和通道的畅通情况，并做好记录；如通道发生轻微的堵塞，在准备位置可将同心管取出（外套管除外）并进行清理；尽量安装压力、流量特性相近的一组氧枪，以确保介质流量（压力）均衡和炉内搅拌均匀；当各氧枪烧损程度相近，尽可能批量更换，以减少停炉次数、节约生产成本；氧枪使用寿命取决于制造质量和使用负荷，通常为 4~8 周；当氧枪的有效长度低于 100mm 时，应定期检查，一旦条件具备，将其更换；在更换氧枪过程中，耐火砖拆除耗时最长。

氧枪更换操作步骤：氧气底吹熔炼炉处于准备位置，主燃烧器投入运行；准备好更换氧枪的工具（风镐、电锤、磨光机等）和人员；拆除连接金属软管；拆除固定氧枪的销钉；拆除氧枪底座；拆除相关水套和法兰；依次拆除耐火填料和需更换的耐火砖，避免破损的耐火砖掉入炉内；当烧损的耐火砖拆除完毕后，采用磨光机将旧界面上的炉渣和铅清理干净，确保新旧界面结合紧密；按规范砌筑耐火砖；组装经过测试的新氧枪，并按准备值通入氮气；将氧枪安装到底吹还原炉，填充耐火填料；安装法兰，固定销钉就位；再次检查氧枪的固定情况，如有松动，再次紧固。

6.6.10　停炉

停炉操作分为计划停炉、紧急停炉和完全停炉 3 种：

（1）计划停炉是指氧气底吹还原炉运行一段时间后，因更换氧枪、设备检修等而进行的有计划停炉，通常是指热检修停炉。

（2）紧急停炉是指当氧气底吹还原炉处于正常生产期间，发生紧急故障而进行的停炉，如供电中断、余热锅炉泄漏、大量漏铅等。

（3）完全停炉是指当氧气底吹还原炉运行一段时间后，因检修炉衬或设备改造、大修等而必须将氧气底吹熔炼炉排空、降温，此时的停炉称之为完全停炉。

车间管理人员和操作人员必须保证氧气底吹还原炉任何时候都可以转出，必须确保与底吹还原有关的连接软管在转出时不会被挂住，加料口和放出口不得堆放工具和杂物。

6.6.10.1　计划停炉

由管理人员下达停炉通知单，说明停炉时间、检修内容等；按照停炉通知单，由控制室人员根据储料仓、粒料仓的料位确定初步停炉时间，通知硫酸车间、制氧站、检修单位等；停止给储料仓进料，当储料仓中的存料排尽时，记录时间；腾空运输皮带、圆盘制粒机和粒料仓；停止加料前 10min，将氧料比降低 50%；停止加料前 1h，停止放铅；尽可能放渣，放渣工作在停止加料前 30min 完成；停止加料，将加料皮带退回准备位置；发出氧气底吹熔炼炉转出警报；将氧气底吹熔炼炉转至准备位置；按准备状态将氧气切换为氮气，并将其压力调整至准备状态值；用矿渣棉封闭加料口；打开燃烧孔，启动主燃烧器；转出 10min 后，停止将烟气送往硫酸车间，此时烟气从开炉烟囱排放；清理放铅口、放渣口、加料口、各溜槽，启动虹吸燃烧器；当炉内烟气清晰时，从加料口检查氧枪和其周围耐火炉衬的烧损情况；进行计划检修工作内容和必要的检查工作；对于 8h 以内的计划停炉，余热锅炉、电收尘、烟尘输送和通风除尘均与正常生产是操作一致，无须调整；当氧气底吹熔炼炉转至准备位置后，应及时通知硫酸车间、制氧站、检修单位，并做好详细记录；根据需要调整好系统抽力、控制好炉温。

6.6.10.2　紧急停炉

当发生以下故障时，必须立即将氧气底吹还原炉转出至准备位置：余热锅炉爆管或泄漏；事故停电；大量的铅从氧枪孔或其他部位漏出；氧气或氮气供应突然中断；循环水供应突然中断；加料口、渣口和放铅口水套漏水；大量的熔渣和铅从虹吸通道涌出；其他可能发生重大事故的故障。

发生紧急情况时，操作人员必须果断，以避免事故扩大。紧急停炉而转动氧气底吹还原炉时，无须启动转动警报。紧急停炉而转动氧气底吹还原炉时，可能炉料制备系统和加料系统仍在运行，但它们对转动没有影响。紧急转出后的工作，与"计划停炉"是一致的，但在故障排除或原因查明之前，不得随意将氧气底吹还原炉转入，以免发生危险。做好详细记录。

6.6.10.3 完全停炉

完全停炉由管理人员下达停炉通知单，准备好放空溜槽，各相关单位做好停产准备，操作如下：按照停炉通知单，由控制室人员根据储料仓、粒料仓的料位确定初步停炉时间，通知硫酸车间、制氧站等单位；停止储料仓进料，当储料仓中的存料排尽时，记录时间；腾空运输皮带、圆盘制粒机和粒料仓；停止加料前 10min，将氧料比降低 50%；停止加料前 1h，停止放铅；尽可能放渣，放渣工作在停止加料前 30min 完成；停止加料，将加料皮带退回准备位置；发出氧气底吹还原炉转出警报；将氧气底吹还原炉转至准备位置，通知脱硫系统和制氧车间；按准备状态将氧气切换为氮气，并将其压力调整至准备状态值；用矿渣棉封闭加料口；打开燃烧孔，启动主燃烧器；转出 10min 后，停止将烟气送往脱硫系统，此时烟气从开炉烟囱排放；架设好放空溜槽，完全腾空粗铅铸锭模（包括备用锭模）；打开事故放铅口；用钢钎检查炉内熔体的熔化状况，如流动性不好，可以加大供油量，提高炉温；将氧枪的氧气、氮气流量和压力调整到正常值；现场手动缓慢地将氧气底吹熔炼炉向生产位置转动，用转入角度来控制熔体的流量，避免流量过大或过小；如第一次因炉温降低而未将炉内熔体排尽或容纳熔体的铅锭模数量不足，可将氧气底吹熔炼炉转至准备位置再次升温，待熔体的流动性足够后再进行一次放空操作；氧气底吹熔炼炉炉内两端会有积渣而无法放出，待降至室温后，可以进行人工清理；放空完成后，氧气底吹熔炼炉即可进行停炉降温，降温速度依照耐火材料供应商提供的资料来确定；余热锅炉、电收尘参照供货商的要求完成停车操作，放空 8h 后，可以停止烟尘输送系统和通风除尘系统；参与放空的工作人员必须穿戴好防护用品，同时准备好消防器材，避免烫伤和烧损电线电缆；放铅口区域的地面必须保持干燥，必要时铺设干燥的水碎渣，以避免发生熔体爆炸；放空时必须遵循"少放、慢放、多次"的原则，否则极易发生危险。

6.6.11 转炉

底吹还原炉正位操作规程如下：

（1）铅口岗位人员需封住铅虹吸口并检查，保证无其他物品影响转炉转动。

（2）渣口岗位人员需及时封好渣口，取下燃烧器，同时检查有无影响炉体转动的物体。

（3）加料岗位做好加料准备。

（4）主控室氮氧切换并调整氧枪氧气量、氮气量、软水量。

（5）响警报，通知余热锅炉、电收尘、硫酸、氧气站准备转炉。

（6）转炉，转炉中各岗位人员要迅速巡检金属软管有无挂在其他物体上，氧枪底座是否漏铅。

（7）当炉体正位后，通知加料。

（8）铅口岗位人员要清理铅口，并尽量把渣扒出。

底吹还原炉停转炉操作规程如下：

（1）停止放铅，提高铅层高度。

（2）放渣、减少进料量，渣面放到渣口处。

（3）堵好渣口停料。

（4）各岗位人员检查本岗位有无影响炉体转动的物体。

（5）响警报，通知余热锅炉、电收尘、硫酸、氧气厂准备转炉。

（6）转炉，各岗位人员迅速巡检炉体转动情况。

（7）转炉侧位氧枪转出液面之后，降低氧枪气体流量、压力，停软水，N/O切换。

（8）安装主燃烧器对炉内保温。

（9）清理虹吸口，并加木炭保温。

（10）清理加料口、烟气出口、探测孔。

紧急转炉操作步骤如下：

（1）响警报，通知进料岗位、余热锅炉、电收尘、硫酸、氧气站做好摇炉准备。

（2）停止加料，停止放铅放渣，并堵好渣口，各岗位迅速巡查，尽快清理影响炉体转动的物体。

（3）确定无误后开始转炉，各岗位迅速巡检炉体转动情况。

（4）转出后，N/O切换，若无氮气可用压缩空气保护氧枪。

（5）安装烧嘴对炉内保温。

（6）清理加料口、烟气出口、探测孔。

6.7　底吹还原炉投料试车

6.7.1　前提条件

（1）供水：试车所需的生产水、生活水、循环水、软化水、除盐水已供至所需区域，压力、流量、水质等符合设计要求，且管网中的阀门已经调试、满足生产要求。

（2）供电：试车所需的高低压电力已送至各用户点，备用电源已经试车，经测试电力供应（含EPS备用电源）完全满足生产要求。

（3）压缩空气供应：试车所需的普通压缩空气、干压缩空气（含仪表压缩空气、粉煤输送专用空气）已供至所需区域，压力、流量等符合设计要求，且管网中的阀门已经调试、满足生产要求。

（4）氧气、氮气供应：氧气站已经全面试车，可以提供满足生产要求的氧气、氮气，其纯度、流量、压力已达到设计要求，氧气、氮气管道吹扫、检漏完毕，氧气管道符合安全使用氧气的有关规定，管网上的阀门已经调试，安全、可靠。

（5）原辅料供应：试车所用的石灰石、还原粒煤已运至指定堆场，且化学成分、粒度、水分等符合要求，且提供全面准确的化验分析报告；粉煤制备系统已多次负荷试车，产出合格的粉煤（水分小于1.50%、粒度85%通过0.075mm（200目）筛），产量满足生产要求；粉煤喷吹系统已完成空载调试工作，且保证在烤炉期间完成负荷调试工作。

（6）还原炉工段：底吹还原炉系统的水、电、油、气管线畅通无阻，无跑、冒、滴、漏现象；各管线上的闸、阀、开关、按钮保持灵活、密封性良好，并处于所需要的开、关状态；各测温、测压、压力、流量控制调节系统均处于准确、灵敏的最佳状态。还原炉工段内部各系统已完成单体、空载、联动试车，具备点火开炉条件，余热锅炉、布袋除尘器、氧氮系统、炉渣水碎系统已经多次调试，满足投产试车条件。

（7）生产工器具：生产所需的大锤、钢钎、风镐、耙子、梅花枪、黄泥、石棉绳、矿渣棉、底铅及其加入装置等已准备就绪。

（8）备件准备：快速测温装置（含套管、触头、显示屏）、热电偶、粉煤枪组件、各类金属软管、耐火材料等已经就位。

（9）人员及劳保用品：各岗位人员经过培训，基本胜任本职工作，劳保用品齐全且符合本岗位生产要求。

6.7.2　点火烤炉

根据厂家提供的底吹还原炉烤炉曲线进行烤炉操作：

（1）底吹还原炉处于准备位置（90°），各水套通入循环水并保持循环流量。

（2）用黄泥做成泥团，从炉内堵塞虹吸口；用石棉堵住渣口、观察口，用铁板衬石棉盖好加料口并固定。

（3）打开事故烟道，切断烟气通入余热锅炉和布袋除尘器的通道。

（4）炉内铺设 1~2 层木材，并在局部洒上柴油，确保可以引燃木材即可。

（5）安装好烤炉用的热电偶，连接、显示均正常。

（6）安装主燃烧器。

（7）点火烤炉，按照已定的烤炉升温曲线进行，图 6-8 所示为底吹还原炉耐火砖升温曲线，木材烤炉时注意火焰均衡，温升不可过猛、过快，尽可能按照烤炉曲线的升温速度进行；如果某一时刻炉温上升速度超过曲线要求的温度值时，应保温至曲线要求时再继续

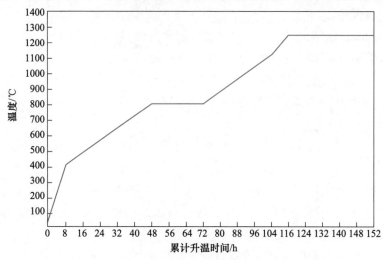

图 6-8　底吹还原炉升温曲线

升温，不可用降温的方法解决，严禁猛升猛降；炉膛温度前后区应保持一致，烘烤过程中，应密切观察炉内砖砌体变化情况，发现问题及时处理。

（8）当烟气温度高于 500℃时，关闭事故烟道，将烟气通入余热锅炉，顺序打开余热锅炉上升烟道、水平段所有人孔门（检查孔），尽可能将余热锅炉内壁附着水分排入大气，8~12h 后关闭人孔门（按烟气流向顺序关闭），启动还原炉引风机和脱硫工段接力风机将烟气引入脱硫工段。

（9）烟气通入余热锅炉后，按照余热锅炉的启动程序完成煮炉、洗炉、热紧固等工作，其后余热锅炉一直处于正常运行状态。

（10）木材烤炉完成前一天，完成燃烧器的试运行，至少应完成 3 次启动、停车过程，每次试验不宜超过 30min，以避免耐火炉衬局部过热。

（11）当烟气温度高于 400℃时，用辅助油枪或其他手段加热虹吸通道，尽可能保持其温度与炉内相近（包括中间包子、铅溜槽的烘烤）。

（12）当烟气温度高于 500℃时，每班应启动余热锅炉刮板、电收斗式提升机一次，每次 60min，同时定期检查各水套回水流量和温度。

（13）严格按照升温曲线完成底吹还原炉的烤炉工作，只要点火开始，必须做好详尽的记录。

6.7.3　喷枪组装

（1）当烟气温度达到 800℃时，开始安装粉煤喷枪枪。粉煤喷枪测试要求为：设置好一个测试简易平台，注意喷射方向必须是空旷区域；通知制氧站提供氮气，车间入口压力 1.4~1.6MPa，并将氮气切换至氧气通道；准备待测试粉煤枪，按照 0.35MPa、0.7MPa、1.0MPa 三个压力点测试粉煤枪的氮气流量，做好记录；按照氧气通道流量 80m^3/h、100m^3/h、150m^3/h 三个流量点测试氧枪的氧气压力，做好记录；按照预定的粉煤枪参数，将氧气（此时为氮气）、氮气、软化水全部通入粉煤枪，做好记录；根据测试参数，挑选出首次所需的粉煤枪。

（2）当 800℃恒温结束时，将粉煤枪安装至生产位置，粉煤枪推入喷枪孔前，必须事先连接好氮气管道（软管），并通入氮气（压力 0.35MPa）。

（3）粉煤枪安装之生产位置后，再次检查其稳定性、气密性、软管连接是否正确。

（4）只要底吹还原炉处于热状态，粉煤枪必须通入氮气进行保护（包括氧气通道），氮气压力 0.35~0.5MPa。

6.7.4　最终条件确认

当底吹还原炉进行 1250℃恒温时，必须进行投料前的最终条件确认工作：

（1）按照预定的最终条件确认清单，逐一对供水、供气、供电、炉渣水碎、粉煤喷吹、后勤、还原炉工段内部进行最终确认。

（2）确认过程中发现的问题应及时处理。

（3）最终条件确认清单应列出明细。

6.7.5 最终开炉程序

（1）当底吹还原炉加料后 8h，准备好底铅加入工具，粗铅（铅量保证底吹炉铅液面高度 300~400mm）已吊装就位，底铅应放置在底吹还原炉操作的两端平台（人工转运），注意平台的载荷、尽可能放置横梁上且层高不超过 1m，不可集中放置。

（2）当底吹还原炉液面升至 800mm 时，启动给料将石灰石装至 50%料位，同时给另一粒料仓将还原粒煤装至 60%料位。

（3）当底吹还原炉液面达到 900mm 时开始加入底铅，加入时应从底吹还原炉两端往加料口通过底铅加入装置加入炉内，此时应组织好人力，力争在 2~3h 内完成。

（4）底铅加完后加大主燃烧器油量（根据炉温决定）将粗铅化尽。

（5）底铅加完后各岗位人员就位。

（6）将粉煤枪参数调整至生产值：氮气压力、氧气流量调整至生产值，氮气压力 0.7~0.8MPa，每支粉煤枪粉煤量 200kg/h（最终根据炉温决定），氧气量按事先计算的氧煤比给定。

（7）以最快速度拆除主燃烧器，并封闭燃烧孔。

（8）底吹还原炉去除一切影响转动的物品。

（9）派专人照看底吹炉上的各软管。

（10）发出警报，将底吹炉从准备位置（90°）转入生产位置（0°），若无异常，一步到位。

（11）底吹还原炉转至生产位置后，立即将加料皮带移到加料位置，启动加料。

（12）调整还原炉引风机和脱硫接力风机抽力，确保加料口处微负压即可。

（13）如虹吸通道有浮渣，及时捞出。

（14）启动氧枪软化水泵，每支枪给入软化水 30kg/h。

（15）通常情况下，当底吹还原炉进渣 3 次之后，可以形成正常液面，因根据液面情况，逐步将粉煤量、氧煤比、氮气压力调整至正常生产值，石灰石和粒煤根据炉况进行调整。

（16）当虹吸口铅液达到设定的铅坝时，开始放铅。

（17）当熔池渣面升高渣口时，开始放渣。

（18）各岗位做好详尽记录。

（19）生产初期，烟灰输送系统（刮板、斗提、星形阀等）易发生故障，岗位人员应随时检查，确保系统畅通。

（20）有烟灰返回时，可以启动制粒。

6.8 还原炉渣处理

6.8.1 工艺流程

还原炉渣采用烟化炉工艺进行回收，工艺流程如图 6-9 所示。

底吹还原炉产出的熔融还原炉渣通过溜槽流至设置在烟化炉水套的热料进口，加入烟化炉内进行吹炼。冷料（含锌物料）从经过设置在仓下定量给料机计量后，采用移动带式输送机通过烟化炉冷料口加入到烟化炉内。

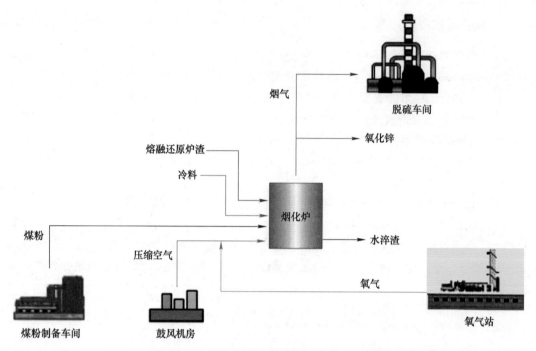

图 6-9 烟化炉处理还原炉渣工艺流程示意图

富氧空气、粉煤通过喷枪枪由烟化炉侧部高速喷入炉内，有效搅动熔池，形成良好的传质传热条件，粉煤和富氧空气氧气反应为烟化过程提供所需热量，同时粉煤作为还原剂。

还原炉炉渣中的铅，锌的氧化物，在喷入烟化炉内的粉煤及粉煤燃烧产生的 CO 的作用下，被还原为铅、锌等金属。进入烟气中的金属铅、锌在烟气中反应生产氧化铅和氧化锌。

烟化炉产物有烟化炉渣、烟气和烟尘。炉渣通过溜槽流出进行水碎，烟气由烟化炉出烟口通过上升烟道进入余热锅炉，经余热锅炉回收余热和收尘、表冷收尘器或高温布袋收尘器收尘后，由高温风机送脱硫系统。

6.8.2 烟化炉投入与产出

6.8.2.1 投入

烟化炉处理的物料是来自底吹还原炉产出的还原炉渣，熔融还原炉渣通过溜槽从烟化炉的热料进口加入炉内。烟化炉可以搭配处理部分冷料，冷料经过定量给料机称量后，采用移动带式输送机从烟化炉冷料口加入到炉内。从烟化炉侧部风嘴喷入富氧空气及粉煤，在上升烟道喷入三次风。

烟化炉投入物料组成及性质见物料准备和底吹还原工序章节。

6.8.2.2 产出

A 烟化炉渣
烟化炉渣主要由 Pb、PbO、ZnO、Fe、SiO_2、CaO 等组分组成。

烟化炉在处理还原炉渣时一般不配入熔剂,当单独处理其他含锌物料时,需要根据目标渣型配入熔剂。

烟化炉生产过程中主要控制烟化炉渣含 Zn,渣含 Zn 一般控制在 1.5%~2.5%,烟化炉渣主要组成:Pb 0.2%~0.5%、Zn 1.5%~2.5%、Fe 25%~35%、SiO_2 20%~25%、CaO 10%~15%。

烟化炉渣熔点一般控制在 1200~1250℃,密度为 3.2~3.5g/cm^3。

B 烟尘

烟化炉产出的烟尘通过余热锅炉、表面冷却器及布袋收尘器收集,烟尘送锌厂回收金属锌。

烟尘主要由 Pb、Zn、S、Sb、Ag、Fe、Si、Ca 等元素的化合物组成,其中 Pb 含量 10%~15%,主要以 PbO 形式存在;Zn 含量 50%~60%,主要以 ZnO 形式存在。烟尘中 Sb、Ag 主要以氧化物的形式存在。

烟化炉产出的烟尘密度为 1.0~1.2g/cm^3,堆积角为 40°~45°。

C 烟气

烟化炉产出的烟气经过余热锅炉回收余热、表面冷却器及布袋收尘器收尘后送脱硫系统。

烟气主要组成是 CO、CO_2、H_2O、N_2、SO_2、O_2,烟气中还含 F、Cl、As 等元素。烟化炉烟气中含有少量氮氧化物,浓度为 500~1000mg/m^3,根据生产情况不同会有所变化。烟化炉系统各处烟气温度和含尘量见表 6-5。

表6-5 烟化炉系统各处烟气温度和含尘量

烟化炉内烟气温度/℃	1250~1350
上升烟道入口烟气温度/℃	1200~1300
余热锅炉出口烟气温度/℃	350~400
表面冷却器出口烟气温度/℃	150~180
布袋收尘器出口烟气温度/℃	130~180
布袋收尘器出口烟气含尘/mg·m^{-3}	<100

当余热锅炉设置省煤器时,余热锅炉出口温度:230~250℃,余热锅炉出口烟气可直接进入布袋收尘器。

由于进入余热锅炉的烟气含有 CO,因此余热锅炉、布袋收尘器需考虑防爆。

6.8.3 烟化炉吹炼

底吹还原炉产出的熔融还原炉渣通过溜槽流至烟化炉进行挥发熔炼,冷料通过冷料口加入到烟化炉内。

烟化炉为周期作业,间断进料,间断放渣,挥发过程分为升温期、吹炼期及放渣期。不同阶段控制不同的还原气氛,粉煤作为燃料及还原剂,粉煤通过一二次风输送,从侧部的喷枪射入熔体。

烟化炉分为熔池区和烟气区。

在烟化炉熔池区,还原炉炉渣中的铅,锌的氧化物,在喷入烟化炉内的粉煤及粉煤燃烧产生的 CO 的作用下，被还原为铅、锌等金属。烟化炉烟化过程操作温度1250~1300℃。

熔池区发生的主要化学反应如下：

$$C+O_2 === CO_2 \tag{6-16}$$
$$CO_2+C === 2CO \tag{6-17}$$
$$CO+PbO === Pb+CO_2 \tag{6-18}$$
$$C+2PbO === 2Pb+CO_2 \tag{6-19}$$
$$CO+ZnO === Zn+CO_2 \tag{6-20}$$
$$C+2ZnO === 2Zn+CO_2 \tag{6-21}$$

烟化炉内的熔池在工艺风的作用下搅动，使熔体中挥发出的金属锌和金属铅进入烟气中。进入烟气中的金属铅、锌在烟气中与未完全反应的 O_2 及从三次风风口鼓入的三次风反应生成 PbO 和 ZnO，为保证熔池中还原反应的进行，熔池产出的烟气中存在过量的 CO，这部分 CO 在炉膛上部空间燃烧。烟化炉上部区域发生的主要反应如下：

$$2Zn+O_2 === 2ZnO \tag{6-22}$$
$$2Pb+O_2 === 2PbO \tag{6-23}$$
$$2CO+O_2 === 2CO_2 \tag{6-24}$$

烟化炉在升温期将熔体温度提高到 1250℃ 以上，然后进入挥发期，渣中的 ZnO 含量逐渐降低，当烟化炉渣含锌降至 2% 左右时，吹炼阶段结束，开始放渣。

烟化炉挥发过程保持炉内微负压，使高温含尘烟气通过烟气出口进入余热锅炉。

粉煤、一二次风（富氧空气）从烟化炉侧部的风嘴连续喷入到炉内。

烟化炉为矩形筒体结构，炉身四面由水套拼装而成，炉底采用耐火材料砌筑的反拱形炉底。炉底或者为水套加铺耐火砖的形式。

烟化炉在炉身两侧设有风嘴。风嘴设有一次风和粉煤接口和二次风接口。粉煤和一二次风通过喷枪通道一起喷入烟化炉熔池。风嘴由于磨损会不断损耗，风嘴寿命一般为 6~12 个月。

烟化炉两端头设有放渣口。一个是正常放渣，一个是事故状态放渣。烟化炉设有热渣进口和冷料进口，冷料进口一般设置在余热锅炉膜式壁上，冷料进口个数与烟化炉大小有关。

烟化炉顶部直接与锅炉膜式壁连接。

烟化炉周期作业，处理热料时周期约 2h，搭配处理冷料作业周期 2~3h，其中升温 60~90min，吹炼期 40~60min，放渣 20~30min。

烟化炉渣通过溜槽进行水碎，水碎渣流入渣池或者进入粒化塔，通过抓斗或者转鼓的方式进行水渣分离。冲渣水采用热水直接循环冲渣或者冷却后再进行冲渣。水渣分离可以通过抓斗或者转鼓实现，或者事故状态下旁通水碎。

烟化炉的日常维护作业主要有：风嘴更换，设备定期检修维护，炉底耐火材料更换，紧急停炉。其中，风嘴更换主要是生产时因风嘴正常烧损而进行更换作业；设备定期检修维护主要是针对余热锅炉、收尘等设备；炉底维护主要是炉底耐火砖的更换；紧急停炉主要是全厂停电、关键设备或生产辅助系统故障等原因引起的非计划性停炉。

6.8.4 主要技术经济指标

烟化炉烟化程主要技术经济指标见表6-6（设计规模为年产电铅 10 万~12 万吨）。

表 6-6 烟化炉烟化过程主要技术经济指标

序号	名 称	计 算 值	备 注
1	年工作日/d·a^{-1}	310~330	
2	还原炉渣处理量/t·d^{-1}	300~350	
3	还原炉渣含 Pb/%	1.5~2.5	
4	还原炉渣含 Zn/%	10~20	
5	Fe/SiO$_2$	0.7~1.5	
6	CaO/SiO$_2$	0.3~0.5	
7	粉煤率/%	20~25	相对含还原炉渣
8	烟尘率/%	15~20	相对含还原炉渣
9	烟尘含 Zn/%	50~60	
10	烟尘含 Pb/%	8~12	
11	烟化炉渣含 Zn/%	1.5~2.5	
12	烟化炉渣含 Pb/%	0.2~0.5	
13	鼓风强度/m^3·(m^2·min)$^{-1}$	20~30	
14	烟气量/m^3·h^{-1}	30000~40000	
15	烟化炉渣温度/℃	1250~1300	
16	炉内烟气温度/℃	1300~1350	
17	余热锅炉出口温度/℃	350~400	
18	表面冷却器出口温度/℃	150~200	
19	布袋收尘器出口温度/℃	120~150	
20	上升烟道入口烟气含尘/g·m^{-3}	150~200	
21	表面冷却器入口烟气含尘/g·m^{-3}	120~180	
22	布袋收尘器入口烟气含尘/g·m^{-3}	50~100	
23	排烟机出口烟气含尘/mg·m^{-3}	100~300	
24	余热锅炉蒸汽压力/MPa	3.5~3.8	
25	余热锅炉蒸汽量/t·h^{-1}	20~25715	

6.8.5 控制原理

6.8.5.1 炉内气氛控制

烟化炉周期作业，每个周期分为升温期、吸炼期及放渣期。在烟化炉不同时期，炉内所需的气氛不同，生产中通过粉煤喷吹装置定量给煤、工艺风机变频等方式，实现对给煤量和供风量的调节，使炉内的气氛满足生产需求，在进料升温期控制 $\lambda(0.9~1.0)$，烟化挥发期控制 $\lambda(0.7~0.8)$，放渣期 $\lambda(>1.0)$。

6.8.5.2 熔炼温度

正常生产时，烟化炉温度在 1250℃±50℃。若炉温过低，炉内熔体黏度加大，挥发效果变差，放渣过程困难，放渣时间延长。

由于烟化炉主要依靠喷枪喷入的粉煤燃烧来供热，因此在满足工艺要求的前提下，应采用合适的温度，避免温度过高导致燃料浪费。

烟化炉炉温通过放渣时测量渣温测定，同时通过炉内粉煤、工艺风的量和比例进行调节。

6.8.5.3　炉渣组成

在烟化工段，核心任务是将还原炉渣中的 Zn 和 Pb 进行挥发回收。由于炉渣中 Zn 的含量远高于 Pb 的含量，Zn 被还原时，Pb 同时被还原，而且 Pb 更容易还原，因此正常生产中，应合理控制烟化炉炉渣中 Zn 的含量。

（1）若烟化炉渣含 Zn 过高，则锌回收率降低，成本升高。

（2）若要求烟化炉渣含 Zn 降得较低，需要延长烟化炉作业时间，同时强化炉内还原性气氛，导致 FeO 被还原成 Fe，粉煤消耗量增加。当炉渣中 In 和 Ge 含量较高且需要回收时，需深度还原，此时渣含锌可降至 1.5%~2%。

6.8.5.4　取样分析要求

化学过程控制的基础是取样分析，只有取样到位、分析准确才能及时调整相应参数，本阶段仅提供取样分析的基本要求，见表6-7。不同物料分析的频次不同，对分析结果取得的时间要求也不同。

表 6-7　取样分析要求

物料	取样位置	频率	分 析 元 素	分析时间
粉煤	粉煤仓	每周	固定碳、挥发分、灰分、水分	标准
烟化炉渣	渣口	每次放渣	Pb、Zn、Fe、SiO_2、CaO、MgO	快速
烟化炉渣	渣口	每日	Pb、Zn、Cu、Fe、S、SiO_2、CaO、MgO、Al_2O_3、As、Sb、Bi、Cd、Ag、Au	标准
烟尘	烟尘仓	每日	Pb、Zn、S、Cu、Cd、Fe、SiO_2、Al_2O_3、CaO、MgO、As、Sb、Bi	标准

注：1. 分析时间快速是要求在尽可能短的时间内分析出渣和金属的结果，然后及时进行工艺控制，保证熔炼过程的稳定运行，要求分析时间在 30min 以内。

2. 分析时间标准是不要求在短时间内分析出结果，该分析结果不用于及时的工艺控制，根据分析的元素种类分析的时间长短有所不同。对于主要元素建议分析时间在 2~4h。

6.8.6　烟化炉生产操作

6.8.6.1　加料

底吹还原炉产出的液态还原炉渣通过溜槽，从烟化炉水套上的热料进口加入到烟化炉内。冷料通过炉前冷料仓下的定量给料机称量后，采用移动带式输送机，通过设置烟化炉水套上的冷料加料口加入到烟化炉内。

烟化炉采用粉煤作为燃料及还原剂。粉煤由粉煤制备车间提供。在烟化炉车间设有粉煤仓,粉煤仓设有定量给煤装置,鼓风机提供的一次风将粉煤通过烟化炉侧吹喷枪送至炉内。

　　烟化炉间断进渣,间断进冷料,间断放渣。烟化炉进冷料时间 15~20min,每次在进热料后开始进冷料,每次冷料的加入量根据加入的热料量来确定。烟化炉热渣进料现场如图 6-10 所示。烟化炉冷料进料现场如图 6-11 所示。

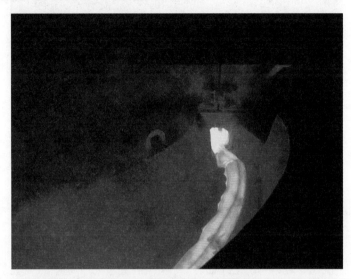

图 6-10　烟化炉热渣进料现场

图 6-11　烟化炉冷料进料现场

6.8.6.2　放渣

　　烟化炉间断放渣,放出熔融的烟化炉渣通过溜槽直接水碎,水碎渣直接流入冲渣池或者粒化塔内,然后通过抓斗起重机将渣装入到水碎渣仓中或者通过转鼓进行水渣分离,渣通过胶带输送机输送至水碎渣仓。烟化炉放渣主要待烟化期完成后开始放渣,通过三次风口进行观察。

烟化炉放渣现场如图 6-12 所示。

图 6-12　烟化炉放渣现场

6.8.6.3　喷枪参数

烟化炉两侧设有粉煤风嘴，风嘴设有两个接口，一个接口是一次风和粉煤，另外一个接口是二次风，一次风、粉煤和二次风进入粉煤风嘴混合后一起喷入烟化炉内。

一次风和二次风来自鼓风机房。一二次风可以通过设置管道上的阀门进行自动调节。一次风一般占总风量的 30%~40%，一次风风压 40~60kPa；二次风风量占总风量的 60%~70%，二次风风压 50~70kPa。

粉煤给料装置对煤量进行调整，粉煤首先进入一次风管内，通过与一次风混合后，通过一次风送入烟化炉风嘴，与二次风一同喷入烟化炉熔池内，输送粉煤压缩空气压力及流量依据粉煤量通过粉煤喷吹系统自行调节。

烟化炉风嘴现场如图 6-13 所示。

图 6-13　烟化炉风嘴现场

7 主要生产装置

7.1 氧气底吹熔炼炉

氧气底吹熔炼炉是一种卧式圆筒形熔池熔炼炉。氧气通过氧气喷枪从炉子底部喷入熔池，使熔体处于强烈的搅拌状态，形成良好的传热和传质条件，氧化反应和造渣反应激烈地进行，释放出大量的热能，使炉料快速熔化，生成铅和炉渣，熔炼产生的烟气由炉子顶部烟口排出[1]。

氧气底吹熔炼炉已广泛应用于铜、铅、锑及多金属捕集冶炼。近年来底吹炉型已用于高铅渣还原和铜锍的连续吹炼。

氧气底吹炼铅与传统炼铅工艺最大区别是取消了铅精矿烧结焙烧过程，硫化铅精矿直接加入熔炼炉冶炼产出粗铅和高铅渣。近年来，该工艺又有新发展，采用底吹还原和侧吹还原，直接处理底吹熔炼炉产出的液态高铅渣。

7.1.1 氧气底吹熔炼炉特点

氧气底吹熔炼炉熔池内喷吹流场模型如图7-1所示。

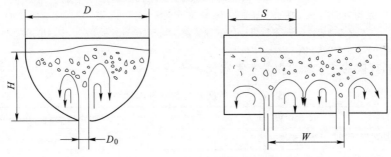

图 7-1 底吹炉内熔池流场模型图

S—氧枪对熔体的有效搅拌直径，m；W—氧枪间距，m；D_0—氧枪出口内径，m；

H—熔池深度，m；D—炉子内径，m

从底部氧枪射出的气流进入熔池，在熔体中分散成无数的气泡并与熔体混合。气体到达熔池表面时逸出，熔体向下流动形成回流，实现熔体不断循环流动，使整个熔池得到充分搅拌，加速炉料氧化反应，使得炉料迅速熔化，形成强化熔炼过程。氧气从底部喷入，利用率高，熔炼反应强烈，单位容积处理炉料量大。底吹炉熔炼温度较低，炉衬无冷却元件，散热损失小，使用寿命长。

7.1.2 炉型结构

氧气底吹炼铅炉为卧式可旋转圆筒形炉，由炉体、传动装置、支承装置、喷枪等组成。圆筒形的炉体通过两个滚圈支承在两组托轮上，通过传动装置，驱动固定在滚圈上的齿圈使炉体作正反向旋转。在炉顶氧枪区域设加料孔，在两端墙上各安装一个燃烧器，用于开炉和生产过程中停炉保温，渣口和虹吸放铅口布置在炉体的两端，烟气出口设在虹吸放铅口端的上部。氧枪布置在底部，停吹时炉体旋转近90°，将喷枪转出渣面以上可进行维护或更换。典型的氧气底吹炉结构示意图如图7-2所示。

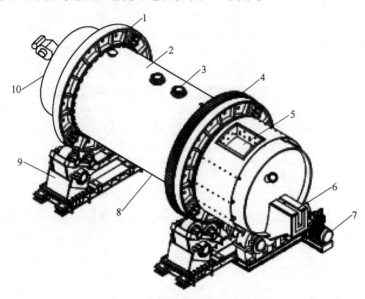

图 7-2　典型的氧气底吹炉结构示意图
1—滑动端滚圈；2—炉壳；3—加料口；4—固定端滚圈；5—出烟口；6—虹吸铅放口；
7—传动装置；8—氧枪组；9—托轮装置；10—放渣口（被遮挡，未示出）

用于不同规模的底吹炼铅炉基本参数见表7-1。

表 7-1　氧气底吹炼铅炉基本参数

项　　目	$\phi3.8m\times11.5m$	$\phi4.1m\times14m$	$\phi4.4m\times16.5m$	$\phi5m\times28m$
铅规模/万吨·年$^{-1}$	5~8	10~12	15~20	25~30
氧枪数量/支	4	5	6	15
炉膛容积/m^3	68	105	143	333
熔炼强度/t·(d·m^3)$^{-1}$	6~8	6~8	6~10	6~10
传动功率/kW	75	90	132	280

7.1.3　氧气底吹炼铅炉主要技术参数确定

7.1.3.1　炉膛容积

炉膛容积通常由下式可得：

$$V=Q/q \tag{7-1}$$

式中，V 为炉膛容积，m^3；Q 为每天处理的干精矿料量，t/d；q 为熔炼强度，t/(m^3·d)。
炉膛的容积，必须满足处理炉料量的要求，同时有足够的热强度保证炉料熔化。根据试验和实际生产经验，氧气底吹炼铅熔炼炉容积熔炼强度取 $6\sim10t/(m^3\cdot d)$，相应的容积热强度决定于热平衡计算，应大致在 $750\sim950MJ/(m^3\cdot h)$ 范围内，以此两个指标可确定炉膛容积。

7.1.3.2 炉膛直径

炉膛直径主要考虑两个方面：一是熔池深度，考虑喷枪送气能力以及气体喷出后的动能转换，既要使熔池内熔体能充分搅动，同时又避免过浅熔池造成熔体喷溅严重，炉内铅层厚度一般为 $200\sim250mm$，渣层厚度一般为 $800\sim1000mm$，且渣面高度控制在炉体中心线之下 $250\sim400mm$；二是考虑炉内烟气流速不要太快，避免造成烟尘率增加，减小对出烟口的冲刷。

7.1.3.3 炉膛长度

熔炼区长度决定于：加料口的个数、氧枪数量与间距、铅渣沉淀分离区的长度、铅虹吸通道长度、传动齿圈装置的宽度、滚圈的宽度以及烟口位置及长度。

氧枪数量决定于熔炼反应所需氧气量。按单支氧枪吹氧能力 $600\sim1000m^3/h$ 计算氧枪数量。根据单支枪吹氧量和供氧压力，运用气体动力学理论计算确定氧枪喷孔直径，进而考虑氧气喷出对熔体搅拌特性确定氧枪间距。

出烟口的大小决定于烟气速度，一般按 $6\sim10m/s$ 计算。

7.1.4 氧气底吹炼铅炉结构设计

7.1.4.1 氧枪设计

氧枪喷吹特性、结构、布置将直接影响底吹炉的喷吹效果、作业率及炉子寿命[2]。喷枪喷入熔池的氧气或富氧空气要有一定的速度，具有足够的动量和动能，保证氧气在熔池中有足够的穿透长度，气流气泡直径小、弥散度高、搅拌力强，同时又不能完全穿透熔体，形成大的喷溅。喷枪的寿命应该尽可能长，而且能够方便更换。

底吹炉喷枪从底部插入熔体，枪头在使用过程中会逐渐被烧损，因此喷枪为等断面套管。在喷枪烧损过程中，气体喷出速度不会有大的变化。这种结构也决定了气体的喷吹速度只能是亚声速。

A 喷枪的气体力学参数

由于有色冶金工艺条件的多样性和喷枪结构形式的多样化，目前还不能完全通过理论计算来确定喷枪的气体力学参数，只能按给定的供气量、供气压力、喷枪长度等条件，按气体力学的基本公式或参考炼钢底吹喷枪计算方法，计算氧气喷出的通径，结合实践经验或通过试验确定喷枪的气体力学参数。

B 喷枪的结构

图 7-3 所示为常用的两种喷枪断面图。

一般最外一层槽孔通保护性气体，如氮气。其余的槽孔通氧气或富氧空气。也有简单的套筒式喷枪，还有螺旋槽喷枪，可根据使用条件设计或选用。

由于喷枪是浸没在熔体中，因此喷枪必须选用耐高温的不锈钢材质制造。对于铅渣还

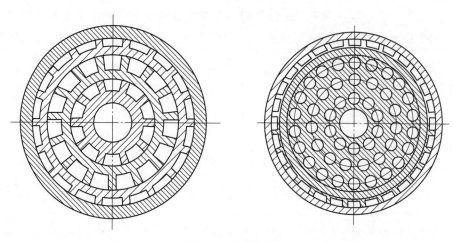

图 7-3　喷枪断面

原炉的粉煤喷枪，中心管要喷粉煤到熔体内，因此中心管要衬金属陶瓷，提高耐磨性。

　　C　喷枪布置

　　单支氧枪气体力学参数确定后，枪的间距就是影响喷吹效果的另一个重要参数。1984年，北京有色冶金设计研究总院（现中国恩菲工程技术有限公司）与中国科学院化工研究所对底吹炉喷枪通过常态水力模型试验，并对试验数据进行多元逐次回归得出了喷射流各参数之间的半经验关系式：

$$S/W = 26.224 \cdot (W/D_0)^{-0.619} \cdot (Fr')^{0.122} (H/D)^{0.523} \tag{7-2}$$

$$Fr' = \frac{u_0^2}{gD_0} \cdot \frac{\rho_g}{\rho_r - \rho_g} \tag{7-3}$$

式中，S 为氧枪对熔体的有效搅拌直径，m；W 为氧枪间距，m；D_0 为氧枪出口内径，m；Fr' 为修正的弗鲁德准数；u_0 为气体喷出速度，m/s；ρ_g 为气体的密度，kg/m³；ρ_r 为熔体的密度，kg/m³；H 为熔池深度，m；D 为炉子内径，m。

　　S/W 为有效搅动直径与喷枪间距的比值，它是表示喷枪间距是否合理的一个指数。当 $S/W < 1$ 时，说明喷枪间距偏大，两支喷枪间存在一部分死区，熔池搅动效果不好；当 $S/W = 1$ 时，理论上可得到最佳搅拌效果；当 $S/W > 1$ 时，说明喷枪间距偏小，流股部分互相干扰，抵消了部分能量。底吹熔炼炉为消除熔池底部死区，取 $S/W = 1.2 \sim 1.3$，既可以取得较为理想的熔池搅动效果，也可以为生成的粗铅创造较好的沉淀条件。

　　S/W 指数可以判断枪间距是否合理，但实际应用比较困难，因 S 难以准确计算，只能根据经验和试验确定。

　　喷枪的间距影响炉体的长度，为避免炉体过长，又要布置较多的喷枪，可在底部交错布置双排喷枪。

7.1.4.2　炉壳

　　底吹炉炉壳为圆筒形，两端采用封头结构，靠两个滚圈支撑在托轮上。炉身上开有氧枪孔、加料孔、排放口、烟气出口等多个孔洞，炉内装有数百吨高温熔体，炉壳在如此恶劣的条件下工作，要求炉壳必须具有足够的强度和刚度，保证底吹炉安全正常运行。

A　炉壳材质的选择

炉壳的工作温度正常不超过 250℃，最高不得超过 300℃，一般选用优质碳素结构钢或低合金结构钢制造，常用的材料为 Q345R。

B　炉壳的制造

炉壳由厚钢板拼焊而成，要求按钢制压力容器的规范进行拼接和焊接，要对焊缝进行100%探伤检测。超声波检测达到Ⅰ级，射线检测达到Ⅱ级为合格。制造后要对焊缝进行退火处理，而后进行整体机加工。

C　炉壳厚度的校核

炉壳的载荷包括炉壳自重、炉衬质量、熔体质量以及加料口、放出口、出烟口等，另外还有加料的冲击力，喷枪的扰动力，炉衬的黏结物等附加载荷。炉壳工作温度比较高且不均匀也不稳定，所有这些就导致炉壳的轴向应力和切向应力比较复杂，没有准确完善的计算方法。目前仍沿用在一定的假设条件基础上计算轴向应力，采用在统计基础上的许用应力通过对轴向应力的限制来控制轴向的挠度和径向变形。

底吹炉炉壳计算的假设条件：

（1）将筒体视作圆环截面水平连续梁。

（2）炉壳自重、炉衬、熔体等视作均布载荷，端头视为两端的集中载荷，均按静载荷计算。

按以上条件作载荷图，并计算弯矩，作出合成弯矩图。如图 7-4 所示，确定最大弯矩。

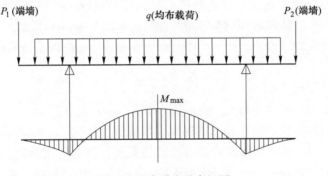

图 7-4　炉壳受力及弯矩图

按最大弯矩计算弯曲应力：

$$\sigma = \frac{M_{max}}{1000K_s K_T W} \leq [\sigma] \tag{7-4}$$

$$W = \frac{\pi(D^4 - d^4)}{32D} \tag{7-5}$$

式中，σ 为炉壳截面弯曲应力，MPa；K_s 为焊缝强度系数；K_T 为温度系数；W 为筒体截面系数，m^3；D 为炉壳外径，m；d 为炉壳内径，m；$[\sigma]$ 为材料许用弯曲应力，MPa。

目前底吹炉炉壳常用钢板材料为 Q235R 或 Q345R，$[\sigma]$ 取 20MPa，这是根据统计得到的。与一般强度计算不同，σ 值的大小并不是衡量壳体壁厚的唯一依据，还应参考已经过实践考验的相似筒体的参数确定，以达到限制轴向应力间接控制筒体变形，满足筒体刚度的要求。

7.1.4.3　滚圈及托轮装置

常用的滚圈及其安装形式如图 7-5 所示。

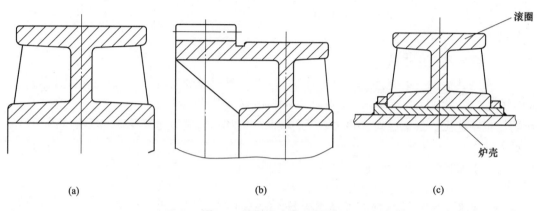

图 7-5　滚圈及安装结构图
（a）滑动端滚圈；（b）固定端滚圈；（c）滚圈与炉壳连接

滑动端滚圈为单独的滚圈，其断面结构形式如图 7-5（a）所示；固定端滚圈是滚圈和齿圈联合为一体的，其断面结构形式如图 7-5（b）所示。如果加工制造和运输条件允许，滑动端滚圈和固定端滚圈均采用合适的材质整体铸造而成。滚圈与炉壳通过垫板进行连接，通过键传递扭矩，滚圈两侧用卡环进行固定，如图 7-5（c）所示。滚圈与炉壳垫板之间的间隙要通过膨胀计算确定，达到生产过程中滚圈与垫板之间既没有过大的附加应力也没有明显的间隙。

托轮装置结构如图 7-6 所示，托轮座与炉体中心成 30°夹角布置，托轮与轴之间采用调心滚子轴承，该轴承承载能力大，摩擦阻力小，这样可减少传动功率，减少齿轮副的磨损。另外托轮轴与摇臂架之间还有滑动轴承，采用这种结构，一旦调心滚子轴承损坏时，还可以转动，不会被卡死。炉体两端各有一托轮装置，滑动端托轮装置的托轮没有凸缘，允许炉体受热膨胀时做轴向移动；固定端托轮装置与传动装置放在一端，不允许有太多的轴向移动，因此托轮有凸缘，对炉体受热膨胀引起的轴向移动有限制作用，其他与滑动端托轮装置结构一样。

整个炉子的重量通过两个滚圈支撑在两端托轮上，滚圈的宽度则需要通过滚圈与托轮接触应力计算来确定。滚圈与托轮间受力为两圆柱体线接触，最大接触应力：

$$\sigma_{max} = 0.418 \sqrt{\frac{PE}{l} \times \frac{R_r + R_t}{R_r R_t}} \leqslant [\sigma]_J \qquad (7\text{-}6)$$

式中，σ_{max} 为滚圈与托轮间最大接触应力，MPa；P 为最大载荷，MN；l 为接触线长度，m；E 为弹性模量，MPa；R_r 为滚圈外圆半径，m；R_t 为托轮外圆半径，m；$[\sigma]_J$ 为许用接触应力，MPa。

根据上式进行接触应力的核算，必要时调整托轮直径和宽度。

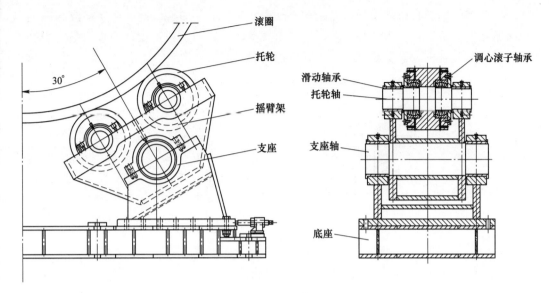

图 7-6　托轮装置

7.1.4.4　传动装置

传动装置由电动机、减速机、制动器、联轴器等组成，配置力求简洁、高度尽可能低，适合于在底吹炉下方配置。底吹炉典型的传动装置如图 7-7 所示。

传动功率的计算。首先进行转动炉体的力矩计算

$$M = M_A + M_B \tag{7-7}$$

式中，M_A 为作用在电机轴上的动力矩，N·m；M_B 为作用在电机轴上的最大负载静力矩，N·m。

M_A 可根据各转动部件转动惯量和转速计算获得，M_B 包括托轮与滚圈的摩擦阻力矩和偏心力矩，还要考虑熔体与砖体的黏结阻力和炉结产生的偏心力矩，求得转动力矩后，则可计算电动机功率。

$$P = \frac{M \cdot n}{9550} \tag{7-8}$$

式中，n 为电动机额定转速，r/min。

所选电动机功率，应大于计算功率。对底吹炉而言，还要考虑在某些非正常情况下，熔体黏稠甚至部分冻结时还能够转动炉体，所以实际选用的电动机功率应为计算功率的 1.5 倍左右。

7.1.4.5　加料口

氧气底吹炉的加料口一般设在喷枪区的上部，加入的炉料直接落入搅拌的熔池中并迅速熔化，此处温度较高且时常有高温熔体喷溅黏结在上

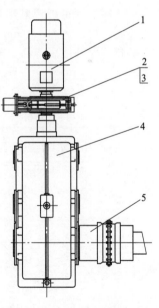

图 7-7　底吹炉典型的传动装置
1—工作电机；2, 5—联轴器；
3—制动器；4—减速器

面，所以底吹炉的加料口均采用水冷结构，如图 7-8 所示。加料口处高温熔体黏结在内壁上，时常需要人工清理，劳动强度大。针对上述问题，新的加料口设计增加了气封圈和连续清理黏结物装置，以避免炉气外冒，并保护加料口畅通。

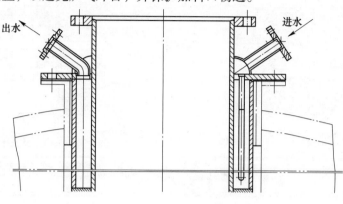

图 7-8　加料口示意图

7.1.4.6　排放口

A　放铅口

放铅口设在炉子的一端，采用虹吸放铅的形式，如图 7-9 所示。虹吸外壳直接与炉壳焊接，虹吸口砖体与炉体砖连为一体砌筑。

B　渣放出口

氧气底吹炼铅炉多采用打眼放渣的方式，渣口结构形式如图 7-10 所示。设有上下两个圆形放渣口，高差 150mm 左右，便于调节熔池深度，两个口互为备用，放渣口实为一个铜水套，保证使用寿命。放渣口的开口及封堵均为人工操作。

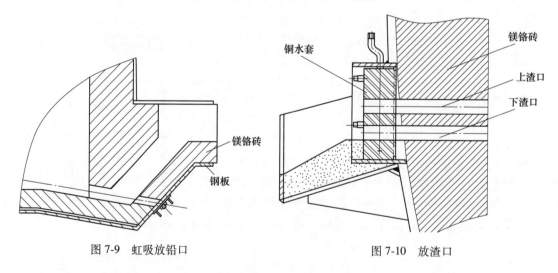

图 7-9　虹吸放铅口　　　　　　　　　　图 7-10　放渣口

7.1.4.7　烟气出口

底吹炉的烟气出口设在靠近虹吸口一端，并偏于换枪平台一侧，当炉子转动时熔体不会从烟气出口流出。烟气出口的大小取决于烟气速度,该速度一般为6~10m/s,出烟口处烟气温度为1100~1250℃,为保证出烟口寿命,出烟口四周镶有铜水套,出烟口四周设有护板,用于与余热锅炉竖直烟道下部烟罩之间的密封,如图7-11所示。

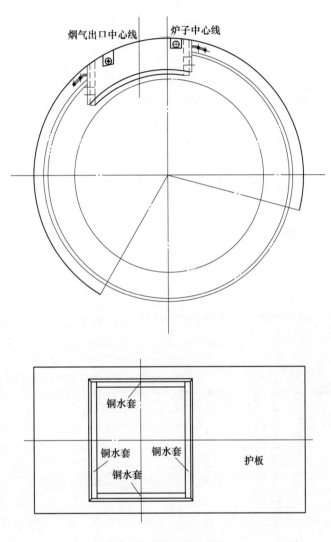

图 7-11 烟气出口装置

7.1.4.8 炉衬

底吹熔炼炉炉衬要经受高温熔体的侵蚀和冲刷,生产期间,当炉子转入和转出时,炉衬还要经受温度的变化和机械振动,所以要求砌筑底吹炉炉衬的砖具有耐高温、耐冲刷、热稳定性好等性能,一般选用 Cr_2O_3 含量为18%~20%的优质镁铬砖砌筑。因为需要定期更换喷枪,喷枪围砖同时也要更换。枪的损坏和枪口砖的损坏是同步的,是相互影响的,为延长换枪周期,枪口砖需具有更好的性能,一般采用进口的 RADEX-BCF-F15 套砖砌筑风口,其理化指标见表7-2。

表 7-2　RADEX-BCF-F15 理化指标

化 学 成 分					
组分	MgO	Cr$_2$O$_3$	Al$_2$O$_3$	Fe$_2$O$_3$	CaO	SiO$_2$
质量分数/%	56.5	21.0	7.5	13.0	0.8	0.8
物 理 特 性					
性质	体积密度/g·cm^{-3}		显气孔率/%		常温耐压/N·mm^{-2}	
数值	3.31		15		60	

氧气底吹熔炼炉底部氧枪区域的砖也需定期更换，通常选用优质的高铬再结合铬镁砖。

底吹炉衬砖必须按Ⅰ类砌体要求进行砌筑施工，保证砖缝及砖体的密实度，防止松动，提高抗侵蚀能力。

底吹熔炼炉砖衬一般采用单层砌筑，厚度 380~460mm，砖与炉壳之间有层厚度为 20~50mm 的填料。炉衬的厚度要能够保证炉壳的温度不超过 250℃。

实践证明，底吹炉在保证砌筑质量、安全操作的情况下，炉寿较长。底吹熔炼炉炉寿已达 3~5 年。

7.2　底吹还原炉

氧气底吹还原炉用于处理液态高铅渣直接还原，产出二次粗铅和含锌较高的炉渣。图 7-12 所示为底吹还原炉简图。

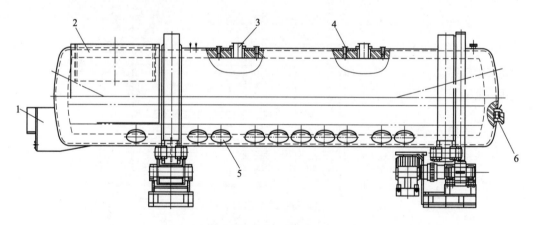

图 7-12　底吹还原炉简图
1—出铅口；2—高铅渣入口、烟气出口；3—冷料口；
4—后燃烧氧枪；5—喷枪；6—排渣口

由图 7-12 可以看出，底吹还原炉整体结构与氧气底吹炼铅炉相似。

氧气底吹熔炼炉排放的含铅约 40% 高铅渣经溜槽从底吹还原炉烟道口进入炉内，从底部喷枪喷入粉煤或天然气及部分氧气，上部固体料加入口配入所需的块煤和熔剂，下部喷枪气体搅动熔体使还原反应快速而充分，同时燃烧向炉内提供热量。

用于不同规模的底吹还原炉基本参数见表 7-3。

表 7-3 氧气底吹还原炉基本参数

项 目	$\phi3.8m×17.5m$	$\phi4.1m×18.5m$	$\phi5m×28m$
炼铅规模/万吨·年$^{-1}$	5~8	10~12	30~40
氧枪数量/支	6~8	8~10	12~14
传动功率/kW	75	90	280

7.2.1 氧气底吹还原炉主要技术参数确定

7.2.1.1 炉膛容积

底吹还原炉的炉膛容积的确定方法与熔炼炉类似，必须满足处理高铅渣量的要求和铅渣分离的时间和效果。根据试验和实际生产经验，可确定炉膛容积。其熔池有效容积应大于氧气底吹熔炼炉最大放渣量的 2 倍。

7.2.1.2 炉膛直径

炉膛直径主要考虑两个方面，一是渣面高度和波动范围，二是考虑炉内烟气流速不宜太快，避免造成烟尘率增加，减小对出烟口的冲刷。

7.2.1.3 炉膛长度

还原区长度决定于：加料口的个数、氧枪数量与间距、铅放出口及渣放出口之前铅渣沉淀分离区的长度、铅虹吸通道长度、传动齿圈装置的宽度、滚圈的宽度以及出烟口位置及长度。

氧枪数量决定于还原反应所需补热的燃料量和助燃的氧气量。根据单支枪可喷入的燃料量和配合的供氧量和压力，运用气体动力学理论计算确定氧枪喷孔直径，进而考虑氧气喷出速度对熔体搅拌特性的影响，确定氧枪间距。

出烟口的大小决定于烟气速度，一般按 6~10m/s 计算。

7.2.2 氧气底吹还原炉结构设计

7.2.2.1 喷枪设计

底吹还原炉的喷枪与底吹炼铅炉氧枪最大的不同点在于需要喷入燃料及还原剂，并同时起到搅动熔体使还原反应快速而充分的作用。还原喷枪可以喷粉煤，也可以喷天然气等气体燃料，目前单支喷枪的喷煤量一般控制在 250~300kg/h。

喷枪其他方面的喷吹特性、结构、布置要求均与底吹熔炼炉类似，本节不再赘述。

7.2.2.2 后燃烧氧枪

底吹还原炉在炉体设计上比底吹炼铅炉增加了后燃烧氧枪的设置，后燃烧氧枪是一种纯氧喷枪，用于将未完全燃烧的还原剂产生的还原气体进行补氧二次燃烧。

7.2.2.3 炉体其他部分

底吹还原炉的炉壳、滚圈及托轮装置、传动装置、加料口、排放口、烟气出口等部件的设计计算和结构形式均与底吹炼铅炉类似，可以参考底吹熔炼炉的相关章节。

7.2.2.4　炉衬

底吹还原炉的炉衬所受的工况为高温（1250~1350℃）、还原性气氛，在炉衬的选择上应考虑耐火材料具有抗还原气氛的能力，以保证炉寿命达到2~3年。

7.3　底吹炉耐火材料

耐火材料在冶炼过程中不仅直接接触炉料，受熔体和炉渣的侵蚀以及冲刷，还要面对机械磨损以及热震损伤等影响，尤其是氧枪砖和渣线砖等位置，面临的工作环境最恶劣。选择正确耐火材料对保证底吹炉达到冶金过程工艺要求和较长使用寿命有重要意义。

7.3.1　耐火材料的分类及性质

耐火材料是由多种不同化学成分及不同结构矿物组成的非均质体。随着耐火材料种类的增加以及使用的特定化，耐火材料需要的原料也越来越多，其组成将进一步复杂化。总体可通过化学组成和矿物组成进行分类。耐火材料的性质包括耐火材料的结构性能、高温下使用时所具有的热学性能以及使用性能[3,4]。

7.3.1.1　化学组成

作为非均质体，耐火材料有主、副成分之别。通常将耐火材料的化学组成按成分和作用分为：（1）占绝对多量，对性能起绝对作用的基本成分称为主成分。（2）占少量的从属成分称为副成分，其中包括杂质和添加成分。

主成分是耐火材料中构成耐火基体的成分，是耐火材料的特性基础。它的性质和数量对材料的性质起决定作用，其可以是高熔点耐火氧化物、复合矿物、非氧化物的一种或几种，有关物质的熔点见表7-4。氧化物耐火材料按其主成分氧化物的化学性质可分为酸性、中性和碱性三类。

表 7-4　一些氧化物和非氧化物的熔点

物　质	熔点/℃	物　质	熔点/℃
SiO_2	1725	Al_2O_3	2050
MgO	2800	CaO	2570
Cr_2O_3	2435	ZrO_2	2690
$3Al_2O_3 \cdot 2SiO_2$	1810	$MgO \cdot Al_2O_3$	2135
$MgO \cdot Cr_2O_3$	2180	$ZrO_2 \cdot SiO_2$	2500
$2CaO \cdot SiO_2$	2130	$2MgO \cdot SiO_2$	1890
BN	3000	B_4C	2350
SiC	2700	Si_3N_4	2170
C	3700	TiB_2	3225

杂质成分是指由于原料纯度有限而被带入的对耐火材料性能有害的化学成分。一般来说，K_2O、Na_2O 及 FeO 或 Fe_2O_3 都是耐火材料中的有害杂质成分。耐火材料中的杂质成分

直接影响材料的高温性能，如耐火度、荷重变形温度、抗侵蚀性以及高温强度等。其有利的方面是杂质可降低制品的烧成温度，促进制品的烧结等。

添加成分是为了改善主成分在使用性能或生产性能的不足而加入的添加剂。主要分为以下几类：（1）改变流变性能类；（2）调节凝结、硬化速度类；（3）调节内部组织结构类；（4）保持材料施工性能类；（5）改善使用性能类。

7.3.1.2　矿物组成

耐火材料的矿物组成取决于它的化学组成和工艺条件。化学组成相同的材料，由于工艺条件的不同，所形成矿物相的种类、数量、晶粒大小和结合情况会有差异，其性能也可能有较大的差异。耐火材料的矿物组成一般可分为主晶相和次相两大类。主晶相是指构成材料结构的主体且熔点较高的晶相。主晶相的性质、数量和结合状态直接决定着材料的性质。常见耐火制品的主要化学成分及主晶相见表7-5。

表 7-5　耐火材料的主要化学成分及主晶相

耐火材料	主要化学成分	主晶相
硅砖	SiO_2	鳞石英、方石英
半硅砖	SiO_2、Al_2O_3	莫来石、方石英
黏土砖	SiO_2、Al_2O_3	莫来石、方石英
V等高铝砖	Al_2O_3、SiO_2	莫来石、方石英
I等高铝砖	Al_2O_3、SiO_2	莫来石、刚玉
莫来石砖	Al_2O_3、SiO_2	莫来石
刚玉砖	Al_2O_3、SiO_2	刚玉、莫来石
电熔刚玉砖	Al_2O_3	刚玉
铝镁砖	Al_2O_3、MgO	刚玉、镁铝尖晶石
镁砖	MgO	方镁石
镁硅砖	MgO、SiO_2	方镁石、镁橄榄石
镁铝砖	MgO、Al_2O_3	方镁石、镁铝尖晶石
镁铬砖	MgO、Cr_2O_3	方镁石、镁铬尖晶石
铬镁砖	MgO、Cr_2O_3	镁铬尖晶石、方镁石
镁橄榄石砖	MgO、SiO_2	镁橄榄石、方镁石
镁钙砖	MgO、CaO	方镁石、氧化钙
镁白云石砖	MgO、CaO	方镁石、氧化钙
白云石砖	CaO、MgO	氧化钙、方镁石
锆刚玉砖	Al_2O_3、ZrO_2、SiO_2	刚玉、莫来石、斜锆石
锆莫来石砖	Al_2O_3、SiO_2、ZrO_2	莫来石、锆英石
锆英石砖	ZrO_2、SiO_2	锆英石
镁炭砖	MgO、C	方镁石、石墨
铝炭砖	Al_2O_3、C	刚玉、莫来石、石墨

基质是指耐火材料中大晶体或骨料间结合的物质，对材料的性能起着很重要的作用。在使用时往往是基质首先受到破坏，调整和改变材料的基质可以改善材料的使用性能。

7.3.1.3　耐火材料的结构性能

耐火材料的宏观组织结构是由固态物质和气孔共同组成的非均质体。其结构性能主要包括气孔率、吸水率、透气度、气孔孔径分布、体积密度、真密度等。它们是评价耐火材料的主要指标。

A　气孔率

耐火材料的气孔大致可以分为 3 类（见图 7-13）：

（1）封闭气孔，封闭在制品中不与外界相通。

（2）开口气孔，一端封闭，另一端与外界相通，能被流体填充。

（3）贯通气孔，贯通材料两面，流体能够通过。

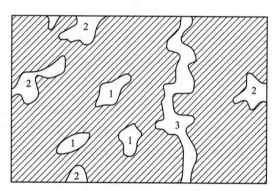

图 7-13　耐火制品中气孔类型
1—封闭气孔；2—开口气孔；3—贯通气孔

目前，由于检测方便，通常以显气孔率来代替表示气孔率。即开口气孔与贯通气孔的体积之和占制品总体积的百分比。致密定形耐火制品的显气孔率按照国家标准 GB/T 2997—2000 进行测定，显气孔率计算公式如下：

$$P_a = \frac{m_3 - m_1}{m_3 - m_2} \times 100\% \tag{7-9}$$

式中，P_a 为耐火制品的显气孔率，%；m_1 为干燥试样的质量，g；m_2 为饱和试样悬浮在液体中的质量，g；m_3 为饱和试样（在空气中）的质量，g。

致密耐火制品的显气孔率一般为 10%~28%，隔热耐火材料的真气孔率大于 45%。

B　吸水率

吸水率是耐火材料全部开口气孔所吸收水的质量与其干燥试样的质量之比，它实质上反映了材料中的开口气孔量。在耐火原料生产中，习惯上用吸水率来鉴定原料的煅烧质量，原料煅烧得越好，吸水率数值应越低，一般应小于 5%。即：

$$W = G_1 / G \times 100\% \tag{7-10}$$

式中，G 为干燥试样质量，g；G_1 为试样开口气孔中吸满水的质量，g；W 为试样的吸水率，%。

C　体积密度

体积密度是耐火材料的干燥质量与其总体积（固体、开口气孔和闭口气孔的体积总和）的比值，即材料单位体积的质量，单位为 g/cm³，是表征耐火材料的致密程度。其受原料、生产工艺等因素影响。部分耐火材料的体积密度和显气孔率的数值见表 7-6。

表 7-6 部分耐火材料的体积密度和显气孔率的数值

材料名称	显气孔率/%	体积密度/g·cm⁻³
致密黏土砖	16.0~20.0	2.05~2.20
硅砖	19.0~22.0	1.80~1.95
镁砖	22.0~24.0	2.60~2.70
镁钙砖	≤8	≥2.95
高铝砖	≤22	
半再结合镁铬砖	18.0	2.10
直接结合镁铬砖	15.0	3.08
熔铸镁铬砖	5.0~15.0	≥3.7
烧结刚玉砖	14.0~16.0	2.95
刚玉再结合砖	≤21	2.95

对于致密定形耐火制品的体积密度检测方法如下:

$$\rho_b = \frac{m_1}{m_3 - m_2} \times \rho_{ing}$$ (7-11)

式中,ρ_b 为试样的体积密度,g/cm³;ρ_{ing} 为试验温度下,浸渍液体的密度,g/cm³;m_1 为干燥试样的质量,g;m_2 为饱和试样悬浮在液体中的质量,g;m_3 为饱和试样(在空气中)的质量,g。

D 透气度

透气度是材料在压差下允许气体通过的性能。由于气体是通过材料中贯通气孔透过的,透气度与贯通气孔的大小、数量、结构和状态有关,并随耐火制品成型时的加压方向而异。它和气孔率有关系,但无规律性,并且又和气孔率不同。其受生产工艺的影响,通过控制颗粒配比、成型压力及烧成制度可控制材料的透气度。

7.3.1.4 耐火材料的热学性能

耐火材料的热学性能包括热容、热膨胀性、导热性、温度传导性等。它们是衡量制品能否适应具体高温冶金过程的依据,是工业窑炉和高温设备进行结构设计时所需要的基本数据。

A 热容

热容是指材料温度升高 1℃ 所吸收的热量,比热容是单位质量的材料温度升高 1K 所吸收的热量,又称质量热容,单位为 J/(g·℃)。耐火材料的热容直接影响所砌筑体的加热和冷却速度,常见耐火材料的比热容见表 7-7。

比热容一般按下式计算:

$$c_p = \frac{Q}{m(t_1 - t_0)}$$ (7-12)

式中,c_p 为耐火材料的等压比热容,kJ/(kg·℃);Q 为加热试样所消耗的热量,kJ;m 为试样的质量,kg;t_0 为试样加热前的温度,℃;t_1 为试样加热后的温度,℃。

表 7-7　常见耐火材料的比热容

砖种	密度 /g·cm⁻³	比热容/J·(g·℃)⁻¹						
		200℃	400℃	600℃	800℃	1000℃	1200℃	1400℃
黏土砖	2.4	0.875	0.946	1.009	1.009	1.110	1.156	1.235
硅砖	1.8	0.913	0.984	1.043	1.097	1.135	1.168	1.193
镁砖	3.0	0.976	1.047	1.086	1.126	1.164	1.210	—
碳化硅砖	2.7	0.795	0.942	1.017	1.026	0.971	0.938	—
硅线石砖	2.7	0.842	0.959	1.030	1.068	1.080	1.101	1.122
刚玉砖	3.1	0.904	0.976	1.026	1.063	1.093	1.118	1.139
炭砖	1.6	0.946	1.172	1.327	1.432	1.516	1.578	1.616
铬砖	3.1	0.745	0.812	0.854	0.883	0.909	0.929	1.365
锆英石砖	3.6	—	0.749	0.682	0.712	0.745	0.775	0.808

B　热膨胀性

耐火材料的热膨胀是指制品在加热过程中的长度或体积的变化。耐火材料使用过程中常伴有极大的温度变化，随之而来的长度与体积的变化，会严重影响热工设备的尺寸严密程度及结构，甚至会使新砌体破坏。此外，耐火材料的热膨胀情况还能反映出制品受热后的热应力分布和大小、晶型转变及相变、微细裂纹的产生及抗热震稳定性等。常用耐火制品的平均线膨胀系数见表 7-8。

表 7-8　常用耐火制品的平均线膨胀系数

材　料	黏土砖	莫来石砖	莫来石刚玉砖	刚玉砖	半硅砖
平均线膨胀系数 (20~1000℃)/℃⁻¹	(4.5~6.0) ×10⁻⁶	(5.5~5.8) ×10⁻⁶	(7.0~7.5) ×10⁻⁶	(8.0~8.5) ×10⁻⁶	(7.0~7.9) ×10⁻⁶
材　料	硅砖	镁砖	锆莫来石熔铸砖	锆英石砖	
平均线膨胀系数 (20~1000℃)/℃⁻¹	(11.5~13.0) ×10⁻⁶	(14.0~15.0) ×10⁻⁶	6.8×10⁻⁶	4.6×10⁻⁶ (1100℃)	

C　热导率

热导率是指单位时间内在单位温度梯度下沿热流方向通过材料单位面积传递的热量。它是表征材料导热特性的一个物理指标，可表示为：

$$\lambda = q/(-dT/d\chi) \tag{7-13}$$

式中，λ 为热导率，W/(m·K)；q 为单位时间热流密度，W/m²；$dT/d\chi$ 为温度梯度，K/m。

材料的热导率与其化学组成、矿物（相）组成、致密度（气孔率）、微观组织结构有密切的关系，因此不同化学组成的材料，其热导率也有差异。耐火材料的化学成分越复杂，其热导率降低越明显。晶体结构复杂的材料，热导率也低。温度是影响耐火材料热导率的外在因素。

7.3.1.5 耐火材料的使用性能

耐火材料的使用性能是指耐火材料在高温下使用时所具有的性能。是否满足使用性能的指标，成为耐火制品质量的主要衡量标准，也是延长其使用寿命，提高使用价值的重要依据。

A 耐火度

耐火度是材料在无荷重时抵抗高温作用而不熔化的性能。耐火度的意义与熔点不同。熔点是指纯物质的结晶相与其液相处于平衡状态下的温度。而耐火材料是由多种矿物组成的多相固体混合物，没有统一的熔点，其熔融是在一定的范围内进行的。

耐火制品的化学成分、矿物组成及其分布状态是影响耐火度的最基本因素。杂质成分特别是具有强熔剂作用的杂质，将严重降低制品的耐火度。成分分布不均匀，以致不能形成理想的高熔点矿物，将使耐火材料耐火度降低。因此，提高原料的纯度、严格控制杂质含量是提高材料耐火度的一项非常重要的工艺措施。几种常见的耐火材料的耐火度见表7-9。

表 7-9 几种常见的耐火材料的耐火度

名　　称	耐火度范围/℃
结晶硅石	1730~1770
硅砖	1690~1730
半硅砖	1630~1650
黏土砖	1610~1750
高铝砖	1750~2000
莫来石砖	>1825
镁砖	>2000
白云石砖	>2000
熔铸刚玉砖	>1990

B 荷重软化温度

耐火材料的荷重软化温度是指材料在承受恒定压负荷并以一定升温速率加热条件下产生的变形温度。它表示了耐火制品同时抵抗高温和载荷两方面作用的能力。决定荷重软化温度的主要因素是制品的化学矿物组成，首先要有高荷重软化温度的晶相或液相，较少有害杂质。但也与制品的生产工艺直接有关，如提高砖坯成型密度以及良好的烧结，从而降低制品的气孔率和使制品内的晶体发育良好等，有利于提高耐火制品的荷重软化温度。

荷重软化温度的测定一般是加压 0.2MPa，从样品膨胀的最高位置点压缩为原始高度的 0.6% 为软化开始温度，4% 为软化变形温度及 40% 为变形温度。

C 抗热震性

抗热震性是指耐火材料抵抗温度急剧变化而导致损伤的能力。耐火材料在使用过程中，其环境温度的变化是不可避免的，尤其是还会遇到温度急剧变化的时候。因此耐火材料在使用过程中会产生裂纹、剥落等现象，影响耐火材料的使用寿命。此种破坏作用限制了制品和窑炉的加热和冷却速度，限制了窑炉操作的强化，是窑炉耐火材料损坏的主要原因之一。

影响耐火材料抗热震性的主要因素包括材料的物理性质，如热膨胀性、热导率等。通常，耐火材料的线膨胀系数小，抗热震性就越好。材料的热导率越高，抗热震性就越好。此外，耐火材料的组织结构、颗粒组成和形状等都会对耐火材料的抗热震性有影响。

7.3.2　底吹炉用耐火材料的特点

我国60%~70%的耐火材料用于钢铁行业，耐火材料的发展也受到钢铁冶金技术发展的影响。但有色金属冶金行业在质量要求和品种方面有着与钢铁行业不同的特点。例如，含碳耐火材料在钢铁工业的高炉、铁水预处理罐、氧气转炉、连铸浸入式水口等广泛使用，效果很好。苏联、日本以及我国都曾尝试将其引进有色金属冶金行业，但效果都不理想。钢铁工业所用矿石为氧化铁矿，金属熔体为 Fe-C 熔体，熔渣为 $CaO\text{-}SiO_2\text{-}Al_2O_3$ 或 $CaO\text{-}SiO_2\text{-}FeO$ 渣系，冶炼中产生大量的 CO 气体。而有色金属冶金工艺与其大不相同，由于重有色金属的矿石主要是为硫化物矿，冶炼中的中间产品为硫化物或氧化物熔体，因此在熔体与吹炼中要产生大量的 SO_2 气体。冶炼中的熔体不仅有氧化物熔渣、金属熔体，还有硫化物熔体，而且这些熔体的熔化温度比钢铁工业遇到的熔体要低得多，而且流动性很好；炉渣以 $FeO\text{-}SiO_2\text{-}CaO$ 渣系为主，由于矿石品位较低，因此渣量较大[5,6]。

图 7-14 与图 7-15 分别表示了一些耐火氧化物在 $FeO\text{-}SiO_2$ 渣中的溶解度以及与 Fe_3O_4（Fe_2O_3）-SiO_2 形成的液相区大小[7]。由图可以看出 CaO 与铁硅渣形成的液相区最大，因此钙质耐火材料最不适宜用于有色金属冶金炉。SiO_2 与 FeO 生成低熔点的 $2FeO \cdot SiO_2$，PbO 与 SiO_2 生成低熔点的 $2PbO \cdot SiO_2$，这也是氧气底吹炼铅工艺的主要反应，因此硅砖和含 SiO_2 高的耐火材料也不宜做炼铅炉的炉衬。MgO、Cr_2O_3 及 ZrO_2 与铁硅渣构成的液相区相对要小，而且在 $FeO\text{-}SiO_2$ 渣中溶解度小，表明 MgO、Cr_2O_3 及 ZrO_2 耐火氧化物适于有色金属

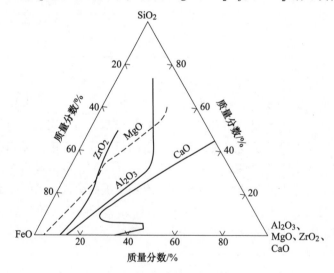

图 7-14　在 1500℃时 Al_2O_3、MgO、CaO、ZrO_2
在 $FeO\text{-}SiO_2$ 渣中的溶解度

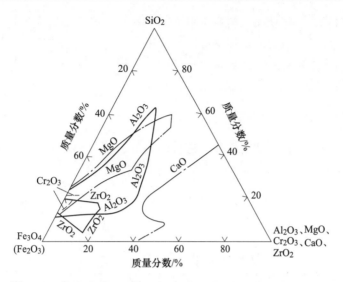

图 7-15　Al_2O_3-SiO_2-Fe_3O_4、Cr_2O_3-SiO_2-Fe_2O_3、ZrO_2-SiO_2-Fe_2O_3、
MgO-SiO_2-Fe_3O_4 与 CaO-SiO_2-Fe_2O_3 系在 1500℃时的液相区

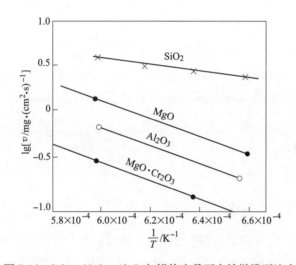

图 7-16　SiO_2、MgO、Al_2O_3 与镁铬尖晶石在铁橄榄石渣中
的溶解速度（v）与温度（T）的关系（转速为 120r/min）

冶金炉的炉衬。图 7-16 表明镁铬尖晶石对抗 FeO-SiO_2 渣性能良好。根据原料来源及成本考虑目前重有色行业应用最多的为镁铬质耐火材料，底吹炼铅工艺中的底吹熔炼炉和底吹还原炉同样使用镁铬质耐火材料砌炉。此外，底吹炉根据不同位置工作环境采用不同规格、性能的镁铬耐火材料来保证底吹炉的整体使用寿命。

7.3.3　镁铬耐火材料的种类与特征

以方镁石和镁铬尖晶石为主晶相的碱性耐火制品称为镁铬砖。在钢铁及有色金属冶金行业、水泥行业以及玻璃行业被广泛使用，但因为 MgO-Cr_2O_3 系耐火材料在使用的过程很容易产生对人类健康和环境有巨大危害的六价铬，自 20 世纪 80 年代以来，钢铁、水泥等行业已用其他材料代替镁铬质耐火材料，世界上的镁铬系材料使用量下降。然而由于铅冶炼的工艺特点，目前还没有材料可以彻底取代镁铬耐火材料的地位。在炼铅工业主要应用的有以下几种镁铬耐火材料：硅酸盐结合镁铬砖、直接结合镁铬砖、再结合镁铬砖、半再结合镁铬砖、熔铸镁铬砖、化学结合镁铬砖[3,4]。

7.3.3.1　硅酸盐结合镁铬砖

硅酸盐结合镁铬砖又称普通镁铬砖，这种砖是由杂质（SiO_2和CaO）含量较多的铬矿和镁砂制成，烧成温度在1550℃左右。该砖的显微结构是耐火矿物晶粒之间有硅酸盐相结合。复杂的硅酸盐基质主要由SiO_2以及与少量镁橄榄石在一起的杂质所组成，从而使得这种结合相熔点低。因此，其烧结温度相应的较低，导致了其高温强度低和抗渣性差。表7-10为某公司几种普通镁铬砖的理化性能，带B为不烧镁铬砖。

表7-10　普通镁铬砖的典型性能

牌号	$w(MgO)$ /%	$w(Cr_2O_3)$ /%	$w(CaO)$ /%	$w(SiO_2)$ /%	显气孔率 /%	体积密度 /g·cm⁻³	耐压强度 /MPa
QMGe6	80	7	1.2	3.8	17	3	55
QMGe8	72	10	1.2	4	18	3	55
QMGe12	70	13	1.2	4	18	3.02	55
QMGe16	65	17	1.2	4.2	18	3.05	50
QMGe20	56	22	1.2	3	19	3.07	50
QMGe22	49	24	1.2	4.5	20	3.02	55
QMGe26	45	27	1.2	5	20	3.1	45
QMGeB8	71	9.6	1.5	3.5	12	3.1	80
QMGeB10	67	12	1.5	3.8	12	3.1	80

7.3.3.2　直接结合镁铬砖

直接结合镁铬砖是指由杂质（SiO_2和CaO）含量较低的铬精矿和较纯的镁砂采用高温烧成（烧成温度在1700℃以上）。其耐火矿物晶粒之间多呈直接接触，这种结合是把方镁石和铬矿颗粒边界直接连在一起，在高温下形成固态，并在冶炼温度下仍保持固态。因此直接结合镁铬砖的改进主要包括：高温强度和抗渣性能提高、气孔率和透气度降低、抗剥落性能提高。表7-11所列为部分直接结合镁铬砖的理化性能。

7.3.3.3　再结合镁铬砖

随着有色金属冶炼技术的不断强化，要求耐火材料的抗侵蚀性更好，高温强度更高，需进一步提高烧结合成高纯镁铬料的密度，降低气孔率，使镁砂与铬矿充分均匀地反应，形成结构更理想的方镁石固溶体和尖晶石固溶体，由此产生了电熔合成镁铬料，用此原料制砖称为熔粒再结合镁铬砖。再结合镁铬砖由于制砖原料较纯，都需要在1750℃以上的高温或超高温下烧成。其显微结构是尖晶石等组元分布均匀，耐火矿物晶粒之间为直接接触。因此，其抗侵蚀和抗冲刷能力比前两种镁铬砖都好。

表 7-11　直接结合镁铬砖的典型性能

牌号	$w(MgO)$ /%	$w(Cr_2O_3)$ /%	$w(CaO)$ /%	$w(SiO_2)$ /%	显气孔率 /%	体积密度 /g·cm^{-3}	耐压强度 /MPa
QZHGe4	85	5.5	1.1	1.3	18	3.02	50
QZHGe8	77	9.1	1.4	1.2	18	3.04	50
QZHGe10	75.2	11.5	1.2	1.3	18	3.05	55
QZHGe12	74	14	1.2	1.2	18	3.06	55
QZHGe16	69	18	1.2	1.5	18	3.08	55

7.3.3.4 半再结合镁铬砖

将由电熔镁铬料作颗粒，以共烧结料为细粉或以铬精矿与镁砂为混合细粉制作的镁铬砖都被称为半再结合镁铬砖。为了区分，可以将电熔镁铬料作颗粒，共烧结镁铬料为细粉制成的镁铬砖称为熔粒。这类砖也是在 1700℃ 以上高温烧成，砖内耐火矿物晶粒之间也是以直接结合为主。其优点是半再结合镁铬耐火材料既有良好的抗渣性，又有较高的热震稳定性。表 7-12 所列为再结合（半再结合）镁铬砖典型性能，Q 字者为国内某公司产品，其他为国外同类产品。

表 7-12　再结合（半再结合）镁铬砖典型性能

牌号	$w(MgO)$ /%	$w(Cr_2O_3)$ /%	$w(CaO)$ /%	$w(SiO_2)$ /%	显气孔率 /%	体积密度 /g·cm^{-3}	耐压强度 /MPa
QBDMGe12	75	15	1.3	1.5	16	3.18	50
QBDMGe18	68	19	1.3	1.5	15	3.23	60
QBDMGe20	65	20.5	1.3	1.7	15	3.26	60
QDMGe20	66	20.5	1.2	1.4	14	3.28	65
QDMGe22	63	22.5	1.2	1.4	14	3.23	65
QDMGe28	53	28	1.2	1.4	14	3.35	65
Radex-DB60	62	21.5	0.5	1	18	3.2	
Radex-BCF-F-11	57	26	0.6	1.2	<16	3.3	
ANKROMS52	75.2	11.5	1.2	1.3	17	3.38	
ANKROMS56	60	18.5	1.3	0.5	12	3.28	
RS-5	70	20		<1	13.5	3.28	

7.3.3.5 熔铸镁铬砖

用镁砂和铬矿加入一定量的外加剂，经混合、压坯与素烧、破碎成块，进电弧炉熔融，再注入模内、退火、生产成母砖，母砖经切、磨等加工制成所需要的砖型，这种工艺生产的镁铬砖称为熔铸镁铬砖。熔铸镁铬砖在抗炉渣渗透方面，具有独特的优越性。熔铸镁铬砖是经过熔融、浇铸、整体冷却制成的致密熔块，熔渣只可能在砖的表面有熔蚀作用，而不可能出现渗透现象。其结构特点是成分分布均匀，耐火矿物晶粒之间为直接接触，硅酸盐以孤岛状存在。这种砖抗熔体熔蚀、渗透与冲刷特别好。但其自身也有不足，首先熔铸镁铬砖生产难度大，价格昂贵；其次热震稳定性差。

7.3.3.6　化学结合镁铬砖

一般采用镁砂和铬矿为制砖原料，以聚磷酸钠或六偏磷酸钠或水玻璃为结合剂压制的镁铬砖。不需高温烧成，只经过低温处理的制品，称为化学结合镁铬砖。化学结合镁铬砖在热工窑炉内使用中，逐渐实现烧结，表现出抗渣性和高温性能。由于其所处环境温度不足以恰到好处地保证制品的烧结层厚度，而且有些结合剂含有较多的杂质，不烧镁铬砖的综合性能不如烧成制品。

7.3.4　镁铬耐火材料在底吹炉中的应用

底吹熔炼炉和底吹还原炉的渣线和氧枪区是整个炉体工作环境中最恶劣的，渣线区除了要受大量的铁硅渣的侵蚀以及粗铅的渗透，还要经受熔体的不断冲刷。氧枪砖区要经受氧枪喷吹过程中液体搅动的冲刷，而且由于操作原因还受到气体后坐力的影响，氧枪砖还肩负着保护氧枪的作用，如果氧枪砖损坏较快，同样氧枪损坏速度也会加快。因此这两个部位要选用性能良好的电熔再结合镁铬砖或者半再结合镁铬砖。图7-17所示为某企业底吹炉砌筑图。

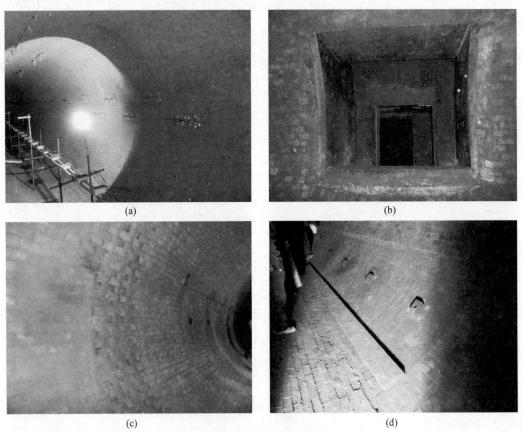

图 7-17　某企业底吹炉砌筑图

7.4 底吹炉的制造与安装

氧气底吹熔炼炉和底吹还原炉整体的炉型结构类似，制造安装的方式和要求也基本相同。

7.4.1 底吹炉的制造

根据底吹炉尺寸的大小，底吹炉的制造方式不同，对于直径小的底吹炉可以在工厂内完成整体筒体的制造，直径大、长度长的底吹炉则需要到现场进行二次焊接。

按国内制造和运输经验，ϕ4.8m×20m 及小于此规格的底吹炉，在工厂内完成筒体的整体焊接，要求滚圈和托轮接触面大于 80%，大小齿轮宽度方向接触大于 50%，高度方向接触大于 40%，这要求筒体两端垫板外圆必须保证很高的同轴度，因此一般要求在工厂内将筒体、滚圈和托轮在工厂内预组装，测试无误后再发往现场。

对于更大型的底吹炉，受运输和起吊安装能力限制，筒体必须分段制作，现场组焊，而现场往往受制于装备条件，其加工难度更大，要求更高。

例如，某厂 ϕ5.8m×30m 和 ϕ5.5m×28.8m 的炉子，均采用了现场二次焊接、退火的方式完成。筒体分段尽量避开底吹炉各种冶炼工艺所需开的孔、口，长度控制在 4m 以内。

筒体板采用了锅炉及压力容器用钢板，全部按探伤板采购，按 NB/T 47013.3—2015 标准Ⅱ级进行验收。为了保证焊接质量，提高效率，应采用埋弧自动焊，焊丝、焊剂等按焊接标准选择实施。

大型底吹炉筒体钢板厚度偏厚，焊前需对焊接区进行预热，否则焊缝易出现开裂及其他焊接缺陷，焊接变形难以控制。根据制造厂内焊接工艺评定时的要求，预热温度需达到 200℃以上。厂内焊缝可采用远红外加热+电炉加热相结合的方式，现场焊缝的退火采用远红外退火。

7.4.2 底吹炉的安装

底吹炉的安装是整个工厂建设过程中重要的节点，由于底吹炉的制造周期长，往往在钢结构厂房施工周期之后，若一直等底吹炉制造并运往现场安装后再行施工钢结构厂房，则项目的工期将受到严重的影响，因此在底吹炉的安装过程中应考虑采用龙门吊的方式，可以先行施工钢结构厂房，明显地加快了项目的进度。

工艺流程：龙门架吊点设置→基础验收及基础处理→设备垫板设置→滑动端、固定端支承装置安装→筒体吊装及安装→传动装置安装→冷调试及试运转→空负荷试运转→模拟动作试车。

底吹炉设备安装完成后检查及验收：（1）检查托轮与滚圈接触面积；（2）安装联轴器，要对中同轴；（3）检查齿轮啮合程度。

全部安装完毕，试运行工作必须严格进行试运转前对设备的检查。符合下列要求，合格方可进行试运行：

（1）电机试运转检查。拆除联轴器连接螺栓，使两联轴器脱开，将电机手动旋转一周，检查是否有卡死现象。点动式启动电机，检查其旋转传动方向应与筒体的工作方向一致且无异常情况正式启动电动机运行 2h，检查如下指标满足要求即试运转合格：电机温度不超过 80℃；电流电压正常；无松动、噪声等异常情况。

（2）电机试运转合格后，安装联轴器螺栓，手动盘车一周以上应无异常情况。连接传动装置与小齿轮联轴器，将主令控制器、电磁离合器与减速机脱开。

（3）电机驱动，炉体正、反转各 3 次，分别在进料和换枪位置启动和制动，动作灵敏、可靠。

（4）电机启动电流及运转电流正常。

（5）滚圈与托轮的接触宽度约为滚圈宽度的 95%；小齿轮与齿圈的齿面接触面积沿齿高方向约为 55%，沿齿宽方向约为 70%，齿轮啮合侧隙为 2mm，滚圈端面跳动小于 1.2mm。

（6）驱动装置运转时平稳，减速器油温和轴承温升正常，润滑和密封良好。

（7）各部件紧固螺栓无松动现象。

7.4.3　制造安装过程

底吹炉传动装置安装制造与安装过程如图 7-18 ~ 图 7-23 所示。图 7-18 所示为传动装置组装图，图 7-19 和图 7-20 所示为固定圈滚圈的热处理和加工图，图 7-21 所示为固定端托轮的组装，图 7-22 和图 7-23 所示为炉体的试运转和组装调试。

图 7-18　传动装置组装

图 7-19　固定端滚圈（含大齿圈）毛坯热处理

图 7-20　固定端滚圈（含大齿圈）加工

图 7-21　固定端托轮装置组装

图 7-22　炉体厂内试运转

图 7-23　炉体整体厂内预组装调试

7.5　烟化炉

　　烟化炉是用于从有色金属冶金炉渣中挥发回收铅、锌的一种冶金炉，含铅锌的炉渣、湿法炼锌的锌浸出渣、含锡的炉渣以及含锌铅铟锗的氧化物物料等通常均采用烟化炉处理。烟化炉还原挥发过程是将空气（或富氧空气）和粉煤的混合物喷入熔融的炉渣中进行还原吹炼，低沸点的金属或化合物挥发进入烟气。烟气经收尘器收集在灰斗中，收集的烟尘中富集了铅、锌、锗、铟等有价金属，需经进一步处理进行回收。

　　烟化炉的优点是可直接处理熔融渣、燃料消耗较少、金属回收率高、操作简单等。缺点是粉煤制备和输送过程比较复杂、风口、管道等磨损严重，粉煤及工艺风难以做到均匀分配。

20世纪60年代初，中国恩菲工程技术有限公司便开始进行烟化炉的设计与实验研究。第一台烟化炉为会泽冶炼厂2.6m²烟化炉，用于处理铅渣，回收锌、锗。随后根据不同冶炼厂冶炼工艺的需求，又先后设计了4.4m²、5.7m²、6.9m²、8m²、10m²、13m²、18m²、32m²等大大小小几十台烟化炉，积累了丰富的设计与实践经验。几十年来不仅仅是面积规格增大，相关的技术装备也在不断的进步。尤其是近几年来环保要求提高，铅锌渣的资源化利用的需求增加，烟化炉有着向大型化、长炉寿和自动化的高装备水平方向发展的趋势。

7.5.1 炉型结构

烟化炉是类似于鼓风炉的一种竖式冶炼设备，主要部件有炉身水套、骨架、顶杆、热料进口、冷料加入口、放渣口、三次风口、炉箍、粉煤分配装置、风嘴等，炉型结构如图7-24所示。

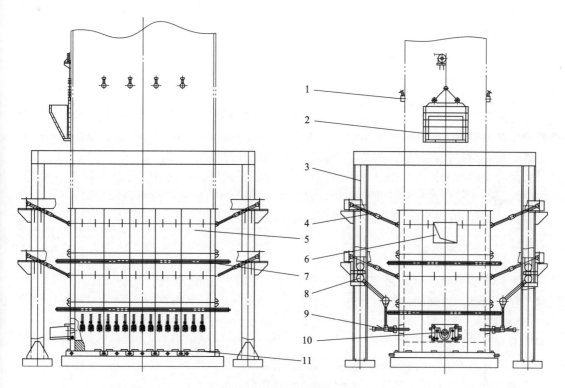

图 7-24　烟化炉结构图

1—三次风口；2—冷料加入口；3—骨架；4—顶杆；5—炉身水套；6—热料进口；
7—炉箍；8—粉煤分配装置；9—风嘴；10—放渣口；11—垫层

烟化炉的炉身截面为矩形，四周炉墙由水套拼接而成，并由周边的骨架进行支撑固定。炉身通过膨胀节与上部的余热锅炉的膜式壁相接。冷料一般从位于锅炉膜式壁上的冷料口加入，液态热渣从炉身位于端墙上部的热料进口加入。粉煤及工艺风通过设在侧墙下部的风嘴鼓入，液态料从端墙下部的放渣口排出。在高温下，炉渣中的铅、锌等金属先被还原挥发进入烟气，再在烟道中被氧化形成氧化物烟尘，最后被回收。

7.5.1.1 烟化炉炉身水套

烟化炉炉身水套是烟化炉的重要部件，传统的炉身水套都是水箱式钢水套，也有上半部采用汽化水套，下半部采用水冷水套的设计。炉身水套尤其是下部风口层水套，直接受到炉内高温熔体冲刷，寿命较低一般只有 3~6 个月，不但需频繁检修工作量大，也影响炉子的作业率。

近年来，风口层水套的结构，从之前的平钢板焊接箱型水套，到波纹板焊接箱型水套，再到纯铜铸造水套，乃至铜钢复合水套，水套使用寿命已经提高到至少 2 年以上。

7.5.1.2 粉煤分配装置

粉煤分配装置是烟化炉的关键部件，主要作用是将粉煤平均分配到各个风嘴的支路中去。粉煤分配装置共有两个，分别对称布置在炉身两侧。

粉煤分配装置有连体风箱式、圆盘分配式、多级分配式。其结构合理的与否，直接影响不同风嘴间粉煤分配的均匀性。经过不断的实践与优化，目前多级分配式的粉煤分配装置应用较多，也取得了良好的效果。

7.5.1.3 风嘴

风嘴均匀地分布在炉身两侧的风口水套上，将粉煤与二次风混合后喷入炉内。风嘴通常由三部分组成：前部为风嘴头部，插入炉内 60~150mm；中部为连接段，由铸铁等耐磨材料制成；后部为混合段，起到将粉煤和二次风混合的作用。

风嘴头部直接插入炉内熔体中，因此寿命较低，最早的铸铁材质寿命只有 2~3 个月，属于需经常更换的消耗品。现一般采用特种钢（06Cr25Ni20），寿命可达半年以上。风嘴中部的连接段和后部的混合段，一般寿命为 1~2 年。

7.5.2 主要技术参数

A 风口区炉床横断面积

风口区炉床横断面积计算见式（7-14）：

$$F_{床} = \frac{A}{a} \tag{7-14}$$

式中，A 为炉子每日处理量，t/d；a 为床能率，t/(m²·d)。

烟化炉床能率多按生产实践数据选取，处理含铅锌熔渣时，一般床能率为 30~35t/(m²·d)。如搭配处理部分冷料，床能率会随冷料的比例增多而降低，床能率为 20~30t/(m²·d)。按经验选取后，可再参考《有色冶金炉设计手册》的相关公式进行校核或修正。

B 风口区宽度

受风口气流向熔池中心穿透能力的制约，烟化炉宽度不能过宽。烟化炉宽度与喷吹压力、熔池深度有关，一般根据实际生产经验选取。烟化炉宽一般控制在 2000~2400mm，国内某些大型烟化炉也有炉宽为 2500~2600mm。

C 风口区长度

风口区长度按下式计算：

$$L_{床} = \frac{F_{床} \times 10^6}{B_{床}} \qquad (7-15)$$

式中，$B_{床}$ 为风口区宽度，mm；$L_{床}$ 为理论长度，mm。

实际风口区长度需要根据风口间距、风口水套分块等因素调整。

D　炉膛高度

炉膛高度是指由炉底水套至炉顶的距离，一般为 4.5~7.5m。随着烟化炉和余热锅炉一体化设计的普遍应用，烟化炉炉膛高度有逐渐降低的趋势。烟化炉炉膛高度降低，余热锅炉部分高度增加，更有利于余热回收。

炉膛高度包括风口中心至炉底水套的距离（H_1）、风口中心至熔池液面的高度（H_2）、熔池液面到炉顶的距离（H_3）。H_1 一般取 0.5~0.6m。通常炉底水套上还铺 0.3~0.4m 的保护砖层，因此风口中心距炉底耐火材料一般为 0.1~0.2m。H_2 一般为 0.6~1.0m。若 H_2 太大，虽可适当提高燃料利用率，但鼓风压力相应提高，且吹炼时间过长；若 H_2 太小，则每炉处理量太低，炉子热稳定性差。H_3 主要是根据实践经验，在锅炉喷溅结渣不严重的情况下，尽量地使 H_3 低。目前推荐炼铅烟化炉 H_3 取 3~4m。

E　风口总面积

a　按风口鼓风强度计算

按风口鼓风强度，风口总面积计算见式（7-16）：

$$F_{风口} = \frac{AV_t}{1440\nu_0\eta} \qquad (7-16)$$

式中，V_t 为处理 1t 渣的空气消耗量，m^3/t；ν_0 为风口鼓风强度，$m^3/(cm^2 \cdot min)$，一般 ν_0 为 0.6~0.8$m^3/(cm^2 \cdot min)$；η 为鼓风时率，一般为 0.85~0.95。

$$V_t = BL_0\alpha \qquad (7-17)$$

式中，B 为吹炼过程热平衡计算确认的粉煤消耗量，kg/t，一般粉煤的消耗量为 150~260kg/t；L_0 为每千克粉煤（或重油、天然气）完全燃烧的理论空气消耗量，m^3/kg；α 为吹炼过程平均空气消耗系数，处理含铅锌炉渣时，α 为 0.7~0.8。

b　按风口比计算

按风口比，风口总面积计算见式（7-18）：

$$F_{风口} = iF_{床} \times 10^4 \qquad (7-18)$$

式中，i 为风口比，一般取值为 0.3~0.4。

F　风口数量及直径

风口应沿炉长方向两侧均匀排列，若间距太大，则熔池搅拌不充分，影响金属的还原挥发；若间距太小，则风口数量太多，水套结构复杂，同时每个风口直径太小，不易进行风口清理。相邻两个风口中心间距一般为 250~300mm。根据风口区侧水套宽度确定每块水套上风口数量，则全炉风口数（$n_{风口}$）可根据风口区侧水套块数来确定。

风口直径（$\phi_{风口}$）一般在 32~40mm 之间，具体可由下式确定：

$$\phi_{风口} = 11.3\sqrt{\frac{F_{风口}}{n_{风口}}} \qquad (7-19)$$

式中，$F_{风口}$ 为风口总面积，cm^2；$n_{风口}$ 为风口数量。

7.6　底吹炉加料口清理机

底吹炉加料口清理机是底吹炼铅、底吹炼铜冶炼工艺中的专用设备，可以解决底吹熔炼炉加料口黏结的问题，通过机械化清理黏渣降低清理炉口的劳动强度。该设备作为在铅冶炼、铜冶炼领域常用的设备，需进一步着力全自动化和智能化方向的研究，全面解放人力、提高劳动生产率。

7.6.1　结构组成及工作原理

7.6.1.1　结构组成

底吹炉加料口清理机主要由升降驱动、液压捅打装置、捅钎、升降装置、升降锁紧装置、行走小车及锁紧装置、液压系统及电控系统等部件组成。图7-25所示为底吹炉加料口清理机的结构组成。

行走小车承载各零部件，机架固定在行走小车上，捅打装置与导向轮组固定一起，在升降驱动的牵引下，可沿机架立柱上下运动。捅钎与捅打装置连接，升降锁紧固定在导轮装置上，停位锁紧固定在行走小车上。行走小车通过电机驱动行走，升降装置通过液压马达或电机驱动链条传动而升降，捅钎通过捅打装置的液压缸运动，通过电机—齿轮系传动实现旋转。

（1）机架。底吹炉加料口清理机所采用的机架由3部分组成：立柱、横梁、固定板。机架是由方钢和槽钢加工而成的大型钢结构件，形如框架结构。既用于提升捅打装置，又用作捅打装置的导向轨道。这种形式的机架结构简单，加工量少，框架结构，刚度好。

（2）捅打装置。捅打装置是该设备的核心，通过一个箱型结构把捅打元件和导向元件集成，结构紧凑，便于模块化。

（3）液压系统。液压系统包含液压站、管路及阀件、液压缸等[8]。作为本设备的主要驱动单元，共有7支液压缸工作，其中升降锁紧共2支、停位锁紧共4支、捅打液压缸1支。

（4）电控系统。本设备的电控系统有PLC柜、变频柜和操作台组成。在操作台可实现对设备各动作进行手动控制和自动控制的切换，实现设备的控制和操作。

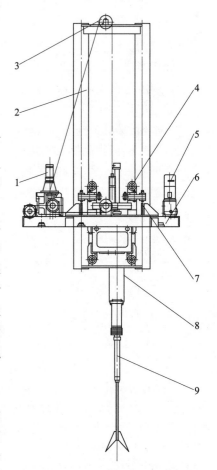

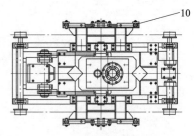

图7-25　底吹炉加料口清理机的构成示意图

1—升降驱动；2—机架；3—链轮组；
4—导向轮组；5—行走驱动；6—车架；
7—升降锁紧；8—捅打装置；
9—捅钎；10—停位锁紧

7.6.1.2　工作原理

加料口清理机是根据加料口黏渣的黏结方式及状况设计，底吹炉加料口一般是 2~3 个，为降低成本，该设备设计为移动式，可以实现一台设备对应多个加料口。非工作期间，设备停在检修位置；工作时，通过操作台控制，设备在轨道上运行至加料口上方，停位锁紧装置与轨道锁紧，捅打装置下降到工作位置，升降锁紧与机架锁紧，这样设备成为一个固定的整体。液压系统驱动捅打液压缸开始工作，液压缸端驱动捅钎开始清理黏渣，黏渣清理完毕后，各相应机构复位，行走小车运行至下一个炉口开始工作或回到检修位置。工作时，所有反力传递到机架基础上。

7.6.2　操作步骤

选择第一个加料口，启动加料口清理机的移动小车，加料口清理机从停止位运行至底吹炉的第一个加料口，停止，该位置的停位锁紧装置把加料口清理机的移动小车锁紧；然后把加料口清理机上的升降装置的升降锁紧装置松开，升降驱动装置运行，捅打装置从升降架的最高位置下降至最低位置，即到工作位置，升降锁紧装置锁紧，捅钎开始伸缩工作，即捅钎开始清理黏渣，捅钎伸出、缩回并旋转，更换清理位置，依次循环至把黏渣清理完毕。

清理完毕后，捅钎缩回，升降锁紧装置松开，升降驱动装置运行把捅打装置从最低位提升至最高位，然后升降锁紧装置锁紧到升降架上，移动小车的锁紧装置松开，移动小车移至另一个加料口，并开始清理工作。

7.6.3　主要技术参数

加料口清理机的主要技术参数包括行进速度、升降速度、捅打力和液压系统压力等，见表 7-13。

表 7-13　加料口清理的主要技术参数

捅钎速度/ $mm \cdot s^{-1}$	200	升降速度/$mm \cdot s^{-1}$	150
捅钎力/ N	40000	液压系统压力/MPa	10（最大 13）

移动速度根据检修位置与加料口的距离、加料口之间距离调整，升降速度相对恒定，主要是保证设备运行的稳定性。捅打力可以根据系统压力调整，系统压力通过调压阀调节，最大压力、最小压力。

7.7　圆盘制粒（造球）机

圆盘制粒机是底吹炼铅工艺中常用的物料制备设备。其用于将以铅精矿为主的混合细粒度粉状物料制成球，目的是减少物料在入炉过程中的粉尘量、提高炉料的透气性、强化冶炼过程、提高冶炼效率。圆盘制粒机具有球粒可自行分级、无须筛分、设备运转可靠、生产能力大等诸多优点。

7.7.1　结构组成及工作原理

7.7.1.1　结构组成

图 7-26 所示为圆盘制粒机的结构组成。圆盘安装在机架的一个安装面上；联动变位齿轮箱与圆盘之间用法兰相连，且其上小齿轮与圆盘上的大齿圈相啮合；传动装置安装在机架的另一个安装面上，且通过联轴器与联动变位齿轮箱连接。在传动装置的驱动下，圆盘以一定的转速做顺时针回转，以实现制粒。

机架上方架设门型支架，底刮刀、侧刮刀及加水装置均安装在上面。底刮刀、侧刮刀由单独的减速电机驱动，做逆时针回转，刮除圆盘底面和侧面的黏料。加水装置用于向圆盘内补水，确保制粒效果。

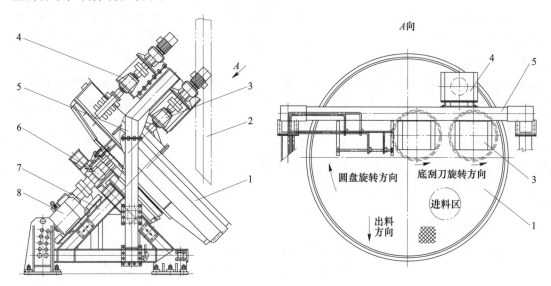

图 7-26　圆盘制粒机的结构组成

1—圆盘；2—下料管；3—底刮刀；4—侧刮刀；5—刮刀支架及加水装置；
6—联动变位齿轮箱；7—机架；8—传动装置

7.7.1.2　工作原理

A　制粒原理

粉状物料经下料管落入圆盘后，在圆盘底面的摩擦力作用下，随圆盘一起做顺时针转动。由于圆盘倾斜安装，物料被带至一定高度时，其自身重力将大于摩擦力，向下滚落。与此同时，加水装置不断向圆盘内补加水分。在水凝聚力作用下，粉状物料形成母球。母球在滚动过程中，滚黏物料而长大。由于连续的加料、加水及圆盘连续回转，使母球不断地带起、滚落、黏料、压实，最后成为粒度合格的球粒，由出料点排出。

B　分级原理

在制粒过程中，球粒沿一定的轨迹做有规律的运动。从圆盘的正面观察，该运动轨迹呈左偏的锥螺旋状，螺旋线的每一圈都分为上升和下降两部分，其上升部分贴近盘边，下降部分靠近圆盘中心。球粒反复上升、下降，从螺锥底部向螺锥尖端运动，且直径不断增大。达到螺锥尖端时，已形成一定直径的球粒，并由盘边排出。

这种有规律的运动使圆盘内的物料呈现有规律的分布：粒度较大者更加靠近盘边且处于料面上层；反之，粒度较小或未成球的物料，远离盘边。当球粒大小达到一定程度后，从盘边自行排出，这即为圆盘制粒机的自动分级原理。

基于该原理，圆盘制粒机所制出的球粒质量高、大小均匀，且无须筛分。

7.7.2　主要技术参数

圆盘制粒机的主要技术参数包括圆盘直径、边高、倾角、转速、填充率、制粒时间和生产能力等。其中，圆盘边高、圆盘倾角、圆盘转速三个参数决定着制粒的产量和质量。

7.7.2.1　主要技术参数简介

A　圆盘直径

圆盘直径是圆盘制粒机最基本、最重要的参数。其对圆盘制粒机的生产能力具有决定性意义，同时，圆盘边高、圆盘倾角、圆盘转速、填充率、制粒时间等各项参数，均应根据不同的圆盘直径选取，以达到合格的制粒质量。

设计时，宜按优先系数选定圆盘直径。

B　圆盘边高

圆盘边高是根据圆盘直径确定，制粒机直径增大，边高也相应增大。当制粒机直径和圆盘倾角一定时，边高则取决于所用物料。如果物料粒度粗，黏度小，盘边相应较高；若物料粒度细，黏度大，盘边相应较低。

C　圆盘倾角

圆盘倾角与粉状物料的安息角有关。圆盘倾角须大于物料的动态安息角，否则，物料将形成一个不动的粉料层，与圆盘同步运动，无法制粒。

圆盘倾角与圆盘转速也有关系。转速高的圆盘，其倾角可取大值，否则应取小值。

通常，将圆盘倾角设定为45°，并在45°～55°范围内可调，以满足用户调整制粒产量的需求。

D　圆盘转速

为制取合格球粒，圆盘转速需适宜，以使粉状物料处于滚动状态。如果转速过低，则物料不产生滚动；或者不能上升到一定的高度，圆盘盘面利用率低，使圆盘制粒机生产能力下降。如果转速过高，则由于离心力的作用，物料会黏挂在盘边上，不产生滚动，影响制粒。

设计时，通常将圆盘转速设定一定范围可调，以满足用户根据物料性质、圆盘倾角等因素调节的需要。过去，圆盘制粒机传动装置设带传动，通过更换不同直径的带轮实现转速调节。现在，随着变频技术的普及应用，多通过变频手段进行调节，省时省力。

E　填充率

圆盘制粒机的填充率由圆盘直径、圆盘边高和圆盘倾角决定。在一定范围内，填充率越大，产量越高，球粒强度也越大。但过大的填充率易导致球粒不能按粒度分层，反而降低生产率。通常，填充率取 8%～18%。

F　制粒时间

从粉体物料进入圆盘到制成合格球粒的时间为制粒时间。制粒时间的长短可通过调整圆盘的转速和倾角来控制。制粒时间通常取 6～8min。

G　生产能力

圆盘制粒机的理论生产能力可由下式计算：

$$Q = \frac{\pi D^2 H \varphi \gamma}{4t} \tag{7-20}$$

式中，Q 为圆盘制粒机的生产能力，t/h；D 为圆盘直径，m；H 为圆盘边高，m；φ 为填充率；γ 为粉体物料的密度，t/m³；t 为制粒时间，h。

圆盘制粒机的理论生产能力可表达为一个关于圆盘直径、圆盘边高、填充率、物料密度和制粒时间的公式。设计时多采用配凑法：暂定圆盘直径，据此计算圆盘边高、圆盘转速，取定填充率、物料密度、制粒时间的值，最后计算出生产能力，判断是否能满足工艺对生产能力的要求[9]。

7.7.2.2　规格参数表

近年来，中国恩菲结合各个工程项目，设计并形成了 ϕ3800、ϕ5500、ϕ6000 三种规格圆盘制粒机，其基本参数见表 7-14。

表 7-14　圆盘制粒机基本参数表

基本参数	ϕ3800 圆盘制粒机	ϕ5500 圆盘制粒机	ϕ6000 圆盘制粒机
圆盘直径/mm	3800	5500	6000
圆盘边高/mm	480	550	560
圆盘倾角/(°)	45～55	45～55	45～55
圆盘转速/r·min⁻¹	9～10.6	6～8	6～8
生产能力/t·h⁻¹	6～15	30～40	40～60

7.7.3　主要结构特点

中国恩菲自主研制的圆盘制粒机，进行了一系列的创新和优化，现按部件分别介绍如下。

7.7.3.1　机架

如图 7-27 所示，圆盘制粒机所采用机架由 3 部分组成：架体、前支座、后支座。架体是由型钢焊制而成的大型钢结构件，形如一个卧置的等腰直角三棱柱。圆盘、传动装置、刮刀及支架等主要部件安装在架体上，并可随架体一起绕前支座回转；后支座设计了固定架体的孔位，孔位在倾角调整范围内均匀分度。

这种形式的机架具有以下优势和特点：

（1）可方便地调整圆盘倾角。圆盘、传动装置等主要部件安装在同一架体上，形成一

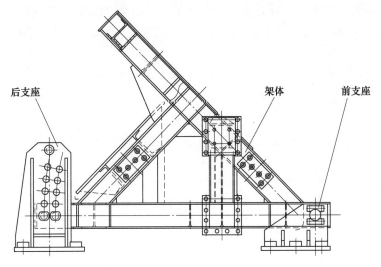

图 7-27 机架

个整体。可在不影响传动系统工作的前提下，方便地调整圆盘倾角。

（2）设备重心低、自重小、稳定性好。该形式的机架，可以使圆盘制粒机的重心降低，质量减小，提高了设备的运行稳定性。

7.7.3.2 圆盘

一般制粒机的圆盘，通常是外齿圈安装在一根可旋转的悬臂轴上。当圆盘尺寸较大时，设备运行稳定性会降低。中国恩菲设计的圆盘制粒机采用带齿圈的回转支承，圆盘与齿圈固定相连，回转支承的固定座圈安装在机架上。这种形式规避了悬臂轴结构易引起圆盘摆动的缺点，使圆盘（特别是大直径圆盘）的运行更加平稳。

7.7.3.3 传动装置

传动装置一般采用"电动机—带传动—减速器"的配置形式。通过更换皮带轮，调整带传动比，可实现圆盘转速调整。但随变频技术的广泛使用，圆盘转速的调整变得更加简单方便，易于操作。因此，带传动可取消，将电动机与减速器直连，这种配置形式不仅可使传动装置更加紧凑，而且避免皮带对电动机和减速器产生轴向力，影响二者使用寿命。

7.7.3.4 电动刮刀

制粒过程中，圆盘底面和内侧面通常会黏料，必须及时清理。为此，配置了减速电机驱动的底刮刀和侧刮刀。

设计时，对刮刀的位置、转速、刀头数量等主要参数进行了优化设计和合理配置，使得刮刀系统具有良好的清理效果，可保证整个圆盘持续得到及时清理。

7.7.3.5 加水装置

如前所述，粉状物料制成合格球粒，离不开水的作用。需有水滴使粉状物料凝聚成球核，还需有水雾使球核表面保持湿润，不断滚黏粉状物料以长大压实，即"滴水成球，雾水长大"。因此，加水装置设置了多个喷头，每个喷头上都有一个可调喷嘴，用以调节水量、角度和出水方式。

另外，喷头位置可调整，每个喷头所在水路均设球阀，方便用户使用。

7.7.3.6　智能润滑系统

圆盘制粒机上有一个回转支承和若干大小轴承，润滑十分重要。过去多采用干油润滑系统，要求定期给各润滑点打油（一般每班一次）。因此，润滑情况的好坏多取决于设备管理制度的执行情况和操作维护人员的责任心。现采用可自动化运行的智能润滑系统，该系统可预设打油频率和打油量，并按预设值自动打油，避免了因人为失误造成设备润滑不良的状况，减轻设备维护工作量，延长设备使用寿命。

7.7.3.7　衬板

圆盘底面和内侧面，通常衬以高分子耐磨衬板，以避免圆盘本体磨损，延长设备使用寿命。

7.8　粗铅铸锭机

粗铅铸锭机是将铅冶炼熔炼炉中放出的粗铅进行浇铸，使粗铅液凝结成大块铅锭的设备。国内铅冶炼厂所使用的粗铅铸锭机按结构及传动形式主要分为以下3类：（1）中心定位，中心传动；（2）中心定位，周边传动；（3）周边定位，周边传动。

7.8.1　中心定位中心传动

中心定位中心传动的粗铅铸锭机结构形式如图7-28所示。其主要由铸模、圆盘本体、回转支承、传动装置、车轮、轨道等组成。具有结构简单、紧凑等优点。

根据轨道与车轮安装相对位置，可分为下轨上轮结构和上轨下轮结构。盘面由空腹长矩形断面径向梁、槽形断面横梁和钢板组成，车轮固定在圆盘底面上，轨道安装在土建基础上。这类形式粗铅铸锭机圆盘刚性差，由于盘面的固定点受力及轨道和车轮的磨损，粗铅铸锭机使用一段时间后，盘面变形较大，运行不稳定，且圆盘变形使得车轮承载不均，进而导致车轮使用寿命短。

下轮上轨结构，是将轨道设计在盘面上，车轮固定在地面上。由于轨道上移和盘面为一整体，可增加盘面刚性，防止盘面变形，同时减少跑铅现象对轨道的破坏。对于下轮上轨结构，圆盘受力变化均匀，盘面不易变形。车轮下移，方便日后车轮磨损时检修调整。同时，车轮均固定在地面上，利于对各个润滑点进行集中润滑。

7.8.2　中心定位周边传动

中心定位周边传动方式的粗铅铸锭机如图7-29所示。中心轴承小，仅起定位作用，圆盘由均布于圆周上的车轮支承，这类粗铅铸锭机制作相对简易，造价低。周边传动按驱动装置的形式划分，可分为槽轮传动、齿轮传动、销齿传动。

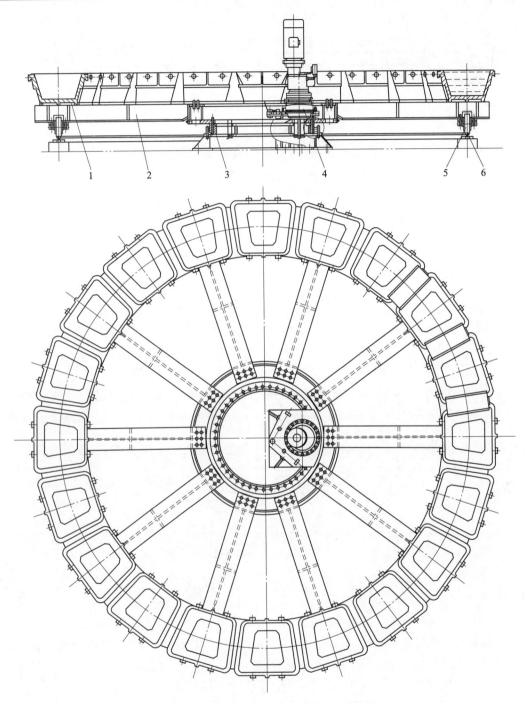

图 7-28 中心定位中心传动粗铅铸锭机结构
1—浇铸模；2—圆盘本体；3—回转支承；4—传动装置；5—车轮；6—轨道

7.8.2.1 槽轮传动

槽轮机构主要由传动臂销、导槽和锁止弧构成。槽轮传动可分为内接槽轮传动和外接槽轮传动。

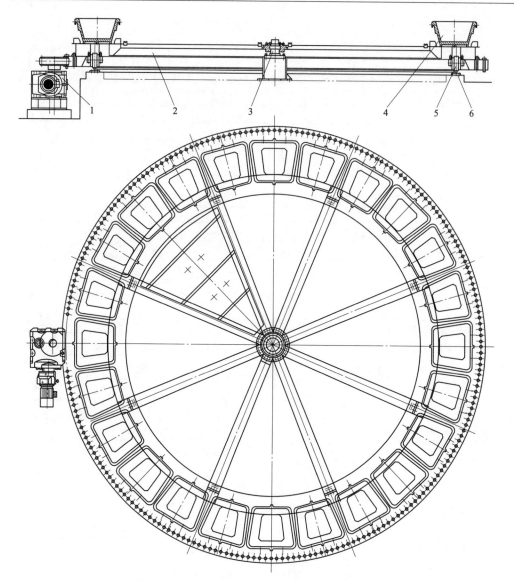

图 7-29　中心定位周边传动粗铅铸锭机结构
1—传动装置；2—圆盘本体；3—中心轴；4—浇铸模；5—车轮；6—轨道

　　内接槽轮传动的粗铅铸锭机盘面内侧面由多个导槽和锁止弧组成，内槽轮机构曲柄上的传动臂销在减速机的驱动下，通过与导槽及锁止弧的配合，驱动圆盘转动，从而将电动机输出轴的匀速连续转动转换为圆盘的周期性间歇圆周运动。曲柄连续不停地旋转，而圆盘却循环地做间歇转动。圆盘停止时间正好用于浇铸和取锭作业。

　　外接槽轮传动机构[10]与内接槽轮传动机构的结构组成和运动形式相似，两者的主要区别在于：外接槽轮传动机构的驱动装置布置在圆盘外侧，为两轴反向旋转，圆盘的运动时间短，停歇时间长；而内接槽轮传动机构的驱动装置布置在圆盘内侧，为两轴同向旋转，圆盘的运动时间长，停歇时间短。外接槽轮传动机构的最大角速度及角加速度均较高，运动特性较内啮合槽轮机构差。

槽轮机构装置的间断性，使其在传动臂销推动时能匀速转动并具有一定的动能，理论上当传动臂销在导槽口外时，槽轮停止，角加速度为零，传动臂销刚进入及脱离导槽时，槽轮的角加速度有突变。加之制作、载物等因素造成重心偏移，使得传动臂销离开后圆盘并不能及时停下，而是顺着惯性方向转动，即无传动时圆盘不能平稳地停下。因此槽轮在启动、制动时出现冲击。这种交变冲击是造成平稳性较差的主要原因。而且由于制造精度及安装误差的影响，加上粗铅铸锭机运行一段时间后产生的磨损，槽轮传动精度下降，圆盘启动和停止时晃动较大，同时盘面变形将导致传动部分的传动臂销与导槽及锁止弧顶部接触，造成圆盘卡死，经常需要抢修。

7.8.2.2　齿轮传动

粗铅铸锭机采用中心轴承进行中心定位，从动轮齿轮用支座和调节螺栓与圆盘本体连接，用变频调速电机带动摆线针轮减速机减速后，主动轮驱动从动齿轮带动粗铅铸锭机按要求转动。这类传动形式的从动齿轮尺寸大，制作成本高，安装精度要求高，目前在铅冶炼项目中很少应用。

7.8.2.3　销齿传动

销齿传动是属于定轴齿轮传动的一种特殊形式，具有圆销的轮为销轮，另一个则称为齿轮。销齿传动有外啮合、内啮合和齿条啮合三种传动型式。

粗铅铸锭机采用外啮合的销齿传动机构，由转动轴、销轮和齿轮组成。齿轮为从动轮，由多块圆弧形齿板组成，销轮为主动轮，由多个销齿组成。通过电动机、减速器带动销轮机构的传动轴旋转。随着传动轴的旋转，销轮与齿盘上的齿轮啮合，实现粗铅铸锭机连续平稳的转动。

销齿传动适合于低速、重载的机械传动以及粉尘多、润滑条件差等工作环境较恶劣的场合。其制造成本低、安装方便，运转平稳，冲击小，在铅冶炼中应用较为广泛。

7.8.3　周边定位周边传动

周边定位周边传动粗铅铸锭机如图 7-30 所示。粗铅铸锭机由浇铸模、圆盘本体、挡轮、传动装置、车轮、车轮轨道和挡轮轨道组成。挡轮通过挡轮轨道限制圆盘在一定的范围内运转，浇铸模和圆盘本体由圆盘底部的车轮和车轮轨道支撑，传动装置驱动圆盘运转。

7.8.4　新型粗铅铸锭机

7.8.4.1　结构形式

新型粗铅铸锭机的结构如图 7-31 所示，新型粗铅铸锭机主要由驱动装置、回转圆盘及框架、中心定位部件和支承轮组成。驱动装置由变频电动机、联轴器、减速器、齿轮和传动部件底座构成。圆盘的支承采用上轨下轮结构，将轨道设置在盘面上，同时将车轮设置在地面车轮座上。由前面的分析可知，采用这种结构可增加盘面刚性，同时圆盘受力

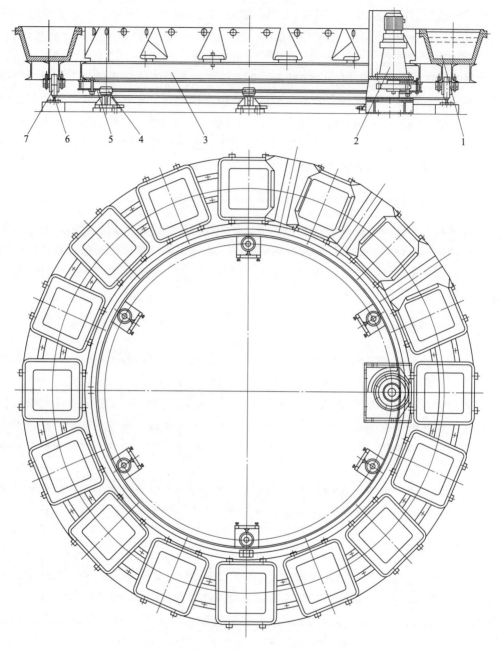

图 7-30　周边定位周边传动粗铅铸锭机
1—浇铸模；2—传动装置；3—圆盘本体；4—挡轮；
5—挡轮轨道；6—车轮轨道；7—车轮

是均匀变化的，盘面不易变形，减少跑铅现象对轨道的破坏，有利于对各个润滑点进行集中润滑，维护方便。

　　采用中心定位的方式，中心定位部件通过多根辐射梁与圆盘主体连接，这种结构形式可降低制造误差产生的变形，且盘体有较好的整体刚度。圆盘主体通过调整支架与销齿链条连接，便于销齿链条调整，降低圆盘的加工和装配要求。

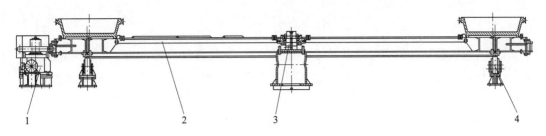

图 7-31　新型粗铅铸锭机结构

1—驱动装置；2—回转圆盘及框架；3—中心定位部件；4—支承轮组

7.8.4.2　销齿传动结构

新型粗铅铸锭机采用销齿外啮合传动形式，把钝齿轮作为主动轮，销齿轮作为从动轮，销齿轮采用销齿链形式。其销齿链是柔性体，销轴的齿形为圆柱形，可装配于尺寸较大的设备上。它具有传动布置紧凑、结构简单、加工容易、造价低、拆修方便、整机轻、运行成本低等优点。

销齿传动计算时，实践中把钝齿轮作为主动轮，销齿轮作为从动轮，采用外啮合的形式，在这种情况下进行功率计算。

圆盘粗铅铸锭机运转时其阻力矩为 M_c，可以认为是两部分组成，其一为圆盘支承装置的摩擦阻力矩 M_m，其二为圆盘及装于其上的锭模等质量由于回转惯性力造成的惯性阻力矩 M_d，即

$$M_c = M_d + M_m \tag{7-21}$$

考虑传动装置中其他回转质量的惯性阻力矩，在计算电动机功率时可将 M_d 乘以系数 K，K 值一般取 $1.1 \sim 1.3$。

铸锭机电动机功率可由下式求出：

$$p = \frac{(M_m + KM_d)n}{9550\eta L} \tag{7-22}$$

式中，M_m 为圆盘支承装置的摩擦阻力矩，N·m；M_d 为圆盘的惯性阻力矩，N·m；n 为圆盘的转速，r/min；L 为电动机平均启动过载系数，对于 JPZ 型电动机取值 1.5；η 为传动装置的总效率，当传动的末级为槽轮机构时，$\eta = \eta_1 \eta_2$。

A　圆盘的摩擦阻力矩

圆盘的摩擦阻力矩是由于圆盘支承装置—轴向支承和径向支承的摩擦阻力矩和采用顶杆脱模时所产生的摩擦阻力矩所组成，即

$$M_m = M_{m1} + M_{m2} + M_{m3} \tag{7-23}$$

式中，M_{m1} 为圆盘轴向支承的摩擦阻力矩，N·m；M_{m2} 为圆盘径向支承的摩擦阻力矩，N·m；M_{m3} 为顶杆脱模时的摩擦阻力矩，N·m。

B　圆盘轴向支承的摩擦阻力矩 M_{m1}

根据圆盘轴向支承的结构形式分别进行计算。当圆盘采用轨道滚轮支承时，

$$M_{m1} = ZQ\left(\frac{2K+ud}{D}\right)R\beta \tag{7-24}$$

式中，Z 为滚轮数；Q 为每个滚轮的平均轮压，N；D 为滚轮直径，cm；d 为滚轮轴直径，cm；u 为滚轮轮轴上的摩擦系数；K 为滚轮与轨道间的滚动摩擦系数，cm；R 为圆形轨道半径，m；β 为考虑附加摩擦的系数，一般取值1.3。

当采用滚柱轴承时，

$$M_{m1} = G\left(\frac{Df_k}{d}\right)Cg \tag{7-25}$$

式中，G 为作用在滚柱轴承上的整个旋转圆盘的质量，kg；f_k 为滚动摩擦系数，取值0.05cm；d 为圆锥滚子的平均直径，cm；D 为轴承滚道的平均直径，m；C 为系数，取值1.5。

C　圆盘径向支承的摩擦阻力矩 M_{m2}

当采用径向挡轮支承时，

$$M_{m2} = \left(\frac{p}{\cos\dfrac{\alpha}{2}}\right)\left(\frac{2K+ud}{D}\right)R \tag{7-26}$$

式中，p 为作用在挡轮上的径向推力，一般取 $0.2mg$，N（m 为圆盘的回转质量，kg）；K 为挡轮与轨道间的滚动摩擦系数，cm；u 为挡轮轴颈上的摩擦系数，cm；d 为挡轮轴颈直径，cm；D 为挡轮外径，cm；R 为轨道环座半径，m；α 为两挡轮中心与圆盘中心联线之间的夹角，(°)。

D　圆盘的惯性阻力矩

圆盘的惯性阻力矩 M_d 主要包括两部分，一部分是圆盘以及安装于圆盘上的锭模等质量加速时作用在圆盘回转轴线上的惯性阻力矩，另一部分系传动装置各轴上的回转零件的惯性阻力矩换算到圆盘回转轴上的数值，M_d 可以用下式进行计算。

$$M_d = \frac{1}{9.55\,t_1}\left[J_p n + (J_d + J_1)n_m \tau \eta\right] \tag{7-27}$$

式中，t_1 为圆盘运转时的启动、制动时间，初步计算时可取 $1\sim3$s；J_p 为回转圆盘的转动惯量，kg·m²；J_1 为联轴器的转动惯量，kg·m²；J_d 为电动机转子的转动惯量，kg·m²；n 为圆盘的转速，r/min；n_m 为电动机转速，r/min；τ 为圆盘浇铸机传动系统的总传动比；η 为圆盘浇铸机传动系统的总传动效率，%。

7.8.4.3　支承轮

在销齿传动的销轮链条与齿轮的啮合处，支承轮组采用2个支承轮，保证在圆盘运行的过程中，销轮与齿轮能够很好地啮合。

支承轮主要由调整螺栓、底座、支架和车轮组成。底座用地脚螺栓固定在基础上，支架与底座之间的安装面有一定的斜度，通过调整螺栓，使得支架在竖直方向上可以上下调整，设备安装时，可以保证车轮与圆盘底部的轨道有良好的接触。

7.8.4.4　自调整支承轮组

　　自调整支撑轮组主要由车轮、支架、轴承和底座构成。1 个自调整支承轮组有 2 个车轮，连接 2 个车轮的支架中间有 1 个滑动轴承与底座连接，底座用地脚螺栓固在基础上，支架可以绕着轴承上下摆动。当圆盘运转的过程中产生变形或者由于安装问题产生竖直方向误差时，自调整支承轮组的 2 个车轮会因受力不均匀而产生摆动，自行调整至受同样大小力的位置。从而保证车轮在设备运转过程中受力均匀，提高车轮的使用寿命。

参 考 文 献

[1] 梅炽，周萍. 有色金属炉窑设计手册 [M]. 长沙：中南大学出版社，2018.
[2] 李东波，梁帅表，蒋继穆. 现代氧气底吹炼铜技术 [M]. 北京：冶金工业出版社，2019.
[3] 李红霞. 耐火材料手册 [M]. 北京：冶金工业出版社，2007.
[4] 钱之荣，范广举. 耐火材料实用手册 [M]. 北京：冶金工业出版社，1992.
[5] 朱祖泽，贺家齐. 现代铜冶金学 [M]. 北京，科学出版社，2003.
[6] 陈肇友. 炼铜炼镍炉用耐火材料的选择与发展趋向 [J]. 耐火材料，1992，(2)：108~113.
[7] 陈肇友. 有色金属火法冶炼用耐火材料及其发展动向 [J]. 耐火材料，2008，42 (2)：81~91.
[8] 李壮云. 液压元件与系统 [M]. 北京：机械工业出版社，2005：379~383.
[9] 本书编写组. 铜铅锌冶炼设计参考资料 [M]. 北京：冶金工业出版社，1978.
[10] 程良能、李克定. 有色金属冶炼设备（第 1 卷）[M]. 北京：冶金工业出版社，1994：36~49，389~422.

8 冶炼烟气处理

8.1 烟气余热利用

氧气底吹熔炼炉产出的烟气温度高、含尘量高、腐蚀成分浓度高，须经过净化除尘处理，达到环保标准后才可排放，避免引起大气污染、热污染等问题。烟气温度对除尘设备的除尘效率有重要影响，若烟气温度高，不仅不能达到除尘目的，甚至可能损坏设备，因此在除尘前需要对烟气进行降温处理。

烟气中蕴含大量热量，在冷却换热时传递给冷却介质，如能对此部分热量加以有效利用，可以节省大量一次能源消耗。因此，对冶炼烟气进行余热回收利用，既是环境保护的必然要求，也是节能降耗的重要手段，应当深入研究并积极应用。

8.1.1 冶炼烟气成分及特点

氧气底吹熔炼炉、底吹还原炉、烟化炉的典型烟气成分见表 8-1～表 8-3。

表 8-1 氧气底吹熔炼炉烟气成分

部 位	烟气成分（体积分数）/%						烟气温度 /℃	烟气含尘 /g·m^{-3}	进入烟气中 As 量/kg·h^{-1}
	SO$_2$	SO$_3$	CO$_2$	N$_2$	O$_2$	H$_2$O			
上升烟道入口	14.61	0.31	3.12	50.67	13.41	17.87	900±100	150~200	50~500
余热锅炉出口	13.04	0.27	2.79	53.54	14.18	16.17	350~380	100~170	50~500

注：1. 氧气底吹熔炼炉烟气出炉负压为 -15~-50Pa。

2. 烟气含尘主要为挥发尘，烟尘成分为：Pb 65%、Zn 1%、Fe 1%、S 11%、SiO$_2$ 1%、CaO 1%、Cu 0.1%。

表 8-2 底吹还原炉烟气成分（未考虑炉口漏风）

部 位	烟气成分（体积分数）/%					烟气温度 /℃	烟尘浓度 /g·m^{-3}
	SO$_2$	CO$_2$	N$_2$	O$_2$	H$_2$O		
余热锅炉入口	0.31	18.49	61.58	12.44	7.17	1200±100	150~300
余热锅炉出口	0.28	16.8	63.16	13.22	6.52	350~400	100~150

注：1. 底吹还原炉烟气出炉负压为 -50~-100Pa。

2. 烟气含尘主要为挥发尘，烟尘成分为：Pb 60%、Zn 5%、Fe 0.5%、S 1%、SiO$_2$ 1.5%、CaO 0.5%。

表 8-3 烟化炉烟气成分

部 位	烟气成分（体积分数）/%						烟气温度 /℃	烟尘浓度 /g·m^{-3}
	SO$_2$	CO$_2$	CO	N$_2$	O$_2$	H$_2$O		
上升烟道入口	0.14	13.04	1.45	75.16	4.60	5.61	1200±100	50~120
余热锅炉出口	0.13	11.85	1.32	75.51	6.09	5.1	350~400	40~90

注：烟气成分为：Pb 11.36%、Zn 51.14%、Fe 2%、S 0.18%、SiO$_2$ 3%、CaO 1.56%、Cu 0.3%、MgO 0.14%。

氧气底吹炼铅为火法冶金工艺，在冶炼过程中排出大量高温烟气，具有如下特点：

（1）烟气量大。随着氧气底吹熔炼炉设备的大型化、单系列处理规模的加大，熔炼产出的烟气量逐步增加，大的已达 3 万~4 万 m^3/h。

（2）由于铅及硫化铅容易挥发，烟气中烟尘含量高。烟尘含量可超过 $200g/m^3$，同时烟气温度高、含尘量大时，更容易黏结、积灰，有可能造成余热回收设备严重磨损或堵塞。

（3）烟气温度高，带出热量多。烟气温度高达 1000℃，冶炼工艺周期不同，温度略有波动，总体烟气温度很高。连续性强、便于回收利用，烟气所带出的热量占总热收入量的 40%~50%。

（4）烟气具有腐蚀性。烟气中含有如二氧化硫和三氧化硫等腐蚀性气体，在烟尘或炉渣中含有各种金属和非金属元素，这些物质都有可能对余热回收设备造成低温侵蚀或高温腐蚀。

综上，氧气底吹炉排出来的烟气具有烟气量大、含尘量高、温度高、带出热量多、具有腐蚀性等特点，须在烟气出口配置可靠的余热回收设备，此设备在一定程度上具有除尘功能，同时最大限度地回收烟气余热。

8.1.2 冶炼烟气余热利用原则

根据热力学第一定律和第二定律，能量合理利用的原则，能量系统中能量在数量上保持平衡，在质量上合理匹配。余热资源的回收利用须根据其数量、品质温度和用户需求，按照能级匹配的原则，逐级回收、温度对口、梯级利用。有色炉窑烟气余热回收具体的梯级利用原则，如图 8-1 所示[1]。

（1）在考虑余热回收方案前，首先应该调查装置本身的热效率是否还有提高的潜力。提高装置热效率会减少余热量，但可以直接节约能源消耗，比通过余热装置回收经济有效。同时，若不考虑装置本身潜力而设置余热回收装置，当设备本身提高效率后，余热量减少，就造成了余热回收设备的闲置与浪费。

（2）如果在生产工艺中有合适的热用户，应优先考虑将烟气的余热回收利用于生产工艺过程。将烟气中的余热直接带回生产工艺过程中，直接降低生产工艺过程能耗，比通过转换装置来回收烟气的余热更为经济有效。

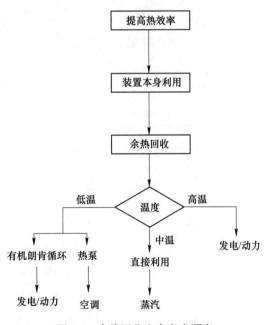

图 8-1 余热回收方案考虑顺序

（3）对于高温烟气的余热应优先用于动力回收，利用常规水蒸气朗肯循环进行发电，将高温烟气的中级能能转换成高级能电能。这不仅完成了对高温烟气余热的有效回收利用，也遵循了能级匹配原则，实现热能的高品质利用。

（4）对于温度较高的中高温烟气，应优先应用于动力回收发电。对于温度较低的中低温烟气而言，利用常规水蒸气朗肯循环发电回收烟气余热的效率极低，不具合理性。这部分的烟气余热最好直接应用于生产工艺本身，如加热物料、预热助燃空气等。如得不到以上利用时再考虑应用其冬季采暖、夏季制冷等其他利用方式。也可利用制冷剂、有机烃类等低沸点介质，进行有机朗肯循环，实现低温烟气余热的动力回收。

8.1.3　冶炼烟气余热利用方式

8.1.3.1　余热锅炉

余热锅炉是以各种工业生产过程中所产生的余热（如烟气余热、化学反应余热、可燃废气余热、高温产品余热等）为热源，以获得一定压力和温度的蒸汽或热水的设备。余热锅炉的分类、结构形式及特点见表 8-4。余热锅炉是余热回收利用的重要设备之一，对提高能源利用率、节约燃料消耗起着十分重要的作用。

表 8-4　余热锅炉的分类、结构形式及特点[2]

分　类	结　构　形　式		特　点
按传热方式	辐射型	在烟气通路四周设置水冷壁	适用于回收高温烟气余热
	对流型	在烟气通路中设置对流受热面	适用于回收中、低温烟气余热
按烟气通路	烟管式	烟气在管内流动	结构简单，价格低，不易清灰，适用于低压、小容量
	水管式	烟气在水管外流动	结构复杂，耐压、耐热，工作可靠
按水循环方式	自然循环式	利用水和汽水混合物密度的差异循环	结构简单
	强制循环式	依靠水泵的压头实现强制流动	循环水量少，结构紧凑，可布置形状特殊的受热面
按水管形式	光滑管型	受热面采用光滑管	工作可靠，用途广
	翅片管型	受热面采用翅片管	结构紧凑，可使锅炉小型化，应注意耐热性、积灰、腐蚀
按水管的布置	叉排式	传热管互相交叉排列	传热性能好，清灰、维修困难
	顺排式	传热管互相顺排排列	传热性能较差，清灰、维修容易
按烟气流动方向	平行流动式	烟气平行于传热管流动	传热性能较差，受热面磨损小，不易积灰
	垂直流动式		传热性能好，适用于烟尘含量低的烟气
按受热面构成	—	只有蒸发器	结构简单
		装有蒸发器和省煤器	余热回收量大
		装有蒸发器、省煤器和过热器	可提高回收蒸汽的品位

8.1.3.2　热交换器

A　气-气热交换器

烟气能量通过气-气热交换器传递给空气，预热后的空气可以提高炉内燃烧温度，有利于锅炉用低热值燃料,提高燃烧速度。空气预热器系统简单,操作方便,因负荷变化引起余热量变化时,由于所需的空气量也将变化,所以能自动的相互适应,保持预热温度基本不变。常作为优先考虑的余热回收方式。

B 气-液热交换器

烟气利用方面最常用的气-液热交换器就是锅炉设备中使用的省煤器。省煤器是利用锅炉尾部烟气的热量来加热给水的一种热交换设备。省煤器按材料可分为铸铁式和钢管式,按出口工质是否沸腾可分为沸腾式和非沸腾式,按传热元件的结构形式可分为光管式和翅片管式。

C 再生式换热器

再生式换热器中冷、热流体交替地流过装有固体填料的容器,依靠构成传热面的物体(填料)的热容作用(吸热或放热),实现冷、热流体之间的热交换。再生式换热器有固定式(阀门切换型)和回转式两种。

8.1.3.3 热管

热管是目前所知最有效的传热元件之一,它能够将大量热量通过很小的截面积进行远距离的传输而不需要外加动力。最常见热管是由一密封的管状容器组成,器壁具有毛细芯结构材料,该材料充以蒸发液体。

热管的使用基于蒸发冷凝循环原理。其中毛细芯结构材料的作用如泵一样,它将冷凝流体送回热输入端,由废热使热管的液体工质蒸发,潜热随蒸汽送至热管的冷端,冷凝后释放出潜热。冷凝的液体由毛细芯结构送回到热端。

8.1.3.4 有机朗肯循环

有机朗肯循环(ORC)发电技术是利用低沸点有机物作为工质的发电技术。在烟气余热利用特别是低温余热利用领域,可以使用沸点合适的工质吸收烟气热量,汽化并进入热功转换部件做功。ORC 是提高能源品位、提高发电效率、减轻电力负担、减排温室气体的重要技术手段,与朗肯循环系统相比,ORC 系统具有以下优势:

(1)有机工质沸点很低,极易产生高压蒸气;

(2)有机工质的蒸发潜热比水小很多,低温情况下热回收率高;

(3)有机工质的冷凝压力接近或稍大于大气压,工质泄漏可能性小,无需复杂的真空系统;

(4)有机工质凝固点很低,允许它在较低温度下仍能释放出能量;在寒冷天气可增加出力,冷凝器无需增加防冻设施;

(5)由于有机工质本身特性,系统的工作压力低,管道工艺要求低;

(6)有机工质基本都是等熵工质或干流体,无需过热处理,不会有水滴在高速情况下对透平机械的叶片造成冲击损害,也不会腐蚀透平机械。

8.1.4 铅冶炼烟气余热锅炉及其设计特点

8.1.4.1 铅冶炼余热锅炉的特点

铅冶炼余热锅炉的设计要求比炼铜和炼锌余热锅炉的更高,这是因为硫化铅、氧化铅及金属铅等均为沸点较低的物质，尤其是硫化铅在 600℃ 就开始挥发，其沸点仅为 1281℃，在 1000~1100℃ 的熔炼温度下，蒸气压均相对较高。新炼铅方法多数是采用富氧强化熔炼，PbS、Pb、PbO 等大量挥发，烟尘率高。底吹炼铅，烟尘率在 15% 以上，QSL 法达 25% 左右。而底吹炼铜烟尘率仅 1% 左右；这给余热锅炉的设计提出更高的要求，余热锅炉的积灰、腐蚀、磨损等问题越发突出[3]。图 8-2 所示为氧气底吹炼铅烟气回收余热锅炉全貌。

 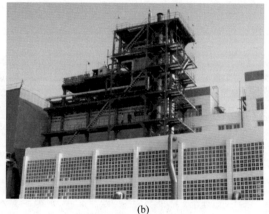

(a)   (b)

图 8-2　氧气底吹炼铅烟气回收余热锅炉

(a) 远景；(b) 近景

8.1.4.2　国内外铅冶炼余热锅炉

A　意大利 Portovesme 铅厂 Kivcet 余热锅炉

意大利 Enirisorse S. p. A 下属的 Portovesme 铅厂是第一个在苏联境外正式投入商业运营的 Kivcet 铅冶炼厂，Ahlstrom 公司（后并入 Foster Wheeler 公司）为其配套提供 Kivcet 余热锅炉，用于冷却烟气生成高压蒸汽。

最初设计烟气量是 9600m³/h，冶金炉出口接余热锅炉的垂直上升烟道，高 30m，上升烟道顶部布置有一组辐射管屏。上升烟道足够大，以保证进入余热锅炉的烟气中的烟尘能迅速冷却和沉积，由于烟气温度降低，烟尘中的氧化物生成硫酸盐小颗粒并黏结在水冷壁上，结块经高效的弹簧振打装置清理后直接落入熔池，大大减少了对流区的烟尘量，减轻收尘系统的负荷和返料量，电收尘的返料量约占炉子给料量的 5%。

1987 年 2 月冶炼厂顺利试车投产，几个月后顺利达产，从开始试车投产到达产，余热锅炉一直运行良好，清灰效果理想，不需要人工清灰。

B　西北铅锌冶炼厂 QSL 炉余热锅炉

西北铅锌冶炼厂 QSL 炉配套的余热锅炉由德国鲁奇制造，该余热锅炉分为 4 部分：首先是和 QSL 炉出口相接的香蕉形受热面，然后是一段约 13m 高的垂直上升烟道，接下来是水平布置的辐射室和对流区，全部采用膜式水冷壁结构。辐射部与对流部设置空气振打锤，以便及时清理锅炉内积灰。

第一次投产试车时余热锅炉运行不是很理想，锅炉积灰比较严重。国外资料介绍 QSL

炉烟尘率为 15%~20%，但根据投产实践发现烟尘率高达 30%~35%。烟尘量几乎增加了一倍，余热锅炉设计的清灰能力不足，造成锅炉积灰严重。余热锅炉在第三次开炉试车不足 3 个月的运行中发生两次漏水事故。根据事故分析，确定余热锅炉的漏水均与腐蚀有关。原因之一为：QSL 炉烟气及烟尘中含有氯离子与氟离子，在有水蒸气的条件下，氯离子与氟离子对炉管有严重的腐蚀作用。

C 水口山氧气底吹熔炼炉余热锅炉

水口山底吹炉余热锅炉由上升烟道底部、上升烟道、辐射冷却室和对流区四部分组成。锅炉采用强制循环，露天布置。

上升烟道底部与氧气底吹熔炼炉烟气出口相接，它是由膜式水冷壁结构的受热面组成，管子间距为 80mm。上升烟道底部设有用于熔炼炉转动时烟气密封的香蕉形受热面，受热面上设有事故烟道。上升烟道高度约有 20m，烟气中熔融状态下的烟尘可借助于重力作用流向并沉降到熔炼炉内，从而减轻后部受热面上的积灰。上升烟道出口烟气温度为 750~800℃。上升烟道是余热锅炉的前置受热面。底吹炉余热锅炉辐射冷却室和对流区水平布置，辐射冷却室和对流区外壁是由膜式水冷壁结构的受热面组成，管子间距为 100mm。辐射冷却室是个大空腔，其内部烟气流速较低，这有利于烟尘沉降。烟气通过辐射冷却室后进入对流区，对流区内部沿烟气流向依次布置了 1 组凝渣管屏和 5 组对流管束。凝渣管屏和对流管束均由锅炉钢管弯制。烟气通过对流区后温度降到约为 360℃后排出余热锅炉进入收尘系统。

上升烟道及锅炉辐射室设置 12 台弹性振打清灰装置，对流管束配有 44 台弹性振打清灰装置。每台振打装置由 0.37kW 的减速电机驱动，振打频率每分钟 3 次，击振力可调，范围 40~400kN，能及时有效地清除受热面的积灰，保证余热锅炉的正常运行。

锅炉灰斗的一侧，共设置了 5 个人孔门，以便锅炉检修。

余热锅炉灰斗下部装有埋刮板除灰机，余热锅炉中沉降下来的烟尘和清灰装置清理下来的灰渣由除灰机送至集尘斗集中运输。

8.1.4.3 铅冶炼余热锅炉设计要点

根据 8.1.4.2 节 3 种余热锅炉的实际运行情况，总结设计铅冶炼余热锅炉需注意几个方面：

（1）减少和清除积灰。积灰堵塞通道是造成余热锅炉不能正常运行的主要原因，解决的方法是：锅炉采用上升烟道加水平布置的辐射室及对流区的结构形式，受热面采用膜式水冷壁结构，辐射冷却室设计足够大，保证进入余热锅炉烟气中的烟尘能迅速冷却和沉积；在对流受热面部分拉开横向间距，防止烟尘堵塞。此外，再配以有效的弹性振打清灰和燃气脉冲吹灰等装置。

（2）防止受热面低温腐蚀。余热锅炉腐蚀的最大威胁来自含有二氧化硫和三氧化硫的烟气对受热面的低温腐蚀。防止受热面低温腐蚀的方法是，保证在锅炉设计工作压力下，锅炉的汽水饱和温度高于烟气中硫酸蒸气的露点温度，并有一定富裕度。在系统上仍需设置自动控制设施，以保证锅炉出口的蒸气压力稳定在设计工作压力下运行。

（3）减少漏风。余热锅炉需要有良好的密封性，特别是在二氧化硫浓度较高的烟气条件下工作，密封较好的锅炉可延长其使用寿命，且当烟气用于制酸时，还可保证烟气中有较高的二氧化硫浓度，有利于制酸。减少漏风的有效措施是采用膜式水冷壁，注意锅炉入口、炉顶和门孔的密封，尽量不采用压缩空气吹灰，使漏风减少到最小程度。

8.1.5 冶炼烟气余热锅炉结构设计

余热锅炉结构设计的主要内容包括：合理选定炉型，科学配置各部分的受热面、构架、炉墙以及清灰、除灰等设施，并统筹安排布置运行和安全所需的各种管道、门孔、支架、工作平台、扶梯、栏杆等。对于强制循环的余热锅炉，还应选择好循环水泵的型号、数量，并决定其安装位置和配置所需的管道等。

结构设计是余热锅炉设计的一项重要工作，它直接为锅炉的各种计算提供基础数据，其中包括热力计算、强度计算、水循环计算、烟道通风阻力计算及构架、炉墙、锅炉内过程的各种计算等。合理的结构及布置是锅炉安全经济运行的重要依据。

在设计余热锅炉时，不但要考虑适应高温烟气的工作条件和特点，而且需考虑安装场所和前后工艺设备连接情况的特殊要求等。要尽量考虑露天布置，在结构设计上应采取相应的措施，以防止风、雨、雪、日晒等对设备的侵袭。另外，还应力求锅炉制造的工艺简单，运输安装的条件方便。

8.1.5.1 炉型及受热面的结构

余热锅炉的炉型选择及总体结构的布置十分重要，它是余热锅炉成败的关键[4]。经过多年研究探索，目前适合于烟气条件恶劣、烟尘较多的余热锅炉的总体结构，基本上可以分为两种形式，即多烟道式和直通式。在氧气底吹炼铅烟气回收余热锅炉工程实践中，曾使用过二通道式、三通道式，图 8-3 和图 8-4 分别为二通道式、三通道式的结构示意图。

氧气底吹炼铅的余热锅炉大多为多通道余热锅炉，烟气在锅炉内呈多回程式流动。第一烟道是一个大的辐射冷却室，烟气温度在其中被冷却到烟尘软化点以下，之后进入第二烟道。第二、第三烟道是对流受热区，垂直挂着一排排与烟气成纵向冲刷的屏式受热面。在烟尘易与耐火材料黏结的区域，凡与烟气接触的所有炉墙，均用翅片管全部遮盖。

8.1.5.2 辐射冷却室的结构设计

辐射冷却室的主要作用是可有效吸收高温烟气中热量，并将烟温冷却到烟尘凝固点温度以下；合理组织烟气动力场；有效防止受热面上的积灰等。要达到这些目的，冷却室须具有一定的受热面积、容积和形状，它与锅炉燃烧室设计不同，因为余热锅炉单位体积热强度小，因此难以利用"单位体积的热负荷强度"概念来估算冷却室容积。一般是先确定受热面积，再确定烟气流通断面，最后确定冷却室的大小。

（1）当辐射室不布置过热器时，水冷壁面积可按下式估算：

$$H = \frac{V(I'-I'')}{K\left[\frac{1}{2}(t'_L+t''_L)-t_b\right]} \tag{8-1}$$

式中，H 为辐射室水冷壁面积，m^3；V 为锅炉进口烟气量，m^3/h；I' 为锅炉进口烟气焓，详见 8.1.6.1 节；I'' 为锅炉辐射冷却室出口烟气焓，根据烟温、成分、烟尘含量计算，$kcal/m^3$，

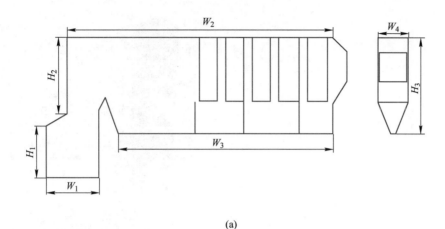

(a)

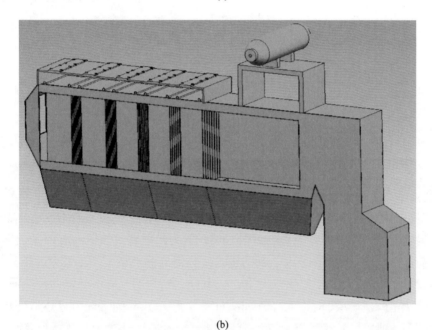

(b)

图 8-3 二通道式氧气底吹炼铅余热锅炉

1cal=4.184J；K 为烟气对受热面的传热系数，根据经验或相似的锅炉进行估算，当受热面积灰 5mm 时，一般取 $K=25\sim50$kcal/（$m^2\cdot h\cdot℃$）；t_L' 为锅炉进口烟气温度，℃；t_L'' 为锅炉冷却室出口烟温，℃，根据烟气及烟尘的特性来确定，对于重有色锅炉一般取 650℃ 左右；t_b 为受热面管壁温度，可取相应于锅筒运行压力下的饱和水的温度，℃。

（2）当辐射室天棚或侧墙、隔墙布置有过热器时，它的传热面积可按下列方法进行估算：

1）水冷壁受热面积按下式计算：

$$H_1=\frac{V(I'-I'')-D(i''-i')}{K_1\left[\frac{1}{2}(t_L'+t_L'')-t_b\right]} \tag{8-2}$$

式（8-2）中各物理量符号及单位与式（8-1）相同。

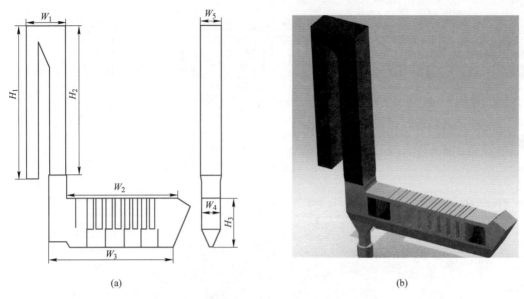

(a)   (b)

图 8-4   三通道式氧气底吹炼铅余热锅炉

2）过热器所需的面积按下式估算：

$$H_2 = \frac{D(i''-i')}{K_2\left[\frac{1}{2}(t'_L - t''_L) - t_b\right]} \qquad (8\text{-}3)$$

3）辐射室布置的总传热面积为：

$$H = H_1 + H_2 \qquad (8\text{-}4)$$

式中，H_1 为辐射室水冷壁占有的受热面积，m^2；H_2 为辐射室过热器占有的受热面积，m^2；H 为辐射室布置的总受热面积，m^2；D 为进入过热器的蒸汽量，t/h；i' 为过热器入口蒸汽的焓，$kcal/kg$；i'' 为过热器出口蒸汽的焓，$kcal/kg$；K_1 为烟气对水冷壁的传热系数，当管壁积灰 5mm 厚时，一般取 $K_1 = 25 \sim 50 kcal/(m^2 \cdot h \cdot \text{℃})$；$K_2$ 为烟气对过热器的传热系数，当管壁积灰 5mm 厚时，一般取 $K_2 = 25 \sim 45 kcal/(m^2 \cdot h \cdot \text{℃})$；$t_b$ 为过热器管壁温度，℃。

（3）辐射冷却室烟气流通断面积按下式初步确定：

$$F = \frac{(273 + t_{yp})V_y}{983 \times 10^3 W} \qquad (8\text{-}5)$$

式中，F 为烟气流通横断面积，m^2；t_{yp} 为冷却室内烟气的平均温度，℃；V_y 为冷却室中流过的烟气量，m^3/h；W 为冷却室中烟气流速，m/s。

横断面积主要取决于烟气流速，对于烟气从锅炉前面进入的水平布置冷却室，烟气速度一般选用 $1 \sim 3m/s$ 为宜；对于从锅炉顶部进入，冷却室中的烟气速度一般以选用 $3 \sim 6m/s$ 为宜。

横断面积确定后，可进一步决定其高与宽的尺寸。对于烟气从前面进入的水平冷却室，高宽比一般取 2 左右，可小于 2。烟气从锅炉顶部进入冷却室，其宽深比一般无特殊要求。有的冷却室中间设有一个受热面隔墙，如设计合理，利于烟气动力场组织及烟气在冷却室的温降。

（4）辐射冷却室长度方向尺寸的决定。烟气流动的纵深方向应有一定的长度，以便使烟气在流动过程中，有足够时间减少烟气和烟尘颗粒内部的温度差，并使烟尘尽可能变成固体颗粒，以减少积灰黏结在后部受热面上的可能。尤其在烟尘含量大、粒度大、烟尘性质恶劣的情况下，更为重要。

冷却室长度尺寸的确定较为复杂，因为受热面积的大小与受热面结构特性有关。如冷灰斗内是否布置受热面、烟气进口截面的大小等均为需考虑的重要因素。

受热面结构特性与它的布置形式有关，不同的布置形式，水冷壁的角系数 x 不同。对于翅片管组成的膜式受热面 $x=1$，受热面大小等于被遮盖冷却室内墙面积的总和。有时因为它的吸热量很少，此部分面积不计算，将其作为富裕受热面，这一点与一般锅炉计算方法不同。同时，计算冷却室受热面时，还应扣除烟气的进口面积。

综合上述因素，可以确定冷却室长度尺寸。辐射冷却室形状和大小初步确定后，再进行精确的热力计算，来校核锅炉各部分结构特性参数。尤其是冷却室烟气出口温度是否与原设定数值相符极为重要，需保证误差±5%。如果热力计算结果与原设定的数值相吻合，同时烟气动力场组织合理，水循环安全性有保证，可认为辐射冷却室已经设计完成。如果不符合要求，需重新调整冷却室大小，重做热力计算，直至完全符合要求为止。

8.1.5.3 对流受热面的结构设计

对流受热面是指以对流方式传热为主的受热面。其结构形式较多，但归纳总结为两大类：一是烟气条件好、烟尘含量少时，余热锅炉对流受热面结构形式与一般锅炉基本无区别；二是烟气条件恶劣、烟尘含量大，它具有一般锅炉所没有的特点，对于这种余热锅炉的对流受热面的结构设计要小心对待。余热锅炉的成败，固然与辐射冷却室的设计合理与否有关，而与对流受热面的结构形式更有着直接的关系，失败往往是由于对流受热面处的通道被积灰堵死造成的。经过多年研究和实践，现已找出比较合理的结构形式。无论是自然循环或强制循环，多通道式或直通式余热锅炉，它们的对流受热面的结构形式都是垂直布置的屏式受热面。这种形式的受热面，对于防止积灰、腐蚀均比较理想。

要确定对流受热面的面积，首先要确定流经对流受热面的烟气温度，即冷却室出口到锅炉出口的烟气温度。这些温度应根据烟气、烟尘的性质及后步工序要求确定。对于重有色冶金炉中烟气条件恶劣的余热锅炉，冷却室出口温度一般为650℃左右，锅炉出口温度一般为300~400℃。通常情况下锅炉出口温度应能满足后步烟气处理等工序的需要。

如把从冷却室出口到锅炉出口作为一个区段设计是困难的，因此把它划分为几个更小的区段。多烟道式余热锅炉常设有三个对流受热面烟道，直通式余热锅炉常分为几个受热区段来设计。每个烟道或区段的烟温降常取 70~150℃，根据温降就可确定各烟道或区段的进口温度。为了取得更好的传热效果，温降要划分恰当，烟速要选择得合理。

各烟道或区段的受热面面积可按下式初步计算：

$$H = \frac{V(I_1 - I_2)}{K(t_{yp} - t_b)} \tag{8-6}$$

式中，H 为所需要的受热面面积，m^2；V 为通过烟道的烟气量（应考虑漏风量），m^3/h；I_1 为进烟道的烟气焓，$kcal/m^3$；I_2 为出烟道的烟气焓，$kcal/m^3$；t_{yp} 为烟道内的烟气平均温度，℃；t_b 为烟道内受热面管壁外表温度，℃；K 为受热面的传热系数，在一般情况下，为辐射与对流放热系数之和，在二、三烟道中一般 $K = 20 \sim 35\text{kcal}/(\text{m}^2 \cdot \text{h} \cdot \text{℃})$，在第四烟道中 $K = 14 \sim 25\text{kcal}/(\text{m}^2 \cdot \text{h} \cdot \text{℃})$。

烟气流通断面积可按下式计算：

$$F = \frac{V\left(1 + \sum_{n=1}^{i} \Delta\alpha_i\right)(273 + t_{\text{yp}})}{1293 \times W \times b} \tag{8-7}$$

式中，F 为烟气流通断面积，m^2；V 为进锅炉的烟气量，m^3/h；$\sum_{n=1}^{i} \Delta\alpha_i$ 为所计算烟道之前，各部分漏风系数之和；t_{yp} 为计算烟道内的烟气平均温度，℃；b 为计算烟道内的大气压力，mmHg，$1\text{mmHg} = 133.3\text{Pa}$；$W$ 为计算烟道内的烟气平均流速，一般取 $W = 3 \sim 8\text{m/s}$，第二烟道取较小值，第三、四烟道可取较大值。

计算出 H 和 F 值后，就可计算出其他尺寸。此后应通过热力计算进行校核，进出口温度与原假定数值是否相符。如果不相符应重新调整对流区尺寸和受热面，直至相符。校核计算的出口烟温与假设数值的误差应不超过温降的 $10\% \sim 15\%$。

8.1.6　冶炼烟气余热锅炉整体计算

8.1.6.1　冶炼烟气余热锅炉热力计算

设计余热锅炉时，除整体布置外，首先须进行热力计算。热力计算是在给定的烟气及蒸汽参数下，确定锅炉各部件尺寸及产汽量，选择辅助设备并为进一步进行强度、水循环、烟道阻力计算提供必要的原始数据。

热力计算分结构热力计算和校核热力计算，两种计算方法基本相同，其区别在于计算任务和所求数据不同。结构热力计算是在给定烟气量、烟气特性、烟气进出口温度及锅炉蒸汽参数等条件下，确定锅炉各个部件受热面积和主要结构尺寸。校核热力计算是在给定的锅炉结构尺寸、蒸汽参数、烟气量及烟气参数等条件下，校核锅炉各个受热面的吸热量及进出口烟气温度等合理与否。同时对需要在不同的烟气量或烟气温度下运行的锅炉作校核热力计算，以检验锅炉各处的烟气温度和过热蒸汽温度等参数是否符合要求。

作校核热力计算时，需有以下几项原始资料和数据：

（1）锅炉图纸和有关受热面及烟道结构尺寸的资料；

（2）烟气特征，包括烟气量、烟气温度、烟气成分、烟气供给情况烟尘量及其特性等资料；

（3）锅炉蒸汽参数，给水压力和温度，过热蒸汽压力和温度；

（4）再热器进出口蒸汽参数和流量；

（5）吹灰介质及参数，运行制度，介质流量；

（6）连续排污量。

作结构热力计算时，除上述第（1）项外，其余各项资料均需具备。

A　烟气的容积和焓

余热锅炉烟气容积主要是由工业炉排出的烟气量、锅炉漏风量以及吹灰介质容积等组成。烟气再循环的余热锅炉中，再循环烟气容积应该计入。锅炉烟气容积按下式计算：

$$\sum V = V'_y + \Delta \alpha V'_y + V_{ch} + V_{zx} \tag{8-8}$$

式中，V 为余热锅炉烟气容积，m^3/h；V'_y 为由工业炉排入锅炉的烟气量，m^3/h；$\Delta \alpha$ 为锅炉的漏风系数，按表 8-5 查取；V_{ch} 为吹灰介质的容积，m^3/h；V_{zx} 为再循环烟气量，m^3/h。

表 8-5　余热锅炉各部漏风系数

锅炉部位	结构特征	$\Delta \alpha$
辐射冷却室	全密封式水冷壁，带金属护板	0.05
	全水冷壁，带双层金属护板	0.07
	全水冷壁，带砖衬及单层金属护板	0.08
	全水冷壁，不带金属护板	0.10
对流区	双层金属护板	0.10
	砖衬，单层金属护板	0.12
	不带金属护板	0.15

吹灰介质的容积是指通过吹灰器进入锅炉的介质容积。目前所用吹灰器喷射孔直径一般为 10~12mm，当吹灰介质采用压力为 15kg/cm² 的压缩空气时，每台吹灰器的耗气量为 4000~6000m³/h。如使用蒸汽，其耗汽量也在 2000kg/h 左右。在计入烟气容积时，蒸汽消耗量单位应化成 m^3/h。若蒸汽耗量为 $G_{ch}(kg/h)$，则其容积为 $1.24G_{ch}(m^3/h)$。

烟气的焓是指由工业炉排入锅炉烟气的含热量，以每立方米烟气的含热量来表示。对于含尘量较大的烟气，随烟气带入锅炉烟尘的焓也应计入。因此，烟气的焓用下式表示：

$$I_y = I'_y + I_h \tag{8-9}$$

式中，I_y 为烟气及烟尘的总焓，$kcal/m^3$；I'_y 为烟气气体成分的焓，$kcal/m^3$；I_h 为烟尘的焓，$kcal/m^3$。

烟气的焓等于烟气中各组成容积份额的焓之和（即各组分的体积分数与该组分焓的乘积之和）即：

$$I'_y = I_{CO_2} + I_{SO_2} + I_{N_2} + I_{O_2} + I_{CO} + I_{H_2O} \tag{8-10}$$

式中，I'_y 为烟气气体成分的焓，$kcal/m^3$；I_{CO_2} 为烟气中 CO_2 气体焓，$kcal/m^3$；I_{SO_2} 为烟气中 SO_2 气体的焓，$kcal/m^3$；I_{N_2} 为烟气中 N_2 气体的焓，$kcal/m^3$；I_{O_2} 为烟气中 O_2 气体的焓，$kcal/m^3$；I_{CO} 为烟气中 CO 气体的焓，$kcal/m^3$；I_{H_2O} 为烟气中 H_2O 气体的焓，$kcal/m^3$。

烟气中各容积份额的焓按下式计算：

$$I_q = V_q c_q t'_q \tag{8-11}$$

式中，I_q 为烟气中各容积份额的焓，$kcal/m^3$；V_q 为烟气中某种气体的容积，m^3；c_q 为烟气中某种气体在该温度下的比热容，$kcal/(m^3 \cdot \text{℃})$；$t'_q$ 为烟气中某种气体的温度，℃。

烟尘的焓按下式计算：

$$I_h = 0.8 \times \mu c_h t_h \tag{8-12}$$

式中，I_h 为烟尘的焓，$kcal/m^3$；0.8 为系数；μ 为烟气的浓度，kg/m^3；c_h 为烟气的比热容，可取 $c_h = 0.14kcal/(kg \cdot \text{℃})$；$t_h$ 为烟气的温度，℃。

B　锅炉的热平衡

锅炉热平衡的计算是为了使进入锅炉的热量 Q' 与有效利用热量 Q_1 及各种损失的总和相平衡，再在热平衡的基础上计算锅炉的产汽量。锅炉的热平衡方程式如下：

$$Q' = Q_1 + Q_2 + Q_3 + Q_4 + Q_5 + Q_6 \tag{8-13}$$

式中，Q' 为进入锅炉的总热量，kcal/h；Q_1 为锅炉的有效利用热量，kcal/h；Q_2 为排烟损失，kcal/h；Q_3 为化学不完全燃烧损失，kcal/h；Q_4 为机械不完全燃烧损失，kcal/h；Q_5 为散热损失，kcal/h；Q_6 为排灰渣损失，kcal/h。

进入余热锅炉的总热量包括烟气带入的热量 Q_y、烟尘带入的热量 Q_h、炉口辐射热量 Q_f、连续吹灰介质带入的热量 Q_{ch}、漏入空气带入的热量 Q_{lk}。当有烟气再循环时，还应包括再循环烟气带入的热量 Q_{zx}。

由于漏入锅炉的空气所带入的热量很少，一般 Q_{lk} 可以忽略不计（如吹灰介质为空气时，其热量也较少，计算时也可不考虑）。因此，进入锅炉的热量按下式计算：

$$Q' = Q_y + Q_h + Q_f + Q_{ch} + Q_{zx} \tag{8-14}$$

式中，Q' 为进入锅炉的总热量，kcal/h；Q_y 为烟气带入的热量，kcal/h；Q_h 为烟尘带入的热量，kcal/h；Q_f 为炉口辐射热量，kcal/h；Q_{ch} 为连续吹灰介质带入的热量，kcal/h；Q_{zx} 为再循环烟气带入的热量，kcal/h。

当绘有烟气的焓-温图时，烟气的含热量 Q_y 可按烟气温度在焓-温图上查出其焓 I_y，然后按下式算出烟气带入的热量 Q_y：

$$Q_y = I_y V_y \tag{8-15}$$

式中，Q_y 为烟气带入的热量，kcal/h；I_y 为按锅炉烟气温度在焓-温曲线图上查得的焓值，kcal/m³；V_y 为入锅炉的烟气量，m³/h。

如果在焓-温曲线上查得的 I_y 包括烟尘的焓，则按式（8-15）计算的热量 Q_y 也就包括烟尘的热量，即等于式（8-14）中 Q_y、Q_h 之和。

炉口的辐射热量 Q_f 是指工业炉内高温熔体和耐火材料通过工业炉的排烟口向锅炉辐射传递的热量，该热量按下式计算：

$$Q_f = \alpha_f C_0 F_{lk} \left[\left(\frac{T_f}{100} \right)^4 - \left(\frac{T_b}{100} \right)^4 \right] \tag{8-16}$$

式中，Q_f 为炉口的辐射热量，kcal/h；α_f 为辐射体的黑度，一般取 0.6~0.9；C_0 为绝对黑体的辐射系数，$C_0 = 4.88$；F_{lk} 为锅炉炉口的面积，当工业炉出口面积较小时，取工业炉的出口面积，m²；T_f 为高温辐射体的绝对温度，K；T_b 为锅炉内辐射体的平均绝对温度，K，在具体计算中，可近似地取其等于锅炉管壁的绝对温度。

吹灰介质带入的热量 Q_{ch} 只有在使用蒸汽作为吹灰介质并连续运行时才考虑，其热量按下式确定。

$$Q_{ch} = G_{ch}(I_{zq} - 600) \tag{8-17}$$

式中，Q_{ch} 为吹灰介质带入的热量，kcal/h；G_{ch} 为连续吹灰时蒸汽消耗量，kg/h；I_{zq} 为蒸汽的焓，kcal/kg。

当锅炉有再循环装置时，再循环烟气带入锅炉的热量按下式计算：

$$Q_{zx} = V_{zx} C_{zx} t'_{zx} \tag{8-18}$$

式中，Q_{zx} 为再循环烟气带入的热量，kcal/h；V_{zx} 为再循环烟量，m³/h；C_{zx} 为再循环烟气的比热，kcal/(m³·℃)；t'_{zx} 为再循环烟气的温度，℃。

对于未装有辅助燃烧装置的余热锅炉，热损失中 Q_3 及 Q_4 等于零，锅炉热损失只有

Q_2、Q_5、Q_6。

锅炉热损失中,排烟损失 Q_2 最大。对于烟气需要制酸的余热锅炉,排烟温度一般在
350~400℃,排烟热损失 Q_2 占总热量的30%左右。以百分比表示的排烟损失率 q_2 可按下式
计算:

$$q_2 = \frac{Q_2}{Q'} \times 100\% - \frac{I''V_y''}{Q'} \times 100\% \tag{8-19}$$

式中,I'' 为相应排烟温度下烟气的焓,在焓-温曲线上查取,kcal/m³;V_y'' 为锅炉出口烟气
量,m³/h,包括吹灰介质流量和锅炉漏风量,如有烟气再循环时,也包括再循环烟气流
量;Q' 为进入锅炉的热量,kcal/h。

余热锅炉的散热损失 Q_5,主要与炉内温度、炉墙结构及保温情况有关。可根据锅炉
外壁温度与室温之差及锅炉表面积查线算图确定 Q_5 值,然后按下式计算余热锅炉的散热
损失率 q_5:

$$q_5 = \frac{Q_5}{Q'} \times 100\% \tag{8-20}$$

式中,Q' 为进入锅炉的热量,kcal/h。

做热力计算时,一台锅炉往往要分几段进行计算,锅炉散热损失要分配到每段烟道中
去。为了简化计算,可认为各段烟道所占散热损失的份额与各烟道中烟气放出的热量成正
比。在计算烟气放给受热面的热量公式中引入一个保热系数 ϕ 即可。其值按下式计算:

$$\phi = 1 - q_5 \tag{8-21}$$

灰渣热损失 Q_6 对余热锅炉来说,主要是由烟气带入的烟尘从锅炉内沉降下来而带走
的热量损失,它与烟尘的数量和温度有关。从锅炉排出的烟尘温度,主要与烟气温度和排
灰口位置有关。在同一台锅炉内由于排尘部位不同而烟尘的温度也不同。如铜闪速炉的余
热锅炉,从辐射冷却室排出的烟尘,其温度约为700℃,而从后部对流受热面排出的烟尘
温度只有300℃左右。由于各种余热锅炉入口烟气温度不同,烟尘温度也各异,计算时最
好能取用类似余热锅炉的实测资料。在没有准确资料的情况下,可根据具体情况,按以下
温度取用,即从辐射冷却室排出的烟尘取600℃左右,从对流受热面排出的烟尘取200~
300℃。

烟尘在锅炉内的沉降量与锅炉结构、烟气在炉内的流速、流动方式以及烟尘粒度有
关。在没有资料时,可以认为烟气中的烟尘有40%~60%在锅炉内沉降。

灰渣热损失率 q_6 按下式计算:

$$q_6 = \frac{Q_6}{Q'} \times 100\% = \frac{G_h C_h t_h}{Q'} \times 100\% \tag{8-22}$$

式中,G_h 为在锅炉内沉降的烟尘量,kg/h;C_h 为烟尘的比热,kcal/(kg·℃);t_h 为烟尘
温度,℃。

余热锅炉总的热损失率 $\sum q$ 为:

$$\sum q = q_2 + q_5 + q_6 \tag{8-23}$$

余热锅炉的热回收率 η 为:

$$\eta = 1 - \sum q \tag{8-24}$$

余热锅炉饱和蒸汽的产量 D_{bz} 按下式计算:

$$D_{bz} = \frac{\eta Q'}{i_{bz} - i_{gs}} \qquad (8-25)$$

式中，η 为锅炉热回收率，%；Q' 为进入锅炉的热量，kcal/h；i_{bz}、i_{gs} 为饱和蒸汽及给水的焓，kcal/kg。

8.1.6.2　冶炼烟气余热锅炉烟道阻力计算

对于一般的锅炉，必须连续地向炉子内供给燃料燃烧所需要的空气，并相应地将燃烧产物——烟气从锅炉中连续引出，以保证锅炉的正常燃烧和热交换，所以一般的锅炉机组必须设置有完善的送风和排烟系统。对于余热锅炉，由于其热源来自工艺生产的余热，一般来说不设置燃烧设备（只有在个别的场合，根据运行工况的需要，才设有辅助燃烧设备），因此一般不需要有送风系统，而仅有烟气系统。所以余热锅炉的烟道通风阻力计算只相当于一般锅炉机组的空气动力计算的一个部分，即相当于烟气系统的阻力计算部分。做此阻力计算的目的，在于求得烟气通过炉内时的阻力。当锅炉作为一个单独的系统时，计算烟气阻力和选取冷却室的运行压力是选择送、引风机的主要依据。当锅炉作为工业炉工艺流程的组成部分时（有些工艺过程必须装置余热锅炉，例如铜的闪速熔炼），其阻力是作为一个生产环节，为整个工艺流程的烟气系统选择送、引风机提供数据。这种情况下，锅炉冷却室的工作压力首先应在满足工业炉的工作压力要求的前提下，根据整个烟气系统的阻力计算和送、引风机型号选择的结果而予以确定的。同时，在某些情况下，通过烟道阻力计算，还可以发现并纠正锅炉受热面和烟道的不合理布置。

A　余热锅炉烟道通风阻力的分类

在进行余热锅炉的烟气阻力计算时，通常把阻力分为以下 3 部分来考虑。

（1）摩擦阻力：包括烟气在等断面的直流通道中流动时的阻力和烟气纵向冲刷管束的阻力；

（2）局部阻力：烟气在断面的形状或方向改变的通道中流动（包括分流、合流）时的阻力；

（3）烟气横向冲刷管束的阻力。

烟气通过余热锅炉的总阻力，为上述三者之和。即：

$$\Delta P = \Delta P_1 + \Delta P_2 + \Delta P_3 \qquad (8-26)$$

式中，ΔP 为烟气流动的总阻力，Pa；ΔP_1 为烟气的摩擦阻力，Pa；ΔP_2 为烟气的局部阻力，Pa；ΔP_3 为烟气横向冲刷管束的阻力，Pa。

B　摩擦阻力的计算

摩擦阻力按下式计算：

$$\Delta P_1 = \lambda \frac{l}{d_d} \cdot \frac{W^2}{2} \gamma \qquad (8-27)$$

式中，ΔP_1 为烟气的摩擦阻力，Pa；d_d 为通道的当量直径，m；λ 为摩擦阻力系数；l 为通道的计算长度，m；W 为烟气在通道内的计算流速，m/s；γ 为烟气的密度，kg/m³。

C　局部阻力的计算

局部阻力的计算式为：

$$\Delta P_2 = \zeta \frac{W^2}{2} \gamma \qquad (8\text{-}28)$$

式中，ΔP_2 为烟气的局部阻力，Pa；ζ 为局部阻力系数；W 为烟气在发生局部阻力处断面上的流速，m/s；γ 为烟气的密度，kg/m³。

任何局部阻力都是假定集中在烟气通道上的某一个断面来计算的。实际上，该阻力是烟气在断面形状或方向改变的通道中流动时引起的机械损失，不是瞬间发生的，而是要经过一定时间和长度才能完成。按照上述的假定，局部阻力是发生在该段通道上的实际损失与通道断面形状和流动方向不变时烟道的阻力损失（即摩擦阻力损失）之间的差值。

局部阻力的计算主要是正确地选取局部阻力系数和烟气的计算流速。局部阻力系数通常与雷诺数无关，因为一般烟气的通道断面积比较大，雷诺数也较大，而且由于局部扰动很强，流动多半已进入自模区。

余热锅炉烟气通道上的局部阻力，常遇到的有如下几种：由于通道断面形状改变而引起的局部阻力，由于通道方向改变而引起的局部阻力，内部设有管束弯头的局部阻力和三通的局部阻力等。

D　烟气横向冲刷管束通风阻力的计算

在锅炉的阻力计算中，烟气横向冲刷管束是作为一种特殊形式的阻力来考虑。就其阻力的表现形式，接近于局部阻力，所以其计算公式的形式和计算一般局部阻力相同。即

$$\Delta P_3 = \zeta' \frac{W^2}{2} \gamma \qquad (8\text{-}29)$$

式中，ΔP_3 为烟气横向冲刷管束的阻力，Pa；ζ' 为局部阻力系数；W 为烟气的计算流速，m/s；γ 为烟气的密度，kg/m³。

阻力系数 ζ' 的数值与管束中管子的排数、管束的布置方式以及烟气流动的雷诺数有关，应分情况按下述方法确定。

（1）顺列管束的局部阻力系数 ζ' 按下式计算：

$$\zeta' = \zeta_0 Z_2 \qquad (8\text{-}30)$$

式中，ζ_0 为单排管子的局部阻力系数；Z_2 为管子沿气流方向的排数。

（2）错列管束的局部阻力系数 ζ'' 按下式计算：

$$\zeta'' = \zeta_0 (Z_2 + 1) \qquad (8\text{-}31)$$

$$\zeta_0 = C_s Re^{-0.27} \qquad (8\text{-}32)$$

$$\psi = \frac{S_1 - d}{S_2' - d} \qquad (8\text{-}33)$$

$$S_2' = \sqrt{\left(\frac{S_1}{2}\right)^2 + S_2^2} \qquad (8\text{-}34)$$

式中，ζ_0 为单排管子的局部阻力系数；Z_2 为管子沿气流方向的排数；C_s 为错列管束的构造系数，由 S_1/d 及 ψ 确定；S_1 为管束宽度方向上的管子节距，m；S_2 为管束深度方向上的管子节距，m；d 为管子的外径，m；Re 为雷诺数；S_2' 为错列管束宽度方向的管子节距（管子对角线节距），m。

（3）斜向冲刷管束可视为横向冲刷管束的一种特殊形式，其阻力计算可以采用相同的

公式和图表。但在这种情况下，计算流速应按垂直于管子的轴线方向和考虑被管子堵塞的断面来确定。即

$$W = \frac{Q}{3600(F-f)}\sin\beta \tag{8-35}$$

式中，W 为烟气在通道内的计算流速，m/s；Q 为烟气的计算流量，m³/h；F 为烟气通道的有效断面积，m²；f 为流道内管束所堵塞的断面积，m²；β 为烟气流动方向与管束法线方向所形成夹角的余角，(°)。

上述计算对于 $\beta \leqslant 30°$ 时是足够精确的，但当 $\beta \leqslant 75°$ 时，无论是顺列或错列管束的斜向冲刷阻力都应比纯横向冲刷的计算结果大 10% 左右。

8.1.6.3　冶炼烟气余热锅炉水循环计算

余热锅炉的水循环计算，是在锅炉结构、水循环方式和蒸发受热面的循环系统已经拟定，并经过热力计算校核后进行的。计算的目的是检验锅炉受热管内各部分的工质是否都能够足量而连续地流动，即所吸收的热量能否均匀地传递给工质，从而保证受热面在允许的温度工况下长期安全地进行工作。

余热锅炉大都是用作工业炉高温烟气的冷却设备，炉型结构和普通锅炉有所不同，受热面的热负荷也比较低，而且锅炉的运行情况往往受到工业炉运行的影响及牵制，所以在进行水循环计算、选取各种数据以及校核水循环安全性时，必须考虑这些因素。

A　自然循环的计算方法

通过水循环计算，需要决定循环倍率、各管段的循环流速和回路的有效压头；以及掌握工质在循环中的安全程度。

由于锅炉的各个回路结构及工质参数的多种多样，回路间又互有关联，一般应该对每一回路进行循环计算。当有相同类型的回路时，可以允许只对均匀受热和由于结构特征形成最差工作条件的回路进行计算。而对于与温度低于 500℃ 的烟气相接触的受热面，不论其运行情况如何，只有当管子引到锅筒的蒸汽空间时，才需要进行循环计算。

通常除在额定负荷和工作压力下进行循环计算外，也需要对低负荷运行进行循环计算，以确定锅炉运行的最小容许负荷。必要时，还需要对锅炉水循环系统作相应的调整，以适应余热锅炉低负荷运行的要求。

a　有效压头的计算

按表 8-6 选用数个（一般是 3 个）循环流速。

表 8-6　推荐的循环流速

序　号	管　　件	循环流速/m·s⁻¹
1	直接引入锅筒的水冷壁管	0.5~1.5
2	有上集箱的水冷壁管	0.2~1.0
3	双面水冷壁管	0.5~2.0
4	小容量锅炉的水冷壁管	0.2~1.8
5	第一沸腾管束的头三排管子	0.1~0.8
6	第一沸腾管束的其余各排管子	0.1~0.5
7	第二和第三沸腾管束	0.1~0.5

按选取的循环流速，计算进入上升管的水流量，按式（8-36）计算：

$$G = W_0 \gamma' f_{ss} \tag{8-36}$$

式中，G 为循环水量，kg/s；W_0 为循环流速，即蒸发入口处的流速，m/s；γ' 为饱和水的密度，kg/m³；f_{ss} 为上升管断面积，m²。

根据表 8-7 选取锅炉循环倍率。一般来说，余热锅炉的循环倍率，可以选用表中的上限值甚至更大一些。

表 8-7 推荐循环倍率取用值

锅炉型式	工作压力/kg·cm⁻²	蒸发量/t·h⁻¹	循环倍率/%
单锅筒中压锅炉	30~45	10~40	25~35
小容量中压锅炉	30~45	<15	40~60
低压锅炉	15~30	<15	50~100
低压锅炉	<15	<15	100~200

注：1kg/cm² 压力 = 0.0981MPa。

计算锅炉水的欠缺焓 Δi：

$$\Delta i = \frac{i' - i_1}{K} \tag{8-37}$$

式中，i' 为饱和水的焓，kcal/kg，1cal = 4.184J；i_1 为锅炉给水的焓，kcal/kg，1cal = 4.184J；K 为循环倍率，循环水量和蒸汽产生量之比。

求水在下降管的吸热量：一般情况下，下降管设置在炉外，取其吸热量为零。

计算下降管流速，以下降管和上升管的断面积比，按下式求：

$$W_{xj} = W_0 \frac{f_{ss}}{f_{xj}} \tag{8-38}$$

式中，W_0 为循环流速，m/s；f_{ss} 为上升管断面积，m²；f_{xj} 为下降管断面积，m²。

求下降管阻力系数 Z：

$$Z = \lambda_0 l + \sum \zeta_{jb} \tag{8-39}$$

式中，λ_0 为引用摩擦系数，m⁻¹；l 为下降管长度，m；$\sum \zeta_{jb}$ 为下降管局部阻力系数。

计算下降管阻力：

$$\Delta P_{xj} = Z \frac{W_{xj}^2}{2} \gamma' \tag{8-40}$$

式中，ΔP_{xj} 为下降管阻力，Pa；Z 为下降管阻力系数；W_{xj} 为下降管流速，m/s；γ' 为饱和水的密度，kg/m³。

计算加热水段高度。加热水段高度，是指工质在欠缺焓的情况下进入上升管，由于受热而使上升管内工质达到饱和温度的那段加热高度与受热前管段高度之和。若进入上升管的工质已经十分接近饱和温度，则可取加热水段高度为受热前的管段高度。加热水段高度按下式计算：

$$h_{rs} = h_{rq} + \frac{\Delta i - \Delta i_{xj} + \frac{\Delta i'}{\Delta P} g \gamma' \times 10^{-4} \left(h_{xj} - h_{rq} - \frac{\Delta P_{xj}}{g \gamma'} \right)}{\frac{Q_1}{h_1 G} + \frac{\Delta i'}{\Delta P} g \gamma' \times 10^{-4}} \tag{8-41}$$

式中，h_{rq} 为工质进入上升管至受热段的高度，m；Δi 为锅筒水的欠缺焓，按式（8-37）求，kcal/kg；Δi_{xj} 为下降管内水的吸热量，一般情况下 $\Delta i_{xj}=0$，kcal/kg；$\dfrac{\Delta i'}{\Delta P}g\gamma'\times10^{-4}$ 为锅炉工作压力下，每米高度内饱和水焓的变化，其中 $g\dfrac{\Delta i'}{\Delta P}$ 的含义是锅筒压力为 P 时，每增加一个大气压的焓增量（在 P 及 $P+1$ 个大气压饱和水的焓差），kcal/(kg·cm^{-2})，1kg/cm^2 压力 = 0.0981MPa；Q_1 为按分段规则将上升管分段计算的第一管段吸热量，kcal/s；h_1 为第一管段高度，m；G 为回路的循环水流量，kg/s；h_{xj} 为下降管高度，m；ΔP_{xj} 为下降管的流动阻力，kg/m^2。

若加热水段高度超出第一受热管段的范围时，加热水段高度 h_{rs} 应按下式求：

$$h_{rs}=h_{rq}+h_1+\frac{\Delta i-\Delta i_{xj}+\dfrac{\Delta i'}{\Delta P}g\gamma'\times10^{-4}\left(h_{xj}-h_{rq}-h_1-\dfrac{\Delta P_{xj}}{g\gamma'}\right)-\dfrac{Q_1}{G}}{\dfrac{Q_2}{h_2G}+\dfrac{\Delta i'}{\Delta P}g\gamma'\times10^{-4}} \tag{8-42}$$

式中，Q_2 为第二管段的吸热量，kcal/s；h_2 为第二管段的高度，m。

计算含汽段高度 h_{hq}，各按下述情况求出：

（1）对于不分段的上升管引入锅筒水位以下的管子，含汽段高度为：

$$h_{hq}=h-h_{rs} \tag{8-43}$$

（2）对于不分段的上升管引入锅筒蒸汽容积时，含汽段高度只算到锅筒正常水位：

$$h_{hq}=h-h_{rs}-h_{cg} \tag{8-44}$$

（3）对于分段计算的第一含汽段高度：

$$h_{hq1}=h_{rq}+h_1-h_{rs} \tag{8-45}$$

式中，h_{rs} 为加热水段高度，m；h 为回路高度，m；h_{cg} 为上升管引入锅筒超过正常水位的高度，m；h_{rq} 为工质进入上升管至受热段的高度，m。

计算加热水段长度：

$$l_{rs}=l_{rq}+\frac{h_{rs}-h_{rq}}{\sin\alpha} \tag{8-46}$$

式中，l_{rs} 为加热水段长度，m；l_{rq} 为受热前的管段长度，m；α 为管段对水平的倾角，（°）。

计算上升管含汽段的长度：

$$l_{hq}=l_{yx}-l_{rs}+l_{rq} \tag{8-47}$$

式中，l_{hq} 为上升管含汽段的长度，m；l_{yx} 为上升管的有效长度，m。

计算管段的蒸发量：

（1）当管段入口处为热水时：

$$D_{gd}=\frac{Q_{gd}-G(\Delta i'-\Delta i_{xj})}{r} \tag{8-48}$$

式中，D_{gd} 为管段的蒸发量，kg/s；Q_{gd} 为管段的吸热量，kcal/s；r 为汽化潜热，kcal/kg；G 为循环水量，kg/s；$\Delta i'$ 为饱和水焓的变化，kcal/kg；Δi_{xj} 为下降管内水的吸热量，kcal/kg。

（2）当进入管段是汽水混合物时：

$$D'_{gd}=D_j+D_{gd} \tag{8-49}$$

式中，D'_{gd}为管段出口处的蒸发量，kg/s；D_j为管段入口处的蒸汽量，kg/s；D_{gd}为管段的蒸发量，kg/s。

管段的平均蒸发量$\overline{D}_{gd}$按下式求：

$$\overline{D}_{gd} = D_j + \frac{D_{gd}}{2} \qquad (8-50)$$

管段的蒸汽平均折算速度$\overline{W}''_0$按下式求：

$$\overline{W}''_0 = \frac{\overline{D}_{gd}}{f\gamma''} \qquad (8-51)$$

式中，f为管子断面积，m^2；γ''为蒸汽密度，kg/m^3。

若管件由几个管段组成，为求各管段的阻力损失用的蒸汽平均折算速度，应按管段计出：

$$\overline{W}''_{0n} = \frac{D_{n-1} + \overline{D}_n}{f\gamma''} \qquad (8-52)$$

式中，$\overline{W}''_{0n}$为第n段的蒸汽平均折算速度，m/s；D_{n-1}为进入第n段管的蒸汽量，kg/s；$\overline{D}_n$为第n段管的平均蒸汽量，kg/s；f为管子断面积，m^2；γ''为蒸汽密度，kg/m^3。

计算汽水引出管的阻力时，应按管段出口的蒸发量计算蒸汽折算速度W''_0：

$$W''_0 = \frac{D_c}{f_{yc}\gamma''} \qquad (8-53)$$

式中，D_c为回路出口的蒸汽量，kg/s；f_{yc}为回路引出管断面积，m^2；γ''为蒸汽密度，kg/m^3。

计算汽水混合物的平均流速$\overline{W}_{hw}$：

$$\overline{W}_{hw} = W_0 + \overline{W}''_0 \left(1 - \frac{\gamma''}{\gamma'}\right) \qquad (8-54)$$

式中，W_0为循环流速，m/s；W''_0为蒸汽平均折算流速，m/s；γ''为蒸汽密度，kg/m^3；γ'为饱和水密度，kg/m^3。

计算管段的容积含汽量：

$$\beta = \frac{V_{zf}}{V_{zf} + V_s} = \frac{W''_0 f}{W''_0 f + W'_0 f} = \frac{W''_0}{W_{hw}} \qquad (8-55)$$

式中，β为容积流量含汽量；V_{zf}为汽水混合物中蒸汽的容积流量，m^3/s；V_s为汽水混合物中水的容积流量，m^3/s；W'_0为水流速，m/s；W''_0为蒸汽流速，m/s；W_0为循环流速，m/s；f为管子断面积，m^2；W_{hw}为汽水混合物流速，m/s。

计算真实容积含汽量：

$$\varphi = K_\alpha c\beta \qquad (8-56)$$

式中，K_α为对与水平成倾斜角α的修正系数，根据工作压力、混合物速度以及管子对水平的倾角α查图取值，当工作压力小于10atm时，K_α取值为1；c为比例系数，决定于工质的物理性质，根据试验确定。

计算运动压头方法如下：

（1）当计算管段的运动压头时，计算式为：

$$S_{1yd} = h_{1hq}\overline{\varphi}_{1gd}g(\gamma' - \gamma'')$$ （8-57）

式中，S_{1yd} 为第一管段运动压头，Pa；h_{1hq} 为第一管段含汽段高度，m；$\overline{\varphi}_{1gd}$ 为第一管段的蒸汽平均真实含汽量；γ' 为饱和水密度，kg/m³；γ'' 为蒸汽密度，kg/m³。

（2）当计算回路的运动压头时，计算式为：

$$S_{yd} = \sum S_{iyd}$$ （8-58）

式中，S_{yd} 为回路的运动压头，Pa；$\sum S_{iyd}$ 为各管段运动压头的总和，Pa。

计算重量含汽量：

管件或管段中蒸汽重量流量和水的重量流量之比称为重量含汽量，用下式表示：

$$X = \frac{D}{G} = \frac{W_0''\gamma''}{W_0\gamma'} \quad 或 \quad X = \frac{i_{mw} - i'}{r}$$ （8-59）

当计算回路有加热水段时，式（8-59）应为

$$X = \left(\frac{Q}{G} - \Delta i_{ks}\right)\frac{1}{r}$$ （8-60）

式中，X 为重量含汽量；D 为管中蒸汽量，当求末端的重量含汽量时，则为管段末端的蒸汽量，kg/s；G 为进入管中的水量，kg/s；W_0 为循环流速，m/s；W_0'' 为蒸汽流速，m/s；i_{mw} 为管子末端的工质焓，kcal/kg；i' 为饱和水的焓，kcal/kg；r 为汽化潜热，kcal/kg；Δi_{ks} 为进入管端工质的欠缺焓，kcal/kg；Q 为管件或管段的吸热量，kcal/s。

计算回路中平均重量含汽量时按式（8-61）计算：

$$X = \frac{D}{2G} = \frac{W_0''\gamma''}{2W_0\gamma'}$$ （8-61）

计算加热水段阻力。加热水段阻力是上升管阻力的一部分，自然循环的上升管阻力主要由摩擦阻力和局部阻力两部分组成。包括加热水段、蒸发段、受热以后的管段等 3 项。如上升管有附加的局部阻力（如当汽水分离设备影响到循环时的汽水分离组件的阻力等），则在计算时应当计入。加热水段阻力按下式计算：

$$\Delta P_{rs} = (\lambda_0 l_{rs} + \sum \zeta_{jb})\frac{W_0^2}{2}\gamma'$$ （8-62）

式中，ΔP_{rs} 为加热水段的阻力，Pa；l_{rs} 为加热水段长度，m；λ_0 为引用摩擦系数，m⁻¹；W_0 为循环流速，m/s；$\sum \zeta_{jb}$ 为加热水段局部阻力系数；γ' 为水的密度，kg/m³。

计算蒸发段阻力：

$$\Delta P_{hq} = (\psi\lambda_0 l_{hq} + \sum \zeta_{jb}')\frac{W_0^2}{2}\gamma'\left[1 + \overline{X}\left(\frac{\gamma'}{\gamma''} - 1\right)\right]$$ （8-63）

式中，ΔP_{hq} 为蒸发段阻力，Pa；l_{hq} 为上升管含汽段长度，m；$\sum \zeta_{jb}'$ 为蒸发段局部阻力系数；$\overline{X}$ 为蒸发段平均重量含汽量；ψ 为摩擦损失修正系数；λ_0 为引用摩擦系数，m⁻¹；W_0 为循环流速，m/s；γ' 为水的密度，kg/m³；r'' 为蒸汽密度，kg/m³。

计算受热以后的管道阻力：

（1）对上升管直接引入锅筒：

$$\Delta P_{rh} = (\lambda_0 l_{rh}\psi + \sum \zeta_{jb}^{rh})\frac{W_0^2}{2}\gamma' \left[1+X\left(\frac{\gamma'}{\gamma''}-1\right) \right] \tag{8-64}$$

（2）对有集流集箱及汽水混合物引出管：

$$\Delta P_{rh} = (\lambda_0 l_{yc}\psi + \sum \zeta_{jb}^{yc})\frac{W_{yc}^2}{2}\gamma' \left[1+X\left(\frac{\gamma'}{\gamma''}-1\right) \right] \tag{8-65}$$

$$W_{yc} = W_0 \frac{f_{ss}}{f_{yc}} \tag{8-66}$$

式中，ΔP_{rh} 为受热以后的管道阻力，Pa；λ_0 为引用摩擦系数，m^{-1}；ψ 为摩擦损失系数；ψ 为摩擦损失修正系数；l_{rh} 为上升管受热以后的管段长度，即上升管从炉墙穿出处至锅筒的长度，m；l_{yc} 为引出管的长度，m；$\sum\zeta_{jb}^{rh}$ 为相应于 l_{rh} 管段长度内的局部阻力系数；$\sum\zeta_{jb}^{yc}$ 为引出管的局部阻力系数；W_{yc} 为引出管内的工质流速，m/s；f_{ss} 为回路内各上升管断面积之和，m^2；f_{yc} 为计算回路的引出管断面积之和，m^2；X 为上升管受热后管段的重量含汽量。

计算引入锅筒处超过正常水位时所必须具备的"修正重位压头"的阻力：

$$\Delta P_{cg} = gh_{cg}(1-\varphi)(\gamma'-\gamma'') \tag{8-67}$$

式中，ΔP_{cg} 为"修正重位压头"的阻力，Pa；h_{cg} 为引入管段超过锅筒正常水位的高度，m；φ 为上升管引出炉墙处的真实含汽量；γ' 为水的密度，kg/m^3；γ'' 为蒸汽的密度，kg/m^3；g 为重力加速度，$g=9.81m/s^2$。

计算上升管总水阻力：

$$\sum \Delta P_{ss} = \Delta P_{rs}+\Delta P_{hq}+\Delta P_{rh}+\Delta P_{cg} \tag{8-68}$$

式中，$\sum\Delta P_{ss}$ 为上升管总水阻力，Pa；ΔP_{rs} 为热水段阻力，Pa；ΔP_{hq} 为蒸发段阻力，Pa；ΔP_{rh} 为受热以后的管段阻力，Pa；ΔP_{cg} 为"修正重位压头"的阻力，Pa。

回路的有效压头：工质在管内运动时，运动压头和上升管水阻力之差称为含汽上升管的有效压头。即：

$$S_{yx} = S_{yd}-\sum\Delta P_{ss} \tag{8-69}$$

式中，S_{yx} 为含汽上升管的有效压头，Pa；S_{yd} 为运动压头，Pa；$\sum\Delta P_{ss}$ 为上升管总水压力，Pa。

b 下降管的阻力计算

在计算有效压头时，为计算加热水段高度所采用的下降管的阻力，仅仅包括了摩擦阻力损失和局部阻力损失。实际上，由于下降管可能存在蒸汽而增加了阻力损失。当需要精确计算时，下降管的阻力计算式应为：

$$\Delta P_{xj} = Z\frac{W_{xj}^2}{2}\gamma' + \Delta S_{zw} \tag{8-70}$$

$$\Delta S_{zw} = \overline{\varphi}_{xj}h_{xj}g(\gamma'-\gamma'') \tag{8-71}$$

式中，ΔP_{xj} 为下降管的阻力，Pa；ΔS_{zw} 为由于蒸汽的存在，下降管内工质液柱质量的减小值，kg/m^2；Z 为下降管阻力系数；W_{xj} 为下降管流速，m/s；γ' 为饱和水的密度，kg/m^3；$\overline{\varphi}_{xj}$ 为下降管内平均真正含汽量，在中压以下的余热锅炉中，若汽水混合物引入锅筒的蒸汽空间或进入装有分隔板的水容积内，而且锅筒内的假想水速 $W_{gt}\leqslant 0.1m/s$ 时，φ_{xj} 值接近于零；h_{xj} 为下降管高度，m；γ'' 为蒸汽的密度，kg/m^3。

对于由几种管径组成的顺序联接的下降管系统，其总阻力为所有管件阻力的总和。为简便计算，复杂系统的阻力可以用某一个简单管件内的速度和与该速度相当的总的阻力系数来决定。总阻力系数按下式计算：

$$\Sigma \zeta = \zeta_1 + \left(\frac{f_1}{f_2}\right)^2 \zeta_2 + \left(\frac{f_1}{f_3}\right)^2 \zeta_3 + \cdots + \left(\frac{f_1}{f_n}\right)^2 \zeta_n \tag{8-72}$$

式中，f_1、f_2、$\cdots$、f_n 为顺序联接的管子断面积，m^2；ζ_1、ζ_2、$\cdots$、ζ_n 为顺序联接的各管段阻力系数。

在一个回路内，当由几种管径组成的平行联接的管子向水冷壁进水时，可用其中一种管径的流速和假定的断面积 f 计算下降管的阻力。即

$$f = f_1 + f_2\sqrt{\frac{\zeta_1}{\zeta_2}} + f_3\sqrt{\frac{\zeta_1}{\zeta_3}} + \cdots + f_n\sqrt{\frac{\zeta_1}{\zeta_n}} \tag{8-73}$$

式中，f_1、$\cdots$、f_n 为平行联接的管子断面积，m^2；ζ_1、$\cdots$、ζ_n 为各管的阻力系数。

此时，水的流速计算式为：

$$W_1 = \frac{G}{f_{xj}\gamma'} \tag{8-74}$$

式中，G 为循环水量，kg/s；γ' 为水的密度，kg/m^3；f_{xj} 为下降管断面积，m^2。

B　强制循环的计算方法

强制循环水力计算是在热力计算的基础上进行的。水循环计算的任务是保证蒸发受热面和循环水泵工作的可靠性，制定提高锅炉运行可靠性的措施以及确定循环水泵的工作参数。

强制循环锅炉的管件压降，包括节流孔板的压力损失、摩擦阻力损失、局部阻力损失以及重位压降等4项。加速度的压力损失由于数值很小，可以忽略不计。管件的压降 ΔP_{gj} 为各个管段压降 ΔP_{gd} 的总和，即：

$$\Delta P_{gj} = \Sigma \Delta P_{gd} \tag{8-75}$$

而各个管段的压降，分别为上述4项之和。即：

$$\Delta P_{gd} = \Delta P_{jl} + \Delta P_{mc} + \Delta P_{jb} + \Delta P_{zw} \tag{8-76}$$

式中，ΔP_{gj} 为管件的压降，Pa；ΔP_{gd} 为管段的压降，Pa；ΔP_{jl} 为节流孔板的压降，Pa；ΔP_{mc} 为管段的摩擦阻力损失，Pa；ΔP_{jb} 为管段的局部阻力损失，Pa；ΔP_{zw} 为管段的重位压降，Pa。

节流孔板的压降：

$$\Delta P_{jl} = \zeta_{jl}\frac{W_r^2}{2\gamma'} \tag{8-77}$$

式中，ΔP_{jl} 为节流孔板的压降，Pa；ζ_{jl} 为节流孔板阻力系数；W_r 为管段内的质量流速，$kg/(m^2 \cdot s)$；γ' 为水的密度，kg/m^3。

管段摩擦阻力损失和局部阻力损失按加热水段、蒸发段以及加热以后的汽水混合物的引出管段等分别计算。

重位压降分下述情况计算：

（1）除上升下降运动管件外，对于所有垂直管段，

$$\Delta P_{zw} = \left(\sum (h_{rs}\gamma_{rs}) + \sum (h_{hq}\overline{\gamma}_{hq}) \right) \cdot g \tag{8-78}$$

$$\overline{\gamma}_{hq} = \overline{\varphi}\gamma'' + (1-\overline{\varphi})\gamma' \tag{8-79}$$

式中，ΔP_{zw} 为重位压降，Pa；h_{rs}、h_{hq} 为加热水段和蒸发段的高度，对上升运动取为正值，对下降运动取为负值，m；γ_{rs}、$\overline{\gamma}_{hq}$ 为加热水段的密度和蒸发段的平均密度，kg/m³，其中，γ_{rs} 可按饱和水的密度取用；$\overline{\varphi}$ 为沿高度的平均真实容积含汽量。

（2）上升下降运动回路的重位压降，要考虑到每一垂直管段内的工质密度，可按下式计算：

$$\Delta P_{zw} = \left(\sum (h\overline{\gamma})_{ss} - \sum (h\overline{\gamma})_{xj} \right) \cdot g \tag{8-80}$$

式中，ΔP_{zw} 为重位压降，Pa；h_{ss}、h_{xj} 为计算管段内的上升和下降运动的高度，m；$\overline{\gamma}_{ss}$、$\overline{\gamma}_{xj}$ 为计算管段内的上升运动工质的平均密度和下降运动工质的平均密度。若计算的管段为加热水段，则可取为饱和水的密度。若计算的管段为蒸发段，则可按式（8-78）分别为上升和下降运动进行计算。

（3）若该上升下降运动的回路没有划分为管段，则其重位压降可按集箱及管件的布置形式，近似地从下式求出：

1）分配、集流集箱都在上部布置时，

$$\Delta P_{zw} = -\left(h - \frac{h_1}{2} \right) \frac{\gamma_f - \gamma_j}{2} \cdot g \tag{8-81}$$

2）分配、集流集箱都在下部布置时，

$$\Delta P_{zw} = \left(h - \frac{h_1}{2} \right) \frac{\gamma_f - \gamma_j}{2} \cdot g \tag{8-82}$$

3）分配集箱在上部、集流集箱在下部布置时，

$$\Delta P_{zw} = -\left(h - \frac{h_1}{2} \right) \frac{\gamma_f + \gamma_j}{2} \cdot g \tag{8-83}$$

4）分配集箱在下部、集流集箱在上部布置时，

$$\Delta P_{zw} = \left(h - \frac{h_1}{2} \right) \frac{\gamma_f + \gamma_j}{2} \cdot g \tag{8-84}$$

式中，ΔP_{zw} 为重位压降，Pa；h_1 为上升下降管束宽度的一半（按水平部分度量），m；h 为上升下降管束的高度，m；γ_f 为分配集箱的工质密度，kg/m³；γ_j 为集流集箱的工质密度，kg/m³。

若管件由不同高度的管子组成，则重位压降应取具有同样高度的管子分别计算。在计算中，一般可取 γ_f 为饱和水的密度，而 γ_j 可按下式计算：

$$\gamma_j = \frac{1}{v' + X(v'' - v')} \tag{8-85}$$

式中，v' 为饱和水的比容，m³/kg；v'' 为饱和蒸汽的比容，m³/kg；X 为集流集箱内工质的

重量含汽率。

循环水泵的重位压降，按下式计算：

$$\Delta P_{zw} = \Delta h \gamma'$$ (8-86)

式中，γ' 为水的密度，kg/m^3；Δh 为水泵入口和出口的标高差，m，一般情况下，入口水做下降运动，故应取为负值。

当管件内的管组数大于 10（管组数为管子长度与上升下降管束高度之比），而且两个集箱位于同一标高时，重位压降可以不予考虑。

管子加热水段的高度计算：

$$h_{rs} = h_{rq} + \frac{\Delta i + \frac{\Delta i'}{\Delta P} g \gamma' \times 10^{-4} \left(h_{xj} - \frac{\Delta P_{jl}}{g\gamma'} + \frac{\Delta P_b}{g\gamma'} \right)}{\frac{Q_1}{h_1 G} + \frac{\Delta i'}{\Delta P} g\gamma' \times 10^{-4}}$$ (8-87)

式中，h_{rs} 为加热段的高度，m；h_{rq} 为工质进入上升管至受热段的高度，m；ΔP_{jl} 为从分配集箱引出的上升管的节流孔板的压降，Pa；ΔP_b 为循环水泵的压降，Pa。

当上升管不作为分段计算时，式（8-87）中的 Q_1 应为该回路的吸热量 Q，而 h_1 则应为回路的高度 h。

其他各项计算，可参阅自然循环计算方法采用。计算管件压降所必需的各参数值，均按锅筒内的工作压力取用。

8.1.7　余热锅炉的运行和维护

8.1.7.1　余热锅炉启动的操作

A　启动前的检查工作

启动前的检查工作如下：

（1）汽包的检查：

1）汽包上的各种装置如安全阀、压力表、水位计和阀门等设备完好且连接牢固、严密。

2）汽包内各进、出水管、排污管和蒸汽管没有堵塞，连接严密，位置正确。

3）汽包人孔门关闭严密。

4）汽包上照明良好，特别是水位计、压力表的照明。

（2）余热锅炉各连接管道的检查：

1）各管道无堵塞且连接牢固、严密。

2）管道上各支吊架安装正确、牢固，无任何临时加固设施。

3）管道膨胀没有阻碍。

4）各种标识齐全。

（3）阀门的检查：

1）所有阀门安装正确，连接法兰间无泄漏，紧固件无松动。

2）所有阀门手轮齐全、开关灵活并处于正确的开关位置。

（4）除氧器、给水箱的检查：

1）各管道、阀门连接牢固，无泄漏。

2）除氧器和除氧器上的各种设施和配件如水位计、压力表等齐全。

3）水位计及现场环境照明良好。

（5）仪表及 DCS 系统的检查：

1）仪表管理人员应检查所有仪表安装符合规定和设计要求，位置正确，连接牢固，测试准确。

2）DCS 系统调试合格，符合要求。

3）仪表电源、气源正常、可靠。

4）余热锅炉系统压力、温度、流量、水位、电流等测点的所有仪表，包括现场显示和远传显示仪表安装后必须经过校验才能使用，否则将导致错误读数和操作，极为危险。

（6）给水泵、循环泵的检查：

1）泵和冷却水的连接管道连接正确，冷却水压力、流量正常。

2）泵和驱动装置的润滑充分，油位、油质符合要求。

3）泵的进出口管道、阀门安装正确，配置齐全，连接牢固，地脚螺栓无松动。

4）泵之间的连锁保护灵敏可靠。

5）供电正常、可靠。

（7）刮板除灰机的检查：

1）所有的连接件和固定件上的螺栓无松动。

2）运输机链扣与传动轮咬合良好，转动自如，松紧适度。

3）刮板机与锅炉连接良好，无缝隙，有足够的膨胀间隙。

4）供电正常、可靠。

（8）余热锅炉及管道保温的检查：

1）余热锅炉及辅助设备外壁保温良好，无脱落。

2）所有的管道保温良好且有正确的流向标识。

（9）振打清灰系统的检查：振打系统状态良好。

（10）加药装置、取样冷却器的检查：

1）检查是否准备了足够的药剂。

2）加药装置上的阀门连接牢固、可靠，并处于正确的开关位置。

3）加药装置上的电机供电正常、可靠，润滑良好。

4）取样冷却器上的阀门连接牢固、可靠并处于正确的开关位置。

（11）安全附件的检查：

1）所有安全附件必须在有效检定期内。

2）检查所有压力表的量程范围，必须符合该压力段的压力等级。

3）确认安全阀经过调试，并且调试结果合格。

4）水位计工作正常。

5）所有安全标识齐全。

B　启动前的准备工作

启动前的准备工作如下：

（1）关闭余热锅炉上所有门孔并将膨胀指示器的指针调到零位。

（2）除氧器上水：

1）缓慢打开除氧器水位调节阀向除氧器上水。

2）当除氧器水位达到正常水位时，除氧器上水完毕，准备向汽包上水。

（3）锅炉上水：

1）首先打开汽包排气阀。

2）启动电动给水泵。启动前操作人员应对水泵进行检查、盘车，轴承转动时阻力应适中，检查转动方向是否正确，油位是否正常；确认冷却水畅通；检查水泵地脚螺丝紧固；正常时通过 DCS 启动给水泵；非正常状态时可在现场启动给水泵。

3）当给水泵运行后，缓慢打开汽包给水调节阀，控制汽包的给水流量。

4）当汽包水位超过 100mm 以上时，启动循环泵。

5）启动循环泵前，将循环泵出口关断阀打开 1/3，当循环泵运行正常后，缓慢打开循环泵出口关断阀，同时注意观察循环泵电机电流，防止电机过载。

6）严密监视汽包水位，当水位降低到低水位时，加强上水。

7）当汽包水位稳定在正常水位时，整个锅炉的上水工作完成，应停止给锅炉汽包上水。

C　锅炉升压

锅炉升压操作和要求如下：

（1）通过调节主汽管排空调节阀控制锅炉升压速度，一般情况下炉水升温速度控制在 30℃/h 以内。

（2）在升温升压过程中，监视汽包水位的变化，及时调节汽包给水流量，保持汽包正常水位。

（3）当汽包压力升至 0.1~0.2MPa 时冲洗汽包水位计。

（4）当汽包压力升至 0.2MPa 时，关闭排空阀。

（5）当汽包压力升至 0.2~0.4MPa 时，依次通过各联箱定期排污阀对锅炉进行放水，放水时应注意各个联箱膨胀是否均匀。同时应特别注意汽包水位的变化，及时调整汽包给水量，保持正常水位。

（6）排污前应将汽包内的水位略微控制高一点，以便排污时不会出现水位过低的现象，待排污完成后需调节汽包水位到正常水位。

（7）当锅炉压力升至 0.3MPa 时，应稳压一段时间，对检修中拆卸过的法兰等处的螺栓进行热紧。

（8）当汽包压力升至 1.5~3.0MPa 时，再检查锅炉各膨胀点，做好记录。如发现异常应停止升压，消除异常后再进行。

（9）当汽包压力升至 2.5MPa 时，应对锅炉进行一次全面检查，如有故障，应予消除，然后继续升压。

（10）当锅炉汽包压力达到 3.5MPa 时，可进行暖管和并汽工作。

（11）当汽包压力升至工作压力时应再次冲洗水位计，并校对所有水位指示是否正确。

D　余热锅炉的暖管与并汽

余热锅炉的暖管与并汽的操作要求如下：

（1）并汽时，汽包水位保持在 50mm 以下。

（2）缓慢打开主蒸汽管道所有疏水阀，再缓慢打开汽包压力调节阀和减压装置前后的手动阀，当疏水阀连续有蒸汽喷出，管道内无水流声时，表明蒸汽管道已被加热。

（3）缓慢打开汽包压力调节阀，再打开减压装置调节阀，最后打开外网并气阀向外网送汽，并汽完毕后关闭疏水阀。

（4）检查蒸汽的温度、压力，若各项参数都合格，锅炉完全运行正常后，可将锅炉投入自动控制状态。

8.1.7.2 余热锅炉的正常运行和维护

锅炉投入正常运行后，各司炉人员应按照技术规程和各项制度执行，严密监控锅炉和设备的运行状况，保证锅炉的安全运行，发现异常应及时处理和报告，并做好相应的运行日志和点检记录。

锅炉投入运行后，可以采用 DCS 系统自动监控，主控室操作员应通过 DCS 监控系统严密监视整个锅炉和设备的运行状况，并按标准和要求进行控制和调整。

司炉人员每 2h 对锅炉本体和辅助设备进行一次巡回检查，并按点检表内容做好记录，发现异常应及时处理。

（1）汽包的运行与检查：

1）每 2h 检查、对照汽包水位，汽包现场水位应与主控室监控系统显示水位相符，正常水位是 ±50mm。

2）检查、对照汽包现场压力表与主控室压力显示是否相符，如果压力与锅炉正常运行压力相差较大，应及时通知仪表维修人员检查处理。

3）检查汽包上各附件、阀门、法兰等连接部分有无跑、冒、滴、漏，如发现异常，应及时通知维修人员进行处理，并做好记录。

4）定期（每天）冲洗汽包水位计。

（2）循环水流量的监控：主控室操作员应从 DCS 系统上严密监控循环水流量值的波动及变化，出现异常或报警，应立即查明原因，并采取相应的措施。

（3）锅炉运行时各受热面状况的检查：

1）通过人孔门对各受热面状况进行详细的检查，如发现问题应及时处理和报告，并做好记录。

2）仔细检查锅炉受热面的变形、结焦、挂渣情况。

3）根据各部分挂渣、结焦、积灰情况，调整清灰系统的运行状态。

4）仔细检查锅炉受热面有无泄漏。

（4）清灰系统的运行检查：

1）清灰系统一般按预先设定的程序自动控制。运行中可根据锅炉积灰情况调整时间和次数。

2）由于振打锤的冲击负荷，会产生较大的应力，因此，每班应对各组振打装置的运行情况和作用进行检查，发现故障应立即排除。

3）要经常检查机械传动装置的润滑情况，及时补充润滑油。

（5）除氧器及除氧器的运行检查：

1）除氧器水位应保持在正常水位，要密切注视除盐水供水是否正常，如有异常，要立即采取措施。

2）除氧器给水和蒸汽加热控制阀均是自动控制，如有异常可改用手动或旁路操作。

3）除氧温度控制在104℃，除氧器压力控制在 0.02~0.03MPa。

（6）刮板运输机的运行检查：

1）刮板运输机必须连续运行，锅炉正常运行时不能人为停机。

2）操作人员必须熟悉设备的性能，熟练掌握操作程序。

3）每班应检查油位，必须保证润滑符合标准；润滑系统无渗漏，且保持清洁。

4）每2h必须进行巡视检查，通过声音、温度、振动等判断设备的运行情况。如发现隐患，应立即排除。

（7）锅炉的排污操作要求如下：

1）锅炉定期排污和连续排污的调整控制必须根据炉水分析化验结果来进行。

2）每班应对分配联箱排污阀和汽包底部定期排污阀操作排污一次。

3）排污方法：先打开受压侧阀门；完全打开排污控制阀（排污时间不超过10s）；先关闭排污控制阀，然后关闭受压侧阀门。

4）排污时应严密监视汽包水位，防止因排污造成缺水，发现异常，立即停止排污，排污结束后，应校对水位。

5）排污时如有水击现象，立即停止排污，待水击现象消除后方可进行。

6）排污操作时应有两人在现场。

7）注意：正常运行时，余热锅炉的排污是通过汽包的连续排污管进行排污，汽包定期排污是对汽包底部的污垢间隔一定时间进行排放，只有这样操作，才能起到加药和排污对余热锅炉水质改善的作用。

（8）汽包现场水位计的冲洗操作要求如下：

1）打开水位计上的放水阀，冲洗汽连管、水连管和玻璃板。

2）关闭水位计水侧旋塞冲洗汽连管和玻璃板。

3）关闭水位计汽侧旋塞，开水侧旋塞，冲洗水连管。

4）开启汽侧旋塞，缓慢的关闭放水阀，此时水位应缓慢上升至冲洗水位计前的正常水位并有轻微波动。

5）如冲洗后校对水位计发现异常，应当重新冲洗，校对。

6）冲洗水位计操作时脸部不要正对水位计，以防玻璃板破碎伤人。

8.1.7.3　常见事故处理

锅炉一旦发生事故，司炉人员一定要镇静，做到"稳""准""快"，不可惊慌失措，发现异常应查明事故原因，处理事故的动作要迅速正确。司炉人员对事故原因不清楚，应迅速向领导汇报，不可盲目处理。司炉人员从事故发生起，直到事故处理妥善为止，不得擅自离开岗位。事故消除后，应将发生事故的设备、时间、原因、经过、处理方法等详细记入锅炉事故记录中。

A　缺水事故

缺水事故的现象：

（1）水位报警器发出低水位报警信号。

（2）水位计水位低于最低安全水位或看不见任何水位。

（3）水位静止不动。

（4）蒸汽流量大于给水流量。

缺水事故的原因：

（1）管理不严，劳动纪律松懈，有脱岗、睡岗现象。

（2）水位表未按时冲洗或冲洗后旋塞不到位。

（3）给水设施故障未及时发现、处理。

（4）排污阀泄漏或关不严、或排污时间过长。

（5）监控人员对水位监视不够或误操作或自动上水仪表失灵。

（6）报警系统长期关闭或失灵。

轻微缺水的处理：

（1）立即关闭连续排污阀，检查定期排污阀。

（2）检查整个给水控制系统，给水管路上的阀门确认已完全打开，如控制系统故障，可打开旁路给水，此时现场操作人员须与主控室操作人员保持密切通讯联系，控制进入汽包的水量。

（3）在工作泵给水水量无法满足余热锅炉用水时，备用泵应立即启动。如果连锁装置失灵，应手动启动备用泵。

（4）待水位恢复正常后，打开连续排污阀，恢复正常运行。

（5）如果水位无法恢复正常，应检查各循环回路水流量是否发生变化或其他异常情况，必要时采取停炉措施。

严重缺水的处理：

（1）停止下料，调转炉口。

（2）关闭所有排污阀，通过启动主蒸汽排汽阀，降低余热锅炉压力。

（3）如循环流量正常，应保持循环泵正常运行，同时，应解除循环泵连锁；若循环流量异常，应立即停止循环泵运行。

（4）解除给水泵连锁，停止给水泵运行，禁止向余热锅炉上水。否则，将引起受热面急剧变形或爆管。打开所有人孔门，使余热锅炉尽快得到冷却。

（5）通知电工、仪表工做相应的检查。

（6）当余热锅炉温度下降到80℃以下时，对余热锅炉进行放水。

（7）余热锅炉水放完，并且已经完全冷却，故障处理完毕后，经水压试验和检查确认余热锅炉受压元件无损坏、变形，方可重新开炉。

B 满水事故

满水事故的现象：

（1）水位超过允许的最高水位。

（2）严重满水时，蒸汽管道内发生水击。

满水事故的原因：

（1）自动控制系统失灵，负荷降低时，余热锅炉给水未做相应的调整或给水流量不正常的大于蒸汽流量。

（2）操作人员疏忽大意，发生高水位报警时，未做相应调整。

（3）报警系统长期关闭或失效。

轻微满水的处理：

（1）立即打开定期排污阀，加大连续排污阀的开度，对锅炉进行放水。

（2）在水位恢复正常后，关闭汽包定期排污阀。

严重满水的处理：

（1）立即停止进料，调转炉口。

（2）立即关闭余热锅炉给水阀门，停止上水，打开紧急放水阀放水。

（3）关闭蒸汽并网阀门，打开管道上的疏水阀，防止水击，通过启动排汽阀控制压力。

（4）待水位恢复正常后，检查余热锅炉各部件无损坏，方可投入运行。

需要特别注意的是，没有特殊情况，不得人为操作汽包紧急放水阀控制汽包水位。只有汽包出现高水位时，控制系统才会自动开启紧急放水阀对水位进行控制。

C　余热锅炉泄漏事故的处理

余热锅炉泄漏事故的现象：

（1）余热锅炉发生泄漏严重时可清晰地听到爆破声响。

（2）余热锅炉炉墙有渗水或漏水现象，严重时可看见大面积漏水或喷水现象。

（3）给水流量大于蒸汽流量较多。

（4）烟道内负压变成正压，并在炉门或烟道漏风处喷出炉烟。

（5）烟道出口烟温低于正常值。

余热锅炉爆管事故的原因：

（1）余热锅炉给水质量不合标准，或对锅水质量监督不够，使管子内部结垢、腐蚀。

（2）水循环不良，引起管壁局部过热造成爆管。

（3）生产时烟温急剧增加，造成管子受热不均，局部严重变形。

（4）振打系统发生偏差严重损坏管子。

（5）人工清渣时损坏管子。

（6）烟道漏风处，形成负压低温区对管子的低温腐蚀损坏。

余热锅炉泄漏事故的处理：

（1）停止下料，调转炉口。

（2）缓慢打开锅炉的排空阀，降低锅炉的压力。

（3）打开余热锅炉所有的人孔门、检查门，使余热锅炉尽快得到冷却。

（4）当余热锅炉温度下降到80℃以下时，打开联箱排污，锅炉放水。

（5）待余热锅炉完全冷却后，对故障进行检查、维修处理；修理完毕，对受损部位进行水压试验，合格后方可投入运行。

D　超压事故处理

余热锅炉超压事故的现象：余热锅炉压力超过余热锅炉最高允许压力或超压保护动作。

余热锅炉超压事故的原因：

（1）热负荷突然大幅度上升，操作人员未做及时调整。

（2）主蒸汽管网上的并汽阀开度不够。

（3）自动调节阀门失灵。

超压事故处理：

（1）当余热锅炉压力超过高限报警时，通知冶金炉停止下料调转炉口。

（2）同时要严密监视水位，必要时采用旁路给水，此时现场操作人员应和主控室人员保持密切通讯联系，控制给水量。

（3）通过启动主蒸汽排汽阀，降低余热锅炉压力。

（4）如果余热锅炉压力继续上升，安全阀将会起跳。

（5）当压力降到工作压力后，恢复正常运行控制。

（6）超压解除后，司炉工应严格控制余热锅炉的压力，杜绝余热锅炉压力大幅下滑事故的发生。

（7）需要特别注意的是，余热锅炉正常运行时，应尽可能保持锅炉压力稳定，禁止人为通过操作主蒸汽排汽阀、压力调节阀等快速升高或降低锅炉压力，导致锅炉压力频繁大幅波动。

E　汽水共腾

水位表内出现很多汽泡和泡沫，造成水位模糊不清的一种现象，即为汽水共腾（汽相和液相无固定界面，且波动异常）。

汽水共腾的现象：

（1）水位表内水位波动剧烈，甚至只见泡沫。

（2）管道内发生水击，法兰接头处漏水。

（3）蒸汽品质下降。

汽水共腾的原因：

（1）锅水含盐量太大。

（2）在高水位时主汽阀开启过快，产生"吊水"，诱发汽水共腾。

（3）蒸汽并网时，压差过大。

（4）排污量过小。

汽水共腾的处理：

（1）启动调节阀控制压力。

（2）开启连续排污阀和定期排污阀，同时加大上水，防止水位降低，并加大管道疏水。

（3）通知化验人员对锅水取样分析，根据分析结果调整排污，改善水质。

（4）处理正常后，将定期排污阀关闭，恢复连续排污阀的开度，余热锅炉恢复正常运行。

F　汽包水位计损坏

汽包水位计损坏时处理：

（1）将损坏的水位计解列，即关闭汽、水连通管阀门，开启放水阀。

（2）严密注视其他水位计的工作状况，控制余热锅炉处于正常运行状态。

（3）尽快组织人员抢修。

（4）当所有的水位指示失灵时，应采取停炉措施。

G　自动控制仪表失灵

自动控制仪表失灵处理：

（1）立即派专人到汽包和给水箱对现场水位计、压力表等进行监控。

（2）手动操作旁路调节阀控制余热锅炉水位和压力，维持余热锅炉运行。

（3）停止下料。

（4）通知仪表工程师进行处理，待自动控制恢复正常后，方可恢复正常运行。

H　水泵（给水泵、循环泵）故障

水泵（给水泵、循环泵）故障应急处理：

（1）当水泵发生故障，给水或循环水出现异常时，应立即启动备用泵。

（2）停止故障水泵的运行，对故障发生的现象、情况判断做详细记录，通知维修人员尽快组织抢修。

（3）当工作泵和备用泵都发生故障，无法维持正常生产时，应立即停炉。

（4）当水泵恢复正常后，应按开炉程序检查无误后，重新开炉。

I　刮板机卡死

刮板机卡死的处理：

（1）立即停止下料，调转炉口。

（2）保持余热锅炉正常供水和水循环，保持余热锅炉正常水位。

（3）通知并协助相关人员排除故障。

J　停电状态

停电状态下的处理：

（1）停止进料，调转炉口。

（2）通知电工检查，若不能及时处理故障，采取紧急停炉措施。

8.2　烟气收尘

8.2.1　概述

氧气底吹炼铅技术烟气收尘涉及的内容有：底吹熔炼炉烟气收尘、底吹还原炉烟气收尘和烟化炉烟气收尘，由于 3 种冶金炉各自有不同的工艺特点，必须根据具体的冶金工艺确定收尘系统的工艺流程和收尘设备，以下分别描述。

8.2.2　收尘工艺流程的选择

收尘工艺流程通常根据烟气条件、烟尘性质、冶炼工艺以及后续烟气处理工艺的要求，选择合适的收尘工艺流程。

8.2.2.1　底吹熔炼炉的烟气性质及收尘工艺选择

底吹熔炼炉产出的烟气，先经过余热锅炉回收余热，再进入收尘系统。从余热锅炉出来烟气的特点：

（1）烟气温度高，约为 350~400℃。

（2）烟气含 SO_2 浓度高，含水多且有一定量的 SO_3，具有较强的腐蚀性，露点约 200℃。

（3）烟气含尘高，烟尘粒度细，黏性大，比电阻高。

根据烟气特点，收尘系统应采用高温电收尘工艺，避免了设备的腐蚀，收尘流程如图 8-5 所示。某底吹熔炼炉设置的电收尘器实物图如图 8-6 所示。

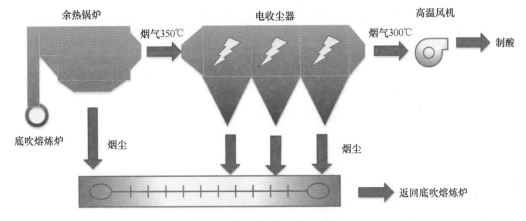

图 8-5 底吹熔炼炉收尘流程

图 8-6 某底吹熔炼炉设置的电收尘器实物图

虽然铅烟尘比电阻高，但烟气中含 SO_2、SO_3 和水分较多，烟气湿度较大，降低了烟尘的比电阻，同时电收尘器运行在 350~380℃，又使烟尘比电阻避开比电阻温度峰值，适合于电收尘器回收净化，净化后的烟气送制酸车间处理。铅烟尘比电阻温度曲线如图 8-7 所示。

底吹熔炼炉的烟尘率约为入炉料量的 15%~18%，进入电收尘的含尘量约为 200g/m³。而且烟尘成分主要为铅，含铅约 60%，烟尘一般要返回底吹熔炼炉熔炼。

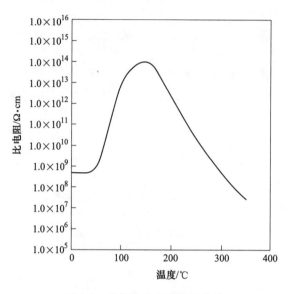

图 8-7 铅烟尘比电阻温度曲线

由于烟气腐蚀性较大，烟气温度可能会降到烟气露点以下。为防止设备和管路的腐蚀，所有设备和管路都实施外保温，并严防空气漏入。

8.2.2.2 底吹还原炉的烟气性质及收尘工艺选择

底吹还原炉产出的烟气，先经过余热锅炉回收余热，再进入收尘系统。从余热锅炉出来烟气的特点：

（1）烟气温度高，在 350~400℃ 范围内。

（2）炉内气氛为还原性，烟气中含有未燃尽的 CO。

（3）烟气含尘高，烟尘粒度细，黏性大，比电阻高。

根据烟气特点，收尘系统应采用袋式收尘工艺，并且袋式收尘器设有防爆阀，以确保收尘系统的安全操作，根据烟气降温方式的不同可以选择收尘流程如图 8-8 和图 8-9 所示。

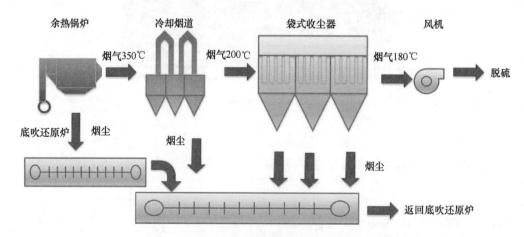

图 8-8 采用冷却烟道降温的底吹还原炉收尘流程

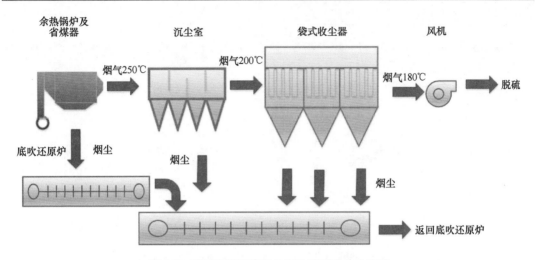

图 8-9 采用省煤器降温的底吹还原炉收尘流程

由于烟气温度高，烟气一般采用冷却烟道（表面冷却器）降温至适合滤料的温度再进入袋式收尘器（见图 8-10）。近年来，为了提高节能效果，也有采用省煤器降温，能多回收部分热量。省煤器可以将烟气冷却到 250℃。宜在袋式收尘器前设置沉尘室，沉降部分粗粒烟尘及未燃尽的火星后，并可以继续降温至 200℃ 左右再进入袋式收尘器净化，防止火星烧损滤袋。

图 8-10 某底吹还原炉设置的冷却烟道和布袋收尘器实物图

还原炉炼铅的烟尘率为入炉料量的 10% ~ 15%。而且烟尘成分主要为铅，含铅高的烟尘一般要返回底吹炉熔炼或还原炉熔炼。

8.2.2.3 烟化炉的烟气性质及收尘工艺选择

烟化炉产出的烟气，先经过余热锅炉回收余热，再进入收尘系统。余热锅炉烟气特点：

（1）烟气温度高，在 350~400℃ 之间。

（2）炉内气氛为还原性，操作不正常时烟气中含有大量粉煤，易在收尘系统中燃烧或爆炸。

（3）烟气含尘高，烟尘粒度细，黏性大，烟气中的 SO_2 和水分较低，比电阻高，是一种难回收的粉尘。

（4）烟尘主要成分为 ZnO，需单独处理或外售。

烟气特点与还原炉类似，可采用与还原炉相同的袋式收尘流程，根据烟气降温方式的不同可以选择收尘流程如图 8-11 和图 8-12 所示。

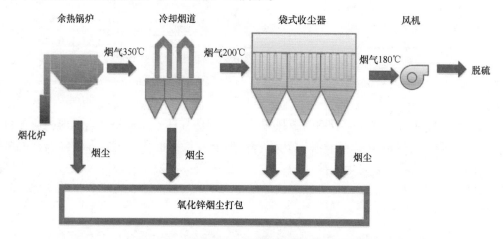

图 8-11　采用冷却烟道降温的烟化炉收尘流程

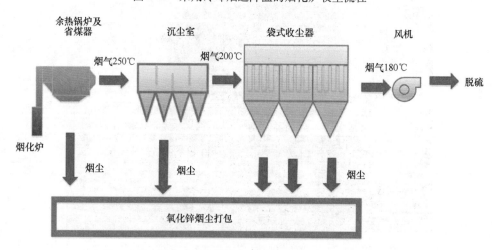

图 8-12　采用省煤器降温的烟化炉收尘流程

袋式收尘器设有防爆阀，确保收尘系统安全操作。烟化炉处理含氟、氯较高的物料时，烟尘含氟氯也较高，有个别工厂采用湿式收尘流程，可脱除部分氟氯，缓解烟尘进一步处理的困难。

烟化炉产出的氧化锌烟尘作为产品，有锌厂时可直接输送到锌厂处理回收锌；没有锌厂时烟尘可打包储存外售。

8.2.3 收尘系统的配置

收尘系统的配置对施工安装、生产操作、维护检修、收尘效果均有影响，设计时应综合考虑具体情况，合理配置。配置原则如下[5]：

（1）系统配置应紧凑，收尘设备与冶金炉及其他收尘设备之间尽量靠近，以减少烟管积灰。

（2）充分考虑施工安装、操作维修的需求，留出施工机械必要的操作场地及车辆运输通道。

（3）为避免系统间相互干涉，以每台冶金炉配备1台风机为宜。

（4）为使烟气分布均匀和操作方便，设备尽量对称布置。

（5）风机应布置在收尘器的出口，可保持收尘设备在负压条件下工作，烟气和烟尘无外漏，劳动条件较好，同时减少或避免烟尘对风机的磨损和黏结。

8.2.4 收尘设备

8.2.4.1 机械式收尘器

机械式收尘器[5]的主要收尘机制包括重力、惯性力和离心力等，因此可分为重力沉降室、惯性收尘器和旋风收尘器。沉降室和惯性收尘器结构简单、设备阻力小，但占地面积大，且只能捕集粗颗粒烟尘，属于低效收尘设备，一般使用较少。

旋风收尘器结构简单，占地面积小，能捕集 $10\mu m$ 以上的烟尘，属于中效收尘设备，设备阻力一般 $1000 \sim 1500 Pa$，部分高达 $3000 Pa$，因结构型式和进口流速而异。收尘效率与阻力相关，阻力越大，收尘效率越高。此外，收尘效率随烟尘粒径、密度、含尘量的提高而提高[6]。

机械式收尘器一般作为预收尘设备使用，以减轻后续收尘设备负荷。

8.2.4.2 电收尘器

A 电收尘器原理及特点

电收尘器[7]是利用静电力（库仑力）实现粒子（固体或液体粒子）与气流分离的一种收尘装置。其原理如图 8-13 所示。

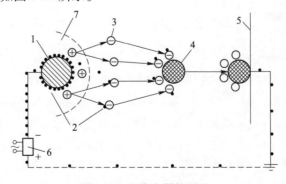

图 8-13 电收尘器的原理

1—电晕集；2—电子；3—离子；4—尘粒；5—集尘极；6—供电装置；7—电晕区

电收尘器收尘过程大致可分为三个阶段：

（1）粉尘荷电。在放电极与集尘极之间施加直流高电压，使放电极发生电晕放电，气体电离，生成大量自由电子和正离子。在放电极附近的所谓电晕区内正离子立即被电晕极（假定带负电）吸引过去而失去电荷，自由电子和随即形成的负离子则因受电场力的驱使向集尘极（正极）移动，并充满到两极间的绝大部分空间。含尘气流通过电场空间时，自由电子、负离子与粉尘碰撞并附着其上，实现粉尘荷电。

（2）粉尘沉降。荷电粉尘在电场中受库仑力的作用被驱往集尘极，经过一定时间后达到集尘极表面，放出所带电荷而沉积其上。

（3）清灰。集尘极表面粉尘沉积到一定厚度后，用机械振打等方法将其清除掉，使之落入下部灰斗中。放电极会附着少量粉尘，隔一定时间需进行清灰。

为保证电收尘器的高效运行，上述 3 个过程须十分有效。

电收尘器的特点：

（1）收尘效率高。静电收尘装置可通过加长电场长度提高收尘效率。当前，我国普遍使用 4 个电场的电收尘器，当烟气中粉尘状态处于一般状态时，其捕集效率可达 99% 以上。如增加电场，收尘效率还可继续提高。

（2）设备阻力小，能耗低。电收尘器能耗主要包括烟气阻力损失、供电装置、电加热保温和振打电机等。电收尘器的烟气阻力一般仅 200Pa 左右，受装置体积影响极小，即使 4~5 个电场也不会超过 300Pa。由于总能耗低，很少更换易损件，所以运行费用比其他收尘器等要小。

（3）适用范围广。电收尘器可捕集粒径小于 0.1μm 的粒子、处理 300~400℃ 的高温烟气，当烟气的各项参数在一定范围发生波动时，电收尘器仍可保持良好的捕集性能。需要指出的是，烟气中粉尘比电阻对静电收尘器的运行影响极大，当比电阻小于 $10^6 \Omega \cdot cm$ 或大于 $10^{12} \Omega \cdot cm$ 时[7]，电收尘器的正常过程受到干扰。总体来看发生此情况不多，绝大多数烟气净化均可采用电收尘器。

（4）处理烟气量大。电收尘器易模块化，因此易于实现装置的大型化。目前单台电收尘器处理气量已达 $2 \times 10^6 m^3/h$。袋收尘器或旋风收尘器难以处理如此规模的气量。

（5）一次投资大。电收尘器和其他收尘器相比，结构较复杂，钢材耗用较多，每个电场需配用一套高压电源及控制设备，成本较高。但静电收尘装置设备费及 3~5 年的运行费用低于大多数其他收尘设备。

B 电收尘器选型设计

电收尘器的选择设计主要是根据给定的运行条件和设定的收尘效率，确定电收尘器本体的主要结构和尺寸，包括有效断面积，集尘极板总面积，极板和极线的型式、极间距、吊挂及振打清灰方式，气流分布装置，灰斗卸灰和输灰装置，壳体的结构和保温等。在此基础上，再选取与电收尘器本体配套的供电电源和控制方式。对于一般的选型设计来说，在无特殊条件和要求的情况下，可以选取生产厂家的定型产品，但仍需确定出所选电收尘器的有效横断面积、集尘极板总面积等基本参数[7]。

a 横断面积的确定

根据电收尘器的处理气体流量和选取的电场风速，可求出电场的有效横断面积：

$$F = \frac{Q}{v} \tag{8-88}$$

式中，F 为电场的有效横断面积，m^2；Q 为处理烟气流量，m^3/s；v 为电场风速，m/s。

处理气体流量 Q 指的是进入电收尘器的工况烟气量，可以根据工艺的标况烟气量计算：

$$Q = Q_N(1+k)\frac{273+T}{273} \cdot \frac{101325}{p} \tag{8-89}$$

式中，Q_N 为标况下的烟流量，m^3/s；k 为漏风率（用小数表示）；T 为烟气温度，℃；p 为当地大气压，Pa。

气体在电场中流动速度的选取，根据电收尘器规格大小和烟气特性而定，一般在 0.4~1.5m/s 范围内。对于集尘极板面积一定的电收尘器而言，电场风速过高，不仅电场长度增大、整体显得细长、占地面积增大，而且使二次扬尘增加，收尘效率下降。反之，若电场风速过小，则电场横断面积增大，导致面气流不易均匀分布。因此，应综合考虑粉尘的特性、收尘器总体尺寸及经济性等因素，并参考以往的实际工程经验数据，取适当的电场风速。根据底吹熔炼炉的炼铅工艺的烟气、烟尘特性和多年实践经验，电收尘器的电场风速不宜超过 0.4m/s。电场风速不宜过高，以免引起二次扬尘。

b 极板总面积的确定

电收尘器极板总面积的确定方法，一般有理论计算法和经验分析计算法两种。

理论计算法的步骤是：根据给定的气体流量等气体特性和粉尘粒径分布等粉尘特性以及设定的总收尘效率，按相关理论的分级效率方程及总效率方程等公式计算所需集尘极板总面积，再根据气流分布不均、粉尘返流、气流旁路等误差对结果进行修正。理论计算法的计算过程比较复杂（一般利用计算机编程计算），而且难以考虑到特定条件下的全部影响因素。

经验分析计算法的步骤是：根据现有电收尘器的运行和设计经验，确定有效驱进速度，由给定的气体流量和要求达到的总收尘效率，按多依奇-安德森公式计算出所需集尘极板的总面积[7]。

多依奇-安德森公式如下：

$$\eta = 1 - e^{-\frac{A}{Q}\omega_e} \tag{8-90}$$

式中，η 为收尘效率，%；A 为电收尘器极板总面积，m^2；ω_e 为有效驱进速度，m/s。

由上式可得：

$$A = \frac{Q}{\omega_e}\ln\frac{1}{1-\eta} \tag{8-91}$$

由式（8-90）可以看出，有效驱进速度与电收尘器的收尘效率和收沉面积关系密切。当处理烟气量和收尘效率一定时，粉尘的驱进速度越大，则收尘极板面积越小。为获得准确的电收尘器极板总面积，必须确定准确的有效驱进速度，但确定有效驱进速度是一项复杂而困难的工作，因为有效驱进速度值的影响因素很多，它既与收尘器的结构型式有关，又与其运行条件有关。影响驱进速度的因素主要是烟气和烟尘特性。烟尘比电阻越大，驱进速度越小；同极距越大，驱进速度越大。铅烟尘电阻很高，所以最终导致驱进速度不高，因此收尘比较困难。当同极距为 400mm 时，考虑经济性，并参考国内外铅冶炼电收尘器有效驱进速度的设计值，底吹熔炼炉的电收尘器采用 0.02~0.025m/s 比较合理。

C　供电装置的选型

电收尘器（或电收尘器的各电场）配套电源的容量应选择恰当，电源容量过大不仅增加初投资，还会使电收尘器运行恶化。若电源电压等级过高，实际运行时可控硅导通角变得太小，则平均电压及电流均大幅度降低，电收尘器无法获得高效率。若电源电流容量选得过大，实际运行电流远小于额定电流，则闪络电压明显下降，不能发挥高阻抗的优势，收尘效率下降。

按能获得平均场强 3~4kV/cm 的条件选择电收尘器的电源电压等级，不同极间距的电收尘器电压选用值不同，见表 8-8。

表 8-8　不同极距电压等级的选用[7]

同极间距/mm		275	300	350	400	450	500	600
需用电压 /kV	按场强 3kV/cm	42	45	53	60	68	75	90
	按场强 4kV/cm	55	60	70	80	90	100	120

电源电流容量的电流密度为 0.15~0.45mA/m²，在选择时要充分考虑到电晕线的形式和烟气的性质。高放电特性的 RS 线、鱼骨线和锯齿线的电流度值取为 0.3~0.4mA/m²，星形线及圆线的电流密度值取为 0.15~0.3mA/m²，在增湿、降温时电流密度值为 0.4~0.45mA/m²。

8.2.4.3　袋式收尘器

A　袋式收尘器的机理及特点

袋式收尘器的滤尘机制是一个综合效应的结果，其收尘过程如图 8-14 所示。袋式收尘

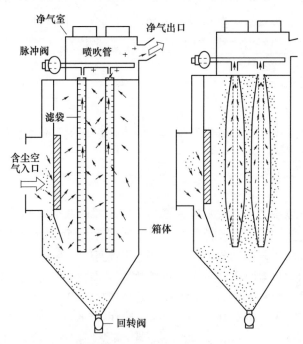

图 8-14　袋式收尘器的收尘过程

器的滤尘机制包括筛分、惯性碰撞、拦截、扩散和静电吸引等。筛分作用是袋式收尘器的主要滤尘机制之一。当粉尘粒径大于滤料中纤维间孔隙或滤料上沉积尘粒之间的孔隙时，粉尘即被筛滤下来。由于纤维间的孔隙远大于粉尘粒径，在刚开始过滤时，普通织物滤布的筛分作用很小，此时主要是靠纤维滤尘机制——惯性碰撞、拦截、扩散和静电作用。当滤布上逐渐形成一层粉尘黏附层后，碰撞、扩散等作用变得很小，主要靠筛分作用完成滤尘[8]。

一般粉尘或滤料带有电荷，当两者带有异性电荷时，则静电吸引作用显现，使滤尘效率提高，但清灰变得困难。近年来，许多研究者通过试验研究滤布或粉尘带电的方法，以强化静电作用，提高微粒的滤尘效率。

惯性碰撞、拦截及扩散作用，随纤维直径和滤料孔隙的减小而增大，因而滤料的纤维越细、越密实，滤尘效果越好。

袋式收尘器主要有以下优点：

（1）袋收尘器收集净化含微米或亚微米数量级的粉尘粒子时，净化效率较高，一般可达99%，最高可达99.9%以上。特别是高比电阻粉尘的收集，采用袋式收尘器要比用电收尘器的净化效率高得多。

（2）含尘气体浓度的大范围内变化对袋收尘器效率和阻力影响不大。

（3）可设计制造不同类型的袋式收尘器，以满足不同气量的含尘气体。

（4）袋式收尘器运行性能稳定可靠，操作维护简单。

袋式收尘器主要有以下缺点：

（1）袋式收尘器的应用主要受滤料耐温和耐腐蚀等性能影响，目前工业滤料耐温为250℃左右，如采用特别滤料处理高温含尘烟气，或者在布袋前设置烟气冷却设备，都会增大投资。

（2）不适于净化含黏结物和吸湿性强的含尘气体。袋式收尘器净化烟尘的温度不能低于露点温度，否则将会产生结露，堵塞布袋滤料的空隙。

（3）滤料寿命有限，需要定期更换，维护费用较高。

B 袋式收尘器的选型设计

在明确净化要求（排放浓度或排放速率）的条件下，如选用袋式收尘器净化，则选型前需掌握烟气的基本工艺参数、处理气体流量、气体的成分和理化性质（包括温度、湿度和压力）、粉尘的理化性质（包括含尘浓度、粒径分布和黏附性等）、投资和运行能耗的要求以及收尘器的运行制度和工作环境等。确定这些参数后，按下列步骤设计袋式收尘器。

（1）确定处理风量。此处是指工况烟气量，若烟气量波动较大，应取烟气量的最大值。根据工艺标况的烟气量，可用前文的公式（8-89）计算工况烟气量。

（2）确定运行温度。布袋运行温度上限应在所选用滤料允许的长期使用温度之内，其下限应高于露点温度 $15\sim20$℃。铅冶炼的还原炉、烟化炉的烟气中含有 SO_x 等酸性气体时，因其露点较高，应谨慎确定运行温度。

（3）选择清灰方式。应尽量选择清灰能力强、清灰效果好、设备阻力低的清灰方式。

（4）选择滤料。先确定滤料材质：常温或高温滤料、化纤或玻纤或其他纤维、单一纤维或两种纤维；再确定结构及后处理：机织布或针刺毡、覆膜与否或做超细面层、表面烧毛、矾光等。图8-15展示了常用滤料的图片。

（5）确定过滤速度。过滤速度是代表袋式收尘器处理气体能力的重要技术经济指标。过滤速度的选择要考虑经济性和滤尘效率等因素。从经济角度出发，选用过滤速度高，处理相同流量的含尘气体所需的滤料面积小，则收尘器的体积、占地面积、耗钢量也小，因而投资小，但收尘器运行的压力损失、耗电量、滤料损伤增加，运行费用增加。从滤尘效率的角度选择时，选择较小的过滤速率有助于建立孔径小而空隙率高的粉尘层，从而提高收尘效率。

图 8-15　袋式收尘器的各种滤料

过滤速度的选取，与清灰方式、清灰制度、粉尘特性、入口含尘浓度等因素有密切关系。在下列条件下可选取较高的过滤速度：采用强力清灰方式；清灰周期较短；粉尘颗粒较大、黏性较小；入口含尘浓度较低；处理常温气体；采用针刺毡、水刺毡滤料或表面过滤材料。

在上述工作条件不能全部满足的情况下，则选用较低的过滤速度。对于氧气底吹炼铅技术中的底吹还原炉和烟化炉，其烟气含尘高，粉尘粒度细，为了确保布袋收尘器有较高的收尘效率，以及较低的运行阻力，过滤风速为 $0.3 \sim 0.5 \mathrm{m/min}$。

（6）计算过滤面积。根据通过布袋收尘器的总气量和选定的过滤速度，按下式计算过滤面积：

$$A = \frac{Q}{60v} \tag{8-92}$$

式中，A 为过滤面积，m^2；Q 为工况下的烟气流量，m^3/h；v 为过滤风速，$\mathrm{m/min}$。

由过滤面积确定袋式收尘器规格。

（7）确定压力损失。袋式收尘器的压力损失不但决定其能耗，还决定收尘效率和清灰时间间隔。袋式收尘器的压损与其结构形式、滤料特性、过滤速率、粉尘浓度、清灰方式、气体温度及气体黏度等因素有关。

袋式收尘器的压力损失可表达成如下形式：

$$\Delta P = \Delta P_{\mathrm{c}} + \Delta P_0 + \Delta P_{\mathrm{d}} \tag{8-93}$$

式中，ΔP 为袋式收尘器的压力损失，Pa；ΔP_{c} 为收尘器结构的压力损失，Pa；ΔP_0 为清洁滤料的压力损失，Pa；ΔP_{d} 为滤料上粉尘层的压力损失，Pa。

收尘器结构的压力损失 ΔP_{c} 指气流通过收尘器入口、出口和其他构件的压力损失，通常为 $200 \sim 500 \mathrm{Pa}$。清洁滤料的压损较小，一般为 $50 \sim 200 \mathrm{Pa}$。粉尘层压力损失随过滤风速和粉尘负荷的增加而迅速增加，占袋式收尘器总压力损失的绝大部分，通常达 500 ~ 2500Pa。

一般而言，各种类型的袋式收尘器均有其合理的设备阻力范围。在设备选型时，通常结合各种条件并参照类似的收尘工艺初步确定设备阻力，待设备运行后再根据具体运行情况加以调整。

（8）确定清灰制度。袋式收尘器的清灰周期与收尘器的清灰方式、烟气和粉尘的特性、滤料类型、过滤风速、压力损失等因素有关。通常结合各种条件并参照类似的收尘工艺初步确定清灰周期，再根据实际运行情况加以调整，这与设备阻力的确定方式相同。如采用定压差的清灰控制方式（即达到设定的设备阻力时开始程序清灰），则清灰周期并非人为控制，而是在运行过程中随工况波动而自行调节。

对于脉冲袋式收尘器，清灰制度主要确定喷吹周期和脉冲间隔，是否停风喷吹（在线或离线）；对于分室反吹袋式收尘器主要确定反吹、过滤、沉降三种状态的持续时间和次数。

（9）确定收尘器规格和型号。依据上述结果查找样本，确定所需的收尘器规格和型号。

（10）确定清灰气源的用量。对于脉冲袋式收尘器而言，需按下式计算清灰耗气量[4]：

$$Q = k\frac{qn}{T} \qquad (8\text{-}94)$$

式中，Q 为清灰耗气量，m^3/min；k 为附加系数；q 为单个脉冲阀的喷吹气量，$m^3/$个；n 为脉冲阀总数，个；T 为清灰周期，min。

附加系数 k 的设置主要考虑漏气、空气压缩机运转的时间间歇等因素，通常取 $k = 1.2 \sim 1.4$。根据清灰耗气量，确定空气压缩机的规格、型号和数量。

8.2.4.4 烟气冷却设备

烟气冷却是将烟气降至较低温度范围，以适应收尘设备和排烟机的要求。根据烟气与冷却介质是否接触，烟气冷却分为直接冷却和间接冷却两类。

直接冷却是指烟气与冷却介质直接接触，并进行热交换，烟气量及烟气成分发生改变，其热交换的方式是蒸发和稀释。对铅锌冶炼而言，烟尘黏性大，易吸水，直接喷水雾冷却易造成后续收尘设备和管道黏结、堵塞。一般只在袋式收尘器前设吸风冷却，防止异常情况下烧损布袋。

间接冷却是指烟气不与冷却介质直接接触，一般不改变烟气性质，其主要热交换方式是对流和辐射。常用的间接冷却有水套、风套、空气换热器、冷却烟道、板式烟气冷却器等。氧气底吹炼铅技术中的底吹还原炉和烟化炉在余热锅炉后常采用冷却烟道来冷却烟气。

冷却烟道工作原理：高温烟气通过冷却管道时将热传给管壁，外部空气以自然对流的方式带走管壁的热量，从而达到烟气冷却降温的目的。常用的冷却烟道结构为：上部为直径 400 ~ 600mm 的冷却管和高度小于 13m 的倒 U 形管，下部为灰斗。由于冷却烟道内温度不可控，为避免冷却过度，各灰斗间装有阀门，用以调节出口烟气温度。为减少烟尘黏结，冷却管上装有振打装置，定期或连续振打[8]。

8.2.4.5   烟尘输送设备

氧气底吹炼铅工艺产生的烟尘，需要输送至特定地点以便回收有价元素。烟尘输送方式和设备的选择须根据烟尘特性、输送距离、输送量等条件确定[9]。常用烟尘输送方式主要有两种：一是气力输送；二是机械输送。

A   气力输送

气力输送可减少操作岗位烟尘飞扬，改善车间劳动环境，同时具有输送距离远、设备简单、占地面积少、不受厂房结构和车间配置的限制等优点；缺点是不适宜输送结块和黏结性较大的烟尘。氧气底吹炼铅工艺产生的含铅锌烟尘易吸湿，黏结性较强，不宜采用气力输送。受条件限制必须采用气力输送时，应采取相关措施防止管道堵塞[10]。

B   机械输送

机械输送装置包括卸灰阀、螺旋输送机、埋刮板输送机、斗式提升机、皮带运输机等。机械输送方式对物料适应性强，不受烟尘结块和黏性的影响，能有效克服烟尘性质随因冶炼工艺变化而变化的影响，是铅冶炼烟尘广泛采用的输送方式。

铅冶炼常用排尘装置有星型卸灰阀和溢流螺旋。星型卸灰阀是电机通过减速机带动主轴和叶轮旋转，使烟尘连续、均匀地排出，并保持较好的气密性。星型卸灰阀装置具有体积小、质量轻、能力大、维修方便的特点。溢流螺旋是在螺旋输送出口利用溢流挡板形成一个料柱，始终保持空气不能进入溢流螺旋内部，从而实现烟尘的连续输送过程的密封。溢流螺旋特点是密封性好、输送能力大、寿命长等。

铅冶炼常用输灰设备有埋刮板输送机和斗式提升机。埋刮板输送机是借助于封闭壳体内运动的刮板链条而使散状物料按预定目标输送的运输设备。埋刮板输送机具有体积小、密封性强、刚性好、工艺布置灵活、安装维修方便、多点加料、多点卸料、劳动条件好等优点。斗式提升机是一种垂直升运物料的输送设备。料斗把物料从下面的储仓中舀起并随链条提升到顶部，绕过顶轮后向下翻转，将物料倾入接受槽内。斗式提升机一般均装有机壳，防止粉尘飞扬。斗式提升机具有结构简单、维护成本低、输送效率高、升运高度高、运行稳定、应用范围广等优点。

8.3   烟气制酸

8.3.1   底吹熔炼炉烟气特点

底吹熔炼炉烟气经过余热锅炉回收热量、电除尘器除去大部分的烟尘后，其烟气中 SO_2 浓度约为 8%~12%，适合采用常规的"两转两吸"工艺生产硫酸。进烟气制酸系统的烟气温度 280~300℃，烟气含尘低于 $1g/m^3$，根据精矿中各杂质含量不同，烟气中可能还有砷、氟、汞等。

相对于底吹炼铅工艺，其他冶炼工艺的烟气也有其各自的特点，因此烟气制酸工艺也有所不同。早期的铅烧结工艺烟气，由于其 SO_2 浓度低的特点，采用过非稳态制酸工艺（已淘汰）和 WSA 湿法制酸工艺[11]。顶吹炼铅工艺烟气由于周期性的波动特点，采用了"吸附解吸脱硫+常规制酸"工艺[12]。

8.3.2 冶炼烟气制酸生产工艺简介

冶炼烟气制酸的生产主要分为 3 部分，即烟气净化、转化与换热和干燥吸收（或冷凝成酸）。其主要工作原理如下：

（1）SO_2 烟气的净化，根据绝热蒸发原理对烟气进行降温、除尘、除雾。

（2）SO_2 转化为 SO_3，按反应式（8-95）进行：

$$SO_2+1/2O_2 \Longrightarrow SO_3 \tag{8-95}$$

（3）SO_3 气体的吸收，SO_3 气体通过与 H_2O 化合生成 H_2SO_4，按反应式（8-96）进行：

$$SO_3+H_2O \Longrightarrow H_2SO_4 \tag{8-96}$$

8.3.2.1 烟气净化

A 烟气净化的目的

经过电除尘器收尘后的冶炼烟气中除含有大量的氮气（N_2）、二氧化硫（SO_2）和氧气（O_2）外，还含有其他对硫酸生产有害的杂质，如三氧化硫（SO_3）、水分、烟尘、砷、氟、汞等。烟气净化的主要任务是降温、除杂、除酸雾，控制烟气净化出口烟气杂质含量和水含量，为后续生产提供较为洁净的原料烟气，确保产出合格的成品硫酸。

烟气中的烟尘主要是锌、铅、锑、铋、镉等易挥发性金属化合物冷凝形成的烟雾或气溶胶，主要的危害是会覆盖触媒的表面，从而使触媒结疤，活性下降，造成系统的转化率下降，同时系统的阻力增加，运行能耗增加。此外，烟尘进入成品酸中杂质含量增高，成品酸颜色变红或黑，最终影响成品酸质量。

砷、硒、汞等挥发性气态金属及其化合物是危害触媒最严重的毒物，同时也影响成品酸的质量。烟气中所含的砷、硒、汞的多少取决于原料中的砷、硒、汞含量以及所用的冶炼工艺。

三氧化硫、氟化氢、氯化氢等气态非金属化合物的存在会严重影响后续设备及管道的正常使用。

烟气中的三氧化硫含量通常在 0.03%~0.3% 之间，在烟气净化过程中，随着烟气温度的降低，三氧化硫会与水蒸气结合生成硫酸蒸气，继而冷凝成为酸雾。首先，酸雾因受机械力（惯性力和离心力等）的作用，沉积在管道及设备壁上或凝聚成较大颗粒——酸沫，酸沫也更易聚集在管道和设备壁上，从而产生腐蚀。其次，烟气中的烟尘等杂质常成为酸雾雾滴的核心，与酸雾一起进入触煤层中，引起触媒中毒或覆盖触媒表面，而使触媒结疤、阻力增加，转化率下降。因此在湿法净化过程中应当尽可能把酸雾除净。

烟气中的氟主要以氟化氢的形式存在，氟化氢会与二氧化硅发生反应，而钒触媒的主要载体、干燥吸收塔内的陶瓷填料均是二氧化硅，钒触媒的载体被粉化，转化率降低，触媒层阻力上涨，触媒的使用寿命缩短，干燥吸收塔内填料粉化会影响装置的正常使用。因此对于含氟烟气，应采取有效的除氟措施，严格控制烟气净化出口烟气中的氟含量。

B 烟气净化的原则

烟气中的杂质在高温下一般以气态和固态两种形态存在，当温度降到一定程度后则以固态、液态和气态的三种形态同时存在。它们的颗粒大小相差很大，有的颗粒直径在

1000μm，有的在 1μm 以下。所以要采用不同的净化方法才可以使烟气达到净化的要求。

烟气净化的原则有 3 点：（1）烟气中悬浮的颗粒分布很广，在净化过程中应分级逐段的进行分离，先大后小，先易后难。（2）烟气中悬浮微粒是以气、固、液三态存在的，质量相差很大，在净化过程中应按微粒的轻重程度分别进行，要先固、液，后气（汽）体，先重后轻。（3）对于不同粒径的粒子，应选择相适应的有效的分离设备。

C　烟气净化的指标

从上述介绍中可以看出，冶炼烟气中所含杂质危害很大，净化的程度越高越好，也就是烟气净化出口烟气中的杂质含量越低越好，但往往会受到技术和经济两方面的制约。为达到好的净化效果，必然要用先进的工艺和高效的设备，这直接受到硫酸工业的设计、制造和操作技术水平的限制，也受到整个国家的工业发展水平和技术水平（如材料、仪表等）的限制。烟气净化的越彻底往往净化的流程越复杂，设备投资和操作费用会越多，这必然受到经济条件的制约。

遵循《冶炼烟气制酸工艺设计规范》（GB 50880—2013）中的要求[13]，净化后的烟气中主要杂质含量：砷不大于 $1mg/m^3$，氟不大于 $0.25mg/m^3$，氯不大于 $0.5mg/m^3$，尘不大于 $2mg/m^3$，酸雾（二级电雾）不大于 $5mg/m^3$。

D　烟气净化的方法

目前国内外普遍采用绝热蒸发稀酸洗涤净化工艺，核心是高效湍冲洗涤烟气净化技术，其主要原理是：液体由反向喷射器从气体相反的方向喷入直立的反向喷射筒，气体与液体相撞，从而迫使液体呈辐射状自里向外射向器壁，这样在气-液界面处建立起一定高度的泡沫区。根据气液的相对动量，泡沫柱沿筒体上下移动，由于气体与大面积不断更新的液体表面接触，在泡沫区即发生粒子的捕集及气体的吸收，相应进行热量的传递。这种洗涤原理的独特之处在于不但充分有效地利用了气相能量，而且有效地利用了液相能量来形成接触截面，从而达到高效捕集细粒，同时达到传热传质的目的。

8.3.2.2　转化与换热

A　转化与换热的目的

烟气中的 SO_2 经过氧化反应，转化生成 SO_3，进而通过吸收或冷凝等工段生产硫酸，因此转化与换热是必不可少的步骤。

SO_2 的氧化反应在触媒的存在下进行，是放热反应，同时也是可逆反应，其反应平衡常数随温度的升高而显著的减小。在一定的条件下，反应达到了平衡状态，此时的转化率称为平衡转化率，它与烟气温度、烟气压力、SO_2 浓度、O_2 浓度等有关。

在没有触媒的情况下，SO_2 氧化成 SO_3 的反应速度很慢，为实现工业化生产，通过使用触媒来加快反应速度，同时能有较高的平衡转化率。触媒的使用需要一定的温度条件，在其活性温度范围内，触媒的活性才能得到发挥。通常触媒活性温度范围的下限称为起燃温度，是 SO_2 气体进入触媒层后能使反应快速进行的最低进气温度。触媒活性温度范围的上限称为耐热温度，超过这一温度，或长期在这一温度下使用，触媒将被烧坏或迅速老化失去活性。

经过烟气净化后的烟气温度很低，难以达到触媒的起燃温度，同时转化反应放出大量的热如果不及时移除，也很难达到很高的转化率，因此设置换热装置，如余热锅炉、气气换热器、省煤器等，在条件允许的情况下回收中温位热产中压蒸汽，将烟气净化后的低温烟气进转化器前加热至起燃温度，充分利用系统产生的热量，提高热利用率。

B 转化与换热的原则

根据烟气中 SO_2 的浓度是否满足自热平衡操作的原则，确定采用单接触工艺或双接触工艺。当烟气中 SO_2 浓度大于18%时，宜采用高浓度转化工艺[14]；当烟气中 SO_2 浓度在5%~18%时，宜采用双接触转化工艺；当烟气中 SO_2 浓度在3.5%~6%时，宜采用单接触转化工艺；当烟气中 SO_2 浓度小于2%时，可以采用湿式接触转化工艺。另外，也可以选择吸附解吸技术，将烟气中 SO_2 浓度提高后采用常规接触法工艺。转化触媒层数及触媒类型应根据烟气中 SO_2 浓度和总转化率的要求来确定。

在选择转化温度指标时，不但要考虑有较高的转化率，而且还要考虑有较高的反应速度。所以在转化过程中，不应该自始至终保持同一个温度范围。反应初期，SO_2 和 O_2 的浓度较高、SO_3 浓度较低，距离平衡状态较远，宜使气体在较高温度下转化，使其有较高的反应速度；反应后期，气体成分的浓度关系正好相反，距离平衡状态较近，宜使气体在较低温度下转化，以获得最高的转化率[15]。这过程中温度的调节，是靠设置的各个换热器实现的。换热流程应根据烟气条件、转化器触媒层配置及转化余热回收方案等综合比较后确定。

C 转化与换热的指标

由于不同项目的烟气条件不同，转化与换热的控制指标均由工艺计算确定，同时针对不同的触媒，控制参数也各不相同。进转化器一层的烟气温度通常控制在400~420℃，原则上一段出口温度不超过620℃，正常生产中尽可能缓慢调节气量、温度、浓度，避免大幅度波动带来不利影响。

D 转化与换热的方法

随着转化反应的进行，转化率不断升高，反应温度不断上升，为了不超过触媒的活性温度和使过程接近最佳温度曲线进行，必须要将反应热量不断地从系统中移出[16]，根据移出热量方式的不同，有了不同的工艺流程，对于单接触法，有多段间接换热流程、多段冷激式流程（又分为 SO_2 气体冷激式和空气冷激式）；对于双接触法，常用一、二次转化段数和含 SO_2 气体通过换热器的次序来表示，如3+1 Ⅲ Ⅰ-Ⅳ Ⅱ流程、3+1 Ⅳ Ⅰ-Ⅲ Ⅱ流程、3+2 Ⅲ Ⅰ-Ⅴ Ⅳ Ⅱ流程等。

8.3.2.3 干燥吸收（或冷凝成酸）

A 干燥吸收（或冷凝成酸）的目的

如果采用常规的干法制酸工艺，进转化器之前，需要将烟气中的水分除去，因为水分会使转化器中的触媒粉化。浓硫酸是理想的气体干燥剂，通常使用浓硫酸循环喷淋的塔设备来实现干燥的目的。SO_3 的吸收是生产硫酸的最后一道工序，主要是将转化后的含 SO_3 的气体，通过浓硫酸吸收，将 SO_3 吸收在浓硫酸中，与水结合生成硫酸。干燥循环酸的浓度因为吸收了水分会降低，吸收循环酸的浓度因为吸收了 SO_3 生成了硫酸而会升高，因此干燥酸和吸收酸之间需要相互串酸，维持循环酸浓度的动态平衡。

如果采用 WSA 湿法制酸工艺，转化器中的触媒是专用于湿烟气转化的，因此不需要设置干燥系统。净化后的烟气经过升温后直接进入转化器，转化后的烟气通过工艺气体冷却器降温后进入 WSA 冷凝器[17]。在冷凝过程中，所有的 SO_3 水合成硫酸蒸气并沿着冷凝器的玻璃管冷凝成酸，反应热、水合热及硫酸的部分冷凝热在系统内部全部被回收。

B　干燥吸收（或冷凝成酸）的原则

烟气净化后气体中的水分是饱和的，而饱和水蒸气压随着温度升高而升高，因此烟气净化出口温度决定了带入系统的水量。根据烟气中的 SO_2 的量和含水量，计算水平衡，同时参考项目所在地区的气候特点、市场需求等因素，确定产品酸的浓度。

循环酸的串酸遵循的原则：当生产 98%硫酸和 104.5%发烟硫酸时，98%硫酸和 104.5%发烟硫酸对串，向 98%硫酸中加水；当生产 98%硫酸和 93%硫酸时，98%硫酸和 93%硫酸对串，向 98%硫酸中加水。

对于烟气量及烟气中 SO_2 浓度比较稳定且 SO_2 浓度较高的大中型制酸装置，应回收低温位热[18]。

当采用 WSA 湿法制酸工艺时，通过燃烧硅油产生晶核来保证烟气的有效冷凝，对成品酸的质量不会产生影响，确保了尾气的酸雾指标在设计范围内。

C　干燥吸收（或冷凝成酸）的指标

净化后的烟气进入干燥塔，与由塔顶喷淋而下的干燥酸在塔内填料表面接触，经干燥后烟气中的水分不大于 $0.1g/m^3$，进入主风机。

转化后的烟气进入吸收塔（中间吸收塔或最终吸收塔），烟气中的 SO_3 被吸收，吸收率不小于 99.95%。出最终吸收塔的烟气送至烟气脱硫系统，与还原炉、烟化炉烟气合并处理。

干燥塔进出塔酸浓度差不宜超过 0.5%，吸收塔进出塔酸浓度差不宜超过 0.8%。

阳极保护酸冷却器进口酸温控制：93%硫酸不应高于 70℃，98%硫酸不应高于 120℃。

送往成品酸库的硫酸温度应低于 40℃。

采用低温位热回收工艺时，循环酸温度提高到 200℃，进塔酸浓度约 99%。

D　干燥吸收（或冷凝成酸）的方法

干吸塔的循环酸系统按塔—循环槽—循环泵—浓酸冷却器—塔进行循环，干燥塔与吸收塔循环槽间有一定量酸互串，用来调节各自酸浓度。塔、槽可以做成分体式，也可做成一体式。当塔槽分体设置的时候，槽也可以合并成一体。

采用低温热能回收工艺时，在硫酸装置传统的中间吸收塔前设一台高温吸收塔或将传统中间吸收塔改为两级喷淋的高温吸收塔，高温吸收是通过大幅度提高吸收循环酸温度，以蒸汽发生器代替酸冷却器产低压蒸汽，并在蒸汽发生器出口增设了浓硫酸混合器、锅炉给水加热器、脱盐水加热器等，即利用吸收过程反应热来产生低压蒸汽，从而大幅度提高硫酸装置的热能回收率。在蒸汽发生器后专门设置了硫酸混合器，以使加入的水与高温浓硫酸充分地混合。由于水加入浓硫酸的过程非常激烈，并放出大量热量，另外此处因水的加入腐蚀性特别强，因此混合器的设计和材料的选择要求十分严格，既要保证加入的水能够分散均匀，又要求在高温下有很好的耐腐蚀性能。

当采用 WSA 冷凝成酸工艺时，WSA 冷凝器为管壳式冷却器，管子是特殊的耐热、耐酸玻璃，进口气室用乙烯基树脂衬里，管板衬聚四氟作为保护层。

8.3.3 底吹炼铅烟气制酸工艺选择

冶炼烟气制酸的工艺包括干法制酸和湿法制酸，两者在触媒类型及成酸机理方面各有特点。干法制酸需要将净化后的烟气首先进行干燥，再进入转化器进行催化氧化反应，反应后生成的 SO_3 通过浓硫酸吸收制取硫酸；而湿法制酸是可以将含水的洁净烟气直接送入转化器，在湿法触媒的作用下进行催化氧化，最后冷凝成酸。干法制酸流程相对更长，设备及触媒均为常规产品，投资相对较低，是目前冶炼烟气制酸系统常采用的工艺；而湿法制酸流程相对较短，但设备及触媒要求较高，投资相对较高，运行成本相对较高，更适合低浓度冶炼烟气直接制酸需求。

现有运行装置多采用的干法制酸工艺，近年来也有很多技术提升，包括高浓度转化技术、低温位热回收技术等。此外，对于不适合直接采用两转两吸技术的低浓度烟气，还可以采用单转单吸+吸附解吸脱硫返回 SO_2 提浓的组合工艺。

根据氧气底吹熔炼烟气 SO_2 浓度适中、烟尘大的特点，净化工段选用了净化效率高、技术成熟可靠的两级高效洗涤器洗涤烟气净化流程；转化工段选用双接触工艺；干吸工段考虑到烟气浓度有波动且烟气浓度不高，不考虑设低温位热回收装置。具体工艺流程为：由收尘系统排风机出来的高温冶炼烟气（约300℃）送入硫酸车间净化工段。该烟气首先在一级高效洗涤器中被绝热冷却和洗涤除杂质，再依次进入气体冷却塔、二级高效洗涤器进行进一步冷却及除杂净化。此时烟气中绝大部分烟尘、砷及氟等杂质已被清除。同时烟气温度降至35~40℃，进入两级电除雾器去除酸雾，使烟气中的酸雾含量降至 $5mg/m^3$ 以下。烟气中夹带的少量砷、氟、尘等杂质也进一步被清除，净化后的烟气送往干吸工段。

净化工段中的一级高效洗涤器、气体冷却塔及二级高效洗涤器均有单独的稀酸循环系统。气体冷却塔的循环酸通过板式换热器进行换热。稀酸采取由稀向浓、由后向前的串酸方式。定期由一级高效洗涤器循环槽引出部分废酸送至沉降槽沉降。沉降槽的底流送入压滤机进行压滤。滤饼因含有价金属可直接外售或返回熔炼系统，滤液及沉降槽的上清液进入上清液贮槽。再用泵送至稀酸脱气塔，稀酸脱气塔脱吸后的气体返回烟气净化系统，脱吸后的废酸送至废酸处理工序。工艺流程如图8-16所示，净化设备如图8-17所示。

净化工段出来的净化烟气，在淋洒93%硫酸的干燥塔内脱除烟气中所含的水分，干燥后含水不大于 $0.1g/m^3$ 的烟气经 SO_2 鼓风机送往转化工段。

转化工段采用了四段"3+1"式双接触工艺，"Ⅲ Ⅰ-Ⅳ Ⅱ"换热流程。从 SO_2 鼓风机来的冷 SO_2 气体，俗称一次气，利用第Ⅲ热交换器和第Ⅰ热交换器被第三段和第一段触媒层出来的热气体加热到420℃进入转化器一段触媒层。经第一、二、三段触媒层催化氧化后 SO_2 约为95%转化为 SO_3 气体，经各自对应的换热器换热后送往中间吸收塔吸收 SO_3 制取硫酸。中间吸收塔出来的未反应的冷 SO_2 气体，俗称二次气，利用第Ⅳ热交换器和第Ⅱ热交换被第四段、第二段触媒出来的热气体加热到430℃，进入转化器四段触媒层进行第二次转化。经催化转化后的 SO_3 气体，经第Ⅳ热交换器换热后送往最终吸收塔吸收 SO_3 制取硫酸。在各换热器进行换热时，被加热的 SO_2 气体走各列管热交换器的壳程，而被冷却的 SO_3 气体则走各列管热交换器的管程。工艺流程如图8-18所示，转化设备如图8-19所示。

干吸工段采用了常规的一级干燥、二次吸收的烟气处理流程，干燥塔顶部设有丝网除

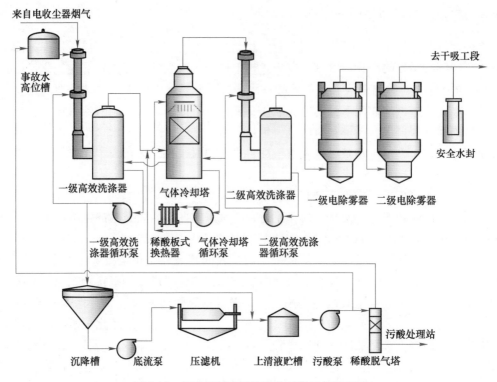

图 8-16　某冶炼制酸系统净化工序工艺流程图

图 8-17　某冶炼厂制酸系统净化设备

雾器,中间吸收塔和最终吸收塔顶部设有纤维除雾器,出最终吸收塔的烟气送至烟气脱硫系统,与还原炉烟气、烟化炉烟气合并处理,脱硫后的烟气由尾气烟囱达标排放。

干燥塔内循环淋洒93%浓硫酸,中间吸收塔和最终吸收塔内循环淋洒98%浓硫酸。浓

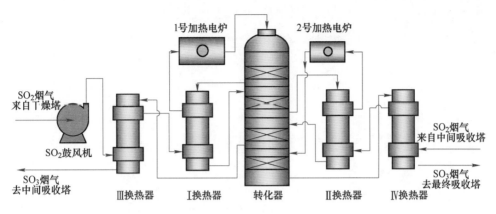

图 8-18 某冶炼制酸系统转化工序工艺流程图

图 8-19 某冶炼厂制酸系统转化设备

硫酸循环系统均采用塔—槽—泵—冷却器—塔的泵后冷却工艺流程。中间吸收塔和最终吸收塔循环酸可以采用共循环槽、共循环泵。通常采用串酸来维持干燥酸和吸收酸的浓度以及干燥酸槽和吸收酸槽的合理液位，串酸方式如下：

（1）干燥酸因为吸收了烟气中的水分而浓度会降低，为了维持干燥酸的浓度（93%），一定量的吸收酸（浓度98%）会从吸收酸泵出口串至干燥酸循环槽；干燥酸槽的液位也随之增加，为了维持液位的稳定，一定量的干燥酸串至吸收酸循环槽。

（2）吸收酸因为吸收了烟气中的 SO_3 生成硫酸导致浓度会提高，为了维持吸收酸的浓度（98%），除了干燥串酸带来部分需要的水，还需要补充一定量的工艺水；吸收酸的液位也随之增加，为了维持液位的稳定，一定量的吸收酸作为产品串至成品中间槽，再由泵经成品酸冷却器冷却后送至酸库的储酸罐。

工艺流程如图8-20所示，干吸设备如图8-21所示，成品酸库如图8-22所示。

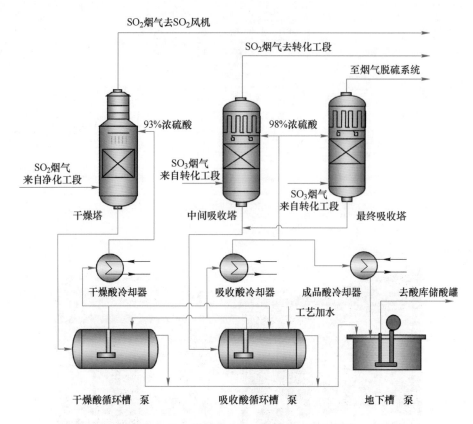

图 8-20　某冶炼制酸系统干吸工序工艺流程图

图 8-21　某冶炼厂制酸系统干吸设备

图 8-22 某冶炼厂成品酸库

8.3.4 常用的硫酸生产设备

8.3.4.1 一级高效洗涤器

高效洗涤器是由逆向喷射洗涤器和气液分离器（塔体）组合，喷射洗涤器由过渡段、溢流堰、竖管、补偿器、喷嘴等构成，塔体底部可贮液，作为循环槽使用，无需单独设置循环槽。

由于入口烟气温度高达 300℃，因此设备进气口的过渡段采用玻璃钢内衬合金钢或石墨砖结构，气液接触段（包括溢流堰）采用具有耐温、耐磨、耐蚀性能强的玻璃钢，喷嘴采用大开孔结构形式，具有良好的防堵塞性能。

洗涤器的除尘率与操作气速和喷淋密度相关，通常逆喷管的操作气速控制在 26~35m/s，喷淋密度为 260~350m³/(m²·h)，气液分离器操作气速控制在 2.5~3.5m/s。洗涤器的处理工况气量通常按入口平均气量进行计算，可按下列公式来计算逆喷管和洗涤器的内径。

$$D = \sqrt{\dfrac{Q}{3600\,\dfrac{\pi}{4}v_s}} \tag{8-97}$$

式中，D 为设备内径，mm；Q 为处理工况气量，m³/h；v_s 为操作气速，m/s。

8.3.4.2 气体冷却塔

气体冷却塔为玻璃钢制填料塔，同时塔底作为循环槽使用。分酸装置为玻璃钢槽式分酸器，采用从分酸管节流孔到大分酸槽，再从大分酸槽布酸管到小分酸槽，最后从小分酸槽的 V 形溢流孔溢流到填料的三级分酸方式，分酸均匀，而且提高了分酸点数，每平方米可达 36 点左右。另外，填料支承装置采用两条平行玻璃钢支承梁上布置条形玻璃钢格栅的结构，开孔率高达 55% 以上，而且安装、检修方便。

气体冷却塔的除尘降温效果与操作气速相关，通常操作气速控制在 1.2~2.0m/s，喷淋密度为 15~35m³/(m²·h)。冷却塔的处理工况气量通常按进、出口平均气量进行计算，可用式（8-97）计算冷却塔内径。

8.3.4.3 二级高效洗涤器

二级高效洗涤器的结构形式及选型与一级高效洗涤器相似，主要不同点在于：由于烟气温度已降低，无需设置过渡段、溢流堰和事故喷嘴，另外，为减轻电除雾器的负担，在塔体上部设置了高效的捕沫装置。

8.3.4.4 电除雾器

电除雾器利用高压直流电使气体电离成正负离子，离子运动引起与雾粒碰撞，离子附着在雾粒上后向与电极性相反的电极移动，在电极板上收集除去。除雾效率与工作电压、电流、雾粒的粒度及导电性相关。目前通常选用新型的导电玻璃钢电除雾器，该设备沉淀极由六角形阳极管组合而成，取消了中间壳体，仅设上下气室，简化了设备结构，制造安装更加方便。

气体在阳极管内的停留时间为 4~8s，操作气速为 0.65~1.2m/s。电除雾器的处理工况气量通常按进、出口平均气量进行计算，可按式（8-98）来计算电除雾器的面积，按公式（8-99）来计算电除雾器的效率。

$$S = \frac{Q}{3600v_s} \tag{8-98}$$

$$\eta = 1 - e^{-\frac{SW}{Q}} \tag{8-99}$$

式中，S 为沉淀极总面积，m^2；Q 为处理工况气量，m^3/h；v_s 为操作气速，m/s；η 为收尘效率，%；W 为酸雾漂移速度，m/s。

8.3.4.5 干吸塔

干吸塔塔体部分为钢衬耐酸砖形式，干燥塔锥顶及除沫器壳体采用 316L 不锈钢，除沫器为两层金属丝网除沫器；中间吸收塔和最终吸收塔的顶部采用高效纤维除雾器。塔底为蝶形，中央部位出酸，出酸套管内装有防旋涡板，端部装有网罩，以防止填料碎块落入出酸管。主填料为 φ76mm 瓷质异鞍环，捕沫填料为 φ50mm 瓷质异鞍环。填料支承装置为两道条拱上铺架条梁，条梁上排放格栅块，条梁采用高铝高强度超薄形瓷质产品，开孔率大于 60%。

分酸装置可以选择多种形式，包括管式分酸器、管槽式分酸器及恒压稳流分酸器等多种，材质是耐酸铸铁或其他耐酸不锈钢。

干吸塔的操作气速控制在 1.2~1.8m/s，处理工况气量通常按进、出口平均气量进行计算，可用式（8-97）计算塔内径。

8.3.4.6 转化器

转化器为全焊接垂直圆筒型设备，材料全部为 304 奥氏体不锈钢。设备外设保温防雨层。转化器为整体设备滑动，积木式稳固结构，设备内部设有桩柱和立柱，大开孔的箅子板，箅子板由桩柱支撑。为保证隔板的刚度，在整体隔板下采取了立柱支托隔板，隔板和壳体之间采取了特殊的密封结构，保证了各段触媒层之间不漏气。各段催化床的重量通过立柱和壳体传递到下部滑动轴承。因此，整个设备可以滑动。转化器的气体进口设有导流板，使气体能均匀地分布在整个催化剂床层上。每层催化剂上下各铺一定厚度的耐高温石英瓷球。催化剂层上方预留有一定高度的空间，便于以后增加催化剂用量，并留有足够的净空，方便催化剂的装填和筛选。为保证各段之间热量不互相传导，在隔板上铺设隔热层。转化器各段设人孔，所有人孔均配有平台和梯子。每层催化剂上下各设有若干个温度测点。

转化器触媒的装填系数通常在 170~300L/(d·t)，转化器的操作气速控制在 0.3~0.5m/s，可按下列公式来计算转化器的内径。

$$D = \sqrt{\dfrac{Q}{3600\,\dfrac{\pi}{4}v_s}} \tag{8-100}$$

式中，D 为设备内径，mm；Q 为处理标况气量，m^3/h；v_s 为操作气速，m/s。

8.3.5 主要技术经济指标

结合上面的描述以及实际的设计，底吹炼铅烟气制酸系统多采用常规的绝热蒸发稀酸洗涤、两转两吸的生产工艺，结合相关生产厂家的生产数据，对主要的技术经济指标进行比较，见表 8-9。

表 8-9 生产厂家主要技术经济指标

序号		项 目	1 号某厂	2 号某厂	3 号某厂
1		项目所在地	广西	江西	河南
2		铅冶炼工艺	底吹熔炼炉、鼓风炉、烟化炉	底吹熔炼炉、鼓风炉、烟化炉	底吹熔炼炉、鼓风炉、烟化炉
3		铅冶炼产能/t·a^{-1}	60000	80000	80000
4		副产硫酸产量（100%）/t·d^{-1}	160~190	210~230	200~220
5		产品硫酸规格/%	98	98	98
6		进硫酸系统烟气量/m^3·h^{-1}	16900	21080	19837
	其中	SO$_2$ 浓度/%	8~12	8.5~11	7~10
		含尘量/g·cm^{-3}	0.5	0.5	0.5
7		SO$_2$ 利用率/%	98.82	97.75	97.89
	其中	净化率/%	99	98	98
		转化率/%	99.85	99.8	99.9
		吸收率/%	99.97	99.95	99.99
8		车间排放废酸量/m^3·d^{-1}	130	144	120
	其中	H$_2$SO$_4$/g·L^{-1}	98.61	32.3	50.2
		尘/g·L^{-1}	1.5	1.75	1.98
		As$_2$O$_3$/g·L^{-1}	0.73	4.81	2.32

序号	项　　目	1 号某厂	2 号某厂	3 号某厂
9	触媒利用系数（以硫酸计）/t·d^{-1}	412	360	300
	硫酸系统尾气量/m^3·h^{-1}	14038	16834	16229
	其中　SO$_2$浓度/mg·m^{-3}	200~350	100~200	100~150
	酸雾/g·m^{-3}	10~15	10~15	10~15
10	电耗/kW·h·t^{-1}	约 100	约 110	约 108
11	水耗	8	8.5	7.5

8.4　烟气脱硫

8.4.1　还原炉、烟化炉、硫酸尾气的烟气特点

氧气底吹炼铅技术中涉及烟气脱硫的内容有：底吹还原炉烟气脱硫、烟化炉烟气脱硫和硫酸尾气脱硫，不同冶金炉各自有不同的特点。但是对于烟气脱硫来说，首先烟气脱硫处理位于生产工艺的最末端，烟气往往混合后再处理以减少脱硫装置数量；其次，脱硫工艺选择更为关键的是脱硫吸收剂/副产物选择、烟气中 SO$_2$ 浓度高低、炉窑是否为连续稳定操作、烟尘对副产物的影响。因此，烟气脱硫的烟气特点是以上述几点为重点进行分析阐述。

8.4.1.1　还原炉烟气特点

还原炉烟气特点如下：

（1）氧气底吹炼铅技术中底吹还原炉为周期操作，还原期为主要生产周期，烟气中 SO$_2$ 浓度最高。

（2）还原期烟气中 SO$_2$ 常见浓度在 3000~5000mg/m^3（以收尘装置出口计），且烟气中含有未燃尽的 CO。

（3）布袋收尘后烟气中烟尘可达到 20~50mg/m^3，甚至更低。烟尘中含铅高。

（4）烟气温度较高，一般在 120~190℃。

8.4.1.2　烟化炉烟气特点

烟气炉烟气特点如下：

（1）氧气底吹炼铅技术中烟化炉为周期操作，吹炼期为主要生产周期，烟气中 SO$_2$ 浓度最高。

（2）烟化炉烟气中的 SO$_2$ 大多来源于燃料，因此每个工厂的情况差别较大。

（3）布袋收尘后烟气中尘可达到 20~50mg/m^3，甚至更低。烟尘中主要成分为 ZnO。

（4）烟气温度较高，一般在 120~190℃。

8.4.1.3　硫酸尾气特点

硫酸尾气特点如下：

（1）氧气底吹炼铅技术中底吹熔炼炉的硫酸装置连续操作，尾气中 SO_2 浓度相对稳定。

（2）根据制酸工艺的生产状况，尾气中 SO_2 浓度一般可在 $300\sim600mg/m^3$，烟气非常纯净且烟气中几乎不含水。

（3）经过硫酸装置的处理，烟气中几乎不含尘。但是硫酸装置在事故情况下，会有含尘量很高的烟气送入脱硫装置。使用对烟尘敏感的吸收剂要考虑保护措施。

（4）烟气温度一般在 $60\sim80℃$。

8.4.2 烟气脱硫工艺简介

有色金属冶炼生产中常用的烟气脱硫工艺包括：氧化锌法、双氧水法、溶剂法、石灰石（石灰）—石膏法、钠碱法、氨法、活性焦法等。其中除活性焦法为干法脱硫工艺外，其他方法为湿法脱硫工艺。

8.4.2.1 氧化锌法

中国恩菲配套铅系统炉窑、锌系统炉窑和渣处理系统炉窑开发了完整的氧化锌脱硫工艺，并申请相关专利，完美地将烟气治理和冶炼厂的冶炼工艺相结合，实现了真正的循环经济，是目前铅锌联合冶炼厂的首选烟气脱硫工艺[19]。中国恩菲开发的氧化锌法技术在目前铅系统中逐渐成为"标配"，得到更多铅锌冶炼企业的认可。

氧化锌法用含氧化锌的物料配制成吸收浆液，在吸收设备中与低浓度 SO_2 烟气接触，利用氧化锌与 SO_2 的反应，将其以亚硫酸锌及少量亚硫酸氢锌、硫酸锌的形式除去。亚硫酸锌再通过热分解或酸分解的途径，回收 SO_2 和氧化锌或生产硫酸锌等产品；也可通过向亚硫酸锌浆液中鼓入氧化空气，将其直接强制氧化为硫酸锌。由于整个脱硫过程的物料都可以和锌生产结合起来，也是一般情况下锌冶炼企业脱硫的首选方法。如果烟气中或是吸收剂中含有一定量 F、Cl、As 等有害成分，会在循环液中积累，需要在脱硫前进行脱除。氧化锌脱硫的工艺原理如下：

在吸收塔内，氧化锌浆液与烟气中的 SO_2 发生以下主反应：

$$ZnO+SO_2+5/2H_2O \longrightarrow ZnSO_3 \cdot 5/2H_2O \tag{8-101}$$

SO_2 吸收的反应机理可认为，SO_2 溶解于水中：

$$SO_2+H_2O \Longleftrightarrow H_2SO_3 \Longleftrightarrow HSO_3^-+H^+ \tag{8-102}$$

$$HSO_3^- \Longleftrightarrow SO_3^-+H^+ \tag{8-103}$$

继而

$$ZnO+2H^+ \Longleftrightarrow Zn^{2+}+H_2O \tag{8-104}$$

$$Zn^{2+}+SO_3^{2-} \Longleftrightarrow ZnSO_3 \tag{8-105}$$

或

$$Zn^{2+}+2HSO_3^- \Longleftrightarrow Zn(HSO_3)_2 \tag{8-106}$$

由于亚硫酸是二元酸，因此可能生成两种盐。在 ZnO 过剩时为中性盐 $ZnSO_3$，在 SO_2 过剩时为酸性盐 $Zn(HSO_3)_2$。在吸收过程中，由于 $ZnSO_3$、$Zn(HSO_3)_2$ 都是不稳定的化合物，被氧化后会发生如下反应：

$$ZnSO_3+1/2O_2 =\!=\!= ZnSO_4 \tag{8-107}$$
$$Zn(HSO_3)_2+O_2 =\!=\!= ZnSO_4+H_2SO_4 \tag{8-108}$$

8.4.2.2　双氧水法

双氧水法工艺[20]产生的副产物可返回到硫酸装置、湿法冶炼系统，因此较多地应用于硫酸尾气的治理。

双氧水法流程简洁，可达到较高的脱硫效率。吸收剂一般采用外购的低浓度双氧水，产出副产品稀硫酸，稀酸的浓度多控制在20%~30%。当仅采用双氧水法治理硫酸尾气时，烟气较为纯净，无需进行烟气洗涤，且副产物稀酸将代替工艺水补偿 SO_3 吸收塔的水消耗，一般不会引起硫酸装置的水不平衡。当双氧水还用来吸收其他烟气中 SO_2 时，副产物稀酸还可以送到湿法系统使用。因此，双氧水法脱硫应用受到产物总量的限制是需要控制的。其工艺原理是：

$$H_2O_2+SO_2 =\!=\!= H_2SO_4 \tag{8-109}$$

双氧水法利用双氧水的氧化性直接氧化 SO_2 为硫酸，而不是应用酸碱中和的原理。

8.4.2.3　溶剂法

溶剂法是指利用具有选择性吸收性能的溶剂对烟气中的 SO_2 进行吸收，达到脱除烟气中 SO_2 的目的。吸收 SO_2 后的溶剂经加热会解吸出 SO_2，同时实现溶剂再生，循环使用。解吸得到的高浓度 SO_2 气体，可返回到硫酸装置继续制酸，因此多与硫酸装置结合应用。已经商用的溶剂有有机胺类溶剂、离子液类溶剂等[21,22]。

溶剂法主要通过溶剂吸收 SO_2，在蒸汽加热条件下再将 SO_2 解吸出来产生高浓度的 SO_2 气体，可用于制酸或生产液体 SO_2，这个循环过程中吸收剂损失量很低。溶剂吸收活性很高，可以与钠法媲美，可达99%以上，在烟气 SO_2 浓度高的情况运行更为经济。有色冶炼厂一般配套有硫酸装置，可将制出的纯度99%（干基）的 SO_2 直接送到硫酸装置增产硫酸。但是这种方法对烟气含尘量、含F、Cl、As等的杂质量要求较高，需要预洗涤，设备防腐要求高，因而一次性投资较高。

溶剂对 SO_2 气体具有良好的吸收和受热状态下的解吸能力，其工艺原理是：

$$SO_2+H_2O \rightleftharpoons H^++HSO_3^- \tag{8-110}$$
$$R+H^+ \rightleftharpoons RH^+ \tag{8-111}$$

总反应式：

$$SO_2+H_2O+R \rightleftharpoons RH^++HSO_3^- \tag{8-112}$$

式（8-112）中R代表吸收剂，该式为可逆反应，低温下该反应从左向右进行，高温下该反应从右向左进行。溶剂法正是利用此原理，在低温下吸收 SO_2，高温下将吸收剂中 SO_2 再生出来，从而达到脱除和回收烟气中 SO_2 的目的。该方法也不是应用酸碱中和的原理。

8.4.2.4　石灰石（石灰）—石膏法

石灰石（石灰）—石膏法工艺是常见的一种脱硫工艺，广泛的用于电力、钢铁、玻璃炉窑、有色冶炼。

石灰石（石灰）—石膏法利用石灰石或石灰的碱性吸收 SO_2，再经过空气的强制氧化，副产品为石膏，脱硫效率可达95%以上。这种方法是发电机组最为通用的脱硫方法，而有色冶炼烟气的规模远远小于电厂，所以在冶炼厂的工艺流程完备程度远不及发电厂，副产品的含水量也远高于电厂脱硫石膏10%~12%的比例，要达到25%~30%。再考虑到有色冶炼烟气中含有重金属、As、F、Cl 等，使得冶炼厂脱硫石膏的再利用非常困难。为避免堆存石膏渣产生二次污染，在有条件的情况下，尽量不采用这种方法。

8.4.2.5 钠碱法

钠碱法工艺可应用于任何硫含量的烟气，广泛的用于各行各业的烟气治理。

钠碱法工艺是利用氢氧化钠、碳酸钠的碱性吸收 SO_2，脱硫效率可达97%以上。根据脱硫副产物的要求，有两种流程，一是简单脱硫，经过喷淋吸收后把喷淋液直接排放，但是排放的高浓度钠离子在后续的水处理中需要通过蒸发结晶排出系统，因此除临时使用、事故情况下备用，一般不考虑这种流程。另一种流程是在烟气中 SO_2 浓度较高时，脱硫后产物通过中和结晶干燥生产无水亚硫酸钠，产品外售，不存在副产物堆放的二次污染问题，缺点是流程复杂、设备种类众多、占地大、一次投资高，并且需要落实当地的市场需求情况。

8.4.2.6 氨法

氨法工艺可应用于任何硫含量的烟气，一般用于有废氨水和化肥厂较为集中的区域，比如我国云南和周边。

氨作为脱硫吸收剂活性较高，更适用于含硫量较高的烟气，脱硫效率高。吸收剂为外购液氨或是氨水均可。副产品硫酸铵固体或是亚硫酸铵溶液外售。要得到硫酸铵固体流程复杂，一次投资高，副产品可外售；要得到亚硫酸铵溶液，只经过简单的吸收过程即可，但亚硫酸铵溶液需要有稳定的去向。需要注意的是，氨法脱硫需要更精密的 pH 值控制，以保证塔顶溢氨量达到《恶臭污染物排放标准》（GB 14554—1993）、最大程度地降低烟气中硫酸铵气溶胶的逃逸。因此，近些年该法应用并不多见，仅在部分区域选用。

8.4.2.7 活性焦法

活性焦法工艺与溶剂法的脱硫工艺有类似之处，副产物高浓度 SO_2 气体返回到硫酸装置继续制酸，也多与硫酸装置结合应用。

活性焦法是一种干法脱硫技术[23]。主要通过活性焦吸收 SO_2，通过加热再将 SO_2 解吸出来，副产品为15% SO_2 浓度的烟气。因此从 SO_2 在脱硫系统中循环来看，活性焦法脱硫和溶剂法脱硫近似。不同之处在于：（1）活性焦法的脱硫效率较低，单级使用的情况一般不高于84%；（2）活性焦法是干法脱硫，很少消耗工艺水；（3）活性焦法的生产操作、管理更为简便，原料消耗有活性焦和多数厂内自有的氮气，而溶剂法需要消耗溶剂、氢氧化钠、活性炭；（4）活性焦法的副产品纯度低于溶剂法，很难获得液体 SO_2 产品；（5）活性焦可同时脱硫脱硝。

8.4.3　烟气脱硫工艺选择

　　烟气脱硫方法的选择主要取决于原烟气状况、吸收剂的供应、副产物利用、工厂的地理条件、工程投资和运行成本等多方面因素，并且应遵循安全、可靠、技术先进合理、满足环保排放等原则[24]。

　　氧气底吹炼铅技术涉及底吹还原炉烟气、烟化炉烟气和硫酸尾气。这三种烟气中，由于硫酸尾气的烟气特征不同，也可以单独考虑设置脱硫装置；另外两种烟气通常是混合后一起处理的。在脱硫技术的选择方面，有以下几种常见情况：

　　（1）属于铅锌联产企业或周围有锌厂。在具备副产物亚硫酸锌、硫酸锌可以和锌厂冶炼工艺相结合的情况下，可优先考虑氧化锌法脱硫。

　　氧化锌法脱硫的优势在于吸收剂是厂内自产的烟化炉烟尘，副产物送锌厂系统进行循环利用，不产生危废、没有二次污染，同时省去了吸收剂采购、副产物销售等额外的管理工作。目前氧化锌法脱硫后烟气中 SO_2 浓度可达到 $100mg/m^3$ 以下。考虑到 SO_2 浓度可能波动较大，也可在氧化锌脱硫后设钠碱法或双氧水法作为备用吸收段。

　　典型的工艺流程是 3 种烟气采用一套脱硫装置处理，脱硫后的烟气集中排放。其中还原炉烟气、烟化炉烟气脱硫前酌情考虑烟气洗涤，去除烟气中对锌系统有害的杂质。

　　（2）周围不具备外购其他吸收剂的条件。其他吸收剂采购运输困难，副产物难以外售，可能形成大量危废。此种情况下，可考虑采用溶剂法脱硫。

　　溶剂法脱硫的吸收剂可循环利用，需要定期补充。大部分采用该法的冶炼厂将回收的 SO_2 送到硫酸系统，副产物最终为成品硫酸。也可制成液体 SO_2，用于湿法冶炼。在此解吸过程的蒸汽消耗、溶剂的补充是运行成本中最高的部分。目前该技术单级吸收脱硫后烟气中 SO_2 浓度可达到 $100mg/m^3$ 以下，尤其适应烟气中 SO_2 浓度波动较大的情况。如果要达到更低的 SO_2 出口浓度，可采用增加吸收段的方式。

　　典型的工艺流程：一是 3 种烟气分别进行烟气洗涤和吸收，解吸装置三套共用，一般与某一套吸收装置布置在一起；二是还原炉烟气和烟化炉烟气分别进行烟气洗涤和吸收，解吸装置两套共用，硫酸尾气采用双氧水法脱硫。需要说明的是，溶剂法脱硫吸收剂容易中毒失活，硫酸装置事故等原因可能导致吸收塔中的所有吸收剂全部失活，根据实际情况可在脱硫前设置烟气洗涤。

　　（3）石灰石或石灰获取便利，脱硫石膏可以外售。在具备吸收剂采购和副产物处理条件下，可选取石灰石（石灰）—石膏脱硫。

　　石灰石（石灰）—石膏法是一种运行成本较低的脱硫方法。在我国，石灰石较为普遍，一般易于购买且品质较好。一般建议采用纯度 90% 以上、粒度 $60\mu m$（250 目）以上的石灰石，以满足环保排放和副产物成分的要求。如对副产物纯度要求较高，可在还原炉烟气、烟化炉烟气脱硫前先进行烟气洗涤。目前该法技术脱硫后烟气中 SO_2 浓度可达到 $100mg/m^3$ 以下。

　　典型的工艺流程是 3 种烟气采用一套脱硫装置处理，最后一起排放。其中还原炉烟气、烟化炉烟气脱硫前酌情考虑烟气洗涤，降低脱硫石膏杂质量，易于再利用。

8.4.4　工程案例及技术经济指标

8.4.4.1　氧化锌法处理还原炉、烟化炉烟气

A　工艺流程

某铅冶炼厂采用氧化锌法脱除还原炉、烟化炉烟气中的 SO_2，采用一级洗涤、两级吸收的工艺。脱硫装置主要包括浆液储存和供应、烟气洗涤系统、SO_2 吸收系统、硫酸锌浆液过滤分离系统。其主要流程如图 8-23 所示。装置现场照片如图 8-24 所示，其为氧化锌法脱硫装置，主要展示烟气洗涤系统和 SO_2 吸收系统。

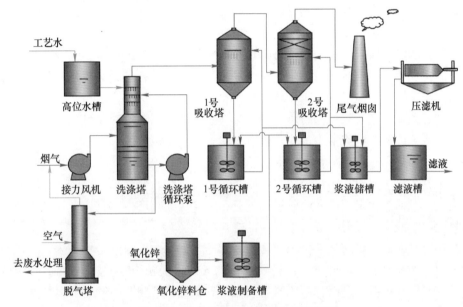

图 8-23　氧化锌法脱硫工艺流程示意图

图 8-24　氧化锌法脱硫装置

（1）浆液储存和供应。烟化炉粉尘中氧化锌含量约 80%，氧化锌粉输送到该脱硫装置旁，在浆液制备槽内人工配制含固量约 15% 的氧化锌浆液，经浆液制备槽泵输送至浆液储槽。

新鲜氧化锌浆液经浆液储槽泵送入二氧化硫一级、二级吸收塔内，用于脱除烟气中 SO_2。补充的新鲜浆液量受一级、二级吸收塔内 pH 值控制。

（2）烟气洗涤系统。烟气洗涤系统主要是用于除去烟气中的氟、氯，以免其进入后续的冶炼系统中，增加湿法冶炼系统的除氟、氯成本。烟气洗涤系统主要包括增压风机、洗涤塔、洗涤循环泵。为提高烟气净化效率，选择高效逆喷洗涤器作为洗涤塔。

系统运行时，原烟气经风机升压后，从中部进入洗涤塔逆喷管，洗涤塔底部的洗涤液经循环泵加压，通过大口径喷头从洗涤塔上部喷淋而下。烟气与洗涤液在塔内逆流接触，气体被急冷至绝热饱和温度，气体中的氟、氯和大部分尘被洗涤液捕集进入液体中，为了增强洗涤系统的除氟效果，可向洗涤塔循环浆液中加入一定量的硅酸钠，使氟以氟硅酸钠的形式被固定在液相中。洗涤后的烟气从洗涤塔顶部排出，并带走大量从洗涤塔蒸发的水蒸气，因此需定期向洗涤塔内补水以维持塔内水平衡。洗涤塔补充水可采用废水处理车间出水，在满足烟气洗涤效果的同时可节约大量新水资源。同时定时从洗涤系统外排出一定量的酸性废水，以控制洗涤液中的尘、氟、氯含量在一定范围内。

（3）SO_2 吸收系统。吸收系统主要是用于去除烟气中的 SO_2 气体，使烟气最终达标排放。烟气吸收系统主要包括一级、二级吸收塔，一级、二级浆液循环泵和一级、二级氧化风机。吸收塔包括氧化浆池段和吸收段两部分，烟气从吸收塔中部进入，与从吸收塔上部喷淋的氧化锌浆液逆流接触，吸收烟气中的二氧化硫。

系统运行时，从洗涤塔顶部排出的含饱和水蒸气烟气进入吸收塔中部入口，吸收塔浆池内的浆液经循环泵加压，通过大口径喷头与烟气逆流接触，SO_2 被充分吸收。吸收过程及相关反应在较低温度下进行，可以维持气相中较低的 SO_2 分压。经过两级烟气脱硫净化后的烟气，经除雾器去除携带的液滴后，排出系统进入烟囱。

吸收了 SO_2 的浆液落入浆池中，与鼓入的压缩空气充分混合接触，使亚硫酸锌被氧化成硫酸锌。向两座吸收塔内补充新鲜氧化锌浆液，将浆池内浆液的 pH 值控制在 4.5 ~ 5.5 范围内，并实现双塔的梯度 pH 值控制。吸收塔连续外排一定量的硫酸锌浆液，控制塔内浆液中的硫酸锌浓度，在保证脱硫效果的同时尽可能减少进入湿法冶炼系统的水量。

（4）硫酸锌溶液过滤系统。从两座吸收塔排出的硫酸锌浆液的含固量约 10%，其中固体成分为未反应的氧化锌、五水亚硫酸锌、氧化锌原料带来的杂质（含铅、铁、二氧化硅、硫化物等）。

浆液经浆液排出泵排入浆液中间槽中，然后经浆液中间槽泵排入压滤机进行固液分离。分离后滤渣含游离水量约 30%，汽车送到其锌厂湿法浸出车间解吸进一步回收 SO_2。滤液返回吸收塔或配浆系统再利用。

B　技术经济指标

某装置氧化锌法脱硫技术经济指标见表 8-10。

表 8-10　某装置氧化锌法脱硫技术经济指标

序号	项　目	数量	备　注
1	处理烟气总量/$m^3 \cdot h^{-1}$	60607	标况，湿基
2	入口 SO_2 浓度/$mg \cdot m^{-3}$	3171.4	标况，湿基
3	脱硫效率/%	93.8	
4	尾气排放量/$m^3 \cdot h^{-1}$	58191	标况，干基
5	尾气 SO_2 浓度/$mg \cdot m^{-3}$	206.4	标况，干基
6	氧化锌用量/$t \cdot a^{-1}$	2656.3	纯度80%
7	副产亚硫酸锌渣量/$t \cdot a^{-1}$	4958.5	含水30%
8	硫酸锌液体产量/$m^3 \cdot h^{-1}$	0.76	
9	硫酸锌液体中锌含量/$g \cdot L^{-1}$	120	

8.4.4.2　双氧水法处理硫酸尾气

A　工艺流程

某铅厂硫酸装置采用双氧水法脱除尾气中的 SO_2。流程简单，脱硫装置主要包括双氧水储存、SO_2 吸收两个主要系统。其主要流程如图 8-25 所示。装置现场照片如图 8-26 所示，其为双氧水法脱硫装置，主要展示 SO_2 吸收系统。

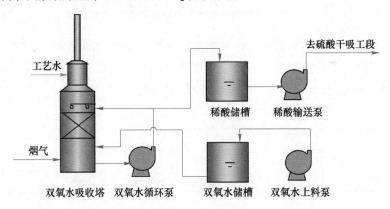

图 8-25　双氧水法脱硫工艺流程示意图

（1）双氧水储存系统。外购的 27.5% 双氧水用上料泵送至双氧水储槽储存。双氧水通过计量泵定量精确送入双氧水吸收塔，脱除烟气中的 SO_2。送入塔的双氧水的量主要是由吸收塔出口 SO_2 浓度决定的。

（2）SO_2 吸收系统。该系统主要包括双氧水吸收塔、双氧水循环泵、稀酸储槽、稀酸排放泵。

硫酸尾气从中部进入吸收塔后，90°折向朝上流动，在自由堆放的填料层内与循环稀酸错流接触，溶入稀酸的 SO_2 迅速与稀酸中的双氧水反应，生成稀硫酸。未被循环稀酸吸收的烟气经过折流板除雾器和丝网除雾器捕捉细小的液滴后，由烟囱排放到大气。

图 8-26　双氧水法脱硫装置

　　双氧水吸收塔选用填料塔的形式,采用塑料填料。双氧水的加入、稀酸的整个过程是连续的,因此稀酸中 H_2O_2 浓度的控制是至关重要的。原则上在满足排放要求的情况下,尽量降低循环酸中的 H_2O_2 浓度。H_2O_2 浓度可控制在 0.2%~0.4%。达到一定浓度的稀硫酸可外排,送到硫酸装置干吸工段。

　　B　技术经济指标

　　某硫酸尾气双氧水法脱硫技术经济指标见表 8-11。

表 8-11　某硫酸尾气双氧水法脱硫技术经济指标

序号	项　　目	数　值	备　注
1	处理烟气总量/$m^3 \cdot h^{-1}$	70000	标况,湿基
2	SO_2 入口浓度/$mg \cdot m^{-3}$	1200	标况,湿基
3	SO_2 出口浓度/$mg \cdot m^{-3}$	90	标况,干基
4	脱硫效率/%	92	
5	双氧水耗量/$t \cdot a^{-1}$	1204	
	浓度/%	27.5	
6	副产品稀硫酸/$t \cdot a^{-1}$	3748	
	浓度/%	约25	
	折合100%硫酸/$t \cdot a^{-1}$	937	

8.4.4.3 石灰石法处理还原炉、烟化炉烟气

A 工艺流程

某铅冶炼厂采用石灰石法脱除还原炉、烟化炉烟气中的 SO_2。脱硫装置主要包括浆液制备和储存、SO_2 吸收、石膏过滤三个主要系统。其主要流程如图 8-27 所示，装置现场照片如图 8-28 所示，其为石灰石法脱硫装置，主要展示 SO_2 吸收系统。

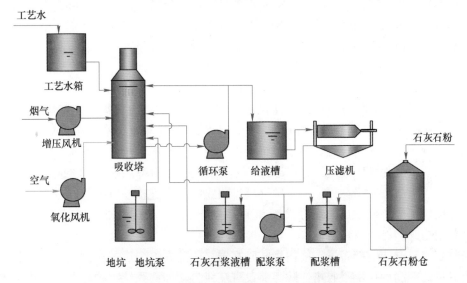

图 8-27 石灰石法脱硫工艺流程示意图

图 8-28 石灰石法脱硫装置

（1）浆液制备和储存系统。槽车将石灰石粉（纯度90%，粒度小于60μm（250目））运输至脱硫区，气力输送至钢制石灰石粉仓内，再由星型给料机、螺旋称重给料机送至配浆槽。在配浆槽制备含固量约15%的石灰石浆液，经密度计，检测达到浓度要求送至吸收剂储槽，浓度不满足要求，浆液返回配浆槽。

新鲜石灰石浆液经供浆泵送入二氧化硫吸收塔，用于脱除烟气中的SO_2。补充的石灰石浆液量由吸收塔内pH值控制。

（2）SO_2吸收系统。烟气进入脱硫装置之前设增压风机，抵偿脱硫部分的烟气的压力损失。两股烟气混合后直接接入脱硫吸收塔。脱硫后烟气通过塔顶烟囱排放至大气。

二氧化硫吸收主要包括增压风机、二氧化硫吸收塔、循环泵、氧化风机。烟气进入吸收塔后，90°折向朝上流动，与自喷淋层而下的浆液进行大液气比接触，烟气中的SO_2被吸收浆液洗涤，并与浆液中的$CaCO_3$发生化学反应，生成$CaSO_3 \cdot 1/2H_2O$，接着在吸收塔内部分氧化成$CaSO_4 \cdot 2H_2O$从浆液中析出结晶。系统向吸收塔内连续补充新鲜$CaCO_3$浆液，同时连续外排一定量含固量15%的$CaSO_4 \cdot 2H_2O$浆液，送至给料槽储存。

循环系统采用单元制设计，每个喷淋层都配有一台与喷淋层上升管道系统相连接的吸收塔循环泵，从而保证吸收塔内200%以上的吸收浆液覆盖率。喷淋组件及喷嘴的布置设计成均匀覆盖吸收塔的横截面。一个喷淋层是由喷嘴和带连接支管的母管制浆液分布管道组成的。使用由碳化硅制成的螺旋喷嘴和FRP喷淋管道，可以长期运行而无磨蚀、无石膏结垢及堵塞等问题。

吸收塔内喷淋层上部布置二级内置式除雾器。脱硫并除尘后的净烟气通过除雾器除去气流中夹带的雾滴后排出吸收塔。除雾器设有在线自动冲洗系统，除雾器冲洗水由除雾器冲洗水泵供给。吸收塔浆液和喷淋到吸收塔中的除雾器清洗水流入吸收塔底部，即吸收塔浆液池。通过吸收塔浆液池上的侧入式搅拌器搅拌，使浆液池中的固体颗粒保持悬浮状态。

在吸收塔底部设置的强制氧化喷枪为吸收塔提供氧化空气，把脱硫反应中生成的$CaSO_3 \cdot 1/2H_2O$氧化为$CaSO_4 \cdot 2H_2O$，并生成石膏晶体。每套系统配置氧化风机、风道、氧化喷枪等。空气喷管设于搅拌器前侧。喷入的空气被搅拌器推动的浆液搅碎成细小的气泡，并随着浆液的流动，很好地分散于浆液之中。

（3）石膏过滤系统。石膏过滤系统主要包括给料槽、给料泵、离心机。从吸收塔出来15%的石膏浆液进入给料槽后经给料泵加压送至压滤机。经过过滤得到的石膏含有一定的物理水，运出系统；液相是含固量小于1%的浆液，自流返回吸收塔再利用。

B 技术经济指标

某装置石灰石法脱硫技术经济指标见表8-12。

表8-12 某装置石灰石法脱硫技术经济指标

序号	项 目	数 值	备 注
1	处理烟气总量/$m^3 \cdot h^{-1}$	140000~180000	标况，湿基
2	SO_2入口浓度/$mg \cdot m^{-3}$	600~3500	标况，湿基
3	SO_2出口浓度/$mg \cdot m^{-3}$	80~350	标况，干基
4	设计脱硫效率/%	90	

续表 8-12

序号	项　目	数　值	备　注
5	石灰石粉耗量/t·d⁻¹	3.5~6.0	
	纯度/%	90	
6	石膏产量/t·d⁻¹	8~14	
	含水量/%	30	

参 考 文 献

[1] 孟嘉. 工业烟气余热回收利用方案优化研究 [D]. 武汉：华中科技大学，2008.

[2] 于海. 典型有色金属冶炼烟气余热回收利用研究 [D]. 沈阳：东北大学，2011.

[3] 劳学竞，张计鹏. 铅冶炼余热锅炉的设计特点 [C] // 中国石油和化工勘察设计协会热工专委会、热工中心站 2015 年年会论文集，2015：96~99.

[4] 北京有色冶金设计研究总院. 余热锅炉设计与运行 [M]. 北京：冶金工业出版社，1982.

[5] 北京有色冶金设计院，等. 重有色金属冶炼设计手册（冶炼烟气收尘　通用工程　常用数据卷）[M]. 北京：冶金工业出版社，1996.

[6] 马广大. 大气污染控制工程 [M]. 北京：中国环境科学出版社，2003.

[7] 刘后启，林宏. 电收尘器 [M]. 北京：中国建筑工业出版社，1987.

[8] 张殿印. 袋式除尘技术 [M]. 北京：冶金工业出版社，2008.

[9] 祁君田，党小庆，张滨渭. 现代烟气除尘技术 [M]. 北京：化学工业出版社，2008.

[10] 张殿印，王纯. 除尘工程设计手册 [M]. 北京：化学工业出版社，2010.

[11] 董四绿. WSA 工艺的设计与实践 [J]. 硫酸工业，2002（6）：29~31.

[12] 吴振山，李瑛. 离子液脱硫技术在奥斯麦特炉冶炼系统中的应用 [J]. 硫酸工业，2018（5）：27~29.

[13] 中国有色金属工业工程建设标准规范管理处，等. GB 50880—2013 冶炼烟气制酸工艺设计规范 [S]. 北京：中国计划出版社，2014.

[14] 孙治忠，何春文. 高浓度 SO_2 预转化工艺在 1600kt/a 硫酸系统中的应用 [J]. 硫酸工业，2014（4）：5~8.

[15] Kurtchristensen. 以 VK-701 LEAP5™ 催化剂应对未来硫酸工业 SO_2 排放挑战 [J]. 硫酸工业，2011（4）：1~5.

[16] 邓先和，蒋夫花. 换热器在大型化发展中的深度换热问题讨论 [J]. 硫酸工业，2009（6）：1~5.

[17] 赵吉坤，唐乾坤. WSA 湿法制酸工艺中酸露点的计算及应用 [J]. 硫酸工业，2013（4）：29~32.

[18] 夏小勇. HRS 技术在冶炼烟气制酸装置中的应用与实施 [J]. 硫酸工业，2013（4）：23~26.

[19] 王姣. 氧化锌法脱硫中 SO_2 吸收塔塔型的探讨 [J]. 有色设备，2017（1）：1~3.

[20] 吴越. 双氧水脱硫技术在硫酸尾气脱硫中的工程应用 [J]. 中国化工贸易，2019，11（22）：122.

[21] 王姣. 离子液循环吸收法有色冶炼烟气脱硫新技术 [J]. 有色设备，2008（3）：5~7.

[22] 王姣. 离子液循环吸收法有色冶炼烟气脱硫新技术（续）[J]. 有色设备，2008（4）：13~15.

[23] 翟尚鹏，刘静，杨三可，等. 活性焦烟气净化技术及其在我国的应用前景 [J]. 化工环保，2006，26（3）：204~208.

[24] 王鈜艳，王姣. 石灰石湿法脱硫技术工艺设计的问题探讨 [J]. 有色冶金节能，2010，26（3）：43~45.

⑨ 氧气底吹炼铅工厂自动化与智能化

9.1 工业自动化概述

工业生产技术不断发展，使现代工业企业呈现大型化、连续化、高速化、智能化的生产特点。为满足企业需求，实现企业优化运行，提高企业竞争力，现代集成制造系统CIMS 技术应运而生，并成功应用到工业中。

CIMS 技术是将先进设备制造技术、先进控制技术和先进管理技术有机结合，由 PCS 级、MES 级、BPS 级三级结构组成。

（1）PCS 级，即基础控制系统，主要为基础设备控制和生产过程监控系统。基础设备控制包括温度、压力、流量、物位、成分分析等检测仪表以及控制阀门、成套设备等，还包括数据采集及监控系统（SCADA）、分散型控制系统（DCS）、安全仪表控制系统（SIS）、可编程逻辑控制系统（PLC）的控制器及控制站。生产过程监控系统包括SCADA、DCS、SIS、PLC 的工程师站、操作站及监控站、数据中心、各级监控中心等。PCS 基础自动化控制是工业生产的基石，稳定、可靠的检测数据和设备控制，是实现 MES 和 BPS 的前提和保障。

（2）MES 级，即工厂自动化，主要为 MES 制造执行系统。以历史数据库为基础，包括工厂信息管理系统（PIMS）、先进控制系统（APC）、计划排产、仓储库等。解决与生产和管理双重相关的问题。

（3）BPS 级，即企业自动化，主要为 ERP 企业资源规划，包括财务管理、销售管理、人事管理、供应链管理等管理模块，提供工业企业整体资源优化方案。

本章主要介绍氧气底吹炼铅工厂基础自动化的主要功能及配置。

9.2 氧气底吹炼铅自动化控制

氧气底吹炼铅工厂包括火法冶炼系统、湿法精炼系统、硫酸系统、公辅系统等。氧气底吹炼铅工厂工艺以火法工艺为主，包括原料处理、氧气底吹熔炼、氧气底吹还原、烟化工段以及各工段余热锅炉和收尘系统。湿法精炼系统采用电解工艺。硫酸系统处理烟气，包括净化、干吸、转化及成品酸储存等。公辅系统包括氧气站、化学水处理站、污酸污水处理等工艺过程，提供工厂所需气、水等。

各工段相对独立，生产设备繁多，但气、水、固体物料等相互流通，准确控制并计量各种物料的使用情况，保证各工段设备运行稳定、可靠是实现全厂自动化控制的关键。

各工段依据工艺需求及仪表设计规范，对生产过程中的一般参数进行检测，以便于生产操作及管理；对生产过程中的重要参数设置必要的自动调节系统实现自动控制；对可能引起生产事故或人身伤害的参数，将其限定安全范围内并设置越限报警，确保生产安全。

9.2.1　配料工段检测控制

9.2.1.1　配料系统

典型配料系统流程如图 9-1 所示，通过加料设备进行冶炼炉各固体物料的储存、配料以及输送。

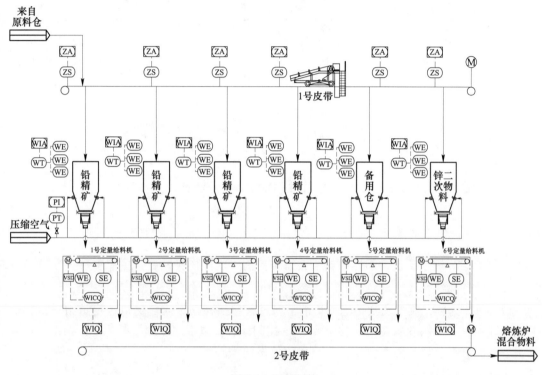

图 9-1　配料系统

通过料仓料位检测仪表、位置开关、胶带输送机及其卸料设备联锁控制实现各料仓的加料控制。

通过调节定量给料机变频速率实现各物料的定量配比给料。

各物料输送设备间根据输送要求设置联锁控制，逆序开车、顺序停车程序，并设置急停按钮等。

9.2.1.2　配料通风系统

配料厂房通风除尘系统还需监控布袋收尘器前后压力，以反映设备通风除尘工况。如图 9-2 所示。

9.2.2　氧气底吹熔炼工段检测控制

氧气底吹熔炼工段包括熔炼炉系统、熔炼炉余热锅炉系统、熔炼炉收尘系统三部分。

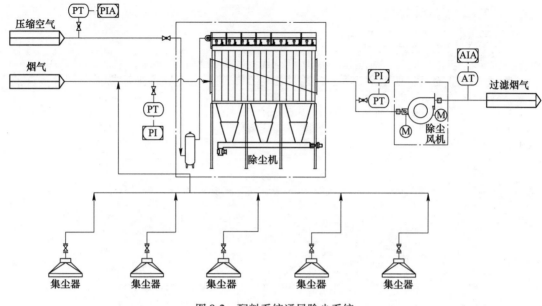

图 9-2　配料系统通风除尘系统

9.2.2.1　熔炼炉系统

典型的熔炼炉系统包含固体物料下料系统控制、气体物料控制、冷却水系统控制。

A　下料系统

以图 9-3 为例，氧气底吹熔炼炉炉前下料过程包括移动带式输送机、定量给料机，所有电气设备信号和料仓料位信号均进入 DCS 控制系统，以顺序联锁控制为主。根据输送要求设置逆序开车、顺序停车程序，并设置急停按钮等。

B　气体物料监控

气体物料通过底部喷枪喷入炉内，设置相应的检测控制回路确保物料按量投入生产。主要检测控制内容如下：

（1）流量、压力调节。氧气总管、氮气总管设置压力、流量调节回路，保证入炉气体介质的工艺设定值。其检测控制系统如图 9-4 所示。

（2）氮氧切换控制。氮氧切换检测（见图 9-4）控制内容如下：

1）吹扫氮气总管设置压力调节回路，防止压力过大，吹扫时对炉内环境造成损害。

2）设置氮氧切换阀，根据工艺要求联锁条件切换控制。

（3）氧气氮气支管流量、压力检测。氧气、氮气支管上设置流量、压力检测，作为判断氧枪工作状态的依据。如图 9-5 所示。

（4）氧料比调节。设置氧料比，可根据固体物料进量及炉体温度设置进炉气量。

C　氧气底吹熔炼炉水系统监控

a　氧枪冷却水监控

氧枪冷却水监控主要包括以下几个方面：

（1）氧枪冷却水总管设置压力控制如图 9-6 所示，冷却水的流量控制如图 9-4 所示。

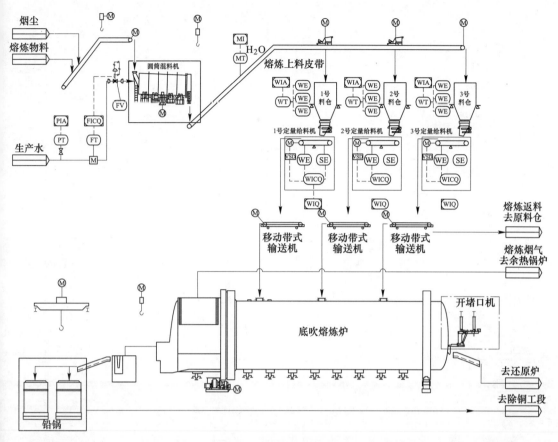

图 9-3　熔炼炉下料系统

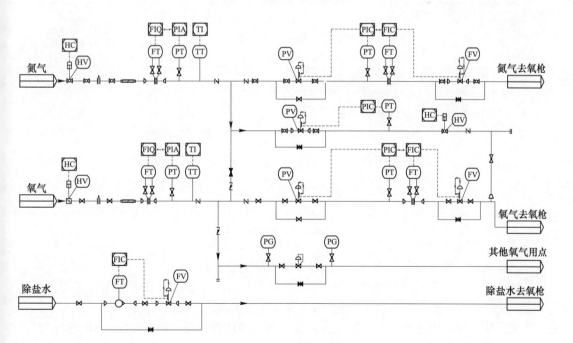

图 9-4　熔炼炉总管物料系统

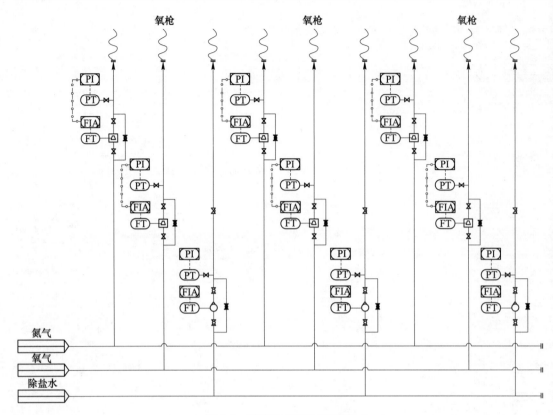

图 9-5　熔炼炉支管物料系统

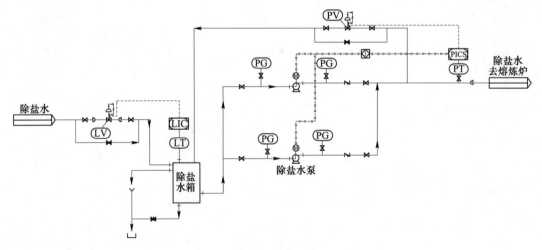

图 9-6　熔炼炉氧枪冷却水系统

（2）氧枪加压水箱液位控制，如图 9-6 所示。

（3）氧枪冷却水加压泵控制，如图 9-6 所示。氧枪冷却水加压泵通常设置两台，一用一备。氧枪冷却水加压泵出口压力低于设定值时自动启动备用泵。

（4）氧枪冷却水支管监测。氧枪冷却水支管设置压力、流量检测仪表，用于判断氧枪冷却水运行状况（见图 9-5）。

b 炉体冷却水监控

冶炼炉水冷却系统若发生漏水进入冶炼炉内部，会引发恶性爆炸事故，水冷却系统若断水，易引发炉子烧穿事故，导致炉内高温熔融金属及熔渣泄漏，继而引发火灾、爆炸等恶性事故，因此冶炼炉冷却水系统需设置温度、流量、压力检测报警装置，及时发现冷却水异常，保障安全生产。

（1）炉体冷却水套供水切换控制。熔炼工段设置安全水箱，正常生产时，去炉体水套循环冷却水总管阀门开，安全水箱出口水管阀门关，当冷却循环水总管上流量低至低设定值（流量低设定值可在操作画面上给定）时，开安全水箱出口水管上阀门，同时关闭去炉体水套循环冷却水总管阀门。

（2）冷却水总管监测。冷却水总管上设置温度、压力、流量检测仪表，根据需要在回水支管上设置温度、断流报警等检测仪表，判断冷却水运行状况。

D 炉体温度压力监控

炉体温度压力监控包括：

（1）氧气底吹熔炼炉炉膛、炉口温度检测。可根据设置在炉顶温度计，间接反映炉膛内温度及炉内反应情况。

（2）炉膛负压控制。对氧气底吹熔炼工段高温风机的转速或频率进行控制，实现对炉膛负压的调节控制。

E 其他

根据工艺要求，需设置有毒有害、可燃气体泄漏检测，保障人身、生产安全。

9.2.2.2 熔炼炉余热锅炉系统

底吹熔炼炉产生的高温烟气，采用循环余热锅炉回收烟气余热，生产中压饱和蒸汽，配套饱和蒸汽汽轮机组和发电机组抽汽供热，实现热电联产，最大限度地提高余热蒸汽利用效率。余热锅炉系统控制包括水系统控制、蒸汽系统控制、烟气系统控制和余热锅炉设备控制。

A 水系统控制

余热锅炉水系统需设置除盐水温度、压力及流量检测、给水压力及流量检测、汽包液位检测控制和除氧器液位检测控制。

（1）汽包液位控制。稳定的锅炉汽包水位是安全生产和提供优质蒸汽的保证。水位过低，不能给汽包及时补水，可能导致汽包干锅，有引起锅炉爆炸危险的可能。水位过高，会影响汽包内汽水分离效果，造成蒸汽带液，使过热器结垢而损坏，影响汽轮机等下游设备的安全运行，因此必须严格控制汽包水位。熔炼炉余热锅炉汽包液体控制系统如图9-7所示。

汽包控制系统通常采用两种自动控制方案：

1）单回路PID调节。通过PID模块对锅筒给水管液位调节阀进行控制，实现对汽包液位的调节控制。

2）三冲量调节。通过对汽包的给水流量、蒸汽流量、液位三个参数的修正计算，校正汽包的虚假液位，调节汽包给水流量，达到控制汽包液位的目的。三冲量计算控制策略

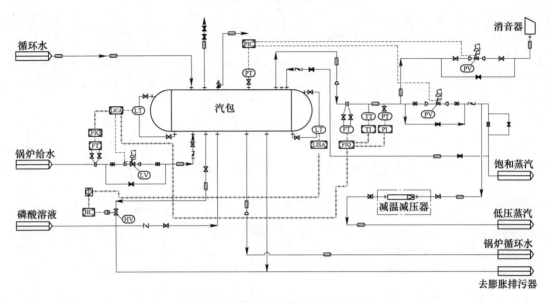

图 9-7　熔炼炉余热锅炉汽包控制系统

实现见下式：

$$汽包液位修正值=汽包液位+C×(给水流量-蒸汽流量) \qquad (9-1)$$

将补偿后的蒸汽流量、汽包液位及给水流量进行三冲量计算，并将计算值作为汽包液位调节器的液位，调节给水阀开度，控制汽包液位。

（2）除氧器水箱液位控制。

除氧器水箱液位控制包括以下两个方面：

1）除氧器水箱液位调节。根据除氧器水箱液位检测值，对除氧器水箱进水管调节阀进行控制，实现对除氧器液位的调节控制，如图 9-8 所示。

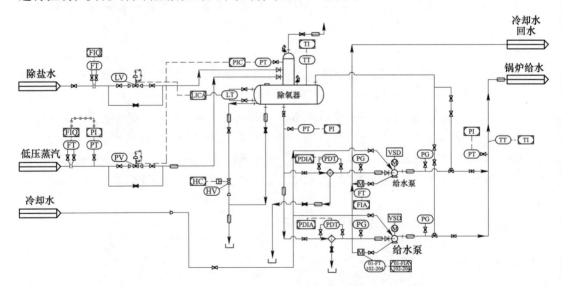

图 9-8　熔炼炉余热锅炉水系统

2）除氧器水箱紧急放水控制。当除氧器水箱液位高于高限时，打开紧急放水阀门，紧急降低水箱水位至正常液位后关闭，如图9-8所示。

（3）除氧器压力控制。在去除氧器的低压蒸汽管道上设置压力调节阀，实现除氧器压力的调节控制，如图9-8所示。

B　蒸汽系统监控

蒸汽系统监控如图9-7所示。锅炉蒸汽系统主要包括如下内容：

（1）汽包蒸汽压力控制。汽包蒸汽压力控制包括主蒸汽压力调节控制及主蒸汽放空控制。

1）汽包蒸汽压力调节控制。主蒸汽管道设置压力调节阀，实现汽包压力的调节控制。

2）蒸汽放空控制。在主蒸汽放空管道上设置压力调节阀，当压力过高进行紧急放空时，蒸汽放空管道阀门紧急放空，使锅筒压力尽快恢复正常。压力正常后，蒸汽放空控制阀自动关闭。

（2）低压蒸汽压力控制。在低压蒸汽放空管道设置压力调节阀，实现对低压蒸汽压力的调节控制。

C　余热锅炉烟气监控

熔炼炉余热锅炉烟气系统，如图9-9所示，主要检测余热锅炉进出口温度、对流区温度，进出口压力，监控余热锅炉烟气通道运行状况。

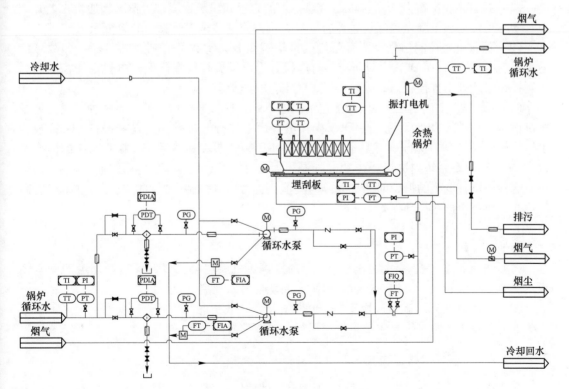

图9-9　熔炼炉余热锅炉烟气系统

D　余热锅炉设备监控

a　水泵控制

水泵需在 DCS 内监控信号：集控、运行、故障、上电信号、启/停信号、电流输入等。

水泵正常生产时，需设置备用泵自动投用控制。可任选一台作为主泵运行，另一台为备用泵。无论何种情况，必须保证有循环水泵运行。同时需根据工艺及现场要求设置联锁条件。较为常用的联锁条件有以下几种：

（1）压力或流量联锁。主泵运行时，当给水压力或者流量低于设定值的 80% 超过 5s 时，备用泵自动启动，当备用泵自投达到设定压力时，操作工人需在现场手动关闭主泵。

（2）故障联锁。当主泵故障时，备用泵自动启动。

（3）电机电流或轴承温度联锁。当主泵电机电流或轴承温度高报警时，备用泵自动启动。

b　锅筒紧急放水阀

当汽包液位高于高限时，使用紧急放水阀进行放水，保护汽包及后续设备。该阀门需在 DCS 系统监控设备运行信号：集控、开到位、关到位、故障、开阀运行信号、关阀运行信号以及开阀启动信号、关阀启动信号。

c　余热锅炉振打控制

冶炼炉烟气含尘量大，且有一定的黏性，经过余热锅炉会导致锅炉受热面积灰，影响锅炉的正常传热，使锅炉排烟温度过高，严重时可能引起锅炉爆管事故，因此必须在余热锅炉设置振打清灰装置，并保证其有效、连续运行。

（1）振打电机分配及布置。根据余热锅炉的布置和积灰程度位置情况，通常在上升烟道、烟道连接处、下降烟道处设置振打电机，可按照这些位置将振打装置分组。

（2）振打电机控制信号。所有振打电机均需在 DCS 系统内监控集控、运行、故障信号以及启/停信号，在 DCS 内对所有振打电机分组设置振打程序。振打电机现场控制箱内控制按钮必须处于集控状态，才可实现 PLC 或 DCS 远程控制。

（3）振打控制。根据工程项目配置情况的不同，振打电机控制通常有两种方式：现场电机信号直接进入 DCS 系统，在 DCS 操作员界面上进行振打控制；设置振打 PLC，现场电机信号先进入 PLC 系统，然后通过 Profibus_DP 通信进入 DCS 系统，振打系统的运行可以在 PLC 和 DCS 系统内进行。在 PLC 控制界面上设置有远程/本地切换按钮，各系统内均可设定各组振打电机的振打时间和间隔时间值，进行振打控制。振打电机可以分组组内循环振打，也可以按组循环振打。

d　其他电气设备控制

其他电气设备包括：

（1）埋刮板输送机。锅炉一运行，埋刮板输送机应启动，以保证锅炉烟道的安全畅通。DCS 监控信号包括集控、运行、故障、断链信号以及启/停信号。

（2）星型卸灰阀。卸灰阀用于锅炉卸灰之用，一般情况应关闭，需要时应由人工从上位机上开启。DCS 监控信号包括集控、运行、故障信号以及启/停信号。

9.2.2.3　熔炼炉收尘系统

余热锅炉系统后配置有收尘系统，收尘系统根据烟气参数不同配置电收尘系统或者布袋收尘系统，如图 9-10 所示。

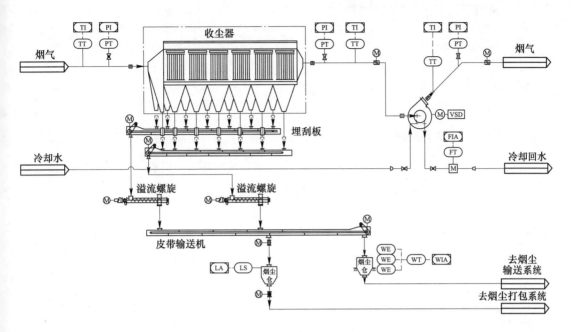

图 9-10 熔炼炉收尘系统

A 收尘烟气监测

收尘器前后烟气管道温度、压力监测,高温风机出口温度、压力监测。

B 放冷风控制

根据工艺要求,在冷风管道上设置冷风控制阀,实现对收尘器入口温度的调节控制。

C 设备控制

设备控制包括以下几类:

(1) 顺序控制。各烟尘输送设备间根据工艺要求设置联锁控制,逆序开车、顺序停车程序,并设置急停按钮等。

(2) 烟尘定量给料机。用于对收尘工段烟尘进行连续称量给料。控制器与远程 DCS 的接口信号至少有:料量反馈、料量给定、运行、报警、备妥、机旁远程指示及远程启停等信号。

(3) 埋刮板输送机。收尘工段埋刮板输送机较多,按照工艺次序顺序开车,并确保联锁条件正确,保证收尘工序顺畅。DCS 需监控信号:集控、运行、故障、断链以及启/停等信号。

(4) 星型卸灰阀。星型卸灰阀是收尘工段使用较多的设备,主要分布在布袋收尘器灰仓下及烟尘钢仓下。通过 DCS 系统监控可减少现场操作量,需进入 DCS 监控信号:集控、运行、故障以及启/停等信号。

(5) 斗式提升机。斗式提升机将所收烟尘通过 3 号埋刮板输送机返回配料。需进入 DCS 监控信号:集控、运行、故障以及启/停等信号。

9.2.3　氧气底吹还原工段检测控制

氧气底吹还原工段包括还原炉系统、还原炉余热锅炉系统、还原炉收尘系统三部分。

与底吹熔炼工段类似，内容包括炉体温度压力监控、气体物料监控、固体物料控制、冷却循环水监控等。此外在天然气阀站和粉煤区域需设置可燃或有毒有害气体探测器，保障人身、生产安全。

9.2.4　烟化工段检测控制

烟化炉监控内容包括烟化炉送风系统监控、烟化炉炉体水套冷却水监控、烟化炉粉煤输送系统监控、冲渣系统监控。烟化炉一二次风系统如图 9-11 所示。

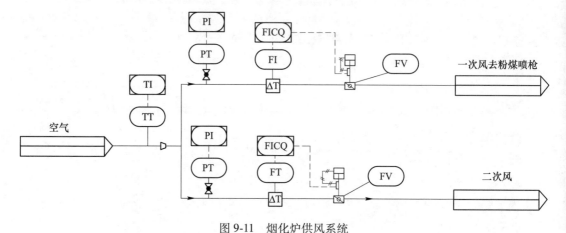

图 9-11　烟化炉供风系统

9.2.4.1　送风系统监控

一次风和二次风为冶炼过程所需空气，一次风与粉煤一起通过喷枪喷入炉内。二次风直接通过喷枪喷入炉内。在一次风管和二次风管设置流量控制回路，保证一二次风工艺需求。

三次风用于燃烧烟气中的 CO 及挥发产生的金属。可通过调节三次风机变频器速度控制三次风量。

9.2.4.2　烟化炉炉体水套冷却水监控

烟化炉炉体水套冷却水供水不足，易发生水汽爆炸事故。因此烟化炉冷却水供水总管需设置温度、压力、流量检测仪表，监测冷却水供水状况；烟化炉冷却水各回水支管设置温度、断流报警检测仪表，通过回水支管水流参数反映烟化炉炉体水套运行状况。

9.2.4.3　烟化炉粉煤输送系统监控

喷煤系统由粉煤仓和喷煤装置组成，粉煤自粉煤制备车间通过气力输送至烟化炉炉前粉煤仓内。

粉煤喷吹装置各平台设置应设置低氧浓度报警，监测氮气泄漏。

9.2.5 硫酸系统

硫酸部分主要包括净化工段、干吸工段、转化工段、二氧化硫风机房、硫酸成品库、硫酸尾气脱硫、废酸处理站等。

9.2.5.1 净化工段

净化工段主要检测与控制如图 9-12 所示，其主要包括：高效洗涤器气体进出口管、气体冷却塔气体出口管、一二级电除雾器气体出口管、高效洗涤器酸出口管、气体冷却塔循环泵出口管、稀酸板式换热器酸出口管、换热器循环冷却水入口总管、稀酸板式换热器水出口管温度检测；高效洗涤器气体进出口管、气体冷却塔气体出口管、一二级电除雾器气体出口管、高效洗涤器循环泵出口管、高效洗涤器喷淋支管、气体冷却塔循环泵出口管、稀酸板式换热器酸出口管、底流泵出口管压力检测。底流泵出口总管、稀酸脱吸塔进口管、高效洗涤器溢流堰进口管、气体冷却塔加水口、循环冷却水进水总管流量检测；各稀酸板式换热器出水管断流及出水 pH 值检测；高效洗涤器、气体冷却塔、事故水高位槽液位检测；高效洗涤器烟气出口温度联锁控制；高效洗涤器、气体冷却塔/事故水高位槽液位控制；气体冷却塔加水控制。

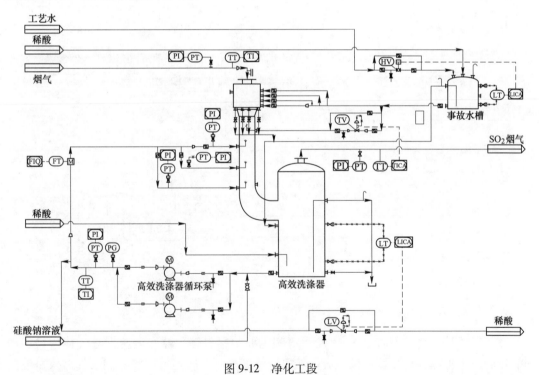

图 9-12 净化工段

9.2.5.2 干吸工段

干吸工段检测与控制如图 9-13 所示，其主要包括：干燥塔、中间吸收塔、最终吸收塔烟气出口，干燥塔、中间吸收塔入口及出口、最终吸收塔液体出口、干燥酸冷却器、吸收酸冷却器、成品酸冷却器酸出口温度检测；干燥酸循环泵、吸收酸循环泵出口温度检测；各酸冷却器冷却水回水管温度检测；酸冷却器给水总管温度检测；干燥塔、中间吸收塔、最终吸收塔烟气出口、干燥酸循环泵、吸收酸循环泵出口压力检测；干燥酸循环泵、吸收酸循环泵出口压力检测；循环冷却给水总管压力检测；各酸冷却器冷却水回管压力及回水 pH 值检测；干燥塔、中间吸收塔、最终吸收塔液体入口流量检测；成品酸冷却器出口流量检测；酸冷却器冷却水进水总管流量检测；各酸冷却器冷却水回水管断流报警；干燥酸循环槽/吸收酸循环槽/地下槽及计量槽液位检测；干燥酸泵出口管、吸收酸泵出口管酸浓度检测；干燥酸泵出口管、吸收酸泵出口管酸浓度调节；干燥酸循环槽、中间吸收酸循环槽、最终吸收酸循环槽液位调节；干燥塔、中间吸收塔、最终吸收塔液体入口流量调节；干燥酸冷却器、吸收酸冷却器酸出口温度调节。

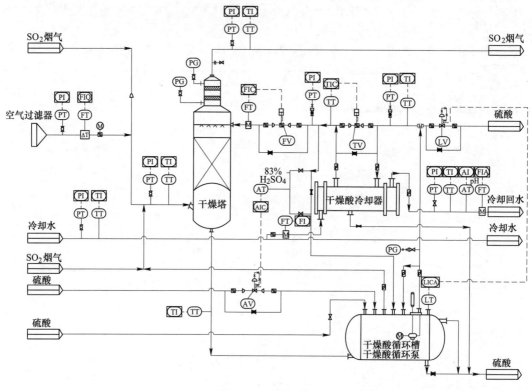

图 9-13　干吸工段

9.2.5.3　转化工段

转化工段检测与控制如图 9-14 所示，其主要包括：转化器一段至五段气体入口、出口温度、压力检测，转化器一段至五段触媒层温度检测，转化器一段、四段气体入口温度调节等。

9.2.5.4　二氧化硫风机房

二氧化硫风机房主要对风机各种运行状态进行监控，同时对环境中可能存在泄漏的 SO_2 气体进行检测报警等。

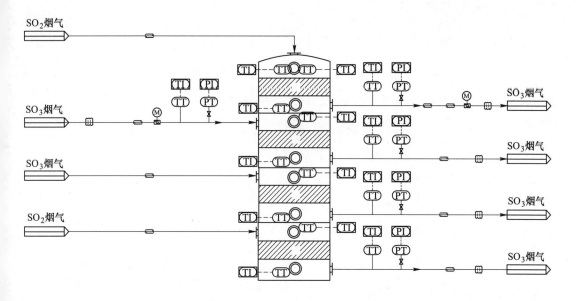

图 9-14 转化工段

9.2.5.5 成品酸库

酸库主要作用是成品酸的储存、输送计量。主要检测内容有贮酸槽、装酸高位槽、地下槽液位检测、硫酸输送流量检测等。成品酸库检测与控制如图 9-15 所示。

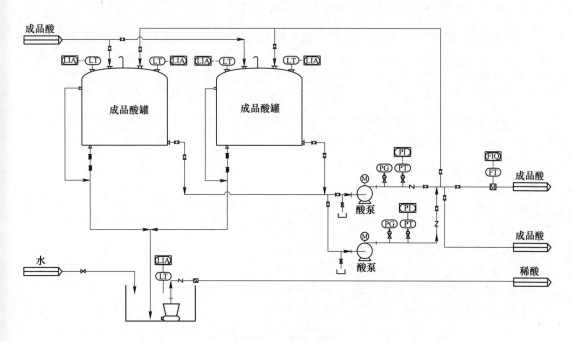

图 9-15 成品酸库

9.2.6 检测仪表选择

9.2.6.1 压力仪表

采用带 Hart 协议的智能压力变送器和智能差压变送器对过程连续变化的压力进行测量。就地指示压力仪表采用弹簧管压力表，有腐蚀、黏结介质的压力仪表选用隔膜式压力表。

9.2.6.2 温度仪表

温度测量元件选择热电阻或热电偶；就地指示温度仪表采用双金属温度计。保护管材料根据不同测量介质选择，硫酸车间选用检测元件要防腐。

9.2.6.3 流量仪表

导电液体的流量测量采用电磁流量计；气体或蒸汽测量采用节流装置与智能差压变送器配套方式、旋进式流量计或涡街流量计；大管径的烟气流量测量采用热式气体质量流量计。

9.2.6.4 物位仪表

矿仓料位及腐蚀性介质贮槽液位的测量采用雷达物位计；汽包及除氧器液位测量采用电容式汽包水位计；一般水池的液位测量采用电容式液位计；粉状物料的矿仓料位采用称重仪表。

9.2.6.5 分析仪表

烟气管路中 SO_2 浓度分析采用红外式或紫外式气体分析仪。水质分析根据需求采用在线 pH 计、电导率等分析仪。98%、93%酸浓度测量采用进口在线酸浓度计。

9.2.6.6 调节阀

一般介质调节采用座式或笼式调节阀门，有腐蚀性介质调节采用耐腐蚀衬里调节阀或隔膜阀，大管径气体调节选用调节蝶阀。调节阀选用气动执行机构和电动执行机构。

9.2.7 控制系统实现

生产工艺水平的不断提高且伴随计算机控制技术的发展，DCS 控制系统在冶炼行业得到更多的应用。底吹炼铅工厂采用集散控制系统 DCS，提高生产效率和生产管理水平，集散控制系统具有如下特点：
（1）控制功能分散，危险分散，系统可靠性提高；
（2）系统构成采用模块化结构，易于扩充，提高了使用灵活性；
（3）高速数据通信网络的使用，使整个系统信息共享，提高了信息的流通性；
（4）控制功能齐全、算法丰富，新型控制规律的引用，提高了系统的可靠性；
（5）人机对话方便，显示画面丰富；

（6）系统功能性强，易于通过组态实现各种不同控制方案，具有图形、历史趋势曲线显示功能和报警功能等；

（7）具有事故报警、手操单元后备措施和冗余化措施，提高了系统的安全性；

（8）具有完善的软硬件自诊断措施，以及自动检测故障技术；

（9）信息集中管理，提高了控制管理的综合能力和管理水平。

炼铅工厂监控采用仪表、电气监控一体化的方式。电气控制、仪表检测及过程控制采用分散控制系统（DCS）。设备携带的 PLC 应具备与 DCS 通信接口，将设备运行相关信号送入 DCS 显示，构成全厂一体化的计算机控制系统。电气设备运行状态，开、关操作，过程控制的工艺参数均在 DCS 操作站上显示、控制。

氧气底吹炼铅工厂按照工艺功能通常划分为几大区域：火法冶炼区、湿法精炼区、硫酸区域、公共辅助设施。典型的控制网络拓扑结构及主要工段工厂实现如图 9-16 所示。

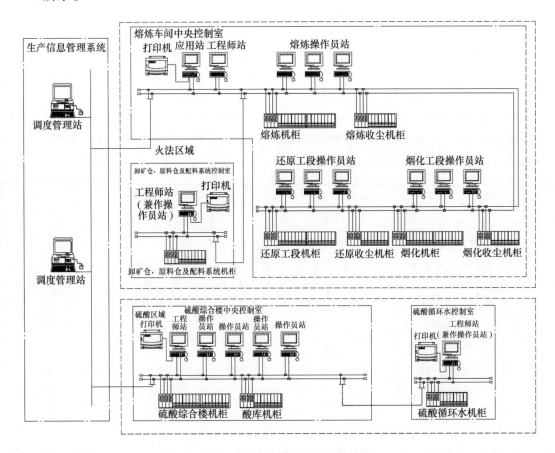

图 9-16　控制系统拓扑图

由中国恩菲公司自主开发的氧气底吹熔炼炉组态应用软件已成功应用在多个项目，均实现了安全稳定有效的运行。下面以某项目的典型应用为例，详细介绍实施界面。

图 9-17 所示为熔炼配料系统人机操作界面，可实施铅精矿、碎煤、石英石等物料配料设定，定量给料机、胶带输送机等物料输送设备监控及其各设备间顺序控制、圆盘制粒

机设备监控及物料喷水量控制。

图 9-18 所示为熔炼炉人机操作界面，可实施熔炼炉下料系统定量给料机、移动带式输送机等设备监测及顺序控制及熔炼炉总管阀站氧气、氮气、除盐水等物料压力流量的监视和控制、熔炼炉支管压力流量状态监测、氮氧切换控制、熔炼炉炉体状态监测等。

图 9-19 所示为熔炼余热锅炉人机操作界面，可实施除氧器压力及液位控制、汽包液位及蒸汽压力控制、余热锅炉烟道监测及振打策略实施、给水泵设备监测及备自投自动控制、循环泵设备监测及备自投自动控制。

图 9-20 所示为熔炼收尘人机操作界面，可实施收尘烟气管路温度压力监测、电收尘器设备监控、风机设备状态监测、事故仓烟尘输送设备埋刮板输送机、溢流螺旋给料机等设备监测及顺序控制、熔炼烟尘返料系统埋刮板输送机、溢流螺旋给料机、定量给料机、斗式提升机等烟尘收集输送设备的监测及顺序控制。

图 9-21 所示为还原配料系统人机操作界面，可实施还原工段烟灰返料、煤、石灰石等物料配比设置及定量给料机、胶带输送机、圆盘制粒机等设备监测及顺序控制等。

图 9-22 所示为还原炉人机操作界面，可实施还原炉下料系统定量给料机、移动带式输送机等设备监测及顺序控制、还原炉总管阀站氧气、氮气、除盐水等物料压力流量的监视和控制、还原炉支管压力流量状态监测、氮氧切换联锁控制等。

图 9-23 所示为还原余热锅炉人机操作界面，可实施除氧器压力及液位控制、汽包液位及蒸汽压力控制、余热锅炉烟道监测及振打策略实施、给水泵设备监测及备自投自动控制、循环泵设备监测及备自投自动控制。

图 9-24 所示为还原收尘人机操作界面，可实施收尘烟气管路温度压力监测、布袋收尘器状态及振打设备监控、布袋收尘器入口温度控制、风机设备状态监测、灰仓烟尘入料设备监测及顺序控制、收尘事故仓入料设备监测及顺序控制及收尘返料埋刮板输送机、定量给料机、斗式提升机等烟尘输送设备的监测及顺序控制。

图 9-25 所示为烟化炉人机操作界面，可实施烟化炉粉煤仓料位监测、粉煤间氧气浓度监测、粉煤给料机监测及给料机与给料阀间联锁控制、烟化炉冷料给料机及带式输送机等下料设备监测及顺序控制、烟化炉一二次风调节控制、烟化炉各冷却水管温度监测。

图 9-26 所示为烟化余热锅炉人机操作界面，可实施烟化工段除氧器压力及液位控制、烟化工段汽包液位及蒸汽压力控制、烟化工段余热锅炉烟道监测及振打策略实施、烟化工段给水泵设备监测及备自投自动控制、烟化工段循环泵设备监测及备自投自动控制。

图 9-27 所示为烟化收尘人机操作界面，可实施收尘烟气管路温度压力监测、布袋收尘器状态及振打设备监控、布袋收尘器入口温度控制、风机设备状态监测、打包组埋刮板输送机等设备监测及顺序控制、散装仓组埋刮板输送机、下料阀等烟尘输送设备的监测及顺序控制。

图 9-28 所示为工艺循环水人机操作界面，可实施冷水池液位监测、热水池液位监测、炉体循环冷却水流量监测、冷却塔设备监控、循环水泵设备监控及备用泵投用等操作。

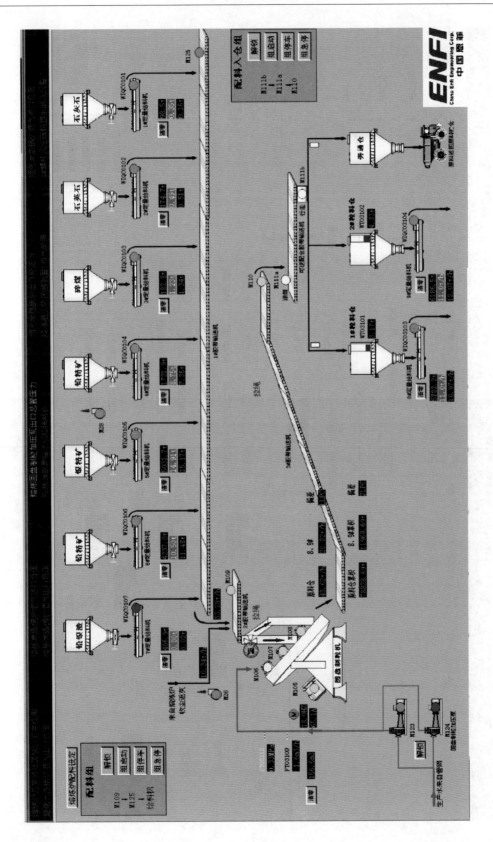

图 9-17　熔炼配料系统人机操作界面

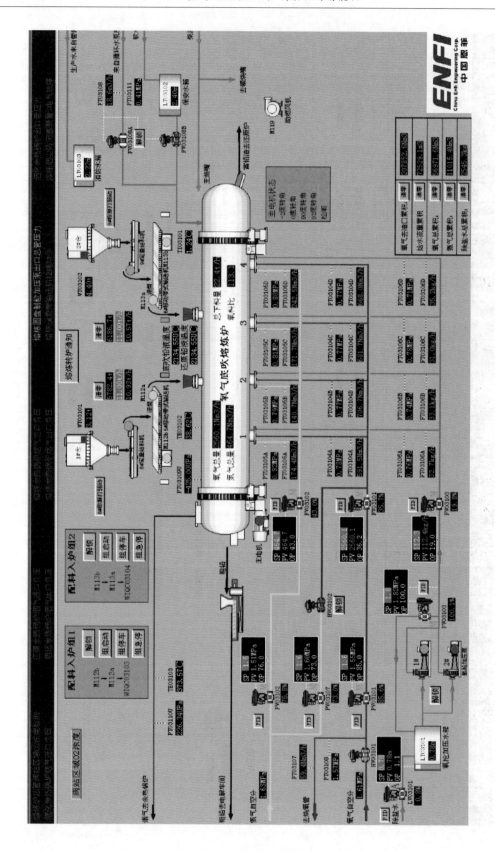

图 9-18 熔炼炉人机操作界面

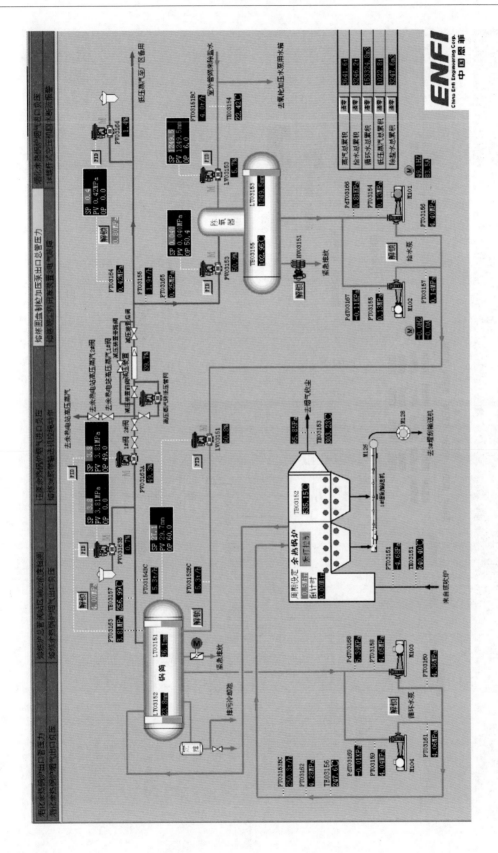

图 9-19　熔炼余热锅炉人机操作界面

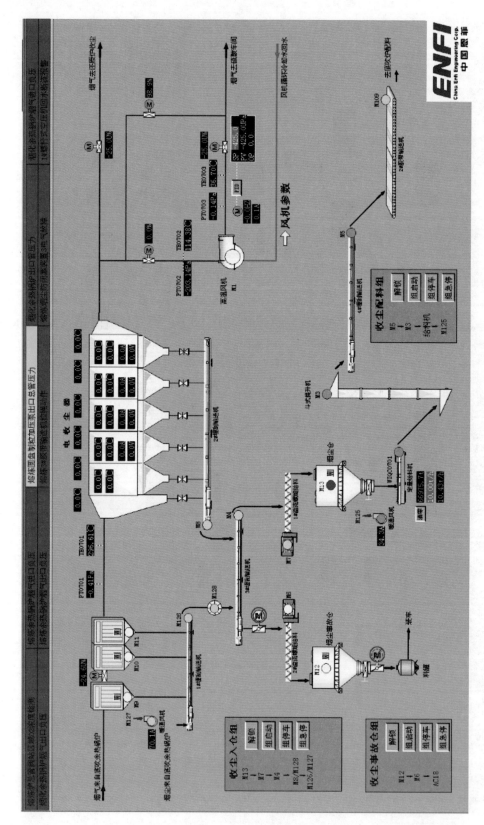

图 9-20　熔炼收尘人机操作界面

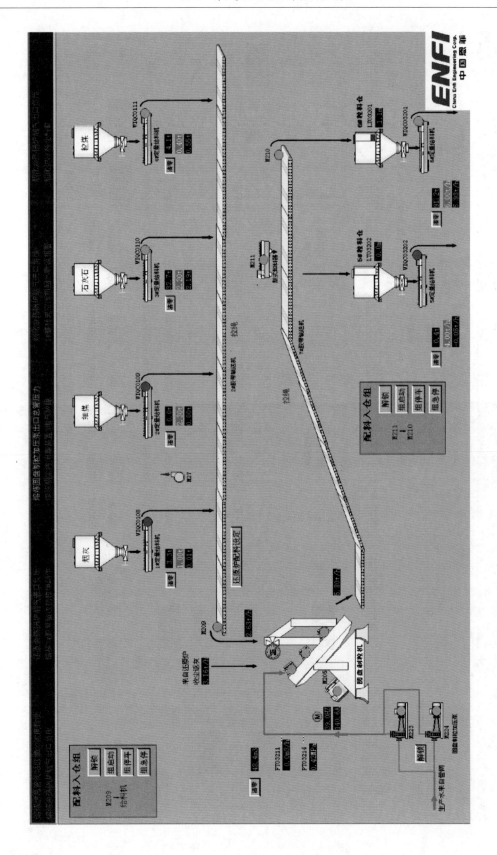

图 9-21 还原配料系统人机操作界面

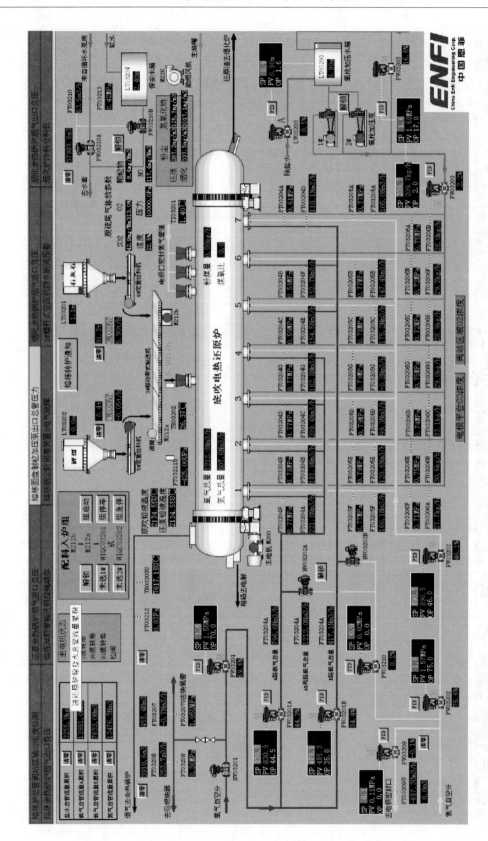

图 9-22　还原炉人机操作界面

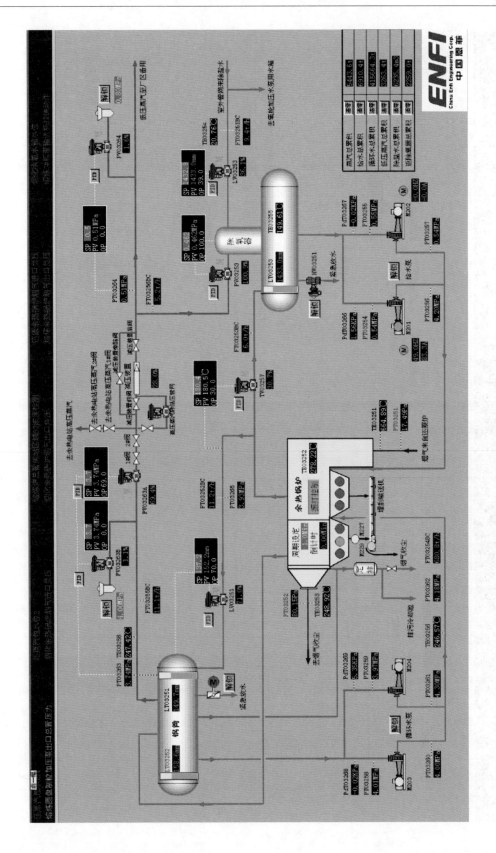

图 9-23 还原余热锅炉人机操作界面

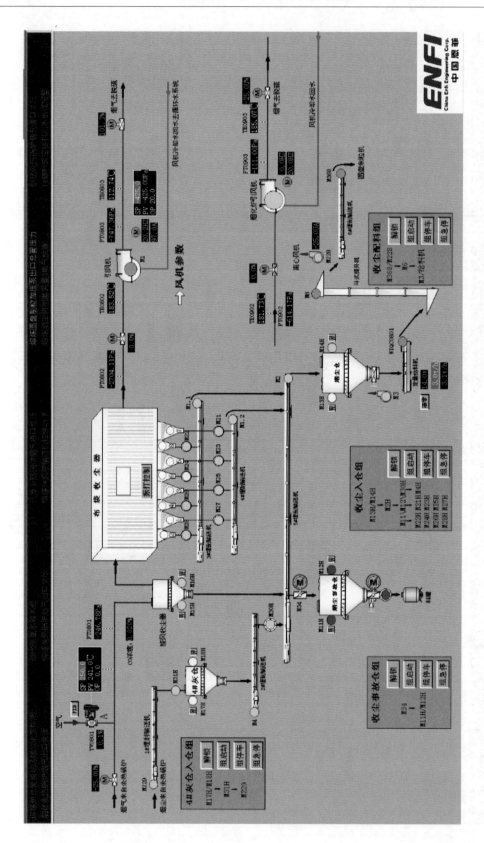

图 9-24　还原收尘人机操作界面

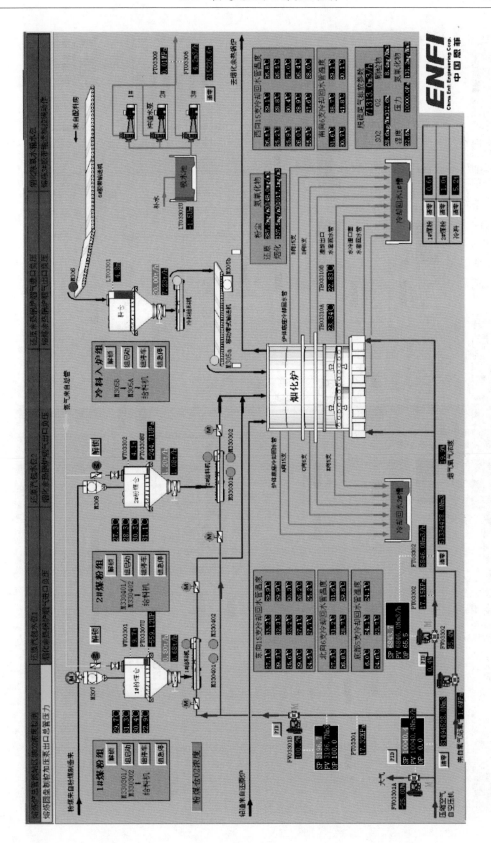

图 9-25 烟化炉人机操作界面

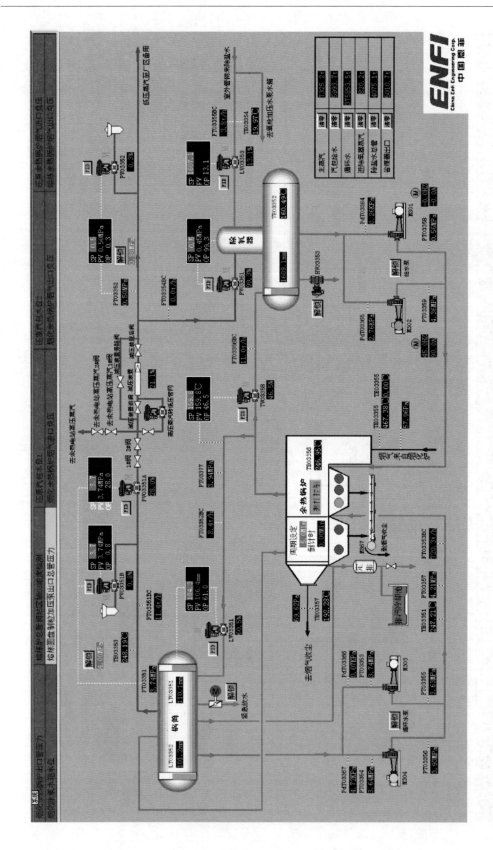

图 9-26　烟化余热锅炉人机操作界面

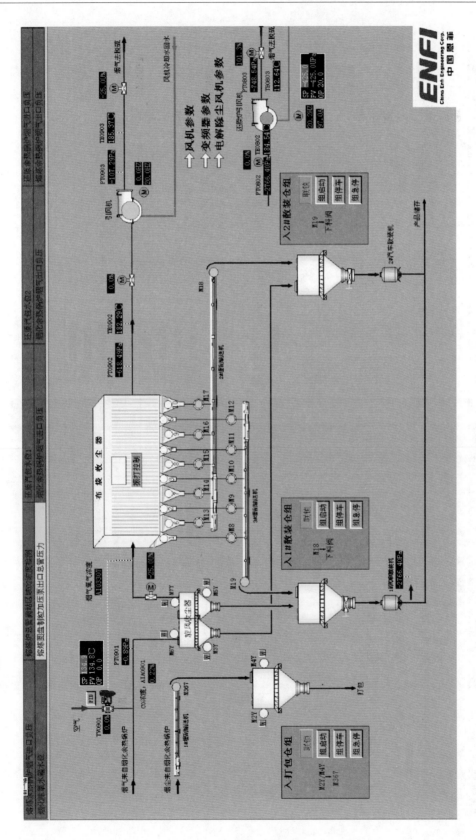

图 9-27 烟化收尘人机操作界面

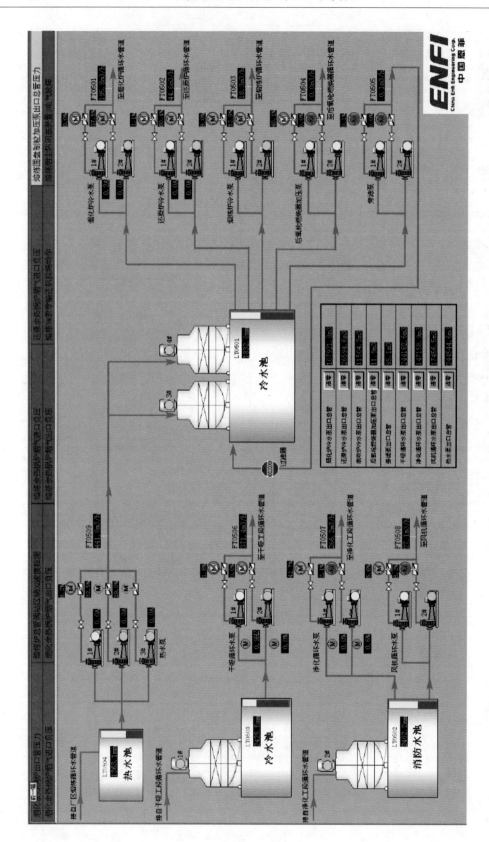

图 9-28 工艺循环水人机操作界面

大量先进成熟的检测控制技术已经成功应用于氧气底吹炼铅工厂，为保障工艺生产正常运行发挥了重要作用。但由于炼铅工艺过程复杂，氧气底吹物理化学反应机理复杂、炉内环境恶劣，多个参数难于直接、实时监测，重要原料、成品、中间产物成分难以在线分析，因此底吹炼铅工厂的自动化过程仍有进一步改进和发展的空间。

9.3　先进过程控制系统

9.3.1　有色金属冶炼生产控制现状

目前，大部分有色金属企业生产自动化控制系统均使用集散控制系统（DCS），该系统仪表、电动设备监控一体化。电动设备运行状态显示、过程控制相关的工艺参数显示及电动设备启停控制等均在系统的操作站集中完成。

采用 DCS 控制系统可以实现生产操作的自动化，而有色冶炼通常是高温、多相、多组分的连续反应过程，由于冶炼过程内在工艺的复杂性，对于实际工艺过程的控制和决策常常需要依靠个人经验，操作流程大致如下：

（1）凭借操作人员的经验或公式简单估算出工艺控制的理论操作参数；

（2）在中控室 PC 中进入 DCS 系统，打开组态控制体输入框，手动输入工艺控制参数；

（3）DCS 接受新的操作参数，下达命令给仪表执行机构的终端，完成实体操作。

9.3.2　有色金属冶炼生产操作局限

这种单纯依靠 DCS 系统进行工艺过程控制方式解决了"手"的问题，没有能够解决"脑"的问题，很大程度上需要工艺技术人员的大脑来充当系统的大脑。生产过程控制过程存在的主要问题有以下 4 点：

（1）粗放调整，生产波动大。由于采用经验或估算的方式，理论操作参数的计算误差大，因此导致输入的 DCS 系统工艺控制值与实际需要值偏差大，不仅引起该工序较大的生产波动，而且对后续工序的波动造成持续性影响。

（2）生产控制反应滞后。由于冶炼生产过程需要处理各种成分不同的原料，同时关键目标控制参数也会经常出现偏离，为了匹配原料的变化和修正偏离的目标参数，工艺控制参数需要及时调整，而依靠人工进行调整往往无法准确及时匹配工况的变化，生产控制经常滞后。

（3）受限于人的经验和操作。由于工艺控制参数的决策和输入都需要人为设置，受限于个人经验水平的高低和人为操作的误差，给冶炼生产过程的控制带来不可控影响。

（4）连续操作，多炉协同困难。对于炼铅工艺而言，上下游工序间存在协同匹配的问题，但受限于测量检测手段的局限，无法实现多炉之间的高效精确协同。如底吹熔炼炉产出的热态铅渣，其流量无法准确计量，因此无法准确确定下游还原炉所需氧气量、熔剂量等重要工艺控制参数。

综上所述，单纯依靠 DCS 控制系统组织生产操作，在控制的准确性、稳定性、及时性都不能达到现代智能化的水平，可能给企业带来风险和经济损失。另外，DCS 控制系统不具备生产预测、自我调节的功能。

9.3.3　中国恩菲冶炼先进过程控制系统

9.3.3.1　概述

先进过程控制系统（advanced process control，APC）是指在基础自动化控制系统上应用基于多变量模型的预测控制技术，用来满足工业过程中特定性能和经济高效等需求，通常也被称为"在线优化控制系统"和"在线专家系统"等。目前，在石油、化工、制药等流程制造行业 APC 系统已得到较为广泛的应用，并取得较好的效果和实际收益。借鉴先行行业成功应用经验，在生产企业已有的 PID 控制系统之上开发应用冶炼先进过程控制系统势在必行，突破单纯依靠 PID 控制系统存在的局限性。

中国恩菲冶炼先进过程控制系统（ENFI advanced process control，EAPC）由中国恩菲自主开发，是一套部署在有色冶炼生产企业生产边缘侧，通常与已有的自动化控制系统（DCS、PLC 等）融合集成，用于稳定生产操作、优化工艺控制条件的智能化平台，该系统基于冶炼工艺的基本原理，依靠内置冶金热力学数据库，将冶炼企业的生产工艺控制过程进行数学建模，并采用先进的在线控制算法，无需人工干预即可在不同的工况条件下自动计算出需要控制的主要工艺操作参数，实现生成操作调整的有理有据，按需敏捷，自适应消除系统偏差，从而为冶炼生产作业的稳定连续运行和进一步的工艺优化提供重要技术保障。

同时，EAPC 系统还集成了与生产过程密切相关的系统功能，包括配料策略、化验分析。同时提供了数据分析及可视化、行情动态功能。其中平台应用可实现热力学数据库的查询、化学分子式基础信息查询、反应式配平、反应热计算及单元过程热平衡计算。

EAPC 系统采用前后端分离的 Web 开发技术，该系统框架实现跨平台，支持多语言多租户，可快速部署至企业内部服务器，也可以选择使用恩菲云冶炼 SaaS 服务。

9.3.3.2　EAPC 的优势

EAPC 的优势如下：

（1）彻底解决原料成分和工况条件等波动引起的生产不稳定问题，为冶炼生产作业的稳定、安全运营提供重要技术保障，从而为企业生产带来巨大效益。

（2）大幅减少人为因素对冶炼生产过程产生的影响。系统自动获取数据，冶金模型计算数据可自动传输至 DCS 并执行，减少操作人员非正常操作引起的生产影响。

（3）实现冶炼生产过程的智能、快速和最优的生产调整。通过生产系统中各类数据的采集，在对冶炼的生产过程进行实时监测的同时，采用智能反馈控制算法动态运算调整修正量。

（4）为冶炼生产的进一步工艺优化创造条件。通过数据库查询分析模块，对生产大数据进行挖掘分析，为生产企业不断地对工艺优化创造具体条件。

9.3.3.3　组成与原理

生产企业一般采用办公网、视频网、控制网三网分离的网络架构，化验分析数据一般由办公网承载，与控制网中 OPC Server 是物理隔离，而且系统调用实时数据服务频率明显高于化验数据服务，同时兼顾系统优化及功能扩展，因此依据安全要求等级及服务调用频次的不同，将后端服务拆分为分布式的三大服务模块，即核心计算主服务模块、化验分析数据服务模块及实时数据服务模块，其中实时数据服务模块有两种实现途径，一是调用企业应用的商业实时数据库软件所提供 API 数据接口，二是基于 OPC（OLE for process control）国际标准通信协议，实现与 OPC Server 中实时数据进行读写交互。系统总体架构如图 9-29 所示。

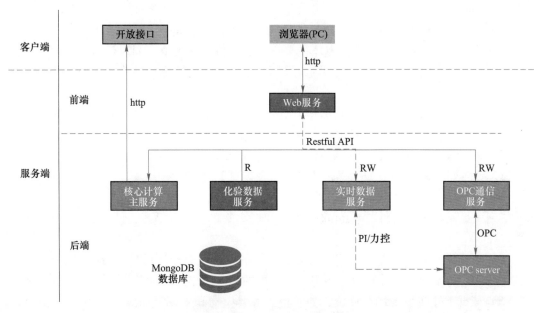

图 9-29　APC 系统总体架构图

先进过程控制系统的原理是由冶金平衡计算与反馈修正模型相互协作，与生产环境中的 PID 控制系统及化验分析系统实现数据的交互。系统优化控制原理如图 9-30 所示。

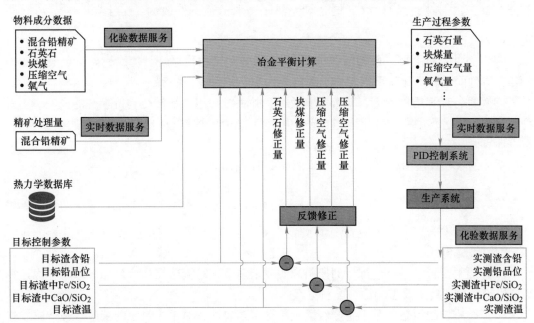

图 9-30　APC 系统优化控制原理图

　　对于用于在线指导生产作业的先进过程控制系统，重点关注其过程的热力学平衡计算，也是其冶金数学模型的核心功能。主要是依据元素平衡及热量平衡条件构建多元线性一次方程组，要求已知条件数与未知求解数个数相同，筛除线性相关或相互冲突的约束条件，补充元素分配等假设条件，总之使得方程组的系数矩阵是一个满秩的方阵，进而采用最小二乘法或牛顿迭代法可快速求解方程组未知数的唯一解。一般而言，冶金平衡方程的未知数为待确定物质的量或其化合物组成质量百分比，如熔剂加入量、熔渣渣中 PbO 化合物质量分数，故方程组的有效解最基本的要求是所有值为非负值，同时注意方程解对应的实际含义，是否在安全合理取值范围内。计算结果进行系统验证后转化为相应的操作指导参数进入指令下达环节。

　　（1）判断单元类型，若为物质单元类型，只需进行元素平衡计算由输入的元素成分计算得出化合物的物相组成，结束计算。

　　（2）若为反应单元类型，设定计算热平衡调整项的取值范围 $[a, b]$，如氧气底吹铅还原过程设定热平衡调整项为煤率，其取值范围设定为 $[8\%, 10\%]$。

　　（3）初始值取中间值即代入元素平衡方程，利用高斯迭代法求解多元线性一次方程组，得到满足元素平衡条件的单元的投入物和产出物的质量以及各项构成的化合物质量分数。

　　（4）查询系统热力学数据库调用封装化合物的摩尔全热计算函数，依据第（2）步得到各化合物的物质的量，计算得到各组分化合物的标准摩尔生成焓及相应温度下的全热。

　　（5）依据上述热平衡计算理论，加和得到各反应物和生成物的全热、298K 下的化学反应热以及炉体热损失，并归入热收入或热支出项。

　　（6）判断反应体系内热收入与热支出差值，若不满足收敛条件 $|Q_入 - Q_出| \leq 1000\text{kJ}$，使用二分迭代方法，进行热平衡计算调整。即当 $Q_入 > Q_出$ 时，调整热平衡取值范围修改为二分下限 $\left[a, \dfrac{a+b}{2}\right]$；当 $Q_入 < Q_出$ 时，调整热平衡取值范围修改为二分上限 $\left[\dfrac{a+b}{2}, b\right]$，再次循环第（3）步。

　　（7）经过有限次（一般控制在 10 次以内）的二分迭代循环计算，直到满足设定收敛条件，得到同时满足元素平衡和热平衡的线性多元一次方程的解。

　　（8）进行计算结果验证，是否为有效解，并将方程组的解转化为待求解的投入产出各物相成分及质量，进一步转化为与自动化控制系统中的控制位号相对应的下达指令列表，结束计算。

　　系统的核心算法冶金平衡计算流程图如 9-31 所示。

9.3.3.4　EAPC 功能

A　配料策略

配料策略包括：

　　（1）原料配料策略。冶炼厂的原料来源复杂多变，系统依据生产目标，采用寻优计算后提供满足生产技术要求的原料配料方案。

　　（2）杂质控制策略。基于生产经验及冶金工艺要求，对于原料中的某些有害杂质建立杂质控制策略，避免杂质含量过高对生产系统造成不利影响。

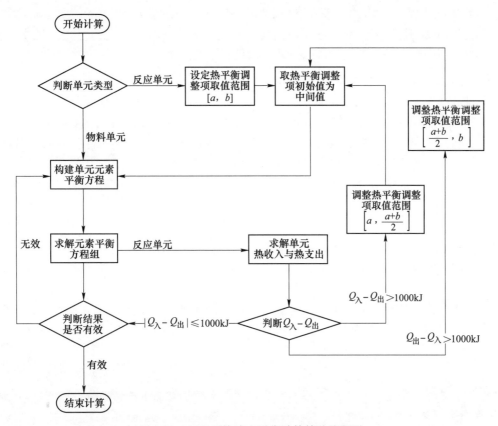

图 9-31 APC 系统冶金平衡计算算法流程图

（3）生产辅料策略。通过工艺数模系统实时计算出辅料（如熔剂、煤）的配料参数，自动通过 DCS 系统下发辅料下料量，准确及时地进行生产调整。

B　生产优化

依据冶炼企业的生产工艺控制过程进行数学建模，并采用先进的在线控制算法，无需人工干预即可在不同的工况条件下自动计算出不同工艺的冶炼生产控制的工艺操作参数。

以铅熔炼为例，控制五大核心目标参数分别为渣含铅（Pb%）、铅熔炼渣 Fe/SiO_2、铅熔炼渣 CaO/SiO_2、一次粗铅品位（Pb%）、铅熔炼渣温。

生产优化包括以下几方面：

（1）工艺计算。根据所采集测点的数据（如配料仓中铅精矿量、铅玻璃量及成分和其他辅料成分等），围绕核心目标参数，通过冶金工艺模型中进行实时元素平衡、热平衡及相平衡计算，从而得出熔剂、煤等下料量、工艺氧量、工艺风量等操作参数，并将计算结果发送到 DCS 系统执行。根据投入物料量、工艺参数，计算出周期产出一次粗铅量、铅渣量、氧料比等主要工艺指标参数。

（2）反馈修正。对比化验分析数据与设定目标参数，计算出偏差量，下次调用计算时自动调整偏差量进行修正，相比人为手动调节反应敏捷快速，调整策略综合全面。同时，将仪表及设备的系统误差并入，大幅提高了参数准确性。将静态数学模型变为动态"活"模型。

(3) 工况管理。建立工艺流程实体三维模型,并实现动态实时数据展示,实时监控系统中各流程的运行情况,当系统中某一进程异常时,系统可自定义阈值范围,对应炉体、定量给料机将闪烁报警,并实时推送至相关权限人员系统中。

C　数据分析

通过实现数据中新系统 (realtime produce and supervisory control system, RPC),实现将企业各生产单元的 DCS 控制系统等实时集中监控,并且制作报表以及对实时数据进行应用分析。包括数据采集接口、实时数据库服务器 (PI、IP21 等)、实时数据发布以及制作报表等。RPC 实现底层生产过程实时信息的采集,通过信息集成形成优化控制、优化调度和优化决策等的判断或指令,使生产过程数据和企业管理数据的在实时数据平台中融合与贯通。

系统服务器端采用关系型、文档型数据库存储并维护所采集的化验数据、DCS 数据及EAPC 系统计算数据,用户可根据需要查看指定时段的历史数据。

系统提供丰富的数据查询功能,用户可以快捷方便地完成生产考核、生产报表生成等日常管理任务。

系统提供强大的数学分析工具,用户可以自由选择研究内容在线进行数据分析,挖掘数据之间的隐形关系,反哺优化系统中机理模型的经验参数设定。

D　线下生产预演

离线状态下,系统可作为虚拟生产线,进行生产预演。验证工艺参数可行性,准备生产辅料等。系统可模拟工艺实景,作为企业工艺人员培训及业务考核系统。

10 氧气底吹炼铅技术模拟计算

10.1 计算流体力学软件简介及应用

10.1.1 概述

计算流体力学（computational fluid dynamics，CFD）是近代流体力学、数值计算和计算机科学等学科综合发展后，出现的一门新的学科，也是一种以传输过程为基础研究各种自然和工程现象的手段。计算流体力学研究方法的基本特征是数值模拟和计算机实验，它遵从传统的物理定理，可以考虑多维多相体系的存在，应用计算流体力学的方法可以替代许多实验和物理研究，完成复杂情况下无法观测到的现象和过程。简单地说，CFD 相当于将现实中的实验过程在计算机中完成，模拟再现实际流体流动、温度传递等情况。其基本原理就是对流场控制的微分方程用计算数学方法将其离散到一系列网格节点上求其离散数值解的一种方法，得出流体流动的流场在连续区域上的离散分布，从而近似模拟流体流动情况。求解的数值方法主要包括有限差分法、有限元法以及有限分析法，应用这些方法可以将计算域离散为一系列的网格并建立离散方程组，离散方程的求解是从给定猜测值出发迭代推进，直至满足收敛标准。

商业计算流体力学软件对于工程应用来说显得十分方便，使研究者免去了计算机语言、数学和专业等多方面知识的长时间积累，节省了计算机软件编制和程序调试过程中付出的巨大时间和精力成本，把更多精力投入到流动现象的本质、边界条件和计算结果的合理性等更重要的方面。同时计算流体力学软件在灵活性和通用性方面可以统筹兼顾，从解决工程问题的实践结果来看，采用计算流体力学软件是一个最好的选择，随着计算流体力学软件性能的日益完善，在化工、冶金、建筑、环境等相关领域已经得到了广泛的应用。

10.1.2 计算流体力学计算流程

通常计算流体力学软件的操作流程主要包括以下 3 个步骤：建立数学物理模型、数值计算求解、计算结果可视化。

10.1.2.1 建立数学物理模型

建立数学物理模型的目的是对所研究的问题用数学语言进行描述，如下式为黏性流体流动的通用控制微分方程，通过定义变量 x，例如将 x 定义为速度、温度及湍流参数等物理量时，式子代表流体流动的动量守恒方程、能量守恒方程以及湍流动能和湍流动能耗散率方程。基于该方程，即可求解工程中关注的流场速度、温度、浓度等物理量的分布情况：

$$\frac{\partial}{\partial t}(\rho\phi) + div(\rho \boldsymbol{u}\phi - x\,\mathbf{grad}\phi) = S_\phi \tag{10-1}$$

在 ANSYS Fluent 软件中，共有 3 种不同的欧拉-欧拉多相流模型可供选用，分别是 VOF 模型、混合模型和欧拉模型，对于泡状流下的模拟更多的是采用 VOF 模型，而射流模拟倾向于采用混合模型。流体的运动过程中受守恒方程的支配，其中包括质量守恒方程、动量守恒方程及能量守恒方程。此外，若流体属于湍流流动还需要增加标准 $k\text{-}\varepsilon$ 湍流模型。针对底吹炼铅熔池的特点，模拟主要采用 VOF 模型及标准 $k\text{-}\varepsilon$ 湍流模型。

A　VOF 模型

VOF 模型用于模拟多种不能混合的流体，因此模拟主要采用 VOF 模型模拟气液体混合流动过程。描述 VOF 模型的基本方程如下：

（1）体积分数方程。通过求解多相体积分数连续性方程跟踪相界面，第 q 相的体积分数方程为：

$$\frac{\partial \alpha_q}{\partial t}+\boldsymbol{u}\cdot\nabla\alpha_q=\frac{S_{\alpha_q}}{\rho_q} \tag{10-2}$$

式中，α_q 为第 q 相的体积分数；ρ_q 为第 q 相的密度；$\boldsymbol{u}$ 为流体速度；S_{α_q} 为源相。

（2）动量方程。在 VOF 模型中，获得速度场需通过求解区域内单一的动量方程，速度场由各相共同作用的结果，由各相共享。通过控制计算域内所有相的 ρ 和 μ 决定动量方程，具体形式如下：

$$\frac{\partial}{\partial t}(\rho\boldsymbol{u})+\nabla\cdot(\rho\boldsymbol{u}\boldsymbol{u})=-\nabla p+\nabla\cdot[\mu(\nabla\boldsymbol{u}+(\nabla\boldsymbol{u})^T)]+\rho\boldsymbol{g}+\boldsymbol{F} \tag{10-3}$$

式中，ρ 为流体密度；$\boldsymbol{u}$ 为流体速度；μ 为流体的黏度；$\boldsymbol{F}$ 为体积力。

（3）能量方程。在 VOF 模型中，能量方程如下所示：

$$\frac{\partial}{\partial t}(\rho E)+\nabla\cdot[\boldsymbol{u}(\rho E)+p]=\nabla\cdot(k_{eff}\nabla T)+S_h \tag{10-4}$$

$$E=\frac{\sum\alpha_q\rho_q E_q}{\sum\alpha_q\rho_q} \tag{10-5}$$

式中，E_q 是通过第 q 相的比热容和温度 T 计算所得到的；k_{eff} 为有效热传导；源项 S_h 主要为热源。

上述密度和黏度基于体积分数的平均值计算所得到，具体表达式为：

$$\rho=\sum\alpha_q\rho_q \tag{10-6}$$

$$\mu=\sum\alpha_q\mu_q \tag{10-7}$$

B　标准 $k\text{-}\varepsilon$ 湍流模型

标准 $k\text{-}\varepsilon$ 模型引入两个未知量：湍动能 k 和湍动耗散率 ε，涡黏系数 μ_t 表达式如下：

$$k=\frac{1}{2}(\overline{u'^2}+\overline{v'^2}+\overline{w'^2})=\frac{1}{2}(\overline{u'^2_i}) \tag{10-8}$$

$$\varepsilon=\frac{\mu}{\rho}\overline{\left(\frac{\partial u'_i}{\partial x_k}\right)\left(\frac{\partial u'_i}{\partial x_k}\right)} \tag{10-9}$$

$$\mu_t=\rho C_\mu\frac{k^2}{\varepsilon} \tag{10-10}$$

式中，k 为速度方差之和除以 2；C_μ 为经验常数。

两个未知量所对应的运输方程分别为:

（1）湍动能 k 方程:

$$\rho\left[\frac{\partial k}{\partial t}+\frac{\partial}{\partial x_i}(ku_i)\right]=\frac{\partial}{\partial x_j}\left[\left(\mu+\frac{\mu_t}{\sigma_k}\right)\frac{\partial k}{\partial x_j}\right]+G_k+G_b-\rho\varepsilon-Y_M+S_k \tag{10-11}$$

（2）湍动耗散率 ε 方程:

$$\rho\left[\frac{\partial \varepsilon}{\partial t}+\frac{\partial}{\partial x_i}(\varepsilon u_i)\right]=\frac{\partial}{\partial x_j}\left[\left(\mu+\frac{\mu_t}{\sigma_\varepsilon}\right)\frac{\partial \varepsilon}{\partial x_j}\right]+C_{1e}\varepsilon\frac{G_k+C_{3\varepsilon}G_b}{k}-C_{2\varepsilon}\rho\frac{\varepsilon^2}{k}+S_\varepsilon \tag{10-12}$$

$$G_k=\mu_t\left(\frac{\partial u_i}{\partial x_j}+\frac{\partial u_j}{\partial x_i}\right)\frac{\partial u_i}{\partial x_j},\ G_b=\beta g_i\frac{\mu_t}{Pr_t}\frac{\partial T}{\partial x_i},\ \beta=-\frac{1}{\rho}\frac{\partial \rho}{\partial T},\ Y_M=2\rho\varepsilon M_t^2 \tag{10-13}$$

式中，G_k 为由平均速度梯度引起的湍动能产生；G_b 为由熔体对气泡浮力作用引起的湍动能产生；Y_M 为可压缩湍流脉动膨胀对总耗散率的影响；$C_{1\varepsilon}$、$C_{2\varepsilon}$、$C_{3\varepsilon}$ 为经验常数，分别取值为 1.44、1.92 和 0.09；σ_k、σ_ε 分别为湍动能和湍动耗散率对应的普朗特数，取值为 1.0 和 1.3；Pr_t 为普朗特数；g_i 为重力加速度在 i 方向上分量；β 为热膨胀系数；M_t 为湍动马赫数。

应用 VOF 模型进行瞬态计算时，在每一个时间步长结束后软件会将库朗数（Global Courant Number）显示，库朗数代表着在一个时间步长内某个质点能够经过的网格数，具体计算公式如下:

$$\text{Courant}=\frac{u\Delta t}{\Delta x} \tag{10-14}$$

式中，u 为流体速度；Δt 为时间步长；Δx 为网格尺寸。

库朗数能够帮助计算时设置合适的时间步长：当 Courant<1.0 时，虽然计算过程稳定，但因设置时间步长过小，模拟计算所需时间较长；当 1.0<Courant<5.0 时，计算稳定性较好，不会经常导致计算过程中出现发散现象；当 Courant>10.0 时，计算过程很容易发散，模拟计算中断。本书在模拟设置的时间步长为 $1.0\times10^{-4}\text{s}$，此时 1.0<Courant<3.0，能够保证在计算过程中具有良好的稳定性，同时缩短计算时间。

10.1.2.2 数值计算求解

数值计算是对微分方程、常微分方程、线性方程组的求解，既是一种研究并解决数学问题的数值近似解方法，又是在计算机上使用的解数学问题的方法，简称数值计算方法。要对实际问题进行求解就需要对其求解区域进行离散。数值方法中常用的离散形式有：有限容积、有限差分、有限元。离散后微分方程组就变成代数方程组。

数值求解方法可以分为两大类：一类是欧拉-拉格朗日法，另一类是欧拉-欧拉法，流体计算软件中的体积流体模型（Volume of Fluid）、混合模型（Mixture）和欧拉模型（Eulerian）均属于欧拉-欧拉法。这两类方法中的连续相均采用 N-S。

方程组（Navier-Stokes equations）对流场进行模拟，欧拉-欧拉法将计算区域内的不同相流体看作相互贯通的连续介质，对各相均采用三大守恒方程进行求解。

10.1.2.3 计算结果可视化

上述代数方程在求解后的结果是离散后的各网格节点上的数值，这样的结果不直观，难以为一般工程人员或其他相关人员理解。因此将求解结果的速度场、温度场或浓度场等表示出来就成了计算流体力学技术应用的必要组成部分。通过计算机图形学等技术，就可以将所求解的速度场和温度场等计算数据通过形象、直观的形式表示出来。如图 10-1 所示即为底吹炉熔池后处理结果图。可见，通过可视化的后处理，可以将单调繁杂的数值求解结果形象直观地表示出来，甚至便于非专业人士理解。如今，计算软件的后处理不仅能显示静态的速度、温度场图片，而且能显示流场的流线或迹线动画，非常形象生动。

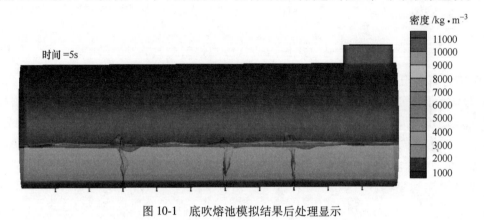

图 10-1　底吹熔池模拟结果后处理显示

10.1.3　计算流体力学在冶金行业中的应用

　　由于冶金过程存在着高温、多相、不稳定、反应器结构庞大和复杂以及计量困难等因素，在计算流体力学飞快发展以前，冶金学并不能更多地了解冶金过程，冶金行业急需一种可将高温熔体可视化的方法对冶金过程进行研究和探索，因此冶金领域是近几十年来应用计算流体力学进行科学研究和工程开发的主要行业之一。

　　目前，富氧强化熔池熔炼技术越来越多地在有色金属行业中得到应用，在得到了较好的技术指标的同时，也大大减少了熔炼过程中的燃料消耗[1]。在熔池冶炼的过程中也存在着许多流体流动的现象，然而因为冶金过程的高温导致直接测量比较困难，而使用室温条件的物理模拟方法则会有较大偏差，得到的数据并不十分可靠和准确，因此研究冶金过程中流体流动现象并不是一件很容易的工作。计算流体力学是近代的流体力学与数值计算和计算机科学等学科综合发展后，出现的一门新学科[2~4]，也是一种研究以传输过程为基础的各种自然现象和工程现象的手段。从 20 世纪 60 年代作为一种研究方法开始发展以来，随着计算机的速度、功能和容量飞速更新换代，其仅仅用了几十年的时间就形成了一门独立的学科。伴随着计算机技术和相关软件的发展，计算流体力学为深入研究各个领域复杂的、无法直接测量的流体流动现象提供了可能。通过应用计算流体力学，可以替代很多实验室研究及实物研究，而且可以完成实验室和实物研究中无法观测到的现象、机理和时空过程[5]。

10.2　底吹熔炼过程的数值模拟

　　以某厂的底吹熔炼炉为原型，运用数值模拟的方法对炉内氧气-粗铅两相流动进行三维瞬态模拟，研究炉内熔体、气体、氧气体积分数、炉内各方向扰力变化等主要参数及液面波动情况。总结炉内运行和气体喷吹的规律各特点，对于掌握底吹熔池炉况顺行和高效冶炼具有很重要的作用。

10.2.1 概述

在冶金过程中，气体射流与熔体间的相互作用对冶炼过程起着很重要的作用，特别是在高温熔池熔炼过程，其喷吹气体不仅用于熔体搅拌，而且是熔炼反应的氧化剂。因此，目前气体喷吹技术已广泛应用于各种冶金化工工艺[6,7]。

富氧底吹熔池熔炼过程属于典型的多相流过程，其理论研究一直存在很多困难，但近几十年来计算模拟技术迅速发展，使其成为当今国际研究的前沿和热点课题。近来，许多学者致力于气液两相流的研究而且发表许多相关的论文，并逐渐认识到研究气泡驱动液体流动采用三维瞬态模型计算才能获得准确的结果[8~10]。在建立合理的氧气底吹熔炼炉模型的基础上，应用计算流体力学软件中多相流模型对氧气底吹熔炼炉内的气液两相流动过程进行仿真，可以很直观地再现溶液在气体射流作用下的震荡作用，并且能够对过程中产生的扰力、力矩进行监测、分析，满足工程设计的需要，并为新设备的开发提供理论依据。

10.2.2 物理模型

以一台卧式可回转氧气底吹熔炼炉为研究对象，炉膛纵截面外部直径为 3.5m，长 11m，炉壳厚度为 0.05m，耐火砖厚度为 0.445m，模型的具体结构参数见表 10-1。气体入口位于炉膛底部 3 个交叉布置的氧枪。氧枪布置的三维模型如图 10-2 所示，十根氧枪从烟道开始分别编号为 1~10，氧枪角度分别为 0°、7.5°、15°、22.5°。主要物料的物性参数见表 10-2。

表 10-1 底吹炼铅炉结构参数

项　　目	底吹炼铅炉
炉体直径/m	3.5
炉体长度/m	11
炉壳厚度/m	0.05
耐火砖厚度/m	0.445
耐火砖密度/kg·m^{-3}	3200
运行压力/MPa	常压
喷枪喷嘴数量/个	3

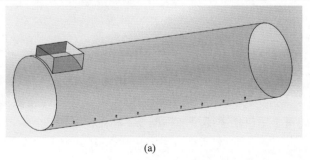
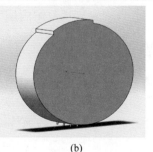

(a)   (b)

图 10-2 底吹炼铅炉氧枪布置模型

(a) 氧枪排布模型；(b) 氧枪角度喷吹模型

表 10-2　主要物料物性的参数

物　相	参　数	数　值
粗铅（液）	密度(1200℃)/kg·m⁻³	11336
	动力黏度/kg·(m·s)⁻¹	2.116
	表面张力/N·m⁻¹	0.44
铅渣（液）	密度/kg·m⁻³	4700
	动力黏度/kg·(m·s)⁻¹	1.605
	表面张力/N·m⁻¹	0.38
气体	密度(混合)/kg·m⁻³	1.22
	动力黏度/kg·(m·s)⁻¹	1.9×10^{-5}
	相对分子质量	30.91

炉膛出口：出口设置为压力出口条件，常压。底吹气入口：假设底吹氧气入口速度均匀，根据现场吹氧参数设定底部入口处的气体速度。固体壁面：对速度、压力使用无滑移边界条件，取相应的法向分量为零，对壁面附近的区域，以壁函数法处理。为了提高计算精度的同时节省计算时间，因此对喷嘴处及其上方的熔池区域进行网格加密处理，氧枪排布模型整体网格个数 33 万，氧枪喷吹模型网格数量为 4.8 万个，网格划分示意图及网格质量如图 10-3 所示。

10.2.3　数学模型及边界条件

10.2.3.1　模型假设

在不影响结果的基础上，需要对实际的底吹模型做出假设，可以快速地获得模拟结果。假设如下：

（1）气液交界面作自由液面处理；

（2）不考虑化学反应，忽略温度的影响；

（3）静止熔体初始高度为 1m，设熔池内底部高度 0.3m 熔体为粗铅，上部 0.7m 熔体为渣；

（4）不考虑氧枪结构对气体射流的影响，氧枪为圆筒，气体为可压缩气体；

（5）固体壁面看作无滑移边界，靠近壁面处的边界层内采用标准的壁函数进行处理；

（6）不考虑烟道对炉内烟气流动的影响。

10.2.3.2　数学模型

基于 ANSYS Fluent 软件对氧气底吹熔炼炉内流体的复杂多相流动过程进行数值模拟，计算过程采用的是 VOF 模型来计算氧气底吹熔炼炉内气相的分布以及熔池自由液面的流动特征。此外，由于炉内流体流动属于湍流还需要增加标准 k-ε 湍流模型。

10.2.3.3　边界条件

入口共设置 3 支氧枪，入口设置为速度入口边界条件。速度较大（$v = 70 \mathrm{m/s}$），入口

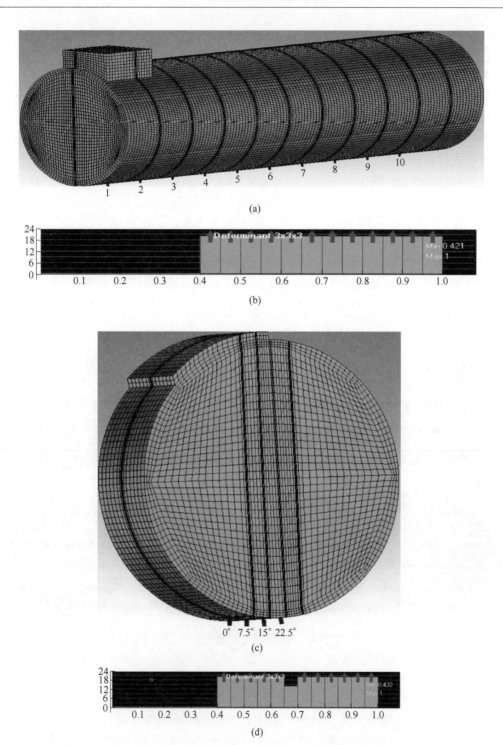

图 10-3　氧气底吹熔炼炉网格划分及网格质量

气体为可压缩气体。湍流强度为 3.5%，入口压力为 0.6MPa，出口压力为 -30Pa。采用无滑移边界条件，壁面处速度为零。

10.2.4 氧气底吹熔炼过程气体喷吹行为理论分析及水模型验证

利用前面所介绍的数学模型及数值模拟的方法,对水模型试验装置中水-氮气两相流动过程进行数学建模与数值计算,并将计算结果与实验结果进行比较分析,以此来对所用模型进行验证。

水模型试验模型以图 10-2 所示的富氧底吹熔炼炉三维模型为原型,比例为 1∶10,设计尺寸及实验参数见表 10-3。

表 10-3　模型尺寸及实验参数

炉子直径(内)/m	长度/m	氧枪直径/m	液面高度/m	黏度/kg·(m·s)$^{-1}$
0.35	1.0	0.04	1.0	$1.01×10^{-3}$

依据相似原理设计的水模型实验方案进行实验,在流动相对稳定的情况下,对水模型实验中的气泡形成及其上浮过程应用高速摄像仪观察,实验结果与模拟结果的比较如图 10-4 所示。

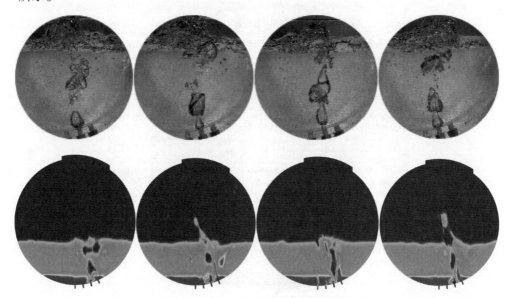

图 10-4　模拟结果与物理结果的比较

对比发现,数值模拟结果与水模型气体喷吹在气泡形态上吻合较好,出口气柱整体呈现立锥型状态,气泡并不会贴着壁面向上流动,而且形成一定长度的"颈"部。气泡/气团形态基本一致,气泡/气团在熔池中不断生长,并伴随着破碎和变形。

从氧气底吹熔炼过程中气体流动行为可以看出,底吹气流能使熔体形成均匀的扩散区,实现搅拌,其自身动能却逐渐降低,到达熔池液面处气体的速度较低,高温熔体溅起高度能够得到有效控制,不致溅射到炉体上部炉壁及烟道,损伤炉衬甚至击穿。另外,在气体和液体连续相区,气-液、液-液之间的动量传递较为剧烈,为炉内化学反应及传热和传质提供了良好的动力学条件。为了观测氧气底吹熔炼过程的气体流动行为,运用高速摄影仪拍摄了水模型实验中的气体底吹过程。气体从氧枪喷出后，在熔池内形成了3个特征不同的气-液两相体系，熔池底部喷口处有一个明显的气团，为纯气流区，中部气团中夹杂着液滴，为气体连续相区，上部液体和气泡的混合区域，为液体连续相区，这一结果验证了模拟结果的正确性。

10.2.5 熔池多角度喷吹模拟结果分析

10.2.5.1 多角度喷吹气液流动特征分析

图 10-5 所示为多角度喷吹密度分布结果，上部为炉腔烟气，中部为渣层，下部为粗铅熔体。根据底吹熔池气体喷吹的特点，将底部氧枪中心线与熔池重力方向的夹角分别设置为 0°、7.5°、15°、22.5°，通过调整喷吹角度探讨气体搅动熔体流动变化规律，为底部氧枪布置方式提供指导意见。

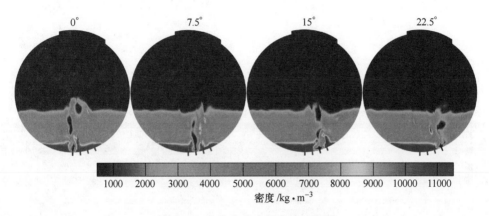

图 10-5 多角度喷吹气液流动效果

通过不同角度喷吹发现，在较小角度（0°、7.5°）喷吹时，气体会带动底部大量粗铅熔体向上流动，并与渣层混合，导致渣中含铅量增加。而在较大角度（15°、22.5°）喷吹时，因氧枪出口位置较高，能够带动粗铅的量较少，控制渣中铅含量，减少后续沉降时间。

10.2.5.2 熔池湍动能变化分析

湍动能代表的是熔池流体湍流强度，湍动能越大代表该位置熔体的流动效果越好。通过监控不同位置点湍动能变化表征气液混合效果。图 10-6 所示为 0°喷吹角度下，距离氧枪口不同高度下的湍动能变化情况。

可以看出在烟气层，因气体流动性较好，所以湍动能变化较大，而在熔池内，渣层的湍动能变化相较于底部熔池的变化更大，这对于搅动渣层流动，促进矿料反应生产粗铅具有良好的作用。而底部粗铅层的湍动能值较小，变化也不大，因此气体对粗铅的扰动在一定范围内，有利于铅的沉积。

在不同喷吹角度下，熔池内湍动能变化情况如图 10-7 所示。这对于研究氧枪喷吹角度的选择具有较强的指导作用。

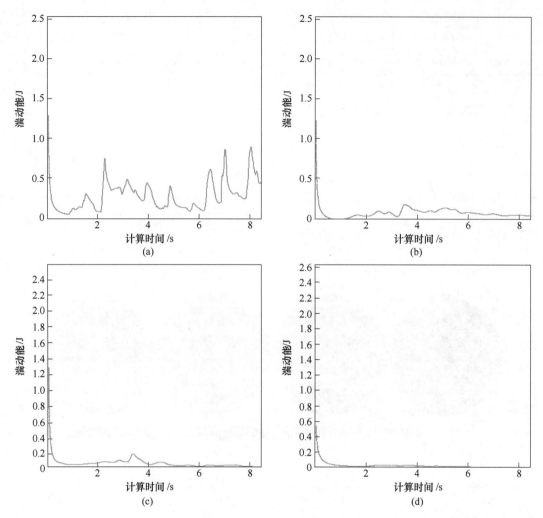

图 10-6　0°喷吹不同位置湍动能变化

（a）烟气层；（b）渣层；（c）粗铅层；（d）氧枪出口处

图 10-7 所示为随机获取某一时刻底吹炉中心的湍动能变化，可以看到在 0°喷吹时，湍动能极值在 0~1m 之间，因此在喷枪出口处湍动能的变化值较大；而其他角度喷吹湍动能的极值出现在距离炉底 3m 附近，液态熔体的湍动能较气体要小很多，因此流体湍动能处于低值，即熔池内液态熔体的湍动能较小，变化幅度较窄，熔体流动较为缓和，对炉壁的冲击较小，底部粗铅的扰动较轻。因此在底吹炼铅氧枪按照一定的倾斜角度进行喷吹，避免 0°喷吹角度。

10.2.5.3　熔池中速度场分析

图 10-8 所示为不同喷吹角度下，喷枪横截面上炉内整体速度场分布，取低速流动区域（0~5m/s），该区域的流体主要包括：远离烟道的烟气区域及液态熔体的流动区，并且可以看到在喷入气体产生的气泡柱附近和液态炉渣表面具有较强的流动。

通过图 10-8 可以大致描绘出喷枪气体喷入炉内后的流动规律，底部喷枪射入的高速

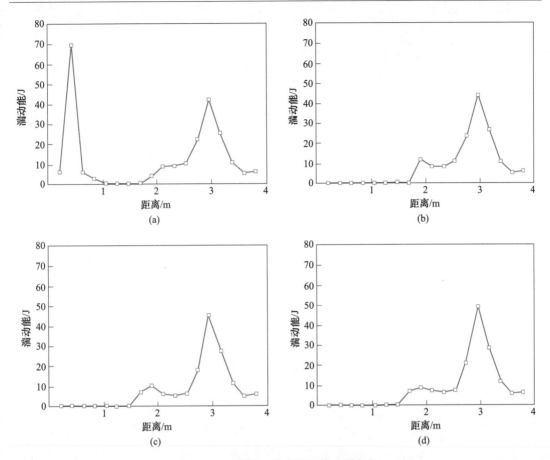

图 10-7　不同喷吹角度熔池湍动能变化

（a）0°；（b）7.5°；（c）15°；（d）22.5°

气体冲击高温熔体，搅拌熔体的同时不断发生气-液反应，反应产生的烟气，扩散到烟道，由烟道抽出进入余热锅炉。喷枪产生的气泡柱区域附近和熔池表面，熔体搅动强烈，发生反应；远离烟道的烟气区域，这一部分烟气高速流向烟道，并由烟道抽出。

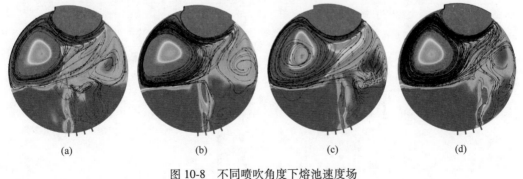

图 10-8　不同喷吹角度下熔池速度场

（a）0°；（b）7.5°；（c）15°；（d）22.5°

图 10-9 所示为在不同喷吹角度下底吹炉中心线高度上流体速度的变化趋势，分别取了 3个高度——0m、0.3m、1m，分别对应于熔池内氧枪出口、渣铅分界面及熔池渣层表面。

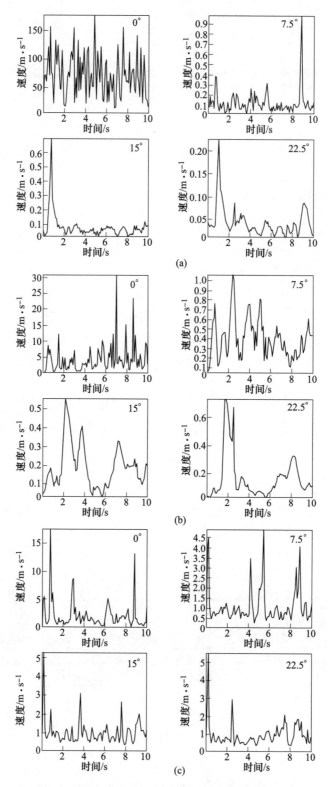

图 10-9　不同喷吹角度下速度监控曲线

(a) $h = 0$m；(b) $h = 0.3$m；(c) $h = 1$m

对比图 10-9 中可以看到，0°和 22.5°角度喷吹下，0m 即氧枪出口处的速度值及变化幅度较大，随着速度监控点的位置升高熔体流动速度逐渐变慢，这主要是由于气体在上升过程中受到熔池阻力及拖拽力的作用导致气体动能逐渐减小，搅拌强度变弱，熔体流动逐渐变缓。而在其他喷枪角度（7.5°和 15°）竖直方向上熔体受到的搅拌较弱，在高度为 0.3m 和 1m 处获得了较好的速度分布，因此该位置的熔体流动性较好，搅拌更为充分，因此，在 0°与 22.5°角度喷吹时，气体喷出出口处速度较大，因此高温熔体对枪口及底部炉壁的冲刷作用也较大，不利于氧枪附近炉壁的寿命。在 7°和 15°角度喷吹时，熔池整体速度较为稳定，速度值大部分处于较低的状态，因此对于熔池稳定及炉体寿命均有较好的保护作用。

10.2.6　不同氧枪间距喷吹模拟结果分析

底部氧枪排布方式对于底吹熔池内搅拌效果、炉体寿命及其渣金分离效果都具有较大的影响，而氧枪排布不当，造成熔池搅拌不均，熔池内存在较大面积死区，同时另外一部分区域存在过度搅拌，容易发生熔池表面喷溅，高温熔体冲刷炉壁，造成炉体寿命降低。而氧枪排布方式重要的参数就是氧枪间距及氧枪与炉体端面的距离，在确定 3 根氧枪喷吹的条件下重点考察上述两因素对熔池内熔体流动的影响。

10.2.6.1　不同氧枪间距喷吹下熔体流动效果

通过 3 根氧枪在不同位置上喷吹气体，模拟获得熔池内气-液两相流动状况，图 10-10 所示为不同时刻不同位置氧枪喷吹搅动熔体流动的过程。

分析图 10-10 中气液流动过程可以发现，在底吹炼铅熔池中气体突破底部粗铅层仅需 0.1s，并形成"蘑菇状"气团；随后气体进入上部渣层，"蘑菇"气团上升，气团底部气柱逐渐伸长，在 1s 内气体逸出熔池进入炉腔内，成为烟气。因此气体在熔池内的流动时间为 1s 内，在该时间段内，氧气需要与矿料反应放出热量。在 3s 内，底吹气体在熔池内形成稳定的射流，气体因熔体的流动影响造成气流扭动，同时在氧枪上部的渣面会随着气体而突出液面以上，形成"泉涌"现象，过度的突出液面会发展成熔池喷溅。而在 7s 时刻，因"泉涌"现象逐渐加强，引起整个熔池液面的波动，液面渣冲刷壁面，对于炉壁耐火材料具有较大的影响。

10.2.6.2　熔池内流动场分析

底吹熔池内气体流动对于整个冶炼效果具有较大的影响，因此分析熔池内流动迹线能够进一步了解底吹熔池的流动特点。如图 10-11 所示，为第 3、5、8 号氧枪喷吹流动迹线。

由图 10-11 可以看出，在气体刚进入熔池时，气体流动方向均为垂直向上流动，以氧枪为中心向四周扩散，在气体形成稳定的气柱后，即在 1s 内，在气柱两侧带动熔体形成螺旋流场，下部的粗铅被带入到渣层，而上部的渣在气体的搅动下向熔池内部流动。随着气体不断的鼓入，稳定的流场会受到一定的影响，而出现不固定的湍流流动，而对于冶炼过程来说，湍流流动更有利于气体和矿料颗粒接触，反应也会更加彻底。

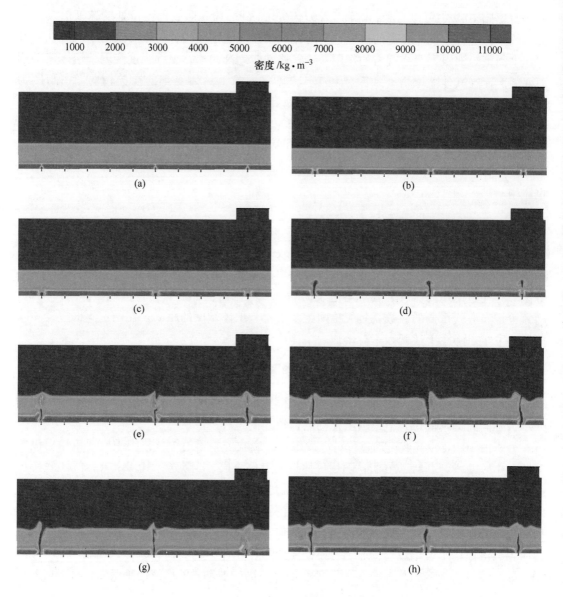

图 10-10　氧枪 1、5、10 喷吹气体流动过程

（a）0.01s；（b）0.05s；（c）0.1s；（d）0.5s；（e）1s；（f）3s；（g）5s；（h）7s

10.2.6.3　熔池速度场分析

通过上述定性分布可以看出，气体喷吹带动熔池流动，高温熔体在熔池内的稳定性对于生产过程较为重要，因此保证炉况顺行，维持熔池稳定是首先要考虑的问题。设置不同氧枪排布方式（第一组：1、5、10，第二组：2、5、9，第三组：3、5、8，第四组：4、5、7），在不同位置及不同氧枪间距下喷吹气体，监控某时刻熔池中心不同高度（$h = 0\mathrm{m}$、$0.3\mathrm{m}$、$1\mathrm{m}$）下速度大小，判定各种排布方式对于熔池流动的影响，如图 10-12 所示。

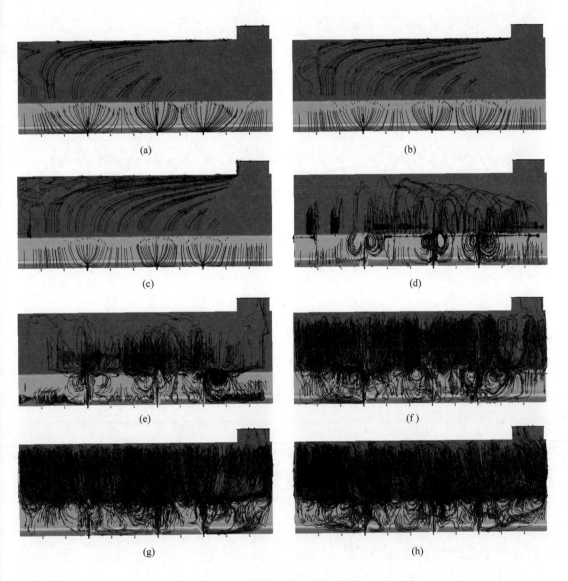

图 10-11　底吹熔池流场分析

(a) 0.01s；(b) 0.05s；(c) 0.1s；(d) 0.9s；(e) 2s；(f) 4s；(g) 6s；(h) 8s

　　由图 10-12 可以看出，在喷吹速度为 70m/s 时，氧枪喷吹的搅动半径约为 1m，在氧枪搅拌范围内，气体带动熔体流动的速度较大，当位置超过搅动半径时，速度迅速降低。因此在进行氧枪布置时，需要考虑将氧枪放置在距离炉体端面 1~1.5m 处，降低高温熔体对炉壁的冲刷。同时，如果氧枪间距较大（氧枪 1、5、10 与 2、5、9）熔池内的熔体流动速度较小，熔池内的搅拌搅动效果较差，难以满足炉况顺行所需的动力学条件，氧气与矿料接触反应的机会也较少，自热熔炼难以继续；而当三根氧枪间距较小时（氧枪 4、5、7）容易出现渣层表面（$h=1m$）速度难以控制，造成渣层表面喷溅，炉体受损较为严重。因此需要严格控制氧枪间距在 2~3m 范围内，该参数的设置对于熔池稳定、自热反应、炉况顺行均较为有利。

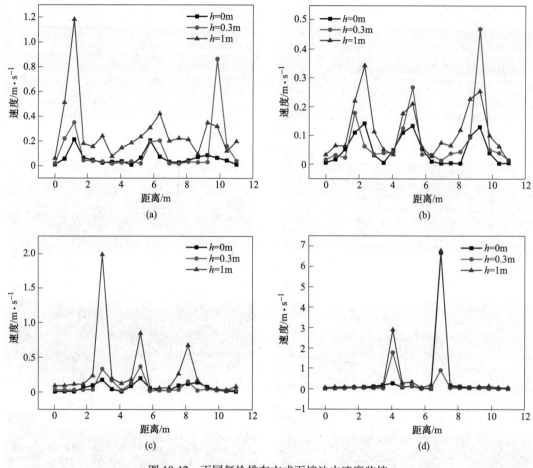

图 10-12　不同氧枪排布方式下熔池内速度监控
（a）氧枪 1、5、10；（b）氧枪 2、5、9；（c）氧枪 3、5、8；（d）氧枪 4、5、7

10.2.6.4　熔池内湍动能分析

熔池内熔体流动不仅考虑速度大小，同时需要注意湍流动能大小分布，通过监控熔池中心不同高度（$h=0m$、$0.3m$、$1m$）湍流动能大小，获得熔池内熔体湍流强度分布，分析熔池内熔体的流动混合效果。一般湍流越大，气液混合效果越好，氧气与矿料的接触越多，化学反应越彻底，放出的热量越多，对于生产过程越有利。

如图 10-13 所示，通过不同位置、不同间距下氧枪喷吹气体流动，搅动熔池内熔体。在 70m/s 的喷吹速度下，气体的搅动半径为 1m，在距离氧枪 1m 外区域的湍动能较小，同时可以发现在氧枪间距较大的情况下（氧枪 1、5、10 与 2、5、9）湍动能的值明显较小，即熔体的混合效果较差，而在氧枪间距较小的情况下（氧枪 3、5、8 与 4、5、7）氧枪出口处（$h=0m$）湍动能在绝大部分熔池区域内较小，在渣铅分界面（$h=0.3m$）的湍动能最小，而渣层的湍动能较大，说明在该氧枪排布方式下，渣层与气体的混合效果较好，同时渣铅分界面较为稳定，有利与渣铅分离，因此再次验证了在该种条件下氧枪的最佳间距应该为 2~3m。

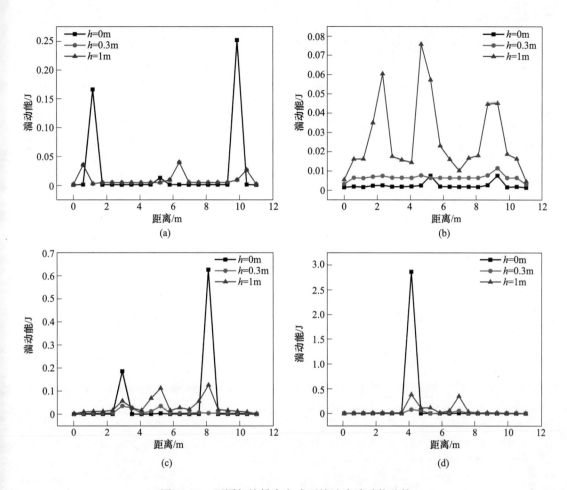

图 10-13 不同氧枪排布方式下熔池内湍动能监控
（a）氧枪 1、5、10；（b）氧枪 2、5、9；（c）氧枪 3、5、8；（d）氧枪 4、5、7

　　底吹熔炼炉与还原炉在炉体结构参数与气体喷吹原理大致相同，熔池内熔体的流动特征与流动趋势也较为近似，因此本书没有对底吹还原炉的模拟结果做进一步讨论，而熔炼炉的模拟结果也可为还原炉熔池熔体流动特征分析做一定的参考。

10.3 氧气底吹炼铅熔炼炉模拟结论

　　（1）气体射流在刚进入熔池后带动下两侧的熔体流动会形成稳定的流场，随后遭到破坏，熔池内更多的是湍流流动，有利于熔池内氧气与矿料反应。

　　（2）底吹炼铅熔池的喷吹角度可以在 7°～15° 之间，熔池更为稳定，喷溅得到抑制。

　　（3）在 70m/s 速度下喷吹，气体搅拌半径约为 1m，因此氧枪距离炉体端面 1～1.5m 能保证炉壁不受过强的熔体冲刷。

　　（4）氧枪的最佳间距控制在 2～3m，熔池搅拌效果较好，气体与渣混合更为均匀，化学反应更为彻底。

参 考 文 献

[1] 任鸿九. 有色金属熔池熔炼 [M]. 北京：冶金工业出版社，2001.

[2] 帕坦卡. 传热与流体流动的数值计算 [M]. 北京：科学出版社，1984.

[3] Launder B E, Spalding D B. The numerical computation of turbulent flows [J]. Computer methods in applied mechanics and engineering, 1974, 3 (2)：269~289.

[4] Pun W M, Runchal A K, Spalding D B, et al. Heat and mass transfer in recirculating flows [M]. London：Academic Press, 1969.

[5] 萧泽强，朱苗勇. 冶金过程数值模拟分析技术的应用 [M]. 北京：冶金工业出版社，2006.

[6] 詹树华，赖朝斌，萧泽强. 侧吹金属熔池内的搅动现象 [J]. 中南工业大学学报，2003，34 (2)：148~151.

[7] Warzecha P, Warzecha M, Merder T. Analysis of liquid steel flow in a multi-strand tundish using numerical methods [J]. Metalurgija, 2015, 54 (3)：462~464.

[8] 史国敏. 侧顶复吹条件下 AOD 转炉熔池内流体流动现象的数学和物理模拟 [D]. 上海：上海大学，2007.

[9] 刘方侃. 底吹炼铅熔炼炉内多相流动数值模拟与优化 [D]. 长沙：中南大学，2013.

[10] 夏韬. 液态高铅渣还原炉内多相流数值模拟与优化 [D]. 长沙：中南大学，2014.

11 氧气底吹炼铅工艺冶金计算

11.1 概述

冶金计算是工厂设计的基础，也是生产过程操作参数确定的依据。冶金计算的目标主要有：

(1) 计算冶炼过程熔剂、燃料、氧气、空气等原辅料的需要量。

(2) 计算冶炼过程产物，包括炉渣、金属、烟气等的组成及产量。

冶金计算得到的数据是炉窑设计、设备选型、管道计算等工艺设计的基础。

冶金计算的方法有很多，每个冶金过程都可以用不同的方法进行计算，如果这些方法在逻辑上是正确的，那么他们计算的结果便是可靠的。对于所有的冶金计算方法而言，只有计算数据与实际生产数据相符，才是正确的。

由于冶炼过程是一个非常复杂的多因素耦合的系统，因此在冶金计算过程中，不管采用什么方法，都需要对一些参数进行假设，这些假设需要根据生产经验来确定。由于这些假设条件与实际生产密切相关，因此对于同一冶炼工艺，操作条件的不同也会导致假设条件发生变化，但所有冶金计算结果均需通过实际生产来检验。

冶金计算是对已确定的工艺流程进行计算，在进行工艺计算前，须明确要计算的工艺流程，对于其中的工序，需明确每个工序的投入和产出。投入主要是指这一工序的物料加入，包括燃料等所有投入，产出主要是产物及产物的期望组成。

在进行冶金计算之前，需要明确生产过程的操作制度，操作制度也是冶金计算的基础。

冶金计算是基于物理化学反应的原则进行计算，遵循最基本的质量守恒定律及能量守恒定律。冶金计算主要包括物料平衡计算和热平衡计算。

在进行物料平衡计算和热平衡计算之前，需要对物料进行物相确定，确定工序中每种投入与产出物料的组成，物相的确定：一是对物料进行物相分析，二是通过合理的假设对物相组成进行计算。

冶金计算过程是基于各种理论和经验列出方程组的求解过程。主要方程有质量平衡方程、化学平衡方程、能量平衡方程和根据经验列出的自定义方程。通过对方程组的求解来计算所需的各种数据。

冶金计算主要步骤如下：

(1) 明确工艺流程和计算目标。

(2) 建立冶金计算数学模型：建立物料平衡及热平衡计算对象系统；系统的输入输出物相组成、输入输出温度；操作制度的确定（作业时间、作业周期）；元素在各个产物的分配或者化学反应过程；热平衡计算所需参数输入（冷却水量及温度、散热面积等参数）；自定义约束的输入。

（3）计算对象的计算结果输出。物料平衡、热平衡、技术经济指标、自定义参数输出。

11.2　冶金计算理论基础

11.2.1　质量守恒定律

在化学反应前后，参加反应的各物质的质量总和等于反应后生成的各物质的质量总和。质量守恒主要体现在以下几个方面：

（1）反应前后物质总质量不变；

（2）元素的种类不变；

（3）各元素对应原子的总质量不变；

（4）原子的种类不变；

（5）原子的数目不变；

（6）原子的质量不变。

质量守恒定律是普遍存在的定律，在一个封闭的体系中，反应过程中每一个元素的总量是不变的。对于一个多相多组分的化学平衡体系，它满足以下关系式：

$$\sum_{p=1}^{P}\sum_{c=1}^{C_p} a_{ce} n_{pc} = b_e \qquad (11-1)$$

式中，p 为相；P 为总相数；c 为组分；C_p 为 p 相中的组分数；n_{pc} 为 p 相中的 c 组分物质的量；a_{ce} 为 c 组分化学式中 e 元素的原子数目；b_e 为 e 元素总原子物质的量。

11.2.2　质量作用定律

质量作用定律主要内容为：化学反应速率与反应物的有效质量成正比，是进行多相平衡计算的基本定律。根据质量作用定律，可以确定化学反应中各反应物和生成物的活性质量之间的联系。

对于一个化学反应，化学平衡常数 K 可用下式：

$$K = \frac{\Pi a_i^{c_i}}{\Pi b_i^{d_i}} \qquad (11-2)$$

式中，a_i 为生成物的活度；c_i 为生成物的化学计量系数；b_i 为反应物的活度；d_i 为反应物的化学计量系数。

11.2.3　能量守恒定律

能量守恒定律即热力学第一定律，对于一个系统的热平衡可用下式：

$$\sum_i \Delta H_{298,Ai} + \sum_i \int_{298}^{T_i} C_{p_{Ai}} dT + Q_{sup} = \sum_j \Delta H_{298,Bj} + \sum_j \int_{298}^{T} C_{p_{Bj}} dT + Q_{Loss} \qquad (11-3)$$

式中，$\Delta H_{298,Ai}$ 为反应物标准生成热；$\Delta H_{298,Bj}$ 为生成物标准生成热；$C_{p_{Ai}}$ 为反应物摩尔定压热容；$C_{p_{Bj}}$ 为生成物摩尔定压热容；Q_{sup} 为其他热收入；Q_{Loss} 为热损失。

11.2.4　物相组成

冶金计算过程需要明确冶炼过程中投入及产出物料的物相组成,然后利用相关热力学数据进行计算,因此在计算之前需要对物料的物相组成进行确定,原料的物相组成可以通过分析或者根据经验进行确定。对于产物的物相组成,由于冶炼过程中反应非常复杂,一般是根据经验进行确定。冶炼过程的原料及产物实际上都是非常复杂的耦合化合物,物相组成非常复杂,为方便计算,将这些复杂的耦合化合物简化为简单的化合物。

氧气底吹熔炼和底吹还原过程主要的原料有铅精矿、石灰石、石英石、铁矿石和原煤。冶炼过程的产物主要有铅金属、烟气、炉渣和烟尘等,产物组成随着冶炼阶段的变化而变化。

氧气底吹炼铅技术中涉及的物相及其组成见表 11-1。

表 11-1　氧气底吹炼铅技术中涉及的物相及其组成

铅精矿	元素组成	Pb, Zn, Cu, Fe, S, SiO_2, CaO, MgO, Al_2O_3, As, Sb, Bi, Ag, Cd, C, O, 其他
	物相组成	PbS, ZnS, $CuFeS_2$, FeS_2, Fe_7S_8, FeAsS, Fe_2O_3, SiO_2, $CaCO_3$, $MgCO_3$, Al_2O_3, Sb_2S_3, Bi_2S_3, Ag_2S, CdS, 其他
石灰石组成	元素组成	CaO, SiO_2, Fe, MgO, Al_2O_3, C, O, 其他
	物相组成	$CaCO_3$, SiO_2, Fe_2O_3, $MgCO_3$, Al_2O_3, 其他
石英石	元素组成	SiO_2, CaO, Fe, MgO, Al_2O_3, C, O, 其他
	物相组成	SiO_2, $CaCO_3$, Fe_2O_3, $MgCO_3$, Al_2O_3, 其他
铁矿石	元素组成	Fe, SiO_2, CaO, MgO, Al_2O_3, C, O, 其他
	物相组成	FeO, Fe_2O_3, Fe_3O_4, SiO_2, $CaCO_3$, $MgCO_3$, Al_2O_3, 其他
原煤组成	原煤化学组成	固定 C, 挥发分, 灰分, 水分
	挥发分元素组成	C, O, N, H, S
	灰分元素组成	Fe, SiO_2, CaO, MgO, Al_2O_3, O, 其他
	物相组成	C, CH_4, H_2, O_2, N_2, S, Fe_2O_3, SiO_2, CaO, MgO, Al_2O_3, 其他
天然气	元素组成	C, O, N, H, S
	物相组成	CH_4, C_2H_6, H_2S, CO_2, N_2
氧气底吹熔炼炉炉渣	元素组成	Pb, Zn, Cu, Fe, S, SiO_2, CaO, MgO, Al_2O_3, As, Sb, Bi, Ag, O, 其他
	物相组成	PbO, $2ZnO \cdot SiO_2$, $ZnO \cdot Fe_2O_3$, FeS, Cu_2S, $2FeO \cdot SiO_2$, $2CaO \cdot SiO_2$, $2MgO \cdot SiO_2$, $CaO \cdot Al_2O_3$, As_2O_3, Sb_2O_3, Bi_2O_3, AgO, 其他
氧气底吹熔炼炉粗铅	元素组成	Pb, Cu, S, As, Sb, Bi, Ag, O, 其他
	物相组成	Pb, Cu, Cu_2S, As, Sb, Bi, Ag, O, 其他
氧气底吹熔炼炉循环烟尘	元素组成	Pb, Zn, Cu, Fe, S, SiO_2, CaO, MgO, Al_2O_3, As, Sb, Bi, Cd, O, 其他
	物相组成	$PbSO_4$, $ZnSO_4$, Cu_2O, Fe_2O_3, SiO_2, CaO, MgO, Al_2O_3, As_2O_3, Sb_2O_3, Bi_2O_3, $CdSO_4$, 其他

熔炼底吹熔炼炉烟气	元素组成	S，C，O，N，H，其他
	物相组成	SO_2，SO_3，CO_2，O_2，N_2，H_2O，其他
底吹还原炉炉渣	元素组成	Pb，Zn，Cu，Fe，S，SiO_2，CaO，MgO，Al_2O_3，As，Sb，Bi，Ag，O，其他
	物相组成	Pb，$2PbO \cdot SiO_2$，$2ZnO \cdot SiO_2$，$ZnO \cdot Fe_2O_3$，FeS，Cu_2S，$2FeO \cdot SiO_2$，FeO，$2CaO \cdot SiO_2$，$2MgO \cdot SiO_2$，$CaO \cdot Al_2O_3$，As_2O_3，Sb_2O_3，Bi_2O_3，Ag_2O，其他
底吹还原炉粗铅	元素组成	Pb，Cu，S，As，Sb，Bi，Ag，O，其他
	物相组成	Pb，Cu，Cu_2S，As，Sb，Bi，Ag，O，其他
底吹还原炉循环烟尘	元素组成	Pb，Zn，Cu，Fe，S，SiO_2，CaO，MgO，Al_2O_3，As，Sb，Bi，Ag，O，其他
	物相组成	$PbSO_4$，PbO，ZnO，Cu_2O，FeO，SiO_2，CaO，MgO，Al_2O_3，As_2O_3，Sb_2O_3，Bi_2O_3，Ag_2O，其他
底吹还原炉烟气	元素组成	S，C，O，N，H，其他
	物相组成	SO_2，SO_3，CO_2，CO，O_2，N_2，H_2O，其他
烟化炉烟尘	元素组成	Pb，Zn，Cu，Fe，S，SiO_2，CaO，MgO，Al_2O_3，As，Sb，Bi，Ag，O，其他
	物相组成	$PbSO_4$，PbO，ZnO，Cu_2O，FeO，SiO_2，CaO，MgO，Al_2O_3，As_2O_3，Sb_2O_3，Bi_2O_3，Ag_2O，其他
烟化炉炉渣	元素组成	Pb，Zn，Cu，Fe，S，SiO_2，CaO，MgO，Al_2O_3，As，Sb，Bi，Ag，O，其他
	物相组成	Pb，$2PbO \cdot SiO_2$，$2ZnO \cdot SiO_2$，$ZnO \cdot Fe_2O_3$，FeS，Cu_2S，$2FeO \cdot SiO_2$，FeO，$2CaO \cdot SiO_2$，$2MgO \cdot SiO_2$，$CaO \cdot Al_2O_3$，As_2O_3，Sb_2O_3，Bi_2O_3，Ag_2O，其他

冶金计算过程中，环境中空气组成与气压、温度等因素有关，因此进行冶金计算之前需要计算空气组成。

$$V_{H_2O} = \frac{\gamma_z V_m}{M_{H_2O}} \times 10 \qquad (11\text{-}4)$$

$$V_{N_2} = (100 - V_{H_2O}) \times 0.79 \qquad (11\text{-}5)$$

$$V_{O_2} = (100 - V_{H_2O}) \times 0.79 \qquad (11\text{-}6)$$

式中，γ_z 为绝对湿度，g/m^3；V_m 为标准气体摩尔体积，L/mol；M_{H_2O} 为水的摩尔质量，g/mol。

11.3　氧气底吹炼铅工艺全流程主要指标

氧气底吹炼铅工艺全流程包括氧气底吹熔炼、液态铅渣直接还原熔炼、烟化炉吹炼、粗铅电解精炼及烟气制酸和脱硫。

在工厂设计过程中，国家法律法规政策规定了铅冶炼工艺全流程的技术指标，这些技术指标是工厂设计的基本要求，其中与冶金计算相关的主要指标为：

（1）Pb 总回收率：≥96.5%；

（2）底吹熔炼—底吹还原—烟化炉挥发熔炼的铅回收率：≥97%；

（3）铅精炼回收率：≥99%；

（4）弃渣含 Pb：<2.5%；

（5）S 利用率：≥96%；

（6）S 捕集率：≥99%。

11.4　底吹熔炼过程冶金计算

11.4.1　工艺流程

氧气底吹熔炼炉熔炼过程为：首先将铅精矿、含铅物料、熔剂及循环烟尘称量制粒，然后加入氧气底吹熔炼炉内，氧气通过底吹熔炼炉底部的喷枪喷入到炉内，喷枪同时喷入氮气和除盐水用于保护喷枪。氧气底吹熔炼炉氧化熔炼产出一次粗铅（当原料品位较低时不产一次粗铅）、高铅渣、烟气和烟尘，烟气和烟尘经余热锅炉回收余热、电收尘器收尘后，由高温风机送制酸车间，高铅渣通过溜槽加入到底吹还原炉中。粗铅通过溜槽流入熔铅锅进行粗铅精炼或者采用粗铅铸锭机冷却铸锭。

氧气底吹熔炼炉熔炼工段工艺流程框图如图 11-1 所示。

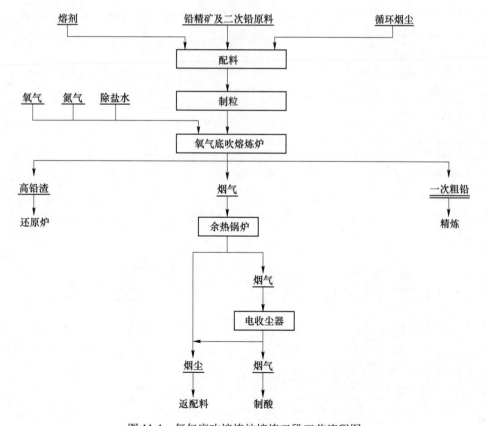

图 11-1　氧气底吹熔炼炉熔炼工段工艺流程图

11.4.2　操作制度

氧气底吹熔炼炉连续进料，间断放渣，放渣间隔时间为 2~3h。

氧气底吹熔炼炉的开工率为每年 310~330 天。

11.4.3　工艺参数

氧气底吹熔炼过程工艺计算标准见表 11-2。表中列出了氧气底吹熔炼过程计算标准的取值和范围，对于不同的物料、规模及操作条件，计算标准的取值和范围不同，可根据生产经验对这些标准进行选取。

表 11-2　氧气底吹熔炼过程冶金计算工艺参数

序号	名　称	取　值	范　围	备　注
1	有效作业时间/d·a^{-1}	330	310~330	
2	高铅渣含铅/%	40	35~48	
3	高铅渣含硫/%	0.3	0.3~1	
4	FeO/SiO$_2$	1.2	0.8~1.6	
5	CaO/SiO$_2$	0.4	0.3~0.5	
6	烟尘率/%	12	10~15	相对铅精矿干基
7	入炉物料含水/%	8	8~10	
8	渣中 Fe^{3+}/Fe^{2+}	1.2	1~1.5	
9	烟气中 S^{6+}/S^{4+}/%	2	1~5	
10	粗铅中 Cu-Cu$_2$S/Cu/%	50	30~70	
11	氧气富裕量/%	5	0~5	
12	氧枪保护氮气量/m^3·h^{-1}	150	100~200	
13	氧枪除盐水/kg·h^{-1}	25	20~50	
14	加料口负压/Pa	30	20~50	
15	烟气口负压/Pa	50	30~80	
16	粗铅温度/℃	950	900~1000	
17	高铅渣温度/℃	1050	1000~1100	
18	烟气温度/℃	1050	1000~1100	
19	烟尘温度/℃	1050	1000~1100	
20	冷却水温升/℃	10	8~15	
21	氧气底吹熔炼炉炉壳温度/℃	280	250~300	
22	氧气底吹熔炼炉表面环境温度/℃	30	20~40	
23	冷却水量/t·h^{-1}	60	40~100	
24	余热锅炉漏风/%	12	8~15	相对余热锅炉入口风量
25	电收尘漏风/%	13	10~15	相对余热锅炉入口风量
26	高温风机漏风/%	5	3~8	
27	余热锅炉收尘率/%	30	25~35	
28	电收尘收尘率/%	70	60~75	相对于总尘量
29	高温风机出口含尘/mg·m^{-3}	300	200~500	

11.4.4 元素分配

在冶金计算过程中，元素的分配是计算过程中的一个重要参数。物料、含量及操作条件等都影响元素分配，因此对于元素的分配需要根据实际生产情况进行调整。表 11-3 总结了部分元素在各产物的分配情况，由于各个厂的原料及操作条件不同，因此元素的分配情况需要根据实际生产情况进行调整。

表 11-3 氧气底吹熔炼炉元素分配 　　　　　　　　　　　　　　（%）

序号	元素	粗铅	高铅渣	循环烟尘	烟气	备　　注
1	Pb	0~50	50~100	15		成铅率与入炉料品位等因素有关，渣含 Pb35~48，烟尘含 Pb55~65
2	Zn	微量	85~90	5~10		随着精矿含 Zn 增加，烟尘含 Zn 相应增加
3	Cu		50~100	1~2		主要是机械夹带进入烟尘
		0~50				粗铅含 Cu 与一次成铅率相关
4	S	0~5	2~5	5~10	5~98	粗铅及高铅渣含 S 与精矿含 Cu 相关
5	Fe	微量	97~99	1~3		主要是机械夹带进入烟尘
6	SiO$_2$	微量	97~99	1~3		主要是机械夹带进入烟尘
7	CaO	微量	97~99	1~3		主要是机械夹带进入烟尘
8	MgO	微量	97~99	1~3		主要是机械夹带进入烟尘
9	Al$_2$O$_3$	微量	97~99	1~3		主要是机械夹带进入烟尘
10	As	0~10	60~85	10~20	5~15	粗铅含 As 与一次成铅率相关
11	Sb	0~40	45~95	5~15		粗铅含 Sb 与一次成铅率相关
12	Bi	0~70	30~97	3~10		粗铅含 Bi 与一次成铅率相关
13	Cd	微量	微量	98~100		粗铅含 Cd 与一次成铅率相关
14	Ag	0~60	40~100	微量		粗铅含 Ag 与一次成铅率相关
15	Au	0~60	40~100	微量		粗铅含 Au 与一次成铅率相关

11.5 液态铅渣底吹还原冶金计算

11.5.1 工艺流程

液态铅渣底吹还原工艺为：首先将氧气底吹熔炼炉产出的液态高铅渣通过溜槽加入到底吹还原炉内，然后将熔剂、块煤（天然气）及循环烟尘称量制粒后加入底吹还原炉内，氧气、粉煤及喷枪保护氮气和除盐水通过炉底喷枪喷入炉内，底吹还原炉还原熔炼产出二次粗铅、底吹还原炉渣、烟气和烟尘，烟气和烟尘经余热锅炉回收余热、冷却烟道和布袋收尘器收尘后，或者直接通过余热锅炉回收余热后直接接入高温布袋收尘器收尘，由高温风机送脱硫车间，底吹还原炉渣通过溜槽加入到烟化炉。粗铅通过溜槽流入熔铅锅或者采用粗铅铸锭机冷却铸锭。

底吹还原炉还原工段工艺流程图如图 11-2 所示。

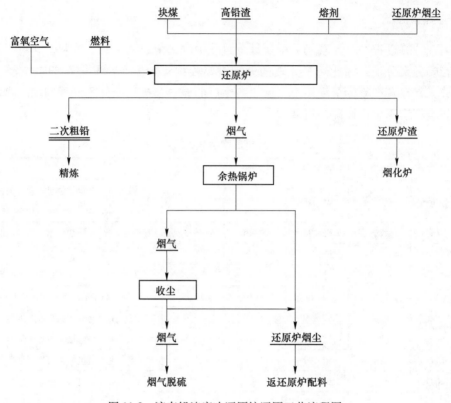

图 11-2　液态铅渣底吹还原炉还原工艺流程图

11.5.2　操作制度

底吹还原炉间断进料，间断放渣，每炉作业周期 2 ~ 3h。每次其中进料时间 30 ~ 40min，进渣、还原时间 60 ~ 100min，放渣时间 30 ~ 40min。

底吹还原炉开工率为每年 310 ~ 330 天。

11.5.3　工艺参数

底吹还原熔炼过程工艺计算标准见表 11-4。表中列出了底吹还原过程计算标准的取值和范围，对于不同的物料、不同的规模及不同的操作条件，计算标准的取值和范围不同，可根据生产经验选取。

表 11-4　液态铅渣底吹还原过程冶金计算工艺参数

序号	名　　称	取　值	范　围	备　注
1	有效作业时间/d·a^{-1}	330	310~330	
2	作业周期/h	2	2~3	
3	还原炉渣含铅/%	3.0	2~3.0	
4	FeO/SiO$_2$	1.2	1.1~1.6	
5	CaO/SiO$_2$	0.6	0.5~0.6	

序号	名　称	取　值	范　围	备　注
6	烟尘率/%	10	10~20	相对高铅渣
7	还原炉渣含 S/%	0.3	0.1~0.5	
8	还原炉烟尘含 S/%	0.5	0.1~1	
9	烟气中 CO 与 CO_2 体积比	1/3	1/4~1/2	
10	富氧浓度/%	60	50~80	
11	粗铅中 Cu_2S/Cu 比/%	50	30~80	
12	风煤比/$m^3 \cdot kg^{-1}$	2.5	2~3	底吹还原炉，燃料为粉煤
13	氧枪保护氮气/$m^3 \cdot h^1$	200	150~250	底吹还原炉
14	氧枪除盐水/$kg \cdot h^{-1}$	30	20~50	底吹还原炉
15	加料口负压/Pa	30	20~50	
16	烟气口负压/Pa	50	30~80	
17	粗铅温度/℃	950	850~1050	
18	炉渣温度/℃	1200	1150~1250	
19	烟尘温度/℃	1200	1150~1250	
20	烟气温度/℃	1200	1150~1250	
21	冷却水温升/℃	5	3~15	
22	还原炉炉壳温度/℃	300	280~350	底吹还原炉
23	还原炉表面环境温度/℃	30	20~40	
24	底吹还原炉冷却水量/$t \cdot h^{-1}$	60	40~100	
25	余热锅炉漏风/%	12	8~15	相对余热锅炉入口风量
26	冷却烟道漏风/%	8	10~15	相对余热锅炉入口风量
27	布袋收尘器漏风/%	5	3~8	相对余热锅炉入口风量
28	高温风机漏风/%	5	3~8	相对余热锅炉入口风量
29	余热锅炉收尘率/%	30	25~35	
30	冷却烟道收尘率/%	30	20~40	相对于总尘量
31	布袋收尘器收尘率/%	40	30~50	相对于总尘量
32	高温风机出口含尘/$mg \cdot m^{-3}$	150	100~200	

11.5.4　元素分配

在冶金计算过程中，元素的分配是计算过程中的一个重要参数。对于不同的物料、不同的含量，不同的操作条件都影响着元素的分配，因此对于元素的分配需要在实际生产过程中根据实际的生产情况来进行调整。表 11-5 总结了一些元素在各产物的分配情况，由于各个厂的原料及操作条件会有所不同，因此对于元素的分配情况需要在实际生产过程中根据实际的生产情况来进行调整。

表 11-5　底吹还原炉元素分配　　　　　　　　　　（%）

序号	元素	粗铅	还原炉渣	循环烟尘	烟气	备　　注
1	Pb	85~88	2~5	10		渣含 Pb2~3
2	Zn	微量	80~85	15~20		烟尘含 Zn 与高铅渣含 Zn 与还原气氛控制相关
3	Cu	30~50	50~70	1~2		主要是机械夹带进入烟尘，高铅渣含 Cu 0.2~0.5
4	S	0~5	2~5	5~10	5~98	粗铅含 S 0.2~0.3，与粗铅含 Cu 相关； 主要与 Cu 形成 Cu_2S，高铅渣含 S 0.1~0.5，与原料含 Cu 相关； 主要与 Cu 形成 Cu_2S 和 FeS； 在烟尘中 S 约 0.5，主要与 Pb、Zn 在余热； 锅炉中形成硫酸盐尘
5	Fe	微量	95~98	2~5		主要是机械夹带进入烟尘
6	SiO_2	微量	95~98	2~5		主要是机械夹带进入烟尘
7	CaO	微量	95~98	2~5		主要是机械夹带进入烟尘
8	MgO	微量	95~98	2~5		主要是机械夹带进入烟尘
9	Al_2O_3	微量	95~98	2~5		主要是机械夹带进入烟尘
10	As	5~15	15~30	10~40	30~60	
11	Sb	40~60	15~30	20~40		
12	Bi	80~95	3~10	3~8		
13	Cd	微量	5~15	85~95		
14	Ag	95~98	2~5	微量		还原炉渣含 Ag 20~30g/t
15	Au	95~98	2~5	微量		

11.6　烟化炉烟化

11.6.1　工艺流程

底吹还原炉产出的液态还原炉渣通过溜槽加入到烟化炉内吹炼，粉煤和一二次风通过烟化炉侧部的风嘴喷入到炉内熔池，烟化炉吹炼产出烟化炉渣、烟气和烟尘，烟气和烟尘经余热锅炉回收余热、冷却烟道和布袋收尘器收尘后，由高温风机送脱硫车间，烟化炉渣水碎后送临时渣场堆存，收集的氧化锌烟尘送锌厂浸出回收锌。

烟化炉挥发工段工艺流程图如图 11-3 所示。

11.6.2　操作制度

烟化炉间断进料，间断放渣，处理热料时，作业周期 2~2.5h。搭配处理冷料时，根据进冷料的比例不同，烟化炉作业周期有所不同。当处理全冷料时，烟化炉作业周期 3.5~4h。

烟化炉根据作业阶段不同一般分为 3 个阶段，升温期（包括加料期）、吹炼期和放渣期。处理热料时，作业期周期 2~2.5h，其中升温期 0.5~1h，吹炼期 1h，放渣期 0.5h。处理全冷料时，作业周期 3.5~4h，其中升温期 2~2.5h，吹炼期 1h，放渣期 ~0.5h。

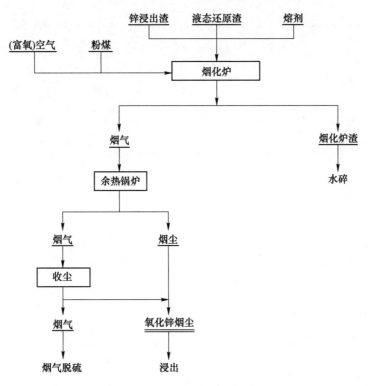

图 11-3 烟化炉挥发工艺流程图

11.6.3 工艺参数

烟化炉挥发过程工艺计算标准见表 11-6。表中列出了烟化炉挥发过程计算标准的取值和范围，对于不同的物料、不同的规模及不同的操作条件，计算标准的取值和范围会有所变化。可以根据生产经验对这些标准进行选取。

表 11-6 烟化炉挥发过程冶金计算工艺参数

序号	名　称	取值	范围	备　注
1	有效作业时间/d·a^{-1}	310	310~330	
2	烟化炉渣含 Pb/%	0.5	≤0.5	
3	烟化炉渣含 Zn/%	2.5	2.0~3.0	
4	烟化炉渣含 Ag/g·t^{-1}	20	15~30	
5	冷却水温升/℃	10	5~15	
升温期				
1	升温时间/h	1	1~2.5	
2	空气过剩系数	0.9	0.8~1	
3	炉渣温度/℃	1250	1250~1300	
4	烟尘温度/℃	1250	1250~1300	
5	烟气温度/℃	1250	1250~1300	
6	三次风与一二次风比例/%	35	30~40	

序号	名　称	取值	范围	备　注
吹炼期				
1	还原时间/h	1	1~1.5	
2	空气过剩系数	0.7	0.7~0.8	
3	炉渣温度/℃	1250	1300~1350	
4	烟尘温度/℃	1300	1300~1350	
5	烟气温度/℃	1300	1300~1350	
6	三次风与一次风比例/%	35	30~40	
放渣期				
1	放渣时间/min	30	20~30	
2	炉渣温度/℃	1250	1250~1350	
3	烟尘温度/℃	1300	1300~1350	
4	烟气温度/℃	1300	1300~1350	
5	三次风与一次风比例/%	30		
6	进余热锅炉烟气含氧量/%	5	5~8	

11.6.4　元素分配

在冶金计算过程中，元素的分配是计算过程中的一个重要参数。对于不同的物料、元素不同的含量，不同的操作条件都影响着元素的分配，因此对于元素的分配需要在实际生产过程中根据实际的生产情况来进行调整。表 11-7 总结了部分元素在各产物的分配情况，由于各个厂的原料及操作条件有所不同，因此对于元素的分配情况需要在实际生产过程中根据实际的生产情况来进行调整。

表 11-7　烟化炉元素分配　　　　　　　　　　　　　（%）

序号	元素	烟化炉渣	氧化锌烟尘	烟气	备　注
1	Pb	5~10	90		烟尘含 Pb 8~15 烟化炉渣含 Pb 0.20~0.5
2	Zn	10~15	85~90		烟尘含 Zn 55~60 烟化炉渣含 Zn 2~3
3	Cu	90~95	5~10		
4	S	5~10	10~20	70~85	
5	Fe	95~98	2~5		主要是机械夹带进入烟尘
6	SiO_2	95~98	2~5		主要是机械夹带进入烟尘
7	CaO	95~98	2~5		主要是机械夹带进入烟尘
8	MgO	95~98	2~5		主要是机械夹带进入烟尘
9	Al_2O_3	95~98	2~5		主要是机械夹带进入烟尘
10	As	15~30	10~40	30~60	

序号	元素	烟化炉渣	氧化锌烟尘	烟气	备　　注
11	Sb	30~50	50~70		
12	Bi	85~95	5~15		
13	Cd	微量	100		
14	Ag	10~40	60~90		烟化炉渣含 Ag 15~30g/t
15	Au	100	0		

12 氧气底吹技术的应用实例

12.1 处理提金尾渣应用实践

12.1.1 概况

在金银冶炼过程中会产生大量的提金尾渣，富含金银铅锌等有价元素。由于没有经济合理的金银回收工艺，提金尾渣只能在渣场堆存，不仅占用大量土地，造成资源浪费，还对当地的环境带来了安全隐患。

山东恒邦冶炼股份有限公司利用提金尾渣搭配复杂金精矿为原料，采用氧气底吹熔炼+底吹还原工艺，利用粗铅作为金银的良好捕集剂，将金银富集到粗铅中，通过粗铅的电解精炼将金银富集于阳极泥中。阳极泥送金银生产系统处理，最终实现金银和原料中副产品的回收，实现了资源的综合回收利用。

图 12-1 所示为山东恒邦冶炼股份有限公司提金尾渣综合回收利用项目鸟瞰图，生产及辅助设施有：原料仓及配料系统、熔炼车间、通风除尘设施、鼓风机空压机及 10kV 总配电站、柴油发电机房、电解车间、粉煤制备车间、硫酸车间、尾气脱硫设施、氧气站、余热发电站及循化水系统、熔炼循环水等组成。

图 12-1 山东恒邦冶炼股份有限公司提金尾渣综合利用项目鸟瞰图

该项目年产黑金粉（含金 44.79%）1799kg，银锭 199.83t，铋锭 192.30t，电铅 10 万吨，硫酸 3.851 万吨，铜锍（含铜 40%）2340t，氧化锌烟尘（含锌 60.19%）14041t。

12.1.2　工艺流程及主要设备

提金尾渣、金精矿、铅精矿、石灰石、石英石和氧气底吹熔炼炉烟尘经称重配料和混合制粒后送熔炼车间（见图 12-2），加入氧气底吹熔炼炉内进行氧化熔炼，产出含贵金属的高铅渣。

图 12-2　山东恒邦冶炼股份有限公司提金尾渣综合利用项目熔炼车间全貌

熔融高铅渣通过溜槽直接流入底吹还原炉内进行还原熔炼，还原熔炼过程中加入石灰石调整渣型，产出粗铅和底吹还原炉渣。

底吹还原炉渣通过渣溜槽流入烟化炉进行还原吹炼，产出氧化锌烟尘和终渣。终渣水碎后送渣场堆存或作为生产建筑材料外售。

氧气底吹熔炼炉产出的烟气经余热锅炉回收余热、电收尘器收尘、骤冷塔降温和布袋收砷后，送硫酸车间制酸。收集的烟尘送往烟尘仓，返回熔炼配料。

底吹还原炉烟气经过余热锅炉回收余热、表面冷却器降温和布袋收尘器除尘后，烟尘被收集送往烟尘仓，返回熔炼配料。由于烟气 SO_2 浓度较低，直接送烟气脱硫系统。

烟化炉烟气经余热锅炉回收余热/表面冷却器降温和布袋收尘器除尘后，烟气送脱硫系统。收集的含氧化锌烟尘外售。

粗铅首先在熔铅炉内进行初步精炼，经过除铜、锡等杂质，并调整锑含量，然后浇铸成铅阳极板，送往电解车间。

火法初步精炼除铜工段产出的铜浮渣、阴极铅熔铸工段产出的氧化渣以及辅助材料通过汽车运至铜浮渣车间，经反射炉熔炼，产出的粗铅经铅模铸锭后运往电解车间（见图12-3），产出的铜锍经铸锭后外售。

电解系统产出的阳极泥送贵金属车间，阳极泥处理主要包括 5 个工序：贵铅炉还原熔炼、分银炉氧化精炼、铋渣转炉熔炼、粗铋火法精炼和银电解精炼。

图 12-3　山东恒邦冶炼股份有限公司提金尾渣综合利用项目电解车间全貌

（1）贵铅炉还原熔炼。贵铅炉还原熔炼的原料是电解车间产出的阳极泥。贵铅炉还原熔炼的主要产物为贵铅、稀渣、黏渣、氧化渣和烟尘。贵铅送分银炉精炼。稀渣送火法冶炼车间的底吹还原炉熔炼，黏渣和氧化渣返贵铅炉重炼，烟尘外售。

（2）分银炉氧化精炼。贵铅在分银炉中进行氧化精炼。分银炉氧化精炼的主要产物为金银总含量大于97%的金银合金及氧化前期渣、氧化后期渣（铋渣）、铜渣和烟尘。金银合金经浇铸机铸成金银合金板送银电解精炼，氧化前期渣返贵铅炉重新熔炼，铋渣送转炉熔炼，铜渣和烟尘外售。

（3）铋渣转炉熔炼。铋渣在贵铅炉中进行还原熔炼（为了减少投资和节约能源，铋渣转炉熔炼和贵铅炉使用同一设备）。铋渣转炉熔炼的产物为粗铋、铜锍、炉渣和烟尘。粗铋送火法精炼工序精炼得到精铋，铜锍和烟尘外售。

（4）粗铋火法精炼。配置了5口锅用于粗铋火法精炼，脱除粗铋中的铅、砷、锑、银等杂质，以获得精铋和铋锭。

（5）银电解精炼。来自分银炉的金银合金板经电解槽进行电解精炼、过滤、甩干、烘干后得到的银粉经工频炉熔化，由银锭浇铸机铸成银锭。

氧化、还原、烟化系统主要设备参数见表12-1。

表 12-1　熔炼系统主要设备参数

序号	工　序	名　称	数量	参　数
1	氧气底吹熔炼	底吹熔炼炉	1	$\phi 4.1\text{m} \times 14.5\text{m}$
		粗铅铸锭机	1	$\phi 7800$
		余热锅炉	1	$Q=9\text{t/h}, \ p=4.0\text{MPa}$
		电收尘器	1	50m^2
		高温风机	1	$Q=80000\text{m}^3/\text{h}, \ p=2700\text{Pa}$

序号	工　序	名　称	数量	参　数
2	底吹还原熔炼	底吹还原炉	1	$\phi 4.1m \times 18.5m$
		余热锅炉	1	$Q=20t/h$，$p=4.0MPa$
		布袋收尘器	1	$3200m^2$
		锅炉引风机	1	$Q=60000m^3/h$，$p=5500Pa$
3	烟化挥发	烟化炉	1	$13.6m^2$
		鼓风机	1	$Q=460m^3/min$，$\Delta p=0.1MPa$
		余热锅炉	1	$Q=20t/h$，$p=4.0MPa$
		布袋收尘器	1	$4000m^2$
		锅炉引风机	1	$Q=150000m^3/h$，$p=5300Pa$

12.1.3　生产运行指标

实际生产中，根据原料情况，一般复杂金精矿 15%~20%、高铅高银杂矿 25%~35%、提金尾渣 5%~10%，混合料含 Pb 40%~45%，Au>14g/t，Ag>900g/t。生产实践表明，在氧气底吹炼铅工艺中，金的总回收率高于 95%（含后续工艺），较氰化浸出工艺提高至少 10 个百分点，经济环保效益显著。各精矿成分见表 12-2。

表 12-2　精矿种类及主要化学成分（干基，质量分数）　　　　（%）

类　别	Pb	Zn	Cu	S	As	Sb	C	$Ag/g \cdot t^{-1}$	$Au/g \cdot t^{-1}$
复杂金精矿 1	6.65	3.34	1.52	38.76	2.10	0.11	0.61	1482.15	47.24
复杂金精矿 2	5.13	3.37	1.08	35.98	0.15	0.04	8.25	1492.72	53.00
复杂金精矿 3	0.36	0.14	0.35	11.60	5.10	0.11	9.63	631.68	27.64
高铅高银杂矿	65.61	1.65	2.71	10.96	0.06	0.05	4.43	784.60	5.20
含铅含金杂矿	27.33	8.62	0.44	24.49	1.03	0.02	0.45	—	11.57
提金尾渣	16.34	4.61	0.46	20.17	0.06	0.04	0.16	96.20	3.43
混合料	44.65	5.14	1.51	15.42	0.60	0.32	1.66	1009.22	20.17

设计处理混合精矿 30t/h，入炉粒料 37t/h。经过多年生产实践，其处理能力已超过 50t/h。熔炼系统操作参数见表 12-3。

表 12-3　熔炼系统试生产操作参数

序号	工　序	名　称	参　数
1	氧气底吹熔炼	投料量/t·h^{-1}	40~60
		氧料比/m³·t^{-1}	100~120
		熔炼温度/℃	970~1050
		喷枪氧气流量/m³·h^{-1}	800~1000
		喷枪氧气压力/MPa	0.6~0.8
		喷枪氮气流量/m³·h^{-1}	160~240
		喷枪氮气压力/MPa	0.7~0.85

序号	工序	名称	参数
2	底吹还原熔炼	还原温度/℃	1180~1250
		煤率/%	8~12
		还原炉生产周期/h	1.5~2
		喷枪氧气量/$m^3 \cdot h^{-1}$	130~180
		喷枪氧气压力/MPa	0.45~0.70
		喷枪氮气量/$m^3 \cdot h^{-1}$	130~170
		喷枪氮气压力/MPa	0.45~0.70
3	烟化挥发	烟化温度/℃	1200~1250
		热料处理量/t·炉$^{-1}$	36~50
		烟化炉生产周期/h	1.5~2
		鼓风量/$m^3 \cdot h^{-1}$	20100~27000

氧气底吹熔炼技术处理提金尾渣主要技术经济指标见表 12-4。

表 12-4　铅系统主要技术经济指标

序号	项目		指标
1	电铅量/$t \cdot a^{-1}$		100000
	粗铅含 Pb 量/$t \cdot a^{-1}$		106780
2	氧气底吹熔炼	处理混合铅精矿量/$t \cdot a^{-1}$	234814
		混合精矿 Pb 品位/%	44.00
		一次粗铅品位/%	94.00
		高铅渣产量/$t \cdot a^{-1}$	181988
		高铅渣含 Pb/%	42.0
3	底吹还原熔炼	年处理高铅渣量/t	181988
		粗铅产量/$t \cdot a^{-1}$	65945
		粗铅品位/%	95.5
		底吹还原炉粉煤率/%	7
		炉渣产量/$t \cdot a^{-1}$	101517
		渣含 Pb/%	2.5
4	烟化挥发	年处理还原炉渣量/t	101517
		氧化锌烟尘含 Zn/%	60.19
		Zn 挥发率/%	92
		Pb 挥发率/%	95
		粉煤率/%	25
5	熔炼回收率	Pb/%	97.54
		S/%	95.94
		Cu/%	88.00
		Ag/%	98.00
		Au/%	99.00

12.1.4 处理提金尾渣生产系统的特点

处理提金尾渣生产系统的特点如下：

（1）与氧气底吹熔炼炉处理铅精矿相比，提金尾渣系统原料中金，银含量较高，因此需要考虑回收金银。

（2）铅对金银具有较高的富集作用，因此与处理普通铅精矿相比，搭配处理提金尾渣过程中，需要在熔炼阶段控制合适的氧料比，并提高入炉物料的含铅量，以保证在熔炼炉产出更多的一次粗铅，在氧气底吹熔炼炉和还原炉内对金银实现二次捕集，提高金银的回收率。

（3）复杂金精矿中含硫、含固定碳较高，冶金炉既要满足处理量的要求，又要考虑其热负荷的要求。另外，需考虑硫酸系统对复杂烟气变化的适应性。

12.2 处理钢厂含锌烟尘应用实践

12.2.1 概况

钢厂烟尘中含有锌、铅、锡等金属，通过经济的方法回收锌、铅，实现烟尘的无害化处理既解决了资源的循环利用问题，又解决了烟尘处理不当对环境造成的污染问题。

安阳岷山环能高科有限公司采用氧气底吹技术处理铅精矿（见图12-4）同时搭配处理钢厂含锌烟尘，使烟尘中的锌在还原炉渣中富集，最终以高品位氧化锌烟尘的形式回收。实现钢厂烟尘中有价金属的回收。

图 12-4 安阳岷山环能高科有限公司铅冶炼项目厂区全貌

12.2.2 工艺流程及主要设备

铅精矿和熔剂、钢厂烟尘、锌浸出渣、返料（铅烟尘）经配料、制粒后，送氧气底吹熔炼炉进行氧化熔炼，产出一次粗铅和高铅渣，熔炼炉产出的烟气经余热锅炉回收余热、电收尘器收尘后，采用二转二吸工艺制酸，铅烟尘返回熔炼配料。氧气底吹熔炼炉产出的熔融高铅渣，通过溜槽加入到底吹还原炉中，配以石灰石造渣，粉煤为还原剂，不需价格昂贵的冶金焦，产出粗铅和还原终渣。高温烟气通过余热锅炉回收余热，表面冷却器降温，布袋收尘器收尘后，是否经尾气脱硫处理，视煤质含硫而定。铅烟尘返回熔炼配料。

生产系统主要设备见表 12-5。

表 12-5　生产系统主要设备

序号	工　序	名　　称	数量	参　　数
1	氧气底吹熔炼	底吹熔炼炉	1	$\phi 4.1m \times 14m$
		粗铅铸锭机	1	$\phi 6700$
		余热锅炉	1	$Q = 10.5 \sim 12.5t/h$，$p = 4MPa$
		电收尘器	1	$60m^2$
		高温风机	1	$Q = 100000m^3/h$，$132kW$
2	底吹还原熔炼	底吹还原炉	1	$\phi 4.1m \times 17.5m$
		余热锅炉	1	$Q = 12 \sim 15t/h$，$p = 4.0MPa$
		布袋收尘器	1	$3200m^2$
		锅炉引风机	1	$Q = 50000m^3/h$，$110kW$
3	烟化挥发	鼓风机	1	$Q = 400m^3/min$，$\Delta p = 0.1MPa$
		烟化炉	1	$10m^2$
		余热锅炉	1	$Q = 20 \sim 22t/h$，$p = 4.0MPa$
		布袋收尘器	1	$4000m^2$
		锅炉引风机	1	$Q = 80000m^3/h$，$200kW$

12.2.3　生产运行指标

在氧气底吹炼铅工艺搭配处理钢厂烟尘的生产实践中，实际入炉物料含锌大于 10%，产出的高铅渣含锌有时可达 20% 以上。实践证明，控制合理渣型及熔炼温度，底吹炉处理高锌铅物料运行稳定，若入炉物料含锌过高，后续的还原炉操作难度将增大，存在熔炼温度控制、还原深度控制及上升烟道易积灰等问题，需特殊处理。

生产系统操作参数见表 12-6。

表 12-6　生产系统试生产操作参数

序号	工　序	名　　称	参　　数
1	氧气底吹熔炼	投料量/t·h^{-1}	$23 \sim 30$
		氧料比/m^3·t^{-1}	$100 \sim 120$
		熔炼温度/℃	$1000 \sim 1100$
		喷枪氧气流量/m^3·h^{-1}	$550 \sim 800$
		喷枪氧气压力/MPa	$0.55 \sim 0.73$
		喷枪氮气流量/m^3·h^{-1}	$160 \sim 240$
		喷枪氮气压力/MPa	$0.7 \sim 0.85$

序号	工 序	名 称	参 数
2	底吹还原熔炼	还原温度/℃	1200~1280
		煤率/%	8~15
		还原炉生产周期/h	1.5~2
		喷枪氧气量/$m^3 \cdot h^{-1}$	130~180
		喷枪氧气压力/MPa	0.45~0.70
		喷枪氮气量/$m^3 \cdot h^{-1}$	130~170
		喷枪氮气压力/MPa	0.45~0.70
3	烟化挥发	烟化温度/℃	1200~1250
		热料处理量/t · 炉$^{-1}$	25~30
		烟化炉生产周期/h	1.5~2
		鼓风量/$m^3 \cdot h^{-1}$	12000~19000

处理典型铅精矿时，还原炉渣含锌在 10%~12%，搭配处理钢厂烟尘时，还原炉典型炉渣成分见表 12-7，从炉渣成分可以看出，还原炉炉渣中含锌成分较高，因此还原炉操作温度较处理典型铅精矿时更高。

表 12-7 处理钢厂烟尘系统还原炉渣典型成分（质量分数） （%）

序号	Pb	FeO	SiO_2	CaO	ZnO	Cu	MgO	Al_2O_3
1	2.25	28.76	20.53	10.26	21.19	0.09	3.87	3.28
2	2.56	29.41	20.75	10.28	20.35	0.11	3.98	3.51
3	2.68	29.23	20.87	9.90	19.85	0.13	3.57	3.50

氧气底吹炼铅工艺搭配处理钢厂烟尘冶炼系统主要技术经济指标见表 12-8。

表 12-8 搭配处理钢厂烟尘冶炼系统主要技术经济指标

序号	项 目	指 标
1	产电铅量/t · a^{-1}	100000
	粗铅含 Pb 量/t · a^{-1}	101024
2	氧气底吹熔炼	处理混合铅精矿量/t · a^{-1}
		187373
		混合精矿 Pb 品位/%
		55.00
		一次粗铅品位/%
		97.50
		工业氧气消耗/$m^3 \cdot t^{-1}$
		121.83
		脱硫率/%
		97.43
		高铅渣产量/t · a^{-1}
		129986
		高铅渣含 Pb/%
		45.00
3	底吹还原熔炼	处理高铅渣量/t · a^{-1}
		129886
		粗铅产量/t · a^{-1}
		49912
		粗铅品位/%
		97.50

序号	项　目		指　标
3	底吹还原熔炼	底吹还原炉粉煤率/%	8~10
		炉渣产量/t·a⁻¹	67692
		渣含 Pb/%	3.00
4	烟化挥发	处理还原炉渣量/t·a⁻¹	67692
		氧化锌尘产出率/%	24.77
		Zn 挥发率/%	92.00
		Pb 挥发率/%	95.00
		粉煤率/%	20.00~30.00
5	熔炼回收率	Pb/%	98.03
		S/%	96.5
		Ag/%	99.00

12.2.4　处理钢厂烟尘生产系统的特点

由于原料含锌高，为强化补热和还原效果，安阳岷山环能高科有限公司首次在底吹还原系统使用粉煤作为还原剂，粉煤从炉底喷入，一部分粉煤燃烧提供维持反应和熔池温度所需的热量，一部分进行还原反应，底部高速射入的流体对熔体进行有效的搅动，顶部加入少量碎煤进行强化还原。整个过程具有良好的传质传热条件，实现最佳的还原效果。

用粉煤作为还原剂具有如下技术特点：

（1）底吹还原炉是内衬耐火砖的卧式炉型，结构稳定，适合设备的大型化，目前处理规模已大幅超过设计值；

（2）底吹还原炉炉壳内衬耐火砖，散热量小，热利用率高；

（3）底吹还原炉是管式反应器，渣和铅逆向流动，有较大的沉淀分离空间，能保证渣和金属的有效分离，降低渣含铅，提高直收率；

（4）底吹还原炉操作安全，渣液面宽，渣层薄，不易产生泡沫渣；

（5）底吹还原炉是密闭的卧式转炉，更环保。

在还原过程中，锌会在还原炉中部分被还原，锌蒸气进入到烟气中，并在锅炉中被氧化，大量放热，导致锅炉负荷增加，在生产规模相同的情况下，搭配处理钢厂烟尘时，还原炉锅炉规格要增大。

12.3　处理高铜含铅物料应用实践

12.3.1　概况

对于铅精矿中的铜，各铅冶炼企业均有较为严格的控制指标，一般不超过 1.5%，随着铅冶炼过程处理物料趋于复杂，部分含铅精矿中铜含量较高，蒙自矿冶有限责任公司在铅冶炼中合理的处理高含铜精矿（见图 12-5），综合回收铜，在实现资源的综合回收的同时，可以提高企业的效益。

图 12-5 蒙自矿冶有限责任公司铅冶炼项目鸟瞰图

12.3.2 工艺流程及主要设备

蒙自矿冶有限责任公司铅冶炼项目厂区全貌如图 12-6 所示。

图 12-6 蒙自矿冶有限责任公司铅冶炼项目厂区全貌

铅精矿、石灰石、石英石和氧气底吹熔炼炉烟尘经称重配料混合制粒后送熔炼车间，加入氧气底吹熔炼炉内进行氧化熔炼，产出高铅渣。

熔融高铅渣通过溜槽直接流入底吹还原炉内进行还原熔炼，还原熔炼过程中加入石灰石调整渣型，产出粗铅和底吹还原炉渣。

底吹还原炉渣通过渣溜槽流入烟化炉进行还原吹炼，产出氧化锌烟尘和终渣。终渣水碎后送渣场堆存或作为生产建筑材料外售。

氧气底吹熔炼炉产出的烟气经余热锅炉回收余热、电收尘器收尘，送硫酸车间制酸。

收集的烟尘送往烟尘仓，返回熔炼配料。

还原炉烟气经过余热锅炉回收余热，布袋收尘器除尘后，烟尘被收集送往烟尘仓，返回熔炼配料。由于烟气 SO_2 浓度较低，直接送烟气脱硫系统。

烟化炉烟气经余热锅炉回收余热，布袋收尘器除尘后，烟气送脱硫系统。

粗铅首先在熔铅锅进行初步精炼，经过除铜、锡等杂质，并调整锑含量，然后浇铸成铅阳极板，送往电解车间。

生产系统主要设备参数见表 12-9。

表 12-9　生产系统主要设备参数

序号	工　序	名　称	数量	参　数
1	氧气底吹熔炼	底吹熔炼炉	1	$\phi 3.8\text{m} \times 11.5\text{m}$
		粗铅铸锭机	1	$\phi 6700\text{mm}$
		余热锅炉	1	$Q=9t/h$，$p=4.0\text{MPa}$
		电收尘器	1	50m^2
		高温风机	1	$Q=80000\text{m}^3/h$，$p=2700\text{Pa}$
2	底吹还原熔炼	底吹还原炉	1	$\phi 3.8\text{m} \times 17.5\text{m}$
		余热锅炉	1	$Q=12t/h$，$p=4.0\text{MPa}$
		布袋收尘器	1	3200m^2
		锅炉引风机	1	$Q=60000\text{m}^3/h$，$p=5500\text{Pa}$
3	烟化挥发	鼓风机	1	$Q=550\text{m}^3/\min$，$\Delta p=0.125\text{MPa}$
		烟化炉	1	10m^2
		余热锅炉	1	$Q=20t/h$，$p=4.0\text{MPa}$
		布袋收尘器	1	4000m^2
		锅炉引风机	1	$Q=150000\text{m}^3/h$，$p=5300\text{Pa}$

12.3.3　生产运行指标

在冶炼过程中搭配处理铜含量 3.5% ~ 10% 的铅精矿，搭配高铜物料成分见表 12-10。

表 12-10　高铜铅混合矿、烧结返粉和富铅湿法泥的主要化学成分（质量分数）（%）

物料总类	Pb	Zn	Sb	Cu	S
高铜铅混合矿	23.56	6.21	0.82	11.38	28.13
烧结返粉	40.62	4.93	2.3	1.8	10.58
富铅湿法泥	37.37	4.01	1.26	0.62	13.93

处理高含铜物料时，高铅渣中铜含量明显提高，表 12-11 所列为典型高铅渣与处理高铜铅精矿时产出高铅渣的比较，通过对比可以看出，处理高铜铅精矿时，高铅渣中含铜较高。

表 12-11　熔炼炉高铅渣成分　　　　　　　　　　（%）

成　　分	Pb	Zn	Fe	SiO$_2$	CaO	S	Cu
高铜高铅渣成分	45.50	7.27	12.75	9.21	4.86	0.53	1.70
典型高铅渣成分	45.10	5.00	10.45	8.71	4.03	0.20	0.21

氧气底吹技术搭配处理高铜含铅物料主要技术经济指标见表 12-12。

表 12-12　氧气底吹技术搭配处理高铜含铅物料主要技术经济指标

序号	项　　目		指　　标
1	电铅产量/t·a^{-1}		60000
	粗铅含 Pb 量/t·a^{-1}		60617
2	氧气底吹熔炼	处理混合铅精矿量/t·a^{-1}	122810
		混合矿 Pb 品位/%	50.29
		工业氧气消耗/m^3·t^{-1}	124
		脱硫率/%	96.8
		高铅渣产量/t·a^{-1}	84731
		高铅渣含 Pb/%	42.0
3	底吹还原熔炼	处理高铅渣量/t·a^{-1}	84731
		粗铅产量/t·a^{-1}	29355
		粗铅品位/%	92.5
		底吹还原炉床能率/t·(m^2·d)$^{-1}$	8
		底吹还原炉耗氧量/m^3·h^{-1}	832
		渣含 Pb/%	2.5
4	烟化挥发	处理还原炉渣量/t·a^{-1}	45935
		处理库存水碎渣/t·a^{-1}	15000
		氧化锌烟尘含 Zn/%	56.37
		Zn 挥发率/%	92
		Pb 挥发率/%	95
		床能率/t·(m^2·d)$^{-1}$	30
		粉煤率/%	30
5	熔炼回收率	Pb/%	98.14
		S/%	95.77
		Ag/%	99
		Cu/%	90

12.3.4　处理高铜铅精矿生产系统的特点

处理高铜铅精矿时，为有效地回收铜，需尽量使铜富集在粗铅中，为提高铜的溶解需要提高氧气底吹炉温度，但炉温提高使耐火炉衬寿命降低。

由于铜在还原炉中溶解于粗铅，根据虹吸口的结构和炉窑结构特点，虹吸口处铅液温度较低，温度降低后，溶解于粗铅中的铜容易析出，使虹吸口和铅溜槽堵塞，同时容易使粗铅铸锭过程中在铅锭表面形成浮渣，因此生产中需要提高还原炉温度，以保证较高的铅液温度。

在传统的设计中，还原炉粗铅经过铸锭后送至火法精炼车间，在火法精炼车间熔化铅锭，进行熔析除铜。因此，生产中粗铅温度的升高导致铸锭过程冷却时间延长，同时由于该过程铅液显热没有有效利用，因此铅液温度越高，造成的能源浪费越多。考虑到处理高铜物料时铅液温度偏高的特点，项目设计时将还原炉铅液直接放入熔析除铜锅中进行除铜，取消了粗铅铸锭和铅锭熔化的过程，保证了系统在处理高铜物料时可以正常运行，同时也有效利用了铅液的显热。

12.4　处理高银铅精矿

12.4.1　概况

铅精矿中多伴生银矿物，在冶炼过程中，需要采用合理的冶炼工艺，最大限度地回收铅精矿中伴生的银，由于金属铅对银有较好的富集效果，因此铅冶炼过程中银多富集在粗铅中，采用氧气底吹熔炼—液态铅直接还原技术，在氧气底吹炉产出一次粗铅和高铅渣，高铅渣在还原炉中被还原，产出二次粗铅，氧气底吹熔炼炉和还原炉均产出粗铅，实现了银的二次捕集，提高了银的回收率。处理高银铅精矿生产系统鸟瞰图如图12-7所示。

图 12-7　处理高银铅精矿生产系统鸟瞰图

12.4.2　工艺流程

高银铅精矿、石灰石、含铁熔剂和氧气底吹熔炼炉烟尘等原料经称重配料、混合制粒后送熔炼车间，加入氧气底吹熔炼炉内进行氧化熔炼，产出高银铅渣，一次粗铅。

熔融高银铅渣通过溜槽直接流入还原炉内进行还原熔炼，还原熔炼过程中加入石灰石调整渣型，产出高银粗铅和还原炉渣。

还原炉渣通过渣溜槽自流入烟化炉进行还原吹炼，产出氧化锌烟尘和终渣。终渣水碎后送渣场堆存。

氧气底吹熔炼炉产出的烟气经余热锅炉回收余热、电收尘器收尘、送硫酸车间制酸。收集的烟尘送往烟尘仓，返回熔炼配料。

还原炉烟气经过余热锅炉回收余热，布袋收尘器收尘后，直接送烟气脱硫系统。烟尘被收集送往烟尘仓，返回还原炉系统。

烟化炉烟气经余热锅炉回收余热，布袋收尘器除尘后，烟气送脱硫系统。收集的含氧化锌烟尘外售。

氧气底吹熔炼系统熔炼车间配置三维模型如图 12-8 所示。

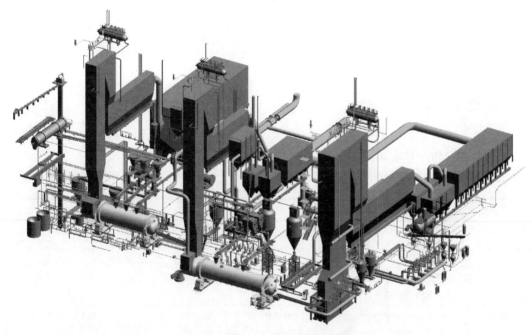

图 12-8 处理高银铅精矿生产系统熔炼车间配置三维模型

与处理普通含银铅精矿不同，当铅精矿中含银较高时，产出的粗铅中含银较高，对于高银粗铅，直接电解精炼银回收周期过长，积压流动资金，对企业生产经营不利。

因此，粗铅冶炼系统产出的粗铅首先进行火法精炼，火法精炼包括除铜工段、软化工段、除银工段、除锌工段、成分调整工段和阳极铸锭工段。

火法精炼除铜工段产出铜浮渣、除铜铅。除铜铅送软化工段，铜浮渣送至铜浮渣车间，通过浮渣处理系统生产出铜锍和粗铅，粗铅铸锭后返回火法精炼系统，铜锍送铜系统。

除铜铅中含有砷、锑、锡等杂质，这部分杂质会影响除银工段的除银效果，因此需要在软化工段精炼，除去除铜铅中的砷、锑、锡等杂质。软化工段采用氧化精炼工艺，通过富氧将砷、锑、锡等杂质氧化，形成浮渣后从铅液中分离。软化工段产出的软化铅送除银工段，软化渣送锑回收系统。

火法精炼采用加锌除银工艺，向软化铅中加入锌锭，使溶解在铅液中金属银与锌反应，生产银锌合金，由于银锌合金熔点高于除银过程铅液温度，形成固体相银锌合金，与铅液分离。

为保证加锌除银的效果，除银过程需加入过量的锌，过量的锌部分残留在除银铅中，需要通过真空脱锌将残留的锌脱除。真空脱锌产出的铅液送至成分调整及铸锭工段，金属锌作为加锌除银的原料继续使用。

真空除锌后产出的铅液中杂质含量较少，而电解过程对阳极板中的 Sb 含量有一定要求，因此需要对铅液成分进行调整，特别是对锑的含量进行调整，加入金属锑或者铅锑合金，以保证铅液中的锑满足电解工艺的要求。

典型高银铅精矿成分见表 12-13。

表 12-13　典型高银铅精矿成分（干基，质量分数）　　　　（%）

元素	Pb	Zn	Cu	S	Fe	SiO$_2$	CaO	As	Sb	Bi	Ag	Au	其他	合计
含量	41.20	9.57	1.9	19.52	8.85	9.95	0.54	0.4	0.52	0.15	6342	21.99	2.84	100.00

注：Ag、Au 含量单位为 g/t。

12.4.3　生产运行指标

实际生产中，根据原料情况，一般精矿中含铅 40%~45%、含银 5000~900g/t。

设计处理高银铅精矿 105t/h。熔炼系统操作参数见表 12-14。

表 12-14　熔炼系统试生产操作参数

序号	工序	名称	参数
1	氧气底吹熔炼	投料量/t·h^{-1}	100~120
		氧料比/m^3·t^{-1}	100~130
		熔炼温度/℃	1100~1150
		喷枪氧气流量/m^3·h^{-1}	1200~1500
		喷枪氧气压力/MPa	0.8~1.0
		喷枪氮气流量/m^3·h^{-1}	250~300
		喷枪氮气压力/MPa	0.8~1.0
2	底吹还原熔炼	还原温度/℃	1200~1280
		煤率/%	8~15
		还原炉生产周期/h	1.5~2
		喷枪氧气量/m^3·h^{-1}	200~400
		喷枪氧气压力/MPa	0.7~0.9
		喷枪氮气量/m^3·h^{-1}	200~300
		喷枪氮气压力/MPa	0.7~0.9
3	烟化挥发	烟化温度/℃	1200~1250
		热料处理量/t·炉$^{-1}$	100~110
		烟化炉生产周期/h	1.5~2
		鼓风量/m^3·h^{-1}	48000~53000

12.4.4 处理高银铅精矿生产系统的特点

采用氧气底吹熔炼技术处理高银铅精矿生产，银回收率大于98%，系统作业率大于90%。高银精矿在精矿组成上存在铅品位低及CaO、Fe含量较低的特点，因此冶炼过程中需要加入石灰石和铁矿石以调整炉渣性质，熔剂的加入又进一步降低了入炉物料中铅的含量，根据生产实践，入炉物料含铅过低导致氧气底吹熔炼炉一次铅产量下降，同时导致高铅渣中铅含量降低、炉渣黏度增加、放渣后渣溜槽黏结、清理渣溜槽时间增加、工作强度变大。因此在处理高银铅精矿时，氧气底吹熔炼炉操作温度要高于处理典型铅精矿时的操作温度。

12.5 氧气底吹熔炼技术冶金炉的大型化

12.5.1 概况

氧气底吹炼铅技术成功应用后，单系列处理能力不断提高，氧气底吹熔炼炉规格有 $\phi3.8m\times11.5m$、$\phi4.1m\times14.5m$、$\phi4.4m\times16.5m$、$\phi5m\times28m$。含铅物料处理能力分别为15万吨/年、25万吨/年、40万吨/年、80万吨/年。随着产业集中度提高，对单系列处理能力要求不断提高，其中 $\phi5m\times28m$ 氧气底吹熔炼炉单系列处理能力可达到80万吨/年。河南豫光金铅股份有限公司是国内首家建设 $\phi5m\times28m$ 氧气底吹熔炼炉熔炼系统生产线的企业。

豫光金铅再生铅资源循环利用及高效清洁生产技改项目铅冶炼厂，位于济源市北郊10km克井镇石河村南的玉川产业集聚区内。项目鸟瞰图如图12-9所示。

图12-9 豫光金铅再生铅资源循环利用及高效清洁生产技改项目鸟瞰图

项目包括以下生产系统：

（1）铅生产系统，包括：地磅房、卸矿仓、原料仓及配料制粒系统、熔炼车间、火法初步精炼车间和电解精炼车间等。

（2）烟气处理系统，包括：氧气底吹熔炼炉余热回收系统、底吹还原炉余热回收系统、烟化炉余热回收系统、氧气底吹熔炼炉电收尘系统、底吹还原炉收尘系统、烟化炉收尘系统、硫酸车间（包括净化系统、干吸系统、转化系统）、酸库、尾气脱硫系统、熔炼车间环保通风系统和精炼车间环保通风系统等。

（3）公辅及动力系统，包括：氧气站、鼓风机空压机房、配电系统、原水净化及加压系统、生活污水处理系统、膜法处理及回用系统、循环水系统、粉煤制备、余热发电站、软水站、综合维修车间、污酸污水处理系统、仓库、综合管网等。

12.5.2　工艺流程及主要设备

火法熔炼采用氧气底吹熔炼—底吹熔融还原—富氧烟化吹炼三连炉连续炼铅工艺。铅精矿和熔剂在配料厂房经定量给料机分别称量按比例配料，混合炉料通过上料皮带输送机运至氧气底吹熔炼炉上方的加料仓，通过 3 个加料口连续加入 $\phi5m\times28m$ 的熔炼炉内。熔炼炉底部的 15 支喷枪喷入氧气，炉料在熔池内进行氧化熔炼。一次粗铅和高铅渣分别从氧气底吹熔炼炉的虹吸口和渣口排出。高铅渣直接流入到还原炉中，还原造渣用的熔剂和还原用碎煤从精矿仓内熔剂库通过皮带廊送至底吹还原炉上方，通过移动给料机加入底吹还原炉；粉煤从底部喷枪鼓入到底吹还原炉中，底吹还原炉产出的粗铅直接流到火法精炼工段，炉渣经烟化炉富氧挥发吹炼后产出粗氧化锌和烟化炉渣，烟化炉渣经粒化后外售。

粗铅送火法初步精炼车间进行除铜、锡等杂质，调整锑含量后，通过立模浇铸机浇铸成阳极板后送往电解车间精炼。

熔炼系统主要设备见表 12-15。

表 12-15　熔炼系统主要设备表

序号	工　序	名　称	数量	参　数
1	氧气底吹熔炼	底吹熔炼炉	1	$\phi5.0m\times28m$
		粗铅铸锭机	1	$\phi9000mm$
		余热锅炉	1	$Q=31t/h$，$p=5.0MPa$
		电收尘器	2	$60m^2$
		高温风机	1	$Q=200000m^3/h$，$p=2700Pa$
2	底吹还原熔炼	底吹还原炉	1	$\phi5.0m\times28m$
		粉煤喷吹装置	4	$Q=1\sim2t/h$
		余热锅炉	1	$Q=36t/h$，$p=5.0MPa$
		布袋收尘器	1	$5600m^2$
		锅炉引风机	1	$Q=170000m^3/h$，$p=5500Pa$
3	烟化挥发	烟化炉	1	$32m^2$
		余热锅炉	1	$Q=68.6t/h$，$p=5.0MPa$
		布袋收尘器	1	$8000m^2$
		锅炉引风机	1	$Q=300000m^3/h$，$p=5300Pa$

12.5.3 生产运行指标

生产中主要控制工艺参数包括：投料量、氧气底吹炉氧料比、氧气底吹炉温度、还原炉温度和还原炉煤率等。熔炼车间氧气底吹炉、底吹还原炉、烟化炉主要控制的工艺参数见表12-16。

表 12-16 熔炼车间操作工艺参数

序号	工 序	名 称	参 数
1	氧气底吹熔炼	投料量/t·h^{-1}	115~130
		氧料比/m^3·t^{-1}	100~120
		熔炼温度/℃	970~1050
		喷枪氧气流量/m^3·h^{-1}	900~1000
		喷枪氧气压力/MPa	0.7~0.85
		喷枪氮气流量/m^3·h^{-1}	160~240
		喷枪氮气压力/MPa	0.7~0.85
2	底吹还原熔炼	还原温度/℃	1180~1250
		煤率/%	7~15
		还原炉生产周期/h	2~2.5
		喷枪氧气量/m^3·h^{-1}	200~300
		喷枪氧气压力/MPa	0.60~0.70
		喷枪氮气量/m^3·h^{-1}	130~170
		喷枪氮气压力/MPa	0.60~0.70
3	烟化挥发	烟化温度/℃	1200~1250
		热料处理量/t·炉$^{-1}$	110~120
		烟化炉生产周期/h	2~2.5
		鼓风量/m^3·h^{-1}	48000~53000

大型氧气底吹熔炼铅冶炼主要技术经济指标列于表12-17。

表 12-17 大型氧气底吹熔炼系统主要技术经济指标

序号	项 目	指 标
1	含铅物料处理量/t·a^{-1}	800000
2	氧气底吹熔炼	年工作日/d	330
	工业氧气消耗/m^3·t^{-1}	121.05
	熔剂率/%	5.07
	烟尘率/%	13.00
	脱硫率/%	96.07
	高铅渣产量/t·a^{-1}	748123

序号	项　目		指　标
3	底吹还原熔炼	高铅渣处理量/t·a^{-1}	748123
		底吹还原炉耗氧量/m^3·h^{-1}	3692
		底吹还原炉粉煤率/%	6.61
		烟尘率/%	10.00
		渣含 Pb/%	1.5
		年工作日/d	330
		Fe/SiO$_2$	1.7
		CaO/SiO$_2$	0.6
4	烟化挥发	年工作日/d	330
		氧化锌尘产出率/%	18.81
		氧化锌尘含 Zn/%	62.26
		Zn 挥发率/%	90.30
		Pb 挥发率/%	83.24
		粉煤率/%	15
5	熔炼回收率	Pb/%	98.56
		S/%	96.07
		Zn/%	88.53
		Ag/%	99.09
		Au/%	98.00

12.5.4　大型氧气底吹炉生产系统特点

大型氧气底吹炉生产系统主要有以下特点:

(1) 环保效果好。提高了产业集中度,行业主要污染物排放集中,便于烟气、污水、废渣的集中处理。

(2) 项目建设及运营成本降低。单系列产能增加,占地面积减少,项目投资降低,岗位数量减少,人力成本降低。

(3) 系统生产稳定性提高。由于冶金炉内熔体增加,入炉物料的短期波动对炉况影响较小,系统稳定性提高。

13 氧气底吹炼铅工厂节能

13.1 概述

凡能提供能量的资源，都称为能源。能源并没有统一的分类方法，一般可分为一次能源和二次能源、常规能源和新能源、再生能源和非再生能源等。

我国的能源结构则是以一次能源为主，由于我国煤炭资源丰富，因此消费也以煤炭为主，油、气为辅，也正因为有此特色，我国的能源消耗往往以标准煤的形式计量。2011 年，中国能源消费总量达到 34.8 亿吨标准煤，成为世界第一大能源消费国。2018 年中国能源消费总量 46.4 亿吨标准煤[1]，2018 年我国能源消费的结构组成如图 13-1 所示。

从图 13-1 可以看出，我国煤炭的消费占据了最大的比例，但我国一直在努力降低煤炭消费的比例，早在 2010 年我国原煤消费占能源生产总量的 76%，因为煤炭不仅不可再生，而且在燃烧过程中产生大量对环境污染的烟气成分，所以煤炭不是一种清洁能源。

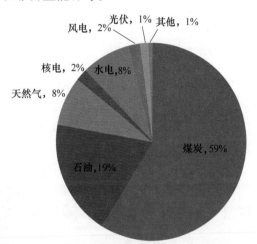

图 13-1　2018 年中国能源消费结构

图 13-2 所示为中国 2015~2018 年消费结构的变化情况，由图可知，原煤比例在下降，天然气和非化石能源（水核风电）的比例在提高，但 2018 年原煤比例仍然高达 59%。

图 13-2　2015~2018 年我国一次能源消费结构对比

冶金能源消耗占全国总能耗的 10% 以上，占比较大。其中钢铁冶金占比例最大，有色金属的总能耗约占全国能源消耗的 4%。在所有重有色金属中，最常用的是铜，几种主要金属和铅的单位产品能耗情况详见表 13-1。按照表中数据，2018 年中国铅产量 511.3 万吨[2]，则铅冶炼在 2018 年消耗的标煤数量为 174.6 万吨。

表 13-1　钢铁、铜和铅的能耗情况统计

金属种类	产品能耗（标准煤）/kg·t⁻¹			
	2015 年	2016 年	2017 年	2018 年
钢	908	907	899	869
铜	298	269	299	286
铅	400	384	367	341.5

13.2　铅冶炼行业标准

铅冶炼行业标准如下：

（1）《铅冶炼企业单位产品能源消耗限额》。《铅冶炼企业单位产品能源消耗限额》（GB 21250—2014）规定，铅冶炼企业单位产品能耗准入值和先进值应分别符合表 13-2 和表 13-3 的要求。

表 13-2　铅冶炼企业单位产品综合能耗准入值

工序、工艺	综合能耗（标准煤）准入值/kg·t⁻¹
粗铅工艺	≤260
铅电解精炼工序	≤110
铅冶炼工艺	≤370

表 13-3　铅冶炼企业单位产品综合能耗先进值

工序、工艺	综合能耗（标准煤）先进值/kg·t⁻¹
粗铅工艺	≤250
铅电解精炼工序	≤105
铅冶炼工艺	≤355

（2）《铅锌行业规范条件》（2020）。《铅锌行业规范条件》（2020）（中华人民共和国工业和信息化部公告 2020 年第 7 号）要求，铅冶炼企业粗铅工艺综合能耗（标准煤）须低于 250kg/t。

13.3　氧气底吹炼铅工厂粗铅能耗现状

铅冶炼能耗包括粗铅冶炼和铅电解精炼两大部分，其中粗铅冶炼各工艺差别较大，而铅电解精炼能耗差别较小。底吹炼铅技术由于采用纯氧冶炼，其粗铅冶炼工艺能耗远低于传统粗铅冶炼技术。

在 2013 年工业和信息化部公布的《关于有色金属工业节能减排的指导意见》中推出了有色金属工业节能减排的重点技术应用示范，在铅冶炼行业重点推广氧气底吹炉工艺设

备及相应配套设施，粗铅冶炼能耗（标准煤）达到 230kg/t。

氧气底吹炼铅工艺发展到现在的"氧气底吹熔炼—熔融还原—富氧挥发"三连炉连续炼铅新技术，能耗大幅度下降。氧气底吹炉由于采用纯氧燃烧，最大程度地降低能耗。该技术粗铅单位产品综合能耗（标准煤）小于 200kg/t，优于《铅锌行业规范条件》（2020）中规定的综合能耗（标准煤）应低于 250kg/t 的要求。

13.4 粗铅能耗测算

底吹炉的低散热、底吹氧化熔炼的纯氧熔炼、底吹还原炉的纯氧燃烧补热，以及低温操作等突出特征使得底吹熔炼的热利用率是所有冶炼工艺中最高的。

氧气底吹炼铅工艺由最早采用氧气底吹熔炼—鼓风炉还原，发展到"氧气底吹熔炼—熔融还原—富氧挥发"三连炉连续炼铅新技术，能耗大幅度下降。

粗铅冶炼消耗能源种类主要为水、电、煤等。某企业氧气底吹熔炼—鼓风炉还原炼铅系统与另一企业的"氧气底吹熔炼—熔融还原—富氧挥发"三连炉连续炼铅新技术粗铅冶炼单位产品综合能耗对比分别见表 13-4 和表 13-5。

表 13-4　粗铅冶炼综合能耗（氧气底吹熔炼—鼓风炉还原）

能源品种	折标煤系数	实物消耗量		折合标准煤耗量	
		总量	单耗	总量/kg	单耗/kg·t^{-1}
新水	0.0857	295321m^3/a	2.70m^3/t	25308.95	0.23
软化水	0.4857	65206m^3/a	0.60m^3/t	31670.71	0.29
电	0.1229	71512200kW·h/a	653.05kW·h/t	8788849.44	80.26
煤	0.7143	1886t/a	17.22kg/t	1346848.37	12.30
焦炭	0.9714	16819t/a	153.59kg/t	16338326.30	149.20
产铅		109505t/a			
合计				26531004	242.28

表 13-5　粗铅冶炼综合能耗（"三连炉"）

能源品种	折标煤系数	实物消耗量		折合标准煤耗量	
		总量	单耗	总量/kg	单耗/kg·t^{-1}
新水	0.0857	214121m^3/a	1.98m^3/t	18350.16	0.17
软化水	0.4857	99292m^3/a	0.92m^3/t	48226.27	0.45
电	0.1229	63850180kW·h/a	590.56kW·h/t	7847187.07	72.58
煤	0.7143	16281t/a	150.59kg/t	11629511.16	107.56
产铅		108118t/a			
合计				19543275	180.76

从表 13-5 可知，"氧气底吹熔炼—熔融还原—富氧挥发"三连炉连续炼铅新技术粗铅冶炼综合能耗（标准煤）180.76kg/t，小于氧气底吹熔炼+鼓风炉还原粗铅冶炼综合能耗（标准煤）242.28kg/t。"氧气底吹熔炼—熔融还原—富氧挥发"三连炉连续炼铅新技术比氧气底吹熔炼—鼓风炉还原工艺能耗降低了 25% 左右。

13.5　节能技术发展方向

13.5.1　供氧系统

底吹熔炼炉的能耗主要体现在氧气上，因此减少氧耗是节能的主要研究方向。

目前，底吹炉的供气压力为 1.6MPa，相比侧吹和基夫赛特而言，氧气的压力高出几倍。通过优化供氧系统的管道、氧枪结构形式、改变氧枪的吹炼方式及减少阀站、金软管和氧枪的压力损失，降低熔炼和吹炼的氧气压力能大幅降低氧气的耗电。

13.5.2　专家控制系统

底吹熔炼炉搭配含铅杂料比例高时，需要配入碎煤进行补热。底吹还原炉处理高铅渣，需要配入碎煤进行还原，同时喷入粉煤进行补热。因此，除了氧气的消耗，煤的消耗也将一定程度影响底吹炼铅的能耗。目前各冶炼厂基本采用 DCS 控制系统，在此基础上可融入先进的专家控制系统，对底吹炉进行实时物料、热平衡计算，控制合理的冶炼渣型和温度，可同时降低氧气和碎煤的用量，达到节能降耗的目的。

13.5.3　能源管理系统

能源管理系统的核心功能包括数据的采集和处理、能源系统监控和处理、各能源介质监视、基础能源管理、应急管理、动力预测及优化模型等。

通过能源管理系统能够有效地预测能源需求，降低能耗。据测算，某冶炼厂通过能源管理系统有效降低了 10% 左右的能耗。

目前，能源管理系统为国家重点支持的节能发展方向，未来将在底吹炼铅厂进一步推广应用。

参 考 文 献

［1］中国能源研究会. 中国能源发展报告 2018［M］. 北京：中国建材工业出版社，2019.

［2］国家统计局. 2018 年国民经济和社会发展统计公报.［EB/OL］. http：//www. stats. gov. cn/tjsj/zxfb/
　　201902/t20190228_1651265. html.

⑭ 底吹炼铅厂职业卫生和环境保护

14.1 底吹炼铅厂职业卫生

铅冶炼厂生产过程中会产生大量的铅烟、铅尘、含铅废水等有毒、有害污染物，直接危害人体健康和生态环境，其中以铅蒸气、铅尘对作业工人健康造成的危害最大，特别是底吹炼铅厂的原料存储及输送系统、圆盘制粒系统、熔炼系统（含熔炼、还原、炉渣挥发）等均会产生含铅蒸气、粉尘，需要对冶炼厂进行职业病危害因素识别分析并采取针对性的职业病防护措施，确保职工的职业健康。

14.1.1 铅冶炼行业职业卫生法规、政策

铅冶炼行业职业卫生相关的国家法规、政策主要有：《中华人民共和国职业病防治法》❶、《使用有毒物品作业场所劳动保护条例》（国务院令第 352 号，自 2002 年 5 月 12 日起实施）、《工作场所职业卫生监督管理规定》（2012 年 4 月 27 日国家安全生产监督管理总局令第 47 号，自 2012 年 6 月 1 日起实施）、《建设项目职业卫生"三同时"监督管理办法》（国家安全生产监督管理总局令第 90 号，自 2017 年 5 月 1 日起实施）、《职业病危害因素分类目录》（国卫疾控发〔2015〕92 号，自 2015 年 11 月 17 日起实施）、《工业企业设计卫生标准》（GBZ 1—2010）、《工作场所有害因素职业接触限值　第 1 部分：化学有害因素》（GBZ 2.1—2019）、《工作场所有害因素职业接触限值　第 2 部分：物理因素》（GBZ 2.2—2010）、《工作场所防止职业中毒卫生工程防护措施规范》（GBZ/T 194—2007）、《职业性接触毒物危害程度分级》（GBZ 230—2010）、《铅冶炼防尘防毒技术规程》（GB/T 17398—2013）等。

铅冶炼厂工业场所内的铅粉尘浓度是职业卫生关注的重要指标，根据《工作场所有害因素职业接触限值》，工业场所铅尘的时间加权平均容许浓度为 $0.05mg/m^3$，工业场所铅烟的时间加权平均容许浓度为 $0.03mg/m^3$。目前大多数底吹炼铅厂通过采取一系列的防尘、降尘、收尘等职业卫生防护措施，可以做到车间内铅尘浓度在 $0.02\sim0.05mg/m^3$，铅烟浓度在 $0.004\sim0.03mg/m^3$，但职业性铅中毒仍是常见的职业病之一，需要通过加强个体防护和职业卫生管理来降低铅尘和铅烟对人体的危害。

本书收集了部分底吹炼铅企业实测的职业卫生指标数据（见表 14-1），在采取完备的职业卫生防护措施情况下，底吹炼铅工艺的职业卫生指标均可以满足《工作场所有害因素职业接触限值》要求。

---

❶ 2001 年 10 月 27 日第九届全国人民代表大会常务委员会第二十四次会议通过，2018 年 12 月 29 日第十三届全国人民代表大会常务委员会第七次会议第四次修订，自 2018 年 12 月 29 日起实施。

表 14-1　部分底吹炼铅企业职业卫生指标实测数据　　　　（mg/m³）

序号	检测因子	重点检测部位	企业 1 c_{TWA}	企业 2 c_{TWA}	企业 3 c_{TWA}	容许限值 PC-TWA
1	铅烟	底吹炉下料口	0.027		0.019	0.03
		底吹炉放渣口	0.03		0.030	0.03
		还原炉放渣口	0.03		0.029	0.03
		烟化炉出渣口	0.03		0.027	0.03
2	铅尘	底吹炉下料口	0.028		0.008	0.05
		底吹炉放渣口			0.03	0.05
		还原炉放渣口			0.04	0.05
		烟化炉出渣口			0.033	0.05
3	CO	底吹炉下料口	2.71	0.96	1.75	20
		底吹炉放渣口	2.63	0.88	1.75	20
		还原炉放渣口	4.6	0.82	2.19	20
		烟化炉出渣口	3.09	0.83	1.58	20
4	NO	底吹炉下料口	0.11	0.007		15
		底吹炉放渣口	0.17	0.005		15
		还原炉放渣口	0.12	0.004		15
		烟化炉出渣口	0.16	0.008		15
5	NO_2	底吹炉下料口	0.16	0.035	0.043	5
		底吹炉放渣口	0.21	0.027	0.032	5
		还原炉放渣口	0.16	0.02	0.042	5
		烟化炉出渣口	0.21	0.09	0.044	5
6	SO_2	底吹炉下料口	0.3	1.31	<0.6	5
		底吹炉放渣口	0.3	0.36	<0.6	5
		还原炉放渣口	0.3	0.25	<0.7	5
		烟化炉出渣口	0.3	1.86	<0.8	5
7	其他粉尘	底吹炉下料口		6.26		8
		底吹炉放渣口		0.8		8
		还原炉放渣口		0.5		8
		烟化炉出渣口		1.18		8

注：c_{TWA} 为时间加权平均浓度；PC-TWA 为时间加权平均容许浓度。

14.1.2　铅冶炼行业职业病危害因素识别

14.1.2.1　粗铅冶炼系统职业病危害因素识别

原料准备及输送工段生产过程中产生的主要职业病危害因素有：煤尘、铅及其化合物、砷及其化合物、镉及其化合物、氧化锌、噪声。

氧气底吹熔炼工段、底吹电热还原工段、烟化炉工段产生的主要职业病危害因素均有：煤尘、铅及其化合物、砷及其化合物、氧化锌、镉及其化合物、一氧化碳（CO）、二氧化碳（CO_2）、二氧化硫（SO_2）、氮氧化物（NO_x）、柴油、噪声、高温。

14.1.2.2 铅电解冶炼系统职业病危害因素辨识

火法初步精炼工段的主要职业病危害因素有：铅及其化合物、砷及其化合物、氧化锌、噪声、高温。

电铅熔铸过程中产生含有铅蒸汽、铅尘的无机化合物烟尘、一氧化碳及设备运转过程中产生噪声。

电解可能存在的职业危害因素为：氟化氢、噪声。

14.1.2.3 铜浮渣处理系统职业病危害因素辨识

铜浮渣处理工段产生的主要职业病危害因素有：铅及其化合物、砷及其化合物、氧化锌、其他粉尘、噪声、高温。

14.1.2.4 烟气制酸系统职业病危害因素辨识

烟气制酸可能接触的职业病危害因素为：噪声、硫酸、二氧化硫、砷及其无机化合物、其他重金属无机化合物等。转化工序劳动者在换热器旁可能接触的职业病危害因素为二氧化硫、三氧化硫、钒及其化合物、噪声。干吸工序劳动者在干燥塔、吸收塔等设备旁可能接触的职业病危害因素为硫酸、三氧化硫、高温、噪声。在尾气吸收工序的吸收塔、富液泵、再生塔等设备旁劳动者可能接触的职业病危害因素为硫酸、二氧化硫、噪声。

14.1.2.5 公用、辅助系统职业病危害因素辨识

给排水系统可能接触的职业病危害因素主要为噪声和振动。各配电站、变压器和配电柜运行时劳动者可能接触的职业病危害因素为工频电磁场和噪声。粉煤制备车间职业病危害因素为噪声、振动、粉煤粉尘。煤气生产过程中主要的职业病危害因素有煤尘、一氧化碳、硫化氢、二氧化碳、二氧化硫、氮氧化物、煤焦油、高温、噪声，含酚洗涤水。烟气收尘脱硫过程中可能产生的职业病危害因素主要包括冶炼烟气中含有的铅及其化合物、砷及其化合物、一氧化碳、二氧化碳、二氧化硫、氮氧化物。

14.1.3 铅冶炼厂职业卫生防护措施

铅冶炼厂职业病危害防护设施主要包括防尘、防毒、减振降噪、防高温、防工频电磁场设施等；通过改进生产工艺，加强生产设备维修，配置通风、防尘防毒设施，提高职工职业病防护意识，降低作业场所铅尘浓度水平，保障铅冶炼工业场所有害物质浓度满足职业健康要求。

14.1.3.1 原料准备及输送职业病危害防护措施

原辅材料运输包装严密防泄漏，或用覆盖物进行遮挡。对运输人员进行岗位培训、职业病危害因素防护知识培训、应急处置培训，并提供个体防护用品。为保证室内适宜的工

作环境满足操作人员的卫生要求，在散发粉尘的地点设置排风罩，用以排除铅精矿、石灰石、焦炭、原煤和熔剂在筛分、输送和转运过程中产生的粉尘。焦炭、原煤输送系统除尘选用防爆除尘器。

14.1.3.2　熔炼车间职业病危害防护措施

A　防尘防有毒有害气体

氧气底吹熔炼炉：皮带头部、返料埋刮板至皮带受料点、混料机均为产尘点，粉尘转运过程中的中间料仓顶部、定量给料机至计量皮带受料点、斗提进料口、事故仓卸灰口需设除尘点。为改善工作地点操作环境、抑制粉尘的散发，需在这些位置设排风，以控制卸料时产生的粉尘。正常工作时底吹炉炉内处于微负压，在炉顶加料口设置通风罩排除炉内逸出的烟气和加料过程中产生的粉尘。在底吹炉出铅口、出渣口、底吹炉出铅中间包、圆盘铸锭机处设吸风罩排除有害气体，避免铅尘、烟气挥发扩散。

还原炉：在还原炉上料系统各熔剂仓顶部设吸风点。各料仓下均设定量给料机，由给料机卸至移动输送机，移动输送机各受料点设吸风点。熔融富铅渣进入还原炉后产生粗铅，高温粗铅和铅渣放出和转运过程中产生大量的铅烟尘、铅蒸气等有害物，严重危害人体健康，必须采取密闭排风措施。还原炉加料口及出铅口、圆盘铸锭机、还原炉出渣口等处设吸风罩以排除操作时炉内冒出的烟气。正常工作时还原炉炉内处于微负压，在炉顶电极口设置防磁密闭罩排除炉内逸出的烟气和一氧化碳等有害气体，并将一氧化碳检测装置引入排风罩内，以检测一氧化碳浓度。人员进入排风罩内操作时，应先查明一氧化碳检测数据，确认安全再行进入。

烟化炉：烟化炉加料口及出渣口上设吸风罩以排除操作时炉内冒出的烟气。

整个熔炼系统的除尘一般选用袋式除尘器，除尘器和风机置于室外地面，除尘器卸灰口加装帆布软管，降低卸料高度，避免卸灰的二次扬尘。此外将除尘器的卸料口四周用钢板封堵，形成了密闭的卸灰小室，主要入口处设置大门，避免风力较大造成的扬尘。

B　防高温措施

底吹炉、还原炉、烟化炉顶部设天窗，用于排除不能由环保通风系统收集而逸散的烟气。同时天窗可排除生产中的大量余热。变配电室、余热锅炉水泵房设送风和排风。底吹炉出铅口、出渣口、加料口，还原炉出铅口、出渣口、加料口，以及烟化炉加料口、出渣口等操作区附近设移动式风机用于防暑降温。底吹熔炼车间控制室、还原炉电极控制室等处设组合式空调机组，保证冬夏适宜温度。

14.1.3.3　铅电解车间职业病危害防护措施

A　防尘、防有毒有害气体

铅电解车间工艺设置熔铅锅、电铅锅、始极片锅等，熔铅作业中会有烟尘、铅蒸气产生。根据工艺配置设除尘系统，除尘系统一般选用袋式除尘器。除尘器和风机置于室外地面上，除尘器的集尘直接卸于地面，卸灰用编织袋收集，返回生产系统回收。

B　通风、防高温措施

电解车间采用有组织的自然通风排出厂房内的余热、余湿和酸雾。电解车间屋顶设避风天窗,电解车间下部设低侧窗保证足够的自然进风面积,确保车间内的工作环境。熔铅锅、电铅锅操作区附近设移动式风机用于防暑降温。值班室、控制室、办公室、整流间房间等设分体式空调机降温。

14.1.3.4　铜浮渣处理职业病危害防范措施

A　防尘、防有毒有害气体

铜浮渣处理车间反射炉处理系统,设置一套环保通风系统。在反射炉的加料口、铜锍放出口、出铅口等处均产生烟气或铅烟尘,在上述地点设置风罩,设机械排风系统,一般选用布袋除尘器,净化后的洁净烟高出厂房3m排放。

B　防高温措施

铜浮渣处理车间生产中产生大量余热,设天窗用于自然通风。浮渣反射炉操作区附近设移动式轴流风机,用于防暑降温。

14.1.3.5　烟气制酸系统职业病危害防范措施

A　防有害气体措施

制酸系统主要为露天布置,有利于有毒有害物质的扩散,减少有害物质的积累和对操作人员的伤害。设备、管道等采用优质耐腐蚀材料,均保证有效的密闭;尽量采用焊接管道,减少法兰连接;阀门、管道、人孔及设备严格采取密闭措施,防止有害气体的逸散;采用负压操作,对受压操作的设备和管道,除对焊缝进行严格探查外,进行水压和气密性试验,避免发生物料的跑冒滴漏。设DCS控制系统,可以尽量减少人员现场操作时间。净化工段、二氧化硫风机房、各泵房、地下槽间等设通风机通风,通风换气次数按10次/h设置。

B　防腐措施

管道、阀门均采取防腐设计,避免跑冒滴漏对操作人员产生腐蚀伤害,硫酸储罐定期测定罐体壁厚。成品酸罐、装酸高位槽设上限液位报警装置,并设溢流装置。酸罐设置防腐围堰,可有效收集泄漏酸液。

14.1.3.6　职业病危害个体防护措施

根据各车间工艺生产特点,给生产工人配备不同的劳动保护用品。冶炼过程中需作业工人观察炉内情况时应戴护目镜、穿戴防护服、防护面具,以防高温液态金属溅身,烧伤皮肤。湿法车间、成品酸储运属有腐蚀性的场所,作业人员操作时穿防酸工作服、工作鞋。在产生粉尘的场所配发防尘口罩、工作服等。产生一氧化碳、二氧化硫等有害气体的场所配发防毒口罩。接触强噪声危害的作业工人配备听力防护用品。

14.2　底吹炼铅厂环境保护

14.2.1　铅冶炼行业环保法规、政策

铅冶炼过程会产生大气污染、水污染、固体废物污染和噪声污染等,由于铅冶炼的原

料铅精矿中含有铅、汞、镉、铬、砷等有害重金属元素，冶炼过程中不可避免的会产生含重金属的粉尘、废水、废渣等污染物，因此需要采取针对性的环保治理措施，确保铅冶炼过程的污染物达标排放，满足国家和地方相关的环保法规及政策要求。

目前铅冶炼行业相关的主要环保法规及政策有：《中华人民共和国环境保护法》（自2015年1月1日起施行）、《中华人民共和国环境影响评价法》（自2016年9月1日起施行）、《中华人民共和国清洁生产促进法》（自2012年7月1日起施行）、《建设项目环境保护管理条例》（自2017年10月1日起施行）、《固定污染源排污许可分类管理名录（2017年）》（环境保护部令第45号）、《排污许可管理办法（试行）》（自2018年1月10日起施行）、《排污许可证申请与核发技术规范有色金属工业—铅锌冶炼》（HJ 863.1—2017）、《关于加强重金属污染防治工作的指导意见》（国办发〔2009〕61号）、《关于加强涉重金属行业污染防控的意见》（环土壤〔2018〕22号）、《关于加强产业园区规划环境影响评价有关工作的通知》（环发〔2011〕14号）、《铜铅锌冶炼建设项目环境影响评价文件审批原则（试行）》（环办〔2015〕112号）、《产业结构调整指导目录（2019年）》、《铅锌行业规范条件》（2020）、《国家危险废物名录（2021)》（于2020年11月25日公布，将自2021年1月1日起实施）。

根据现行环境保护法律法规及相关政策，铅冶炼项目需要执行环境影响评价制度，编制环境影响评价文件报有审批权的环境保护行政主管部门审批，并取得污染物排放总量指标；建设项目需要执行环保设施"三同时"制度；投入生产前要开展建设项目竣工环境保护验收，验收合格后方可投入生产；铅冶炼行业属于实施重点管理的行业，铅冶炼厂投产后需申请排污许可证，并按要求开展清洁生产审核。

此外，铅冶炼项目在设计和建设过程中需要将环保工程和主体工程同时进行设计和建设，铅冶炼项目涉及的环保技术规范和政策主要有：《有色金属工业环境保护工程设计技术规范》（GB 50988—2014）、《铅锌冶炼工业污染防治技术政策》（2012）、《铅冶炼污染防治最佳可行技术指南（试行）》（2012）、《铅冶炼废气治理工程技术规范》（HJ 2049—2015）和《铅冶炼废水治理工程技术规范》（HJ 2057—2018）等。铅冶炼厂执行的污染物排放标准为《铅、锌工业污染物排放标准》（GB 25466—2010），环境保护部于2013年12月发布了《铅、锌工业污染物排放标准》（GB 25466—2010）修改单，规定了大气污染物特别排放限值。

14.2.2　底吹炼铅厂污染物产生情况

14.2.2.1　废气污染物

铅冶炼产生的大气污染物主要为颗粒物、二氧化硫、氮氧化物、硫酸雾和重金属，主要产污环节分为备料、熔炼、还原、烟化、火法精炼、烟气制酸、电解等。无组织排放主要包括物料输送过程产生的粉尘、料仓逸出的粉尘等。

（1）原料制备工序。在精矿装卸、输送、配料、造粒、干燥、给料等过程中，会在储矿仓、配料仓下料口、皮带输送转运处受料点产生粉尘，一般在这些产尘点设置集气罩收集。

（2）冶炼烟气。底吹熔炼炉产生的烟气主要污染物是颗粒物、SO_2和NO_x等。底吹熔炼炉产生的高温烟气，一般采用余热锅炉等降温预除尘，烟气中的高温熔体及大粒尘可在余热锅炉中除去一部分，降温后的烟气直接进入除尘器除尘，以达到送制酸净化工段要求。

还原炉、烟化炉、侧吹转炉的烟气主要污染物是颗粒物、SO_2 和 NO_x，烟气经余热回收后送除尘系统，再经脱硫、脱硝处理后达标排放。

铅火法精炼及电解精炼工序产生的废气经集气罩收集后送除尘器处理。

熔炼炉烟气经收尘处理后进入制酸系统，制酸工艺一般为两转两吸（或三转三吸）。烟气进入制酸系统净化工段后，依次经高效洗涤器、气体冷却塔、一级电除雾器、二级电除雾器，除去尘等杂质。净化后烟气经干燥及两次换热、转化、吸收，最后得到硫酸。制酸尾气中主要污染物为 SO_2 和硫酸雾。

（3）环境集烟。熔炼炉、还原炉、烟化炉、浮渣处理侧吹炉等各炉门口、铜锍出口、出渣口等处设密闭吸风罩，以收集逸散的含尘烟气。各吸风点组成环保排烟系统，环保烟气主要成分为颗粒物、SO_2 和 NO_x 等。

（4）酸雾。铅冶炼企业产生的硅氟酸（含氢氟酸）酸雾基本上是来自电解精炼工序，主要出自残极熔化和电解槽槽面，经测定一般不超过限值。如需处理，多采用酸雾净化塔吸收。

（5）无组织废气。无组织排放主要包括物料输送过程产生粉尘、料仓粉尘、电解车间酸雾等。底吹炼铅厂废气中污染物来源及主要成分见表 14-2。

表 14-2　底吹炼铅厂废气中污染物来源及主要成分

工　序	产污节点	主要污染物
原料制备工序	精矿装卸、输送、配料、造粒、干燥、给料等过程	颗粒物、重金属（Pb、Zn、As、Cd、Hg）
熔炼—还原工序	熔炼炉、还原炉排气口；加料口、出铅口、出渣口、溜槽以及皮带机受料点等处泄漏烟气	颗粒物、SO_2、重金属（Pb、Zn、As、Cd、Hg）、CO、NO_x
烟化工序	烟化炉排气口；加料口、出渣口以及皮带机受料点等处泄漏烟气	颗粒物、SO_2、重金属（Pb、Zn、As）、NO_x
烟气制酸工序	制酸尾气	SO_2、硫酸雾、重金属（As、Hg）
初步火法精炼工序	熔铅锅	颗粒物、重金属（Pb）
浮渣处理工序	浮渣处理炉窑烟气；加料口、放冰铜口、出渣口等处泄漏烟气	颗粒物、SO_2、重金属（Pb、Zn、As）
电解精炼工序	电解槽及其他槽	酸雾
	电铅锅	颗粒物、重金属（Pb）

14.2.2.2　废水污染物

铅冶炼过程中产生的废水包括炉窑设备冷却水、冲渣废水、高盐水、冲洗废水、烟气净化废水等。按照水质和特性可分为污酸、酸性废水、一般生产废水和初期雨水四类。铅冶炼主要水污染物及来源见表 14-3。

表 14-3　底吹炼铅厂水污染物及来源

工　序	产污节点	主要污染物	备　注
熔炼—还原工序	炉窑汽化水套或水冷水套、余热锅炉	盐类	冷却后循环使用,少量排废水。锅炉排废水可用于渣缓冷淋水或用于冲渣
烟化工序	炉窑汽化水套或水冷水套、余热锅炉	盐类	冷却后循环使用,少量排废水。锅炉排废水可用于渣缓冷淋水或用于冲渣
	冲渣	固体悬浮物(SS)、重金属(Pb、Zn、As)	沉淀、冷却后循环使用
烟气制酸工序	制酸系统烟气净化装置	酸、重金属(Pb、Zn、As、Cd、Hg)、SS	进污酸处理系统,再进酸性废水处理站
浮渣处理工序	炉窑汽化水套或水冷水套、余热锅炉	盐类	冷却后循环使用,少量排废水。锅炉排废水可用于渣缓冷淋水或用于冲渣
电解精炼工序	阴极板冲洗水、地面冲洗水	酸、重金属(Pb、Zn、As)、SS	进酸性废水处理站
软化水处理站	软化水处理后产生的高盐水	钙、镁等离子	含酸碱废水中和后可用于渣缓冷淋水或用于冲渣
初期雨水收集	熔炼区、电解区初期雨水	酸、重金属(Pb、Zn、As、Cd、Hg)、SS	进酸性废水处理站或单独处理

(1)污酸。污酸来自冶炼烟气制酸中的净化工段,冶炼烟气中的 SO_3 以及尘、砷、重金属等杂质进入制酸系统净化工序被洗涤去除,汇集到净化循环液中,为维持制酸系统的正常运行,需要外排一定量污酸,由于杂质浓度和酸浓度较高,污酸一般单独处理。

(2)酸性废水。酸洗废水酸度较小,一般 pH 值为 2~5,含有少量重金属离子。酸性废水包括制酸区地面冲洗水、电解精炼地面冲洗水、实验室排水和污酸处理后液。

(3)一般生产废水。一般生产废水指受轻微污染,通过简单处理即可达标排放的废水,主要包括循环水排污水、锅炉排废水、化学水处理站排水;循环水排污水和化学水处理站浓相水属于浓含盐废水,锅炉排水属热污染水。

(4)初期雨水。初期雨水主要指铅冶炼过程中在厂区地面、屋顶、设备表面的烟尘和管道、槽、罐、泵等跑、冒、滴、漏的污染物随雨水形成的初期径流,通常按降雨初期的 15min 计。

14.2.2.3　固体废物

铅冶炼过程中产生的固体废物主要包括烟化炉渣、浮渣处理炉渣、含砷废渣、脱硫石膏渣及废触媒等。铅冶炼主要固体废物及来源见表 14-4。

(1)烟化炉水碎渣。烟化炉所产的烟化炉渣含 Fe、Si、Pb、Zn、As、Cu 等,固废性质一般为一般固体废物,可以外售水泥厂,作为建材原料进行综合利用。

(2)含砷废渣。污酸处理系统产生的含砷废渣含 Pb、Zn、As、Cd、Hg 等,根据《国家危险废物名录》（2021），含砷废渣属于危险废物，废物编号：HW29含汞废物（321-033-29），在厂区内妥善储存，定期送有资质单位处置。

表 14-4　铅冶炼主要固体废物及来源

工　序	产污节点	主要污染物	备　注
烟化工序	烟化炉	烟化炉水碎渣（含 Pb、Zn、As、Cu）	一般固废，可作为建筑材料综合利用
烟气制酸工序	污酸处理系统	含砷废渣（含 Pb、Zn、As、Cd、Hg）	危险废物 HW29，送有资质单位处置
	制酸系统	废触媒（主要为 V_2O_5）	危险废物 HW50，送有资质单位回收处置
浮渣处理工序	铜浮渣处理	浮渣处理后的炉渣（含 Pb、Zn、As、Cu）	返回铅冶炼系统
电解精炼工序	电解槽	阳极泥（含 Pb、Ag、Au、Bi、Sb、Cu）	返回稀贵系统，或作为危废 HW48 送有资质单位处置
烟气脱硫系统	烟气脱硫	脱硫副产物	按鉴别性质进行处置
废水处理	废水处理站	污泥	污酸处理产生的砷渣为危险废物 HW48，送有资质单位回收处置；其他污泥按鉴别性质进行处置

（3）废触媒。烟气制酸转化工序使用触媒（催化剂），主要成分为 V_2O_5，定期更换产生的废触媒，根据《国家危险废物名录》（2021），废触媒属于危险废物，废物编号：HW50 废催化剂（261-173-50），在厂区内妥善储存，定期送有资质单位回收处置。

（4）铜浮渣处理工序产生的炉渣。铜浮渣一般通过侧吹转炉处理，产生的吹炼炉渣含 Pb、Zn、As、Cu 等，一般作为中间物料，返回底吹熔炼系统。

（5）阳极泥。铅电解精炼工序的电解槽产生阳极泥浆，一般经压滤洗涤处理，产生的阳极泥含 Pb、Ag、Au、Bi、Sb、Cu 等有价金属。对于设置稀贵金属回收系统的铅冶炼厂，可将阳极泥作为中间物料送稀贵金属回收系统处理；未设置稀贵金属回收系统的铅冶炼厂，根据《国家危险废物名录》（2021），铅冶炼阳极泥属于危险废物，废物编号：HW48 有色金属冶炼废物（321-019-48），需在厂区内妥善储存，定期送有资质单位处置。

（6）脱硫副产物。烟气脱硫系统会产生脱硫副产物，脱硫方案设计时应首先考虑脱硫副产品的综合利用，当脱硫副产品暂时不能利用时，应进行毒性鉴别，按鉴别性质进行处理和处置。

（7）污泥。污水处理站污泥一般含重金属，根据《国家危险废物名录》（2021），铅锌冶炼烟气净化过程产生的污酸、除砷过程产生的砷渣属于危险废物，废物编号：HW48 有色金属冶炼废物（321-022-48），需在厂区内妥善储存，定期送有资质单位处置。其他污水处理过程中产生的污泥等应进行毒性鉴别，按鉴别性质进行处置。

14.2.2.4　噪声

铅冶炼过程中产生的噪声分为机械噪声和空气动力性噪声，主要噪声源包括鼓风机、烟气净化系统风机、余热锅炉排气管及氧气站的空气压缩机等。在采取控制措施前，其噪声声级可达到 85~120dB(A)。

底吹炼铅厂产污节点列于图 14-1。

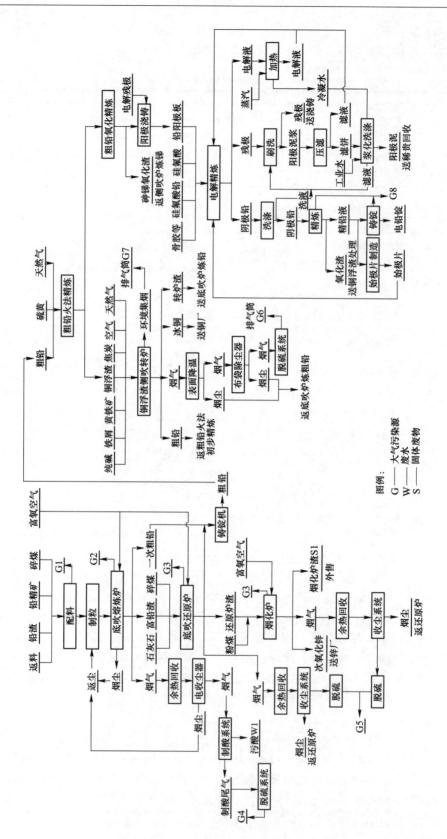

图 14-1 底吹炼铅厂的产污节点图

14.2 底吹炼铅厂环境保护 ·337·

14.2.3 铅冶炼厂的污染物治理措施

14.2.3.1 废气治理措施

铅冶炼过程产生的废气主要包括各类含硫含尘烟气、含尘气体、硫酸雾、电解酸雾。

(1) 含硫含尘烟气主要产生丁铅精矿熔炼、还原、渣处理等过程。其主要污染物为颗粒物、二氧化硫，以及铅、锌、砷、铊、镉、汞等重金属及化合物。

(2) 含尘气体主要产生于原料装卸、输送、配料、造粒、干燥、给料和铅熔化、铸锭等过程，其主要污染物为颗粒物。

(3) 硫酸雾主要产生于制酸过程，主要污染物为硫酸。

(4) 电解酸雾产生于铅电解车间，主要污染物为硅氟酸。

铅冶炼废气治理主要路线为：铅冶炼废气→收尘→制酸→末端 SO_2 烟气脱硫。具体工艺流程如图 14-2 所示。

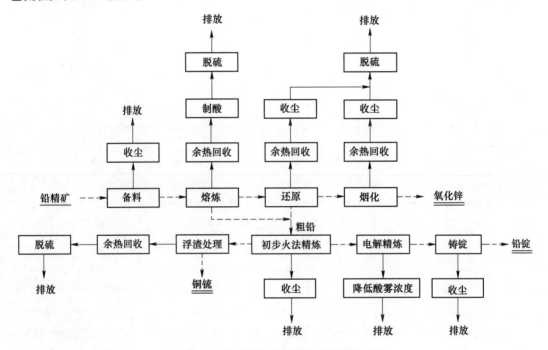

图 14-2 铅冶炼废气治理工艺流程简图

A 烟粉尘治理措施

a 原料仓及配料系统废气收尘

铅精矿仓中给料、输送、配料等均产生粉尘，在各产尘点设置集气装置，选用袋式收尘装置处理该废气，收尘效率可达99.5%以上。

b 铅冶炼废气收尘

铅冶炼废气收尘一般采取旋风收尘、袋式收尘、电收尘组合工艺。铅冶炼熔炼炉产生的高浓度 SO_2 冶炼烟气送制酸系统前，一般先利用余热锅炉，在回收热能的同时起沉降作用去除粗颗粒尘，然后设置电收尘器系统收尘，能满足入制酸系统的要求。还原炉、烟化炉产生的含尘、低浓度 SO_2 烟气一般设置布袋除尘器（或电收尘器），低浓度 SO_2 送脱硫系统。各类炉窑炉口、渣口等处散发的烟气一般设置环保烟罩和吸风点，收集到环境集烟系统。烟气中烟尘、二氧化硫和氮氧化物浓度能满足排放标准要求的可由环保烟囱排放，否则采取治理措施。铅冶炼各类烟尘收尘典型工艺流程列于表 14-5。

表 14-5　铅冶炼烟尘典型收尘技术流程及参数

颗粒物来源	收尘工艺流程	工艺参数①	备　注
铅精矿仓中给料、输送、配料等过程产生的粉尘	集气罩→袋式收尘（或微动力收尘②）→排气筒	总除尘效率大于 99.5%，外排粉尘浓度小于 50mg/m³	收集粉尘返回生产系统
熔炼炉烟尘	熔炼炉烟气→余热锅炉→电收尘→制酸	制酸烟气含尘浓度小于 30mg/m³	净化后烟气制酸，收集烟尘返回配料工序
还原炉烟尘	还原炉烟气→余热锅炉→冷却烟道→袋式收尘→脱硫→排气筒	总除尘效率大于 99.9%，外排烟尘浓度小于 30mg/m³	收集烟尘送精矿仓配料
烟化炉烟尘	烟化炉烟气→余热锅炉→冷却烟道→袋式收尘→脱硫→排气筒	外排烟尘浓度小于 50mg/m³	收集烟尘作副产品综合利用
熔铅锅/电铅锅铅烟尘	集气罩→袋式收尘→排气筒	总除尘效率大于 99.6%，外排铅烟尘浓度小于 8mg/m³	收集铅尘应密封储运，及时返回工艺
浮渣反射炉烟尘	烟气→表面冷却器（或冷却烟道）→袋式收尘→排气筒	总除尘效率大于 99.8%，外排烟尘浓度小于 20mg/m³	收集烟尘应密封储运，及时返回配料工序
环境集烟烟（粉）尘	集气罩→袋式收尘→排气筒	总除尘效率大于 99.5%，外排烟（粉）尘浓度小于 25mg/m³	收集烟（粉）尘送精矿仓配料

① 工艺参数中外排烟（粉）尘还应满足尘中铅含量小于 8mg/m³。

② 适用于物料破碎、筛分、皮带转运系统的收尘。

B　烟气中的 SO_2 治理措施

a　烟气制酸

氧气底吹熔炼炉产生的烟气应进入制酸系统制酸；其他如还原炉烟气、烟化炉烟气、环境集烟烟气等，可按实际情况优先与高浓度的废气就近配气后，再进入制酸系统。新建和改造项目宜采用绝热蒸发稀酸冷却烟气净化技术。制酸系统后应建设脱硫系统，确保废气达标排放。铅冶炼过程中制酸出口硫酸雾不能达标时，可在末端加装纤维除雾器或电除雾器等降低酸雾的设备。

国内铅冶炼企业大多采用两转两吸制酸，含 SO_2 烟气在转化器前层催化床内进行首次转化，转化后气体进入中间吸收塔，转化生成的 SO_3 被吸收生成硫酸，出中间吸收塔的气体返回转化器，使余下的 SO_2 在后层催化床再次进行转化，生成的 SO_3 在最终吸收塔内被吸收生成硫酸，转化效率一般大于 99.5%。

b　烟气脱硫

高铅渣还原工艺烟气、烟化炉烟气、环境集烟烟气等 SO_2 含量超过排放标准且又无法

进行制酸的低浓度 SO_2 废气，以及制酸系统末端产生的制酸尾气，应进行脱硫处理。低浓度 SO_2 废气脱硫工艺宜选用湿法工艺，除脱硫效率高外，还可进一步湿法除尘，减少铅冶炼烟气中重金属含量。脱硫装置宜根据废气量、二氧化硫含量等要求，按处理能力富余量不小于负荷的 10% 进行设计。废气进入脱硫系统前应先除尘，进入脱硫系统的废气中固体颗粒物含量应不影响副产物质量及装置正常运行。脱硫方案设计时应首先考虑脱硫副产品的综合利用，当脱硫副产品暂时不能利用时，应进行毒性鉴别，按鉴别性质进行处理和处置，使其不产生二次污染。脱硫系统中长期保持连续运行的装置应具有与火法冶炼系统生产制度相匹配的功能。脱硫系统应设置事故池（槽）、围堰等应急设施，以防止污染物负荷突变时发生事故或安全隐患。脱硫工艺比较见表 14-6。

表 14-6 各种脱硫工艺流程的特点比较

技术方法	SO_2 含量 /%	原 料	原料消耗比 (t/t_{SO_2})	副产品	脱硫效率/%
氧化锌法	≤0.5	含氧化锌物料	1.27	硫酸锌、亚硫酸锌、高浓度 SO_2	一般单级 ≤90
氨法	≤0.5	液氨、氨水、尿素等氨源	0.532（折液氨）	硫酸铵化肥、高浓度 SO_2	>95
有机溶剂法	0.5~18	离子液、有机胺	$(0.9\sim3.0)\times10^{-3}$	高浓度 SO_2	>96
钠碱法	<3.5	氢氧化钠、碳酸钠	1.25~1.66	硫酸钠、亚硫酸钠	>95
石灰石（电石渣）/石膏法	<1.5	石灰、石灰石、消石灰、电石渣等	1.8~1.9	脱硫石膏、亚硫酸钙	>95

脱硫工艺分别介绍如下：

（1）氧化锌法脱硫技术。氧化锌脱硫技术是将含 ZnO 的物料加水或工艺中返回的脱硫渣的洗液配制成悬浮液，在吸收设备中与烟气中 SO_2 反应，将烟气中的 SO_2 主要以亚硫酸锌（还有硫酸锌）的形式予以脱除。吸收后的副产物亚硫酸锌经空气氧化或热分解或酸分解处理，不同的后处理工艺产物不同，氧化工艺的产品是硫酸锌，热分解工艺的产品是氧化锌和 SO_2，酸分解工艺的产品是硫酸锌和 SO_2。用冶炼厂的中间产物——氧化锌烟灰脱硫，可省去脱硫剂费用支出，烟灰中的锌和烟气中 SO_2 以产品回收，不产生二次污染。

（2）氨法脱硫技术。氨法脱硫技术主要利用氨水、氨液作为吸收剂吸收烟气中的 SO_2。氨法工艺过程包括 SO_2 吸收、中间产品处理和产物处置。根据过程和副产物的不同，氨法可分为氨—酸法及氨—亚硫酸铵法等。氨法脱硫效率可达 95% 以上，烟气中的 SO_2 作为资源回收利用，适用于液氨供应充足，且副产物有一定需求的冶炼企业。氨法脱硫工艺简单，占地小且具有部分脱硝功能。但氨法脱硫存在氨逃逸问题，容易造成二次污染。

（3）溶剂法脱硫技术。溶剂法脱硫技术采用的吸收剂以离子液体或有机胺类为主，添加少量活化剂、抗氧化剂和缓蚀剂组成的水溶液；该吸收剂对 SO_2 气体具有良好的吸收和解吸能力，在低温下吸收 SO_2，高温下将吸收剂中 SO_2 再生出来，从而达到脱除和回收烟

气中 SO_2 的目的。工艺过程包括 SO_2 的吸收、解吸、冷凝、气液分离等过程，得到纯度为 99% 以上的 SO_2 气体送制酸工艺。溶剂法脱硫效率可达 99%，对进入脱硫系统的烟气要求较高，通常在前端会设有烟气收尘降温单元，系统有含氯离子及重金属离子酸性废水排放。

（4）钠碱法脱硫技术。钠碱法脱硫技术采用碳酸钠或氢氧化钠作为吸收剂，吸收烟气中 SO_2，得到 Na_2SO_3 作为产品出售。钠碱法的工艺过程可分为吸收、中和、浓缩结晶和干燥包装四步。钠碱法脱硫流程简洁、占地面积小、脱硫效率高、吸收剂消耗量少、副产物有回收价值，运行成本较高。适用于氢氧化钠或碳酸钠来源较充足的地区。

（5）石灰/石灰石—石膏法脱硫技术。石灰/石灰石—石膏法脱硫技术是用石灰或石灰石母液吸收烟气中的 SO_2，反应后进一步氧化生成硫酸钙，净化后烟气可达标排放。脱硫系统主要包括吸收剂制备系统、烟气吸收及氧化系统、石膏脱水及储存系统。脱硫吸收塔多采用空塔形式，吸收液与烟气接触过程中，烟气中 SO_2 与浆液中的碳酸钙进行化学反应被脱除，最终产物为石膏。石灰/石灰石—石膏法脱硫技术适应性较强，在满足铅冶炼企业 SO_2 治理的同时，还可以去除部分烟气中的 SO_3、重金属离子、F^-、Cl^- 等。石灰/石灰石—石膏法脱硫装置占地面积相对较大、吸收剂运输量较大、运输成本较高、脱硫渣脱硫石膏处置困难，不适合石灰/石灰石资源短缺、场地有限的冶炼企业。

C 酸雾净化

目前，国内外铅冶炼厂产生的酸雾多采用密闭排气并设酸雾净化塔净化处理，净化方法通常包括一级酸雾净化和二级酸雾净化。通过酸雾净化塔内的碱液循环洗涤，可有效降低硫酸雾，确保尾气中硫酸雾达标排放。酸雾净化（采用碱液吸收）工艺具有原理简单、工艺成熟、净化效率高、运行可靠等特点。

D 废气中重金属的治理

从铅冶炼废气治理过程看，重金属污染物主要集中在烟尘中，大部分烟尘经收尘后，成为原料重新进入冶炼系统。进入制酸系统的烟气一般要先经过洗涤，在洗涤过程中大部分细小颗粒物和气态金属被洗涤下来，经沉淀后形成酸泥（铅滤饼）和污酸两部分。进入脱硫系统的烟气处理情况依各工艺不同而不一致。湿法脱硫可以有效地将除尘器未能除去的重金属污染物捕集起来，许多湿法工艺过程中除去的重金属微粒进入副产品，可溶性重金属盐类进入污水中，因此需要严格控制原料矿的汞、砷、镉等有害物质含量。因此，为防范环境风险，入炉原料重金属含量应符合《重金属精矿产品中有害元素的限量规范》要求。

E 废气无组织排放控制

a 运输过程中无组织排放控制措施

冶炼厂内粉状物料运输应采取密闭措施；大宗物料的转移、输送应采取皮带廊、封闭式皮带输送机或流态化输送等输送方式。皮带廊应封闭，带式输送机受料点、卸料点采取喷雾等抑尘措施；运输道路硬化，并采取洒水、喷雾、移动吸尘等措施；运输车辆驶离冶炼厂前应冲洗车轮或采取其他控制措施。

b 冶炼环节无组织排放控制措施

原煤应储存于封闭式煤场，场内设喷水装置，在煤堆装卸时洒水降尘；不能封闭的应采用防风抑尘网,防风抑尘网高度不低于堆存物料高度的 1.1 倍。铅精矿、石灰石等原辅料应采用库房储存。备料工序产尘点应设置集气罩,并配备除尘设施。冶炼炉(窑)的加料口、出料口应设置集气罩并保证足够的集气效率,配套设置密闭抽风收尘设施。通常,硅氟酸和氢氟酸雾等电解车间酸雾可达到《工作场所有害因素职业接触限值》(GBZ 2—2019)中容许浓度限值;若发生电解车间酸雾超过《工作场所有害因素职业接触限值》(GBZ 2—2019)中容许浓度限值度时,通过设置轴流风机强制车间通风,可保证电解车间酸雾达到《工作场所有害因素职业接触限值》(GBZ 2—2019)中容许浓度限值要求。

14.2.3.2　废水治理措施

铅冶炼厂应按照“清污分流、分质处理、梯级利用”原则,设立完善的废水收集、处理、回用系统。按废水来源主要分为废酸、酸性废水、一般生产废水和初期雨水等。废酸主要产生于制酸净化工段填料塔循环槽,主要污染物有悬浮物、铅、砷、卤族元素化合物和其他有害杂质。酸性废水主要产生于制酸净化工段电除雾器冲洗、冲渣水、湿法收尘、湿法车间、地面冲洗、实验室、有害渣库渗滤等,主要污染物有重金属离子、酸、悬浮物等。初期雨水主要为铅冶炼过程中烟粉尘外排沉降在厂区地面、屋面和装备上,在降雨时污染物随雨水进入排水系统,造成雨水 pH 值、悬浮物、重金属含量等污染物超标。一般生产废水主要产生于锅炉、化学水处理站以及循环冷却系统,主要污染物有热、盐以及碱、酸等。

目前铅冶炼废水治理技术比较成熟,且新技术不断涌现。废水处理工艺的选择应根据废水的水质特征、处理后水的去向及排放标准的要求,经技术经济比较后确定。废酸处理工艺宜选用石灰中和法、高浓度泥浆法、石灰+铁盐法、硫化法+石灰中和法、生物制剂法等。含重金属废水处理工艺选用石灰中和法、高浓度泥浆法、石灰+铁盐法、生物制剂法、电化学法、膜分离法、吸附法等。含砷浓度大于 50mg/L 时,宜选用石灰—铁盐法处理。电化学处理工艺一般需进行预处理,可与石灰中和法联合使用。严格控制重金属外排的地区,可通过膜分离法、吸附法等进行深度处理。

A　废酸、含重金属废水处理

a　铅冶炼污酸处理

铅冶炼污酸处理通常可采用石灰(石)中和法及硫化法+石灰(石)中和法。

(1)石灰(石)中和法可去除污酸中的硫酸,控制 pH 值小于 4,砷酸以游离态存在于废水中,只有少量的亚砷酸被中和沉淀吸附,从而可避免大量砷掺杂在石膏渣中。该方法适用于砷含量较低的污酸处理,可去除大部分硫酸。

(2)硫化法+石灰(石)法是向污酸中投加硫化钠或硫氢化钠等硫化剂,使污酸中的重金属离子与硫反应生成难溶金属硫化物沉淀去除。再向废水中投加石灰石或石灰,中和硫酸,生成硫酸钙沉淀去除。出水与其他废水合并后进污水处理站做进一步处理。该方法适用于砷含量较高的污酸处理,同时去除大部分硫酸。硫化法+石灰(石)石中和法是目前处理污酸的主要工艺。

b　酸性废水处理

酸性废水处理通常可采用石灰中和法以及石灰—铁盐法,也可采用电化学法。

（1）石灰中和法是向废水中投加石灰乳，使重金属离子转化为金属氢氧化物沉淀去除，可用于去除铁、铜、锌、铅、镉、钴、砷。该技术具有处理效果好、处理成本低和便于回收有价金属的特点。

（2）石灰—铁盐法是向废水中加石灰乳，并投加铁盐。石灰用于中和酸和调节 pH 值，铁盐起到共沉剂、沉淀剂和还原剂的作用。该技术除砷效果好，可去除废水中的酸、镉、六价铬、砷等。

B　一般生产废水

一般生产废水应按废水成分分类收集处理，分质回用。化学水车间排污水经酸碱中和后可直接排放或回用。循环冷却水排污水可采用净化+膜法废水深度处理技术，处理后的淡水可以回用于生产系统，浓水可回用于冲渣或进一步处理。

C　初期雨水

铅冶炼厂须设初期雨水收集池，收集池容积应按《有色金属工业环境保护工程设计规范》（GB 50988—2014）确定，即收集不少于被污染区域面积 15mm 的降水量。根据初期雨水水量、水质以及企业情况来确定初期雨水处理方法：可与酸性废水一起处理，或与一般生产废水一起处理，也可单独建设初期雨水处理设施。制酸区的初期雨水一般单独收集，排至酸性废水处理系统处理；生产厂区其他场地的初期雨水，根据水质的不同，经沉淀处理可优先回用于生产工段或排入酸性废水处理系统处理。

14.2.3.3　固体废物处置措施

固体废物处置的原则是尽可能减量化、无害化和资源化。铅冶炼烟化炉炉渣属于一般固体废物，可用于生产建材，如水泥掺和料或制砖原料等，也可利用一般工业废物处置场进行永久性集中储存。有金属回收价值的固体废物，应首先考虑综合利用。阳极泥可用于回收其中的金、银等有价金属；废酸处理产生的硫化渣可用于回收铅、砷。危险废物应按有关管理要求进行安全处理或处置；一般固体废物在厂区内临时储存，其储存设施应满足《一般工业固体废物贮存、处置场污染控制标准》（GB 18599—2020）要求；对危险废物在厂区内的临时储存，其贮存设施应满足《危险废物贮存污染控制标准》（GB 18597—2020）要求。《一般工业固体废物贮存、处置场污染控制标准》（GB 18597—2020）于 2020 年 11 月 26 日公布，将自 2021 年 7 月 1 日起实施。

铅冶炼固体废物综合利用及处理处置措施见表 14-7。

表 14-7　铅冶炼固体废物综合利用及处置措施

序号	固体废物名称	废物类别	固体废物来源	处置措施
1	水碎渣	一般固体废物	烟化炉	作为建材综合利用
2	含砷废渣	危险废物（HW29）	污酸处理系统	送有资质单位处置
3	废触媒	危险废物 HW50	制酸系统二氧化硫转化工序	送有资质单位处置
4	浮渣处理炉渣	中间物料	铜浮渣侧吹转炉	返回铅冶炼系统
5	阳极泥	危险废物（HW48）	电解精炼	送有资质单位处置或返回稀贵回收系统

续表 14-7

序号	固体废物名称	废物类别	固体废物来源	处 置 措 施
6	脱硫副产物	性质鉴别①	烟气脱硫系统	如是一般固废可作为建材综合利用；如是危险废物需危险渣场堆存或者送有资质单位处置
7	污泥	砷渣为危险废物(HW48)；其他污泥应进行性质鉴别①	含重金属废水处理	送有资质单位处置

① 应根据毒性浸出试验判定脱硫副产物是否为危险废物。

14.2.3.4 噪声治理措施

铅冶炼厂噪声治理应从声源控制、噪声传播途径控制及受声者个人防护三方面进行。首先从设备选型入手，从声源上控制噪声，在满足工艺设计的前提下，尽可能选用低噪声设备，采用发声小的装置；其次在噪声传播途径上控制，对装置区噪声采取防护措施，采取建筑隔声、将装置安放在室内、加装消声器以及所有转动机械部位加装减震装置，加强厂区绿化措施，降低噪声的传播；还可以采取个人防护，在工段中设置必要的隔声操作间、控制室等，使室内的噪声符合职业卫生标准。

14.2.4 铅冶炼行业环保新形势

为加快解决我国严重的大气污染问题，切实改善空气质量，2013年9月，国务院颁布实施《大气污染防治行动计划》（即"大气十条"），其中规定在重点区域有色行业大气污染物执行特别排放限值；各地区可根据环境质量改善的需要，扩大特别排放限值实施的范围。2016年5月，为切实加强土壤污染防治，逐步改善土壤环境质量，国务院颁布实施《土壤污染防治行动计划》（即"土十条"），其中规定严防矿产资源开发污染土壤；自2017年起，在矿产资源开发活动集中的区域，执行重点污染物特别排放限值。2018年1月，环境保护部发布了《关于京津冀大气污染传输通道城市执行大气污染物特别排放限值的公告》（2018年第9号），其中要求在京津冀大气污染传输通道城市执行大气污染物特别排放限值。

随着国家对环境保护要求越来越高，对有色金属冶金行业包括铅冶炼行业的污染控制日趋严格。

14.2.4.1 在重点区域实行大气污染物特别排放限值

A 实施大气污染物特别排放限值

环保部于2013年12月发布了《铅、锌工业污染物排放标准》等六项有色金属行业排放标准修改单，规定大气污染物特别排放限值。表14-8中对《铅、锌工业污染物排放标准》（GB 25466—2010）及其修改单中的限值和特别排放限值进行了对比。其中可以看出，特别排放限值对颗粒物、二氧化硫、氮氧化物、铅及其化合物的排放浓度更加严格，尤其是对颗粒物和氮氧化物的控制对现有治理技术提出了新的挑战。

表 14-8 《铅、锌工业污染物排放标准》（GB 25466—2010）及其修改单对比   （mg/m³）

序 号	污染物项目	生产类别和工艺	限值	特别排放限值
1	颗粒物	全部	80	10
2	二氧化硫	全部	400	100
3	氮氧化物（以 NO₂ 计）	全部	—	100
4	硫酸雾	制酸	20	20
5	铅及其化合物	熔炼	8	2
6	汞及其化合物	烧结、熔炼	0.05	0.05

修改单中提到：在国土开发密度较高、环境承载力开始减弱、大气环境容量较小、生态环境脆弱，容易发生严重大气环境污染问题而需要采取特别保护措施的地区，应严格控制企业的污染物排放行为，在重点区域的企业执行大气污染物特别排放限值。执行大气污染物特别排放限值的地域范围、时间，由国务院环境保护行政主管部门或省级人民政府规定。

"土十条"中提到严防矿产资源开发污染土壤。自 2017 年起，内蒙古、江西、河南、湖北、湖南、广东、广西、四川、贵州、云南、陕西、甘肃、新疆等省（区）矿产资源开发活动集中的区域，执行重点污染物特别排放限值。各省份制定了《土壤污染防治工作方案》，划定了本省须执行特别排放限值的区域。

《关于京津冀大气污染传输通道城市执行大气污染物特别排放限值的公告》（环境保护部公告 2018 年第 9 号）中要求在京津冀大气污染传输通道城市执行大气污染物特别排放限值。执行地区为京津冀大气污染传输通道城市行政区域，包括北京市、天津市、河北省石家庄、唐山、廊坊、保定、沧州、衡水、邢台、邯郸市，山西省太原、阳泉、长治、晋城市，山东省济南、淄博、济宁、德州、聊城、滨州、菏泽市，河南省郑州、开封、安阳、鹤壁、新乡、焦作、濮阳市（以下简称"2+26"城市，含河北雄安新区、辛集市、定州市，河南巩义市、兰考县、滑县、长垣县、郑州航空港区）。对有色行业新建项目，自 2018 年 3 月 1 日起，新受理环评的建设项目执行大气污染物特别排放限值。对于现有有色企业，自 2018 年 10 月 1 日起，执行二氧化硫、氮氧化物、颗粒物特别排放限值。"2+26"城市现有企业应采取有效措施，在规定期限内达到大气污染物特别排放限值。以上要求对"2+26"城市中现有企业污染防治措施的改造提出了要求和挑战。

B 应对特别排放限值的治理措施

特别排放限值中对应二氧化硫、氮氧化物、颗粒物、铅及其化合物的要求分别是不大于 100mg/m³、100mg/m³、10mg/m³ 和 2mg/m³。

对于特别排放限值中对 SO₂ 浓度的要求，目前对制酸和脱硫系统的设计，在工程上已经实现。制酸采用两次转化+两次吸收工艺，制酸尾气采用氨法、有机溶液法、氧化锌法等脱硫工艺进行脱硫，新建企业可以满足特别排放限值。对现有企业，则可能需要对现有脱硫系统进行改造，如将石灰石—石膏法改造为氨法、有机溶液法、钠碱法等，以满足特别排放限值的要求。

冶炼烟气对于特别排放限值中对颗粒物的要求，可以通过在制酸或脱硫系统的末端增设电除雾器实现。电除雾器是制酸净化的常用设备，目前有很多电厂利用该类设备满足超低排放的要求，因此使用电除雾器冶炼烟气可以达到特别排放限值对颗粒物的要求。

对于贮料、配料及物料输送等强制通风除尘系统，为满足特别排放限值对颗粒物浓度的要求，应相应增加多级除尘系统来控制排放浓度；一般采用旋风除尘器+布袋除尘器的两级除尘系统，也可采用布袋除尘器+滤筒除尘器的工艺，净化后废气中颗粒物排放浓度基本上可以实现不大于 $10mg/m^3$。对于熔铅锅炉产生的烟尘，为满足特别排放限值对颗粒物和铅浓度的要求，应采用两级或者两级以上除尘系统。

对于特别排放限值中对氮氧化物排放浓度的要求，由于冶金炉出口的氮氧化物含量不确定，一般制酸尾气在不采取脱硝的情况下，很难保证满足排放限值的要求。应根据不同烟气条件，选用合适的烟气脱硝治理措施。目前制酸尾气可能采取的脱硝措施包括低温 SCR 法、臭氧低温氧化法等。

14.2.4.2　含重金属废水零排放

《关于加强河流污染防治工作的通知》（环发〔2007〕201 号）要求，停批向河流排放汞、镉、六价铬重金属或持久性有机污染物的项目。为进一步规范建设项目环境影响评价文件审批，统一管理尺度，2015 年 12 月环境保护部办公厅发布了《关于规范火电等七个行业建设项目环境影响评价文件审批的通知》（环办〔2015〕112 号），其中的《铜铅锌冶炼建设项目环境影响评价文件审批原则（试行）》中提到：规范建设初期雨水收集池和事故池，确保含重金属废水不外排。因此含重金属废水零排放成为了铅冶炼项目环境影响评价文件审批的要求。

对铅冶炼行业，要做到含重金属废水零排放，一是按清污分流、雨污分流原则对排水系统进行设计，分类建设污水收集、雨水收集系统及处理设施；二是应按分质处理、分质回用的原则对废水进行处理和回用。含重金属废水最常见的回用途径和处置方案包括车间含重金属废水直接回用、采用先进高效的废水处理工艺处理后中水回用，膜处理产出淡水代替新水使用，浓水采用喷渣、自然蒸发、多效蒸发等方式消耗。

为保障含重金属废水零排放，废水处理系统需要有一定的事故调节能力。各废水处理设施处理能力在设计时应留有余量，使系统不因废水量发生异常变化而出现外溢等现象，能够按设计要求正常、稳定地处理废水。为最大限度地消除含重金属废水外排污染环境的风险，还应考虑以下风险防范措施：对湿法生产系统设置围堰、集液槽与事故池；对制酸系统设置围堰；设置初期雨水收集池和事故池等。

15 氧气底吹炼铅技术发展展望

自 2002 年首座氧气底吹炼铅工厂在河南豫光金铅股份有限公司建成投产以来，氧气底吹炼铅技术经历了十几年的发展，共建设了 40 余条生产线，覆盖了国内整个铅冶炼行业，设计产能占全国矿铅总产能 80% 以上。

2011 年，由中国恩菲工程技术有限公司设计的印度德里巴 10 万吨/年氧气底吹炼铅工厂建成投产，氧气底吹炼铅技术正式走向了国际市场。

15.1 主要技术创新

氧气底吹炼铅技术的技术创新点有以下几方面：

（1）突破了原料多元化的难题，增强了原料适应性。

1）氧气底吹熔炼炉具有非常好的原料适应性，除传统的铅精矿外，还可搭配处理废铅酸蓄电池铅膏、复杂金精矿、提金尾渣、铅银渣及高铅烟灰等二次铅物料，实现低能耗、低成本、高效率、高回收率。

2）二次铅物料的配入比例可达 65% 以上，铅品位降至 40% 也不影响正常作业。

3）找到了解决高砷物料的处理途径。

（2）实现了液态铅渣直接还原。

1）发明了液态铅渣直接还原工艺与装备，引领了我国铅冶炼行业液态铅渣直接还原时代。

2）研究还原过程燃料与还原剂的多样化，创新性地实现块煤、粉煤、块煤+天然气、块煤+焦炉煤气等多种应用方式。

3）通过理论与实践结合，确定最佳还原工艺及操作条件，实现低碳、环保、清洁生产，粗铅综合能耗（标准煤）低于 200kg/t，与氧气底吹熔炼—鼓风炉还原工艺相比降低 25% 以上。

（3）革新烟化炉结构及吹炼工艺。

1）烟化炉增设炉缸，并根据需要将传统钢板水套更换为铜水套，大幅提高水套寿命和烟化炉作业率。

2）使用富氧，优化烟化炉操作工艺条件。

3）烟化炉留渣法作业，可应对多种作业模式，如烟化炉处理全冷料等。

（4）采用熔体自流的炼铅新配置。

1）由氧气底吹熔炼炉、底吹还原炉和烟化炉组成一套完整的连续生产线，取消传统工艺中的电热前床，实现短流程连续生产，布置紧凑，节约投资。

2）取消吊包子作业，有利于环保和安全生产。

（5）配套装备的创新与优化。

1）开发了冶炼炉配套的烟气余热回收一体化装备，充分回收余热。

2) 改进喷枪及枪口砖材质和结构，延长喷枪使用寿命。

3) 开发了冶金炉加料口清理机，提高自动化水平。

4) 研制新型通风罩，工作场所有害因素职业接触限值远优于国家标准，工作环境卫生得到显著改善。

（6）集成创新。

1) 应用渣水自动分离装置、蓄热式燃烧技术、立模浇铸—大极板电解等工艺，集中铅冶炼及相关行业的最新技术，创造了铅冶炼的样板工程。

2) 氧气底吹炼铅与液态铅渣直接还原新工艺的研发与产业化应用，建立了铅高效清洁冶炼样板工程，节能减排效果明显，环境保护效益突出，推动了铅冶炼行业的技术升级，培养了一批工程技术人员和技术骨干，促进了行业的可持续发展，为世界铅冶炼行业的技术进步作出了贡献。

生产实践表明：氧气底吹炼铅技术可靠、生产稳定、原料适应性强、金属回收率高、生产成本低、环保效果好，其岗位操作和排放环境质量均优于国家标准，粗铅综合能耗（标准煤）降至200kg/t以下，经济效益、社会效益和环境效益显著。

15.2 技术发展展望

氧气底吹炼铅技术是中国恩菲工程技术有限公司的核心专长技术，其成功产业化后经历了十余年的快速发展，形成了氧气底吹熔炼—液态铅渣直接还原的最佳作业模式和"三连炉"的经典工艺，是目前世界上最先进、使用范围最广的粗铅冶炼工艺。中国恩菲工程技术有限公司和各氧气底吹炼铅生产企业将致力于氧气底吹炼铅技术的持续改进。本书阐述几条氧气底吹炼铅技术未来的发展方向，但不做深入探讨，旨在提供部分思路，供业内参考。

（1）进一步扩大原料适应性，涉足危险废物处置行业。氧气底吹炼铅技术目前处理的主要物料是铅精矿，可同时搭配处理各种物料，如铅银渣、铅膏、锌浸出渣、复杂金精矿、提金尾渣以及其他二次铅物料等。受企业自身条件限制，如无铅精矿处理，氧气底吹炼铅技术单独处理某类或某几类含铅物料的能力值得探讨。

另外，借鉴水泥窑协同处理危险废物的生产经验，使用氧气底吹熔炼技术处理危险废物应该更有优势，其可实现更高的反应温度，对于重金属的固化和捕集更为有效，后续烟气处理系统规模小、成本低且效率高。

（2）体现规模化优势，实现装置的进一步大型化。随着国家供给侧改革的持续深入进行，有色行业会面临新的结构调整和产业升级，很有可能会发展几家超大规模的炼铅企业，行业集中度的提高对于劳动生产率和技术的提高本身就具有巨大的促进作用。更重要的是，生产线的减少将大幅削减铅污染点。

2010年，河南济源建成了一条20万吨/年的氧气底吹炼铅生产线，是当时世界上最大的单系列粗铅生产线，其铅精矿年处理量约为40万吨。2020年7月，豫光金铅再生铅资源循环利用及高效清洁生产技改项目正式建成投产，世界上首条年处理能力达80万吨的氧气底吹炼铅系统投入运营。目前，世界上最大的铜底吹炉年处理量可达150万吨以上，铅氧气底吹熔炼炉的大型化仍有非常大的进步空间，装置大型化带来的规模化效应、效率提高值得期待。

（3）加强过程控制，环保节能水平持续提升。目前，氧气底吹炼铅企业的环保和能耗水平优于国家标准，且有进一步提升的空间。其主要手段是，发挥氧气底吹炼铅技术成熟可靠、易操作的优势，加强过程控制，提高精细化管理水平，实现各项工艺技术指标的精准控制，可进一步降低能耗，同时对各污染物产生环节进行控制，有利于实现污染物减量化，进一步提高环保水平。

（4）实现两化融合，建设智能化工厂。两化融合是信息化和工业化的高层次深度结合，是一种新型的工业化道路，以信息化带动工业化，以工业化促进信息化。

氧气底吹炼铅工厂具备实现两化融合，建设智能化工厂的优势。氧气底吹炼铅技术成熟可靠，生产稳定，自动化水平较高，易于采用智能化的控制技术进一步精确的控制生产参数，稳定生产过程，优化工艺控制条件，实现生产过程的自动化和智能化，建设智能化工厂。

（5）改善劳动操作条件，提高炉衬寿命。目前，氧气底吹熔炼炉的寿命可达 3 年以上，底吹还原炉的寿命可达 2 年以上。通过不断改进炉体设计，优化耐火材料选型，加强工艺过程控制，可进一步提高炉衬寿命。

氧枪的寿命也有很大的进步空间，更换氧枪及其围砖是氧气底吹炼铅工厂劳动强度较大的作业，通过提高氧枪寿命，可有效减少作业次数。同时，如能开发专门的作业工具，可大大降低类似作业的劳动强度。